金牌之路

ROAD TO GOLD

无机化学竞赛

Inorganic Chemistry Competition

余敬忠 主编
汤 磊 副主编

化学工业出版社
·北京·

内容简介

《金牌之路　无机化学竞赛》依照高中化学奥林匹克竞赛大纲，系统完整地介绍了高中化学竞赛中无机化学部分的基本内容。全书分为十讲，包括：化学反应中的能量变化、化学反应速率、化学平衡、原子结构特征与元素周期表、分子结构与价键理论、晶体结构基础、溶液中的平衡、难溶电解质的溶解平衡、电化学基础和配位化学基础。

本书可供热爱化学，对化学有浓厚兴趣的中学生，特别是致力于参加奥林匹克化学竞赛的学生学习和参考，也可作为全国各级各类学校化学竞赛教练员的参考用书。

图书在版编目（CIP）数据

金牌之路：无机化学竞赛/余敬忠主编；汤磊副主编．—北京：化学工业出版社，2022.8

ISBN 978-7-122-41302-4

Ⅰ.①金…　Ⅱ.①余…　②汤…　Ⅲ.①中学化学课-高中-教学参考资料　Ⅳ.①G634.83

中国版本图书馆CIP数据核字（2022）第072502号

责任编辑：旷英姿　张航远
责任校对：宋　夏
装帧设计：史利平

出版发行：化学工业出版社
（北京市东城区青年湖南街13号　邮政编码100011）
印　　装：河北鑫兆源印刷有限公司
787mm×1092mm　1/16　印张18¾　彩插1　字数329千字
2022年8月北京第1版第1次印刷

购书咨询：010-64518888
售后服务：010-64518899
网　　址：http://www.cip.com.cn
凡购买本书，如有缺损质量问题，本社销售中心负责调换。

定　　价：58.00元　

前言

高中化学竞赛可以说是精英教育的典型，这是一条充满艰辛的探索之路。参与化学竞赛的学生要学习和掌握的知识和规律很多。以高中竞赛无机化学部分的要求为例，学生应该掌握化学热力学基础、化学动力学的一级反应和二级反应特征、原子结构与分子结构特征、价键理论、晶体结构基础、溶液中的各种平衡、电化学原理以及配位化学基础等许多内容。以上问题均错综复杂，但重心其实只有一个，就是“无机反应”。从理论上来讲，所有包含金属离子以及在反应部位中不包含碳氢键或碳碳键的化合物，它们所发生的反应都可以归属为无机反应。化学反应是物质在某一条件下化学性质的体现，在学习的过程中究竟应该如何从无机反应的角度去“追本溯源”呢？解决这个问题只能靠参加化学竞赛的各位学生，学生个人的特质与能力，决定了最后可能出现的成绩和结果。

备战化学竞赛的学生必须有很强的自学能力，这是参加化学竞赛的最基本要求，满足这个要求后，学生还应该从以下几个方面雕琢人生。

一、“兴趣因子”的培养

伟大的科学家爱因斯坦有句至理名言：“兴趣是最好的老师。”古人亦云：“知之者不如好之者，好知者不如乐之者。”兴趣是竞赛学习的“原动力”和“催化剂”。一个人一旦对一件事情产生了浓厚的兴趣，就会主动去求知、探索、实践，并在求知、探索、实践的过程中产生愉快的情绪和体验。

二、“执着因子”的培养

执着就是毅力，执着是取得成功的法宝。无论黑夜多么漫长，朝阳总会冉冉升起；无论风雪怎样呼啸，春风终会缓缓吹拂。当挫折连接不断，失败如影随形的时候，当幸运之门一扇接一扇关闭的时候，永远不要怀疑，只要你肯定自己有能力坚持，那么，总有一扇门会为你打开。

三、“理解因子”的培养

编者在三十余年的竞赛培训工作中，经常看到两种现象，一种是无法理解或很难理解竞赛题目，这部分学生一般不适合竞赛；另一种则是陷入了求“难”的禁锢中，这种心态不仅会消耗大量的时间和精力，而且成效不理想。其实，“难”和“易”都是相对的，学习竞赛一定要重视对原理的理解，不能求“多”、求“难”，而要“求精”，要有科学理解的素质，从生活的角度理解相关知识点，因为科学源自生活，要一步一个脚印，打好基础，只有“厚积”，才能“薄发”。

本书编写的宗旨是普及化学基础知识，明确高中化学竞赛在无机化学部分的基本要求，为所有参与高中化学竞赛的老师和学生提供一个科学的操作性强的平台。所以，本书是一本指导书，而不是一本手册。本书还着意给读者传递竞赛问题的正确的分析方法和一般的解题规律，所以本书不可能也没有办法做到面面俱到。

本书的写作凝聚了编者从事中学化学奥林匹克竞赛培训工作三十一年的教学心得。由于编者水平有限，不妥之处在所难免，敬请读者和同行批评指正。

编者

2021 年 10 月 5 日于长沙市第一中学

目录

第一讲　化学反应中的能量变化

物质发生化学反应时，总是伴随着能量的变化（一般表现为吸热或放热）。能量是化学反应的推动力。从化学反应中能量变化的规律来研究反应能否自发进行（化学反应的方向）和化学平衡（化学反应的限度）等问题的化学分支学科，叫做化学热力学。

一、体系与环境、热化学方程式和反应的热效应

在化学热力学中，通常把研究的对象（或物质）称为体系（或系统）（system）。体系以外的部分称为环境（surrounding）。体系和环境之间往往进行着物质和能量的交换。体系与环境之间既有物质交换又有能量交换的体系，叫敞开体系（opened system）；没有物质交换只有能量交换者，叫封闭体系（closed system）；既没有物质交换，也没有能量交换者，叫孤立体系（isolated system）。在化学热力学中，研究对象一般是封闭体系。孤立体系虽然罕见，但也是一种思考问题的方法，因为把体系和环境加起来，就是孤立体系，即“宇宙”=体系+环境。一般化学反应是以热和体积功（因体积变化而产生的功）的形式与外界环境进行能量交换的，但体积功相对于热量来说，往往是微不足道的，因此，研究化学反应中的能量变化，主要是集中在反应热（Q，热效应）的问题上。化学反应的热效应是指体系不做非体积功的等温反应过程中吸收或放出的热。而化学反应通常是在恒温恒压的条件下进行的，恒压条件下的反应热效应（Q_p）就是反应的焓变（$\Delta_r H$），$\Delta_r H$ 为负时表示放热，$\Delta_r H$ 为正时表示吸热。若压强恒定为 1 atm（101.325 kPa），则 $Q_{1\ \mathrm{atm}} = \Delta_r H^{\ominus}$，$\Delta_r H^{\ominus}$ 为标准焓变，单位为 $\mathrm{kJ \cdot mol^{-1}}$（压力在 1 atm 下，物质的状态叫热力学标准态）。

表示化学反应和热效应关系的化学方程式，叫热化学方程式。但一个反应的热效应与许多因素有关，故正确书写热化学方程式，应注意以下几点：

（1）方程式要配平。

（2）要注明各物质的聚集状态。g 表示气态，l 表示液态，s 表示固态，aq 表示水溶液。

（3）将反应方程式用“；”与焓变（$\Delta_r H$）分开。

如：298 K 时，$H_2(g)+\frac{1}{2}O_2(g)$ ══ $H_2O(l)$；$\Delta_r H^{\ominus}_{298\,K}=-285.83\ kJ\cdot mol^{-1}$，它表示 298 K 时，1 mol $H_2(g)$ 和 $\frac{1}{2}$ mol $O_2(g)$ 发生反应生成 1 mol H_2O (l)，或 {1 mol $H_2(g)+\frac{1}{2}$ mol $O_2(g)$} 作用生成 1 mol $H_2O(l)$ 的反应，放出 285.83 kJ 的热量。

反应的热效应可以直接测定，但通常是根据反应中各物质的生成热（$\Delta_f H^{\ominus}$）或燃烧热（$\Delta_c H^{\ominus}$）来计算得到。在标准态（$p=101.325$ kPa）下，由稳定态单质生成 1 mol 纯化合物时反应的焓变，叫该物质的标准生成热（焓），以 $\Delta_f H^{\ominus}_m$ 表示：f——生成，m——mol，$\ominus$——热力学标准态。显然，稳定单质的 $\Delta_f H^{\ominus}_m=0$。

如：$H_2(g)+\frac{1}{2}O_2(g)$ ══ $H_2O(l)$；$\Delta_f H^{\ominus}_{m,H_2O(l)}=-285.84\ kJ\cdot mol^{-1}$

$C(s)+2S(s)$ ══ $CS_2(g)$；$\Delta_f H^{\ominus}_{m,CS_2(g)}=+108.7\ kJ\cdot mol^{-1}$

许多物质在 298 K 时的标准摩尔生成热都可以在《物理化学手册》中查到。

在标准态下，1 mol 某物质完全燃烧，生成稳定的氧化物的焓变，叫该物质的标准燃烧热或标准燃烧焓，以 $\Delta_c H^{\ominus}_m$ 表示（c——燃烧）。注意，此处的完全燃烧指：$C\longrightarrow CO_2(g)$、$H\longrightarrow H_2O(l)$、$Cl\longrightarrow HCl(aq)$、$S\longrightarrow SO_2(g)$、$N\longrightarrow N_2(g)$ 等。

焓是一个状态函数，其值只与反应（过程）的始态和终态有关，与途径无关。因此，根据盖斯定律（不论一个过程是一步完成或分为数步完成，其热效应是相同的），对于一般反应：

$$aA+bB = gG+dD$$

$$\Delta_r H^{\ominus}_{298\,K}=\sum\gamma_i(\Delta_f H^{\ominus}_{i,298\,K})\ 或\ \Delta_r H^{\ominus}_{298\,K}=-\sum\gamma_i(\Delta_c H^{\ominus}_{i,298\,K}) \quad (1\text{-}1)$$

其中，γ_i 为反应式中物质 i 的计量系数，对生成物取正号，对反应物取负号，$\sum\gamma_i$ 为各物质计量系数的代数和。

式（1-1）也可以写成如下的形式：$\Delta_r H^{\ominus}_{298\,K}=\sum(\Delta_f H^{\ominus}_{298\,K})_{生成物}-\sum(\Delta_f H^{\ominus}_{298\,K})_{反应物}$

即：$\Delta_r H^{\ominus}_{298\,K}=[g\Delta_f H^{\ominus}_{298\,K}(G)+d\Delta_f H^{\ominus}_{298\,K}(D)]-[a\Delta_f H^{\ominus}_{298\,K}(A)+b\Delta_f H^{\ominus}_{298\,K}(B)]$

【例 1-1】 已知乙炔的燃烧热 $\Delta_c H^{\ominus}_m=-1297\ kJ\cdot mol^{-1}$，求乙炔的生成热。

【解析】 依题意有：$C_2H_2(g)+\frac{5}{2}O_2(g)$ ══ $2CO_2(g)+H_2O(l)$

查表得，$\Delta_f H^{\ominus}_{m,CO_2(g)}=-393.1\ kJ\cdot mol^{-1}$　　$\Delta_f H^{\ominus}_{m,H_2O(l)}=-285.5\ kJ\cdot mol^{-1}$

由 $\Delta_r H^{\ominus}_m=\sum\Delta_f H^{\ominus}_{m(产物)}-\sum\Delta_f H^{\ominus}_{m(反应物)}$ 可得

$$\Delta_r H^{\ominus}_m=\Delta_c H^{\ominus}_{m,C_2H_2(g)}=\Delta_f H^{\ominus}_{m,H_2O(l)}+2\Delta_f H^{\ominus}_{m,CO_2(g)}-\Delta_f H^{\ominus}_{m,C_2H_2(g)}$$

$$\Delta_f H^{\ominus}_{m,C_2H_2(g)}=\Delta_f H^{\ominus}_{m,H_2O(l)}+2\times\Delta_f H^{\ominus}_{m,CO_2(g)}-\Delta_c H^{\ominus}_{m,C_2H_2(g)}$$

$$=-285.5\ kJ\cdot mol^{-1}-2\times393.1\ kJ\cdot mol^{-1}-(-1297\ kJ\cdot mol^{-1})=225.3\ kJ\cdot mol^{-1}。$$

【例 1-2】石墨、$H_2(g)$ 和 $C_6H_6(l)$ 的燃烧热 $\Delta_c H_m^\ominus$ 分别为 $-393\ kJ \cdot mol^{-1}$、$-285.5\ kJ \cdot mol^{-1}$ 和 $-3269\ kJ \cdot mol^{-1}$。试求：$6C(石墨)+3H_2(g) = C_6H_6(l)$ 的 $\Delta_r H_m^\ominus$。

【解析】依题意有 $C(s)+O_2(g) = CO_2(g)$；$\Delta_1 H_m^\ominus = -393\ kJ \cdot mol^{-1}$ ①

$H_2(g)+\frac{1}{2}O_2(g) = H_2O(l)$；$\Delta_2 H_m^\ominus = -285.5\ kJ \cdot mol^{-1}$ ②

$C_6H_6(l)+\frac{15}{2}O_2 = 6CO_2(g)+3H_2O(l)$；

$\Delta_3 H_m^\ominus = -3269\ kJ \cdot mol^{-1}$ ③

①×6+②×3−③ 得 $6C(s)+3H_2(g) = C_6H_6(l)$

$\Delta_r H_m^\ominus = 6\Delta_1 H_m^\ominus + 3\Delta_2 H_m^\ominus - \Delta_3 H_m^\ominus$

$= 6\times(-393\ kJ \cdot mol^{-1}) + 3\times(-285.5\ kJ \cdot mol^{-1}) - (-3269\ kJ \cdot mol^{-1}) = 54.5\ kJ \cdot mol^{-1}$。

苯的生成热相当于石墨、氢气的燃烧热减去苯的燃烧热。这说明由燃烧热来计算反应热，应该是反应物的燃烧热减去生成物的燃烧热。

可以思考一下，用燃烧热求反应热与用生成热求反应热是否矛盾呢？答案显然是否定的。

式（1-1）也可以写成如下的形式：$\Delta_r H_{298\ K}^\ominus = \Sigma(\Delta_c H_{298\ K}^\ominus)_{反应物} - \Sigma(\Delta_c H_{298\ K}^\ominus)_{生成物}$

即：$\Delta_r H_{298\ K}^\ominus = [a\Delta_c H_{298\ K}^\ominus(A) + b\Delta_c H_{298\ K}^\ominus(B)] - [g\Delta_c H_{298\ K}^\ominus(G) + d\Delta_c H_{298\ K}^\ominus(D)]$

【例 1-3】已知：金刚石的标准燃烧热 $\Delta_c H_{298\ K}^\ominus = -395.01\ kJ \cdot mol^{-1}$，石墨的标准燃烧热 $\Delta_c H_{298\ K}^\ominus = -393.13\ kJ \cdot mol^{-1}$。求：$C(石墨) = C(金刚石)$ 的 $\Delta_r H_{298\ K}^\ominus = ?$

【解析】$C(石墨)+O_2(g) = CO_2(g)$; $\Delta_c H_{298\ K}^\ominus = -393.13\ kJ \cdot mol^{-1}$

$C(金刚石)+O_2(g) = CO_2(g)$; $\Delta_c H_{298\ K}^\ominus = -395.01\ kJ \cdot mol^{-1}$

$C(石墨) = C(金刚石)$ 的 $\Delta_r H_{298\ K}^\ominus = (-393.13\ kJ \cdot mol^{-1}) - (-395.01\ kJ \cdot mol^{-1}) = +1.88\ kJ \cdot mol^{-1}$。

二、可逆反应进行的方向（ΔS，ΔH 与 ΔG）

严格地说，除了爆炸反应外，一般化学反应都有可逆性。可逆反应（或过程）总是自发地向能量降低和混乱度增加的方向进行。例如，将一盒排列整齐的棋子举至一定高度后，放手，棋子下落并散乱地撒在地面。此过程中棋子的势能降低，混乱度增加，过程是自发进行的。

量度体系内部质点的混乱度（或无序度）的热力学函数是熵（S）。物质的熵是以“在绝对零度时，任何纯净的完整晶态物质的熵为零”这一假设为依据而求得的。在 1 atm 下（通常是 298 K 时），1 mol 某物质的熵叫做该物质的标准熵，常以 $S^{\ominus}_{298\ K}$ 表示，单位为 $J\cdot mol^{-1}\cdot K^{-1}$，显然，对同一种物质来说，$S^{\ominus}_{(g)}>S^{\ominus}_{(l)}>S^{\ominus}_{(s)}$。

物质	$H_2O(g)$	$H_2O(l)$	$H_2O(s)$
$S^{\ominus}$/（$J\cdot mol^{-1}\cdot K^{-1}$）	188.7	69.96	39.33

在状态相同时，复杂分子的熵比简单分子的熵高。

物质	CH_4	C_2H_2	C_3H_8	n-C_4H_{10}	n-C_5H_{12}
$S^{\ominus}$/（$J\cdot mol^{-1}\cdot K^{-1}$）	186.15	229.49	269.81	310.03	345.40

等物质的量的混合物的熵大于纯物质的熵。

若用 $\Delta_r S$ 表示某反应（或过程）的熵变，对于有气体参加的反应，当 $\Delta n(g)=0$ 时，$\Delta_r S$ 变化很小，$\Delta n(g)>0$ 时，$\Delta_r S>0$，$\Delta n(g)<0$ 时，$\Delta_r S<0$。

物质的熵值随温度的升高而增大，随压强的增大而减小（但对固、液态物质影响很小）。

同样，对一个反应（或过程）的熵变可用类似的公式计算。对于反应：$aA+bB=\!=\!=gG+dD$，

$$\Delta_r S^{\ominus}_{298\ K}=\Sigma\gamma_i(S^{\ominus}_{i,298\ K}) \qquad (1\text{-}2)$$

或 $\Delta_r S^{\ominus}_{298\ K}=\Sigma(S^{\ominus}_{298\ K})_{生成物}-\Sigma(S^{\ominus}_{298\ K})_{反应物}$

即：$\Delta_r S^{\ominus}_{298\ K}=[gS^{\ominus}_{298\ K}(G)+dS^{\ominus}_{298\ K}(D)]-[aS^{\ominus}_{298\ K}(A)+bS^{\ominus}_{298\ K}(B)]$

由前面的例题可见，化学反应（或过程）的自发进行不仅与能量（$\Delta_r H$）变化有关，而且与熵值变化（$\Delta_r S$）有关。因此，为了方便并有一个统一的衡量标准，化学热力学中就将焓（H）与熵（S）统一起来，用一个新的热力学函数 G（吉布斯自由能）来表示，即 $G=H-TS$。在恒温条件下，$\Delta G(T)=\Delta H(T)-T\Delta S(T)$，此式称为吉布斯 - 亥姆霍兹公式 (Gibbs-Helmholtz equation)，ΔG 表示反应（或过程）的自由能变。

在 298 K、1.01×10^2 kPa 下，对于一个化学反应：$\Delta_r H^{\ominus}_{m,T\,K}\approx\Delta_r H^{\ominus}_{m,298\ K}$，$\Delta_r S^{\ominus}_{m,T\,K}\approx\Delta_r S^{\ominus}_{m,298\ K}$，故：

$$\Delta_r G^{\ominus}_{m,T\,K}\approx\Delta_r H^{\ominus}_{m,298\ K}-T\Delta_r S^{\ominus}_{m,298\ K} \qquad (1\text{-}3)$$

因此，根据吉布斯 - 亥姆霍兹公式，利用表中 $\Delta_f H_{298\ K}$ 和 $S_{298\ K}$ 数据，即可计算出任一温度时反应的 $\Delta_r G_{T\,K}$。

与标准生成焓相似，在 1 atm 下（通常是在 298 K）由稳定态单质生成 1 mol 纯化合物时反应的自由能变，叫该物质的标准生成自由能，以 $\Delta_f G^{\ominus}_{298\ K}$ 表示。同样，在 298 K 时，对一个反应（或过程）的自由能变也可用如下的公式计算。对于反应：$aA+bB=\!=\!=gG+dD$

$$\Delta_r G^{\ominus}_{298\ K} = \Sigma\gamma_i(\Delta_f G^{\ominus}_{i,298K}) \tag{1-4}$$

或：$\Delta_r G^{\ominus}_{298\ K} = \Sigma(\Delta_f G^{\ominus}_{298\ K})_{生成物} - \Sigma(\Delta_f G^{\ominus}_{298\ K})_{反应物}$

即：$\Delta_r G^{\ominus}_{298\ K} = [g\Delta_f G^{\ominus}_{298\ K}(G) + d\Delta_f G^{\ominus}_{298\ K}(D)] - [a\Delta_f G^{\ominus}_{298K}(A) + b\Delta_f G^{\ominus}_{298\ K}(B)]$

如前所述，可逆反应（或过程）总是自发地趋向于能量降低（即 $\Delta_r H$ 为负）和混乱度增大（即 $\Delta_r S$ 为正）的方向进行，因此，根据吉布斯 - 亥姆霍兹公式：$\Delta_r G(T) = \Delta_r H(T) - T\Delta_r S(T)$，此时 $\Delta_r G$ 应为负，因此我们可以说，当可逆反应（或过程）的 $\Delta_r G<0$ 时，反应是自发进行的。因此，$\Delta_r G$ 可以作为反应（或过程）自发进行的统一衡量标准。通常在恒温恒压情况下：

$\Delta_r G < 0$，反应（或过程）自发进行；

$\Delta_r G = 0$，反应（或过程）处于平衡状态；

$\Delta_r G > 0$，反应（或过程）非自发进行（逆反应自发进行）；

显然，由吉布斯 - 亥姆霍兹公式可以得出表 1-1 中的结论：

表 1-1　热力学函数与反应方向关系

ΔH	ΔS	$\Delta G = \Delta H - T\Delta S$	反应方向
−	+	永远为负	在任何温度下，向正反应方向进行
+	−	永远为正	在任何温度下，向逆反应方向进行
+	+	$T<\frac{\Delta H}{\Delta S}$时，$\Delta G$ 为正	低温时（$T<\frac{\Delta H}{\Delta S}$），向逆反应方向进行
		$T>\frac{\Delta H}{\Delta S}$时，$\Delta G$ 为负	高温时（$T>\frac{\Delta H}{\Delta S}$），向正反应方向进行
−	−	$T<\frac{\Delta H}{\Delta S}$时，$\Delta G$ 为负	低温时（$T<\frac{\Delta H}{\Delta S}$），向正反应方向进行
		$T>\frac{\Delta H}{\Delta S}$时，$\Delta G$ 为正	高温时（$T>\frac{\Delta H}{\Delta S}$），向逆反应方向进行

吉布斯 - 亥姆霍兹公式可以解决以下几个问题：

① 可以求化学反应转向温度（$T_{转}$）。对于 ΔH 与 ΔS 符号相同的情况，当改变反应温度时，存在从自发到非自发（或从非自发到自发）的转变，把这个转变温度称为转向温度。令 $\Delta G=0$，则 $\Delta G = \Delta H - T\Delta S = 0$，则$\frac{\Delta H}{\Delta S} = T_{转}$。在标准状态下，$T_{转} \approx \frac{\Delta_r H^{\ominus}_{m,298\ K}}{\Delta_r S^{\ominus}_{m,298\ K}}$。

【例 1-4】 已知：$SO_3(g)$ + $CaO(s)$ ══ $CaSO_4(s)$

	$SO_3(g)$	$CaO(s)$	$CaSO_4(s)$
$\Delta_f H^{\ominus}_{m,298\ K}/(kJ \cdot mol^{-1})$	−395.72	−635.09	−1434.11
$S^{\ominus}_{m,298\ K}/(J \cdot mol^{-1} \cdot K^{-1})$	256.65	39.75	106.69

求该反应的转向温度。

【解析】$\Delta_r H_m^\ominus = \Delta_f H^\ominus_{m,CaSO_4(s)} - \Delta_f H^\ominus_{m,CaO(s)} - \Delta_f H^\ominus_{m,SO_3(g)}$

$= -1434.11\ kJ\cdot mol^{-1} - (-635.09\ kJ\cdot mol^{-1}) - (-395.72\ kJ\cdot mol^{-1})$

$= -403.3\ kJ\cdot mol^{-1}$

$\Delta_r S_m^\ominus = S^\ominus_{m,CaSO_4(s)} - S^\ominus_{m,CaO(s)} - S^\ominus_{m,SO_3(g)} = 106\ J\cdot mol^{-1}\cdot K^{-1} - 39.75\ J\cdot mol^{-1}\cdot K^{-1} - 256.65\ J\cdot mol^{-1}\cdot K^{-1} = -189.71\ J\cdot mol^{-1}\cdot K^{-1}$

转向温度 $T_{转} = \Delta_r H^\ominus_{m,298\ K} / \Delta_r S^\ominus_{m,298\ K} = \dfrac{-403.3}{-0.1897}\ K = 2123\ K$。

$\Delta_r H_m^\ominus < 0$，$\Delta_r S_m^\ominus < 0$，该反应是低温自发的，即在 2126 K 以下，该反应是自发的。

该反应可用于环境保护，煤中的硫燃烧生成 SO_2，SO_2 经过进一步氧化变成 SO_3。在煤中加入适当生石灰，在低于 2126 K 时，自发生成 $CaSO_4$，从而把 SO_3 固定在煤渣中，消除了 SO_3 对空气的污染。

② 若一个反应熵变化很小（指绝对值），而且反应又在常温下进行，则吉布斯方程中 $T\Delta S$ 一项与 ΔH 相比可以忽略，即 $\Delta G \approx \Delta H$。此时可以直接利用 ΔH 来判断化学反应方向。许多反应都属于这种情况，因此这对判断化学反应朝哪个方向进行带来很大的方便。如下面两个反应均为 $\Delta H : < 0$，$\Delta S \approx 0$，常温下能自发进行：

$Zn(s) + CuSO_4(aq) \xlongequal{\quad} ZnSO_4(aq) + Cu(s)$，$C(石墨, s) + O_2(g) \xlongequal{\quad} CO_2(g)$

所以许多放热反应是自发的，其原因也在于此。

③ 非标准状态下的自由能变化（ΔG）（自由焓变）

非标准状态下的自由焓变可由范特霍夫（Van't Hoff）等温方程式表示：

$$\Delta_r G_{m,T} = \Delta_r G^\ominus_{m,T} + RT\ln Q$$

式中 Q 称为反应商，它是各生成物相对分压（对气体）或相对浓度（对溶液）的相应次方的乘积与各反应物的相对分压（对气体）或相对浓度（对溶液）的相应次方的乘积之比。若反应中有纯固体及纯液体，则其浓度以 1 表示。例如，对于化学反应 $a\mathrm{A(aq)} + b\mathrm{B(l)} \xlongequal{\quad} d\mathrm{D(g)} + e\mathrm{E(s)}$：

$$Q = \frac{\left(\dfrac{p_D}{p^\ominus}\right)^d \times 1}{\left(\dfrac{c_A}{c^\ominus}\right)^a \times 1}$$

【例 1-5】已知反应：$N_2(g) + 3H_2(g) \xlongequal{\quad} 2NH_3(g)$，$\Delta_f G^\ominus_{m,298K(NH_3,g)} = -16.48\ kJ\cdot mol^{-1}$。试问：在 $p(N_2) = 100\ kPa$、$p(H_2) = p(NH_3) = 1\ kPa$、$T = 298\ K$ 时，合成氨反应是否自发？

【解析】$\Delta_r G^{\ominus}_{m,298K} = 2\Delta_f G^{\ominus}_{m,298K} = 2\times(-16.48\ kJ\cdot mol^{-1}) = -32.96\ kJ\cdot mol^{-1}$

由 Van't Hoff 方程：$\Delta_r G_{m,298\ K} = \Delta_r G^{\ominus}_{m,298\ K} + RT\ln Q$，

$$而\ln Q = \ln\frac{\left(\frac{p_{NH_3}}{p^{\ominus}}\right)^2}{\left(\frac{p_{N_2}}{p^{\ominus}}\right)\left(\frac{p_{H_2}}{p^{\ominus}}\right)^3} = \ln\frac{\left(\frac{1}{100}\right)^2}{\left(\frac{100}{100}\right)\left(\frac{1}{100}\right)^3} = 4.606$$

$\Delta_r G_{m,298\ K} = -32.96\ kJ\cdot mol^{-1} + 8.314\times10^{-3}\times298\times4.606\ kJ\cdot mol^{-1} = -21.55\ kJ\cdot mol^{-1} < 0$

该条件下合成氨反应是自发的。

值得注意的是，标准生成焓 $\Delta_f H^{\ominus}_{m,298\ K}$ 和标准生成自由能 $\Delta_f G^{\ominus}_{m,298\ K}$ 具有不同的参比状态。前者是以 $p^{\ominus}$，298 K 下稳定单质的生成焓为零作标准；而后者是以 $p^{\ominus}$，298 K 下稳定单质的生成自由能为零作标准的。它们之间存在的函数关系为：

$$\Delta_r G^{\ominus}_{m,298\ K} = \Delta_r H^{\ominus}_{m,298\ K} - 298\ K\times\Delta_r S^{\ominus}_{m,298\ K}$$

因此对于同一反应，各反应物和生成物必须采用同一标准，或选 $\Delta_f H^{\ominus}_{m,298\ K}$，或选 $\Delta_f G^{\ominus}_{m,298\ K}$，而不能混用，因为所选参比状态不同是不能进行比较和运算的。

【典型赛题赏析】

【赛题 1】（2002 年冬令营全国决赛题）磁冰箱的概念形成于 6 年前，美国、中国、西班牙、荷兰和加拿大都进行了研究，磁冰箱的最低制冷温度已达 −140 ℃，能量利用率已比传统冰箱高$\frac{1}{3}$。1997 年，美国 Ames 实验室设计出磁冰箱原型，其制冷装置可简单地用下图表示：

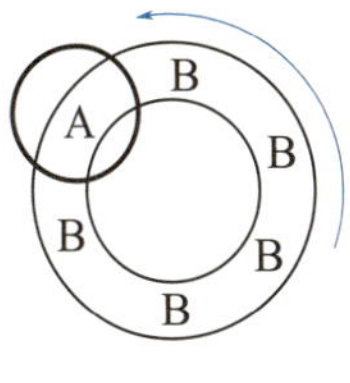

一转轮满载顺磁性物质，高速旋转，其一侧有一强大磁场，顺磁性物质转入磁场为状态 A，转出磁场为状态 B，即：

A ↑↑↑↑↑↑ ⇌ B ↗↖↓↘↑↙

“↑”表示未成对电子

回答下列问题：

（1）用热力学基本状态函数的变化定性地解释：磁制冷物质发生 A↔B 的状态变化为什么会引起冰箱制冷？不要忘记指出磁场是在冰箱内还是在冰箱外。

（2）Ames 实验室的磁致冷物质最早为某金属 M，后改为其合金，以 $M_5(Si_xGe_{1-x})_4$ 为通式，最近又研究了以 MA_2 为通式的合金，A 为铝、钴或镍。

根据原子结构理论，最优选的 M 应为元素周期系第几号元素？为什么？（可不写出该元素的中文名称和元素符号）

【解析】（1）B 至 A，体系的混乱程度降低，$\Delta S<0$，$T\Delta S<0$，需要外界对体系做功，因此是一个典型的吸热过程；反之放热。考虑到冰箱工作时冰箱内温度不断在下降，因此，冰箱内发生的是吸热过程，所以，磁场应该放在冰箱外。

（2）M 为第 64 号元素（Gd），因其基态电子组态为［Xe］$4f^7 5d^1 6s^2$，未成对电子最多。

说明：由于竞赛大纲未要求稀土元素，也未对不符合构造原理的元素提出要求，因此，答其他镧系元素，如 63 号（Eu）等也得满分，按构造原理应该能写出 63 号（Eu）元素［Xe］$4f^7 6s^2$ 的电子构型。

【赛题 2】（1991 年冬令营全国决赛题）在自然界中某些物理量之间的联系均是以对数形式出现，它们有很多相似之处。如：

① Boltzmann 分布方程为$\ln\dfrac{p_1}{p_2}=\dfrac{\overline{M}g(h_2-h_1)}{RT}$(1)，该式是大气压强随高度等温变化公式。式中 p_1、p_2 表示在高度为 h_1、h_2 处时气体的压强；M 为气体的平均摩尔质量；g 为重力加速度 9.80 m • s^{-2}；R 为气体常数 8.314 J • mol^{-1} • K^{-1}；T 为热力学温度。

② Clapeyron-Clausius 公式为 $\ln\dfrac{p_2}{p_1}=\dfrac{\Delta_r H_m(T_2-T_1)}{RT_1T_2}$(2)，这是液体蒸气压随温度变化的公式。$T_2$、$T_1$ 时液体蒸气压为 p_2、p_1；$\Delta_r H_m$ 为液体的摩尔汽化热，被近似看作定值，如水的 $\Delta_r H_m(H_2O,l)=44010$ J • mol^{-1}。

③ Arrhenius 公式为$\ln\dfrac{k_2}{k_1}=\dfrac{E(T_2-T_1)}{RT_1T_2}$(3)，反应速率常数随温度变化的公式中，$T_2$、$T_1$ 时反应速率常数为 k_2、k_1；E 为反应活化能，被近似看成定值。

④ 一级反应速率公式为$\ln\dfrac{c_2}{c_1}=-k(t_2-t_1)$(4)，$c_2$、$c_1$ 表示在时间为 t_2、t_1 时反应物的浓度，k 为一级反应的速率常数。

根据以上知识计算下列问题：

已知鸡蛋中蛋白的热变作用为一级反应，反应活化能 $E=85$ kJ • mol^{-1}。于海平面处在沸水中煮熟一个鸡蛋需 10 min。现有一登山队员攀登上珠穆朗玛峰（海拔 8848 m）后在山顶上用水煮鸡蛋。请问煮熟一个鸡蛋需多少分钟？（设①空气中 80.0% 为 N_2、20.0% 为 O_2；②从海平面到山顶气温均为 25 ℃。）

【解析】8848 m 处气体平均摩尔质量：$\overline{M}=0.800\times28\times10^{-3}\ \text{kg}\cdot\text{mol}^{-1}+0.200\times32\times10^{-3}\ \text{kg}\cdot\text{mol}^{-1}=28.8\times10^{-3}\ \text{kg}\cdot\text{mol}^{-1}$。设海平面和 8848 m 处气体压强分别为 p_1 和 p_2。

$h_2-h_1=8848\ \text{m}$，$g=9.80\ \text{m}\cdot\text{s}^{-2}$，$T=298.2\ \text{K}$，$R=8.314\ \text{J}\cdot\text{mol}^{-1}\cdot\text{K}^{-1}$，$p_1=p_0$（标准大气压 atm，1 atm = 101.325 kPa）。

根据 Boltzmann 分布方程得$\ln\dfrac{p_0}{p_2}=\dfrac{28.8\times10^{-3}\ \text{kg}\cdot\text{mol}^{-1}\times9.80\ \text{m}\cdot\text{s}^{-2}\times8848\ \text{m}}{8.314\ \text{J}\cdot\text{mol}^{-1}\cdot\text{K}\times298.2\ \text{K}}$ $=1.007$，得 8848 m 处气体压强：$p_2=0.365p_0$

设 8848 m 处水的沸点为 T_2，则 $p_2=0.365p_0$，$p_1=p_0$，$T_1=373.2\ \text{K}$，$\Delta_rH_m(H_2O,l)=44010\ \text{J}\cdot\text{mol}^{-1}$，根据 Clapeyron-Clausius 公式得

$\ln\dfrac{0.365p_0}{p_0}=\dfrac{44010\ \text{J}\cdot\text{mol}^{-1}(T_2-373.2\text{K})}{8.314\ \text{J}\cdot\text{mol}^{-1}\cdot\text{K}^{-1}\times373.2\text{K}\times T_2}$，由此得 $T_2=348.5\ \text{K}$。由于 $E=85000\ \text{J}\cdot\text{mol}^{-1}$，根据 Arrhenius 公式得在两处反应速率之比：$\ln\dfrac{k_2}{k_1}=\dfrac{85000\ \text{J}\cdot\text{mol}^{-1}(348.5\ \text{K}-373.2\ \text{K})}{8.314\ \text{J}\cdot\text{mol}^{-1}\cdot\text{K}^{-1}\times373.2\ \text{K}\times348.5\ \text{K}}$，即$\dfrac{k_2}{k_1}=0.143$。

设在山顶煮熟鸡蛋所需时间为 t_2，设起始时（$t=0$）蛋白浓度为 c_0，则由④式得 $\ln\dfrac{c}{c_0}=-kt$，因煮熟鸡蛋蛋白浓度相同，即 $\ln\dfrac{c}{c_0}$值相同，所以$\dfrac{t_1}{t_2}=\dfrac{k_2}{k_1}$，令 $t_1=10\ \text{min}$，得 $t_2=70\ \text{min}$。

【赛题 3】（2004 年冬令营全国决赛题）车载甲醇质子交换膜燃料电池（PEMFC）将甲醇蒸气转化为氢气的工艺有两种：（i）水蒸气变换（重整）法；（ii）空气氧化法。两种工艺都得到副产品 CO。

（1）分别写出这两种工艺的化学方程式，通过计算，说明这两种工艺的优缺点。有关资料（298.15 K）列于下表。

物质的热力学数据

物质	$\Delta_fH_m^\ominus/(\text{kJ}\cdot\text{mol}^{-1})$	$S_m^\ominus/(\text{J}\cdot\text{K}^{-1}\cdot\text{mol}^{-1})$
$CH_3OH(g)$	−200.66	239.81
$CO_2(g)$	−393.51	213.64
$CO(g)$	−110.52	197.91
$H_2O(g)$	−241.82	188.83
$H_2(g)$	0	130.59

（2）上述两种工艺产生的少量 CO 会吸附在燃料电池的 Pt 或其他贵金属催化剂表面，阻碍 H_2 的吸附和电氧化，引起燃料电池放电性能急剧下降，为此，

开发了除去 CO 的方法。现有一组实验结果（500 K）如下表。

实验结果$CO(g)+\frac{1}{2}O_2(g) \longrightarrow CO_2(g)$

$p(CO)/p^{\ominus}$	$p(O_2)/p^{\ominus}$	$r(CO)$/CO 分子数（Ru 活性位 · s）$^{-1}$
0.005	0.01	20.5
0.010	0.01	7.0
0.017	0.01	5.0
0.048	0.01	2.0
0.080	0.01	1.1
0.01	0.010	7
0.01	0.070	50
0.01	0.090	65
0.01	0.12	80

表中 $p(CO)$、$p(O_2)$ 分别为 CO 和 O_2 的分压；$r(CO)$ 为以每秒每个催化剂 Ru 活性位上所消耗的 CO 分子数表示的 CO 的氧化速率。

① 求催化剂 Ru 上 CO 氧化反应分别对 CO 和 O_2 的反应级数（取整数），写出速率方程。

② 固体 Ru 表面具有吸附气体分子的能力，但是气体分子只有碰到空活性位才可能发生吸附作用。当已吸附分子的热运动的动能足以克服固体引力场的势垒时，才能脱附，重新回到气相。假设 CO 和 O_2 的吸附与脱附互不影响，并且表面是均匀的，以 θ 表示气体分子覆盖活性位的百分数（覆盖度），则气体的吸附速率与气体的压力成正比，也与固体表面的空活性位数成正比。

研究提出 CO 在 Ru 上的氧化反应的一种机理如下：

$$CO+M \underset{k(CO),des}{\overset{k(CO),des}{\rightleftharpoons}} OC-M$$

$$O_2+2M \xrightarrow{k(O_2),des} 2O-M$$

$$OC-M+O-M \longrightarrow CO_2+2M$$

其中 $k_{ads}(CO)$、$k_{des}(CO)$ 分别为 CO 在 Ru 的活性位上的吸附速率常数和脱附速率常数，$k_{ads}(O_2)$ 为 O_2 在 Ru 的活性位上的吸附速率常数。M 表示 Ru 催化剂表面上的活性位。CO 在 Ru 表面活性位上的吸附比 O_2 的吸附强得多。

试根据上述反应机理推导 CO 在催化剂 Ru 表面上氧化反应的速率方程（不考虑 O_2 的脱附；也不考虑产物 CO_2 的吸附），并与实验结果比较。

（3）有关物质的热力学函数（298.15 K）如下表：

物质	$\Delta_f H_m^{\ominus}/(kJ \cdot mol^{-1})$	$S_m^{\ominus}/(J \cdot K^{-1} \cdot mol^{-1})$
H_2 (g)	0	130.59
O_2(g)	0	205.03
H_2O (g)	−241.82	188.83
H_2O (l)	−285.84	69.94

在373.15 K，100 kPa下，水的蒸发焓$\Delta_{vap}H_m^{\ominus}=40.64\ kJ \cdot mol^{-1}$，在298.15～373.15 K间水的等压热容为$75.6\ J \cdot K^{-1} \cdot mol^{-1}$。

① 将上述工艺得到的富氢气体作为质子交换膜燃料电池的燃料。燃料电池的理论效率是指电池所能做的最大电功相对于燃料反应焓变的效率。在298.15 K，100 kPa下，当1 mol H_2燃烧分别生成$H_2O(l)$和$H_2O(g)$时，计算燃料电池工作的理论效率，并分析两者存在差别的原因。

② 若燃料电池在473.15 K、100 kPa下工作，其理论效率又为多少（可忽略焓变和熵变随温度的变化）？

③ 说明①和②中的同一反应有不同理论效率的原因。

【解析】（1）甲醇水蒸气变换（重整）的化学反应方程式为

$$CH_3OH(g)+H_2O(g) = CO_2(g)+3H_2(g) \quad ①$$

甲醇部分氧化的化学反应方程式为

$$CH_3OH(g)+\frac{1}{2}O_2(g) = CO_2(g)+2H_2(g) \quad ②$$

以上两种工艺都有如下副反应：

$$CO_2(g)+H_2(g) = CO(g)+H_2O(g) \quad ③$$

反应①、②的热效应分别为

$\Delta_f H_m^{\ominus}$ ①$=(-393.51+200.66+241.82)\ kJ \cdot mol^{-1}=48.97\ kJ \cdot mol^{-1}$

$\Delta_f H_m^{\ominus}$ ②$=(-393.51+200.66)\ kJ \cdot mol^{-1}=-192.85\ kJ \cdot mol^{-1}$

上述热力学计算结果表明，反应①吸热，需要提供一个热源，这是其缺点；反应①的H_2收率高，这是其优点。反应②放热，可以自行维持，此为优点；反应②的H_2收率较低，且会被空气（一般是通入空气进行氧化重整）中的N_2所稀释，因而产品中的H_2浓度较低，此为其缺点。

（2）① CO的氧化反应速率可表示为$r(CO)=-\frac{dp(CO)}{dt}=kp^{\alpha}(CO)p^{\beta}(O_2)$ ④

将式④两边取对数，有 $\ln r(CO)=\ln k+\alpha \ln p(CO)+\beta \ln p(O_2)$

将题给资料分别作 $\ln r(CO) \sim \ln p(CO) \sim \ln p(O_2)$ 图，得两条直线，其斜率分别为$\alpha \approx -1$、$\beta \approx 1$。

另解：pCO 保持为定值时，将两组实验资料 [r(CO)、$p(O_2)$] 代入式④，可求得一个 β 值，将不同组合的两组实验资料代入式④，即可求得几个 β 值，取其平均值，得 $\beta \approx 1$；

同理，在保持 $p(O_2)$ 为定值时，将两组实验资料 [r(CO), p(CO)] 代入式④，可求得一个 α 值，将不同组合的两组实验资料代入式④，即可求得几个 α 值，取其平均值，得 $\alpha \approx -1$；

因此该反应对 CO 为负一级反应，对 O_2 为正一级反应，速率方程为 $-\dfrac{\mathrm{d}p(\mathrm{CO})}{\mathrm{d}t} = kp(O_2)/p(\mathrm{CO})$。② 在催化剂表面，各物质的吸附或脱附速率为

$$r_{\mathrm{ads}}(\mathrm{CO}) = k(\mathrm{CO})_{\mathrm{ads}}p(\mathrm{CO})\theta_V \quad ⑤$$

$$r_{\mathrm{ads}}(O_2) = k_{\mathrm{ads}}(O_2)p(O_2)\theta_V \quad ⑥$$

$$r_{\mathrm{des}}(\mathrm{CO}) = k_{\mathrm{des}}(\mathrm{CO})\theta(\mathrm{CO}) \quad ⑦$$

式中 θ_V, θ(CO) 分别为催化剂表面的空位分数、催化剂表面被 CO 分子占有的分数。表面物种 O-M 达平衡、OC-M 达吸附平衡时，有：

$$r(CO_2) = 2r_{\mathrm{ads}}(O_2) \quad ⑧$$

$$\theta_V = k_{\mathrm{CO,des}}\theta(\mathrm{CO}) / \left[k_{\mathrm{CO,ads}}p(\mathrm{CO})\right] \quad ⑨$$

于是，有：$r(CO_2) = 2k_{\mathrm{ads}}(O_2)p(O_2)\theta_V = 2k_{\mathrm{ads}}(O_2)p(O_2)k_{\mathrm{des}}(\mathrm{CO})\theta(\mathrm{CO})/$
$\left[k_{\mathrm{ads}}(\mathrm{CO})p(\mathrm{CO})\right]$ ⑩

令 $k = 2k_{\mathrm{ads}}(O_2)k_{\mathrm{des}}(\mathrm{CO}) / k_{\mathrm{ads}}(\mathrm{CO})$

k 为 CO 在催化剂 Ru 活性位的氧化反应的表观速率常数。

由于 CO 在催化剂表面吸附很强烈，即有 $\theta(\mathrm{CO}) \approx 1$，在此近似下，由式⑩得到：

$$r(\mathrm{CO}) = r(CO_2) = \frac{kp(O_2)}{p(\mathrm{CO})}$$

上述导出的速率方程与实验结果一致。

另解：CO 和 O_2 吸附于催化剂 Ru 的活性位上，吸附的 CO 与吸附的 O_2 之间的表面反应为速率控制步骤，则可推出下式：

$$r(\mathrm{CO}) = \frac{kp(O_2)p(\mathrm{CO})}{[1 + k(\mathrm{CO})p(\mathrm{CO}) + k(O_2)p(O_2)]^2}$$

上式中的 k、k(CO)、$k(O_2)$ 是包含 k_{ads}(CO)、$k_{\mathrm{ads}}(O_2)$、k_{des}(CO) 等参数的常数。

根据题意，在 Ru 的表面上，CO 的吸附比 O_2 的吸附强得多，则有：

$$k(O_2)p(O_2) \approx 0，k(\mathrm{CO})p(\mathrm{CO}) \gg 1$$

于是上式可简化为式 $r(CO)=r(CO_2)=\dfrac{kp(O_2)}{p(CO)}$，即：$r(CO)=\dfrac{kp(O_2)}{p(CO)}$。（按上述推导，同样给分）

（3）① $H_2(g)+\frac{1}{2}O_2(g) \longrightarrow H_2O(l)$ ①

298.15 K 时上述反应的热力学函数变化为

$\Delta_r H_m^{\ominus}① = -285.84\ kJ \cdot mol^{-1}$

$\Delta_r S_m^{\ominus}① = (69.94-130.59-\dfrac{205.03}{2})\ J \cdot K^{-1} \cdot mol^{-1} = -163.17\ J \cdot K^{-1} \cdot mol^{-1}$

$\Delta_r G_m^{\ominus}① = \Delta_r H_m^{\ominus}① - T\Delta_r S_m^{\ominus}①$

$= (-285.84+298.15\times163.17\times10^{-3})kJ \cdot mol^{-1} = -237.19\ kJ \cdot mol^{-1}$

燃料电池反应①的理论效率为 $\eta① = \dfrac{\Delta_r G_m^{\ominus}①}{\Delta_r H_m^{\ominus}①} = 83.0\%$；

$$H_2(g)+\frac{1}{2}O_2(g) \longrightarrow H_2O(g) \qquad ②$$

反应②的热力学函数变化为 $\Delta_r H_m^{\ominus}② = -241.82\ kJ \cdot mol^{-1}$

$\Delta_r S_m^{\ominus}② = (188.83-130.59-\dfrac{205.03}{2})J \cdot K^{-1} \cdot mol^{-1} = -44.28\ J \cdot K^{-1} \cdot mol^{-1}$

$\Delta_r G_m^{\ominus}② = \Delta_r H_m^{\ominus}② - T\Delta_r S_m^{\ominus}② = (-241.83+298.15\times44.28\times10^{-3})kJ \cdot mol^{-1}$

$= -228.63\ kJ \cdot mol^{-1}$

燃料电池反应②的理论效率为 $\eta② = \dfrac{\Delta_r G_m^{\ominus}②}{\Delta_r H_m^{\ominus}②} = 94.5\%$；

两个反应的 $\Delta_r G_m^{\ominus}①$ 与 $\Delta_r G_m^{\ominus}②$ 相差不大，即它们能输出的最大电能相近；然而，这两个反应的焓变 $\Delta_r H_m^{\ominus}①$ 与 $\Delta_r H_m^{\ominus}②$ 相差大，有：

$\Delta\Delta H = \Delta_r H_m^{\ominus}② - \Delta_r H_m^{\ominus}① = 44.01\ kJ \cdot mol^{-1}$

上述焓变差 $\Delta\Delta H$ 恰好近似为如图所示流程的焓变：

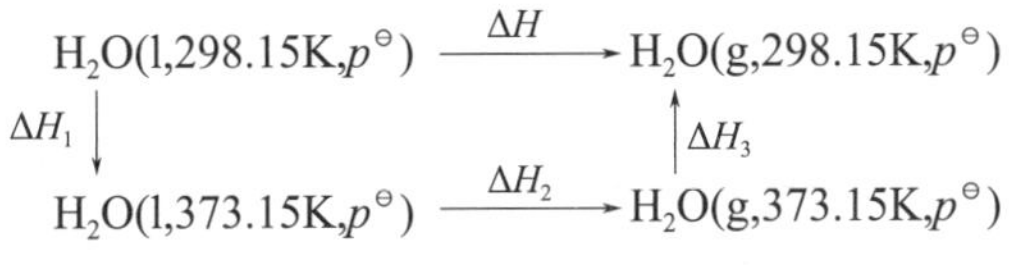

$\Delta H = 40.64\ kJ \cdot mol^{-1}$

上述结果表明，由于两个燃烧反应的产物不同，所释放的热能（焓变）也不同，尽管其能输出的最大电能相近，但其燃料电池的理论效率仍然相差较大。

②在 473.15 K 下，对于反应②，有：

$\Delta_r H_m^{\ominus}② = -241.82\ kJ \cdot mol^{-1}$

$\Delta_r S_m^{\ominus}② = -44.28\ J \cdot K^{-1} \cdot mol^{-1}$

$\Delta_r G_m^\ominus$ ② $= \Delta_r H_m^\ominus$ ② $- T\Delta_r S_m^\ominus$ ② $= -220.88\ \text{kJ} \cdot \text{mol}^{-1}$

$$\eta ② = \frac{\Delta_r G_m^\ominus ②}{\Delta_r H_m^\ominus ②} = 91.3\%$$

③比较①和②的计算结果，说明燃料电池的理论效率是随其工作温度而变化的，随着温度降低，其理论效率升高。反应的 $\Delta_r G_m^\ominus$ 随温度而变化，$\Delta_r G_m^\ominus$ 随温度的变化主要是由 $T\Delta_r S_m^\ominus$ 的变化引起的。

【赛题 4】（2002 年冬令营全国决赛题）

（1）今有两种燃料，甲烷和氢气，设它们与氧气的反应为理想燃烧，利用下列 298 K 的数据（设它们与温度无关）分别计算按化学计量比发生的燃烧反应所能达到的最高温度。

	$O_2(g)$	$H_2(g)$	$CH_4(g)$	$CO_2(g)$	$H_2O(l)$	$H_2O(g)$
$\Delta_f H_m^\ominus/(\text{kJ} \cdot \text{mol}^{-1})$	0	0	−74.81	−393.5	−285.8	−241.8
$S_B^\ominus/(\text{J} \cdot \text{K}^{-1} \cdot \text{mol}^{-1})$	205.1	130.7	186.3	213.6	69.9	188.8
$C_p^\ominus(\text{B})/(\text{J} \cdot \text{K}^{-1} \cdot \text{mol}^{-1})$	29.4	28.8	35.5	37.1	75.3	33.6

火箭所能达到的最大速度与喷气速度及火箭结构有关，由此可得到如下计算火箭推动力 I_{sp} 的公式：

$$I_{sp} = \frac{K\bar{C}_p T}{M}$$

式中，T 和 C_p 分别为热力学温度和平均等压摩尔热容，K 为与火箭结构有关的特性常数。

（2）请问：式中的 M 是一个什么物理量？为什么？用上述两种燃料作为火箭燃料，以氧气为火箭氧化剂，按化学计量比发生燃烧反应，推动火箭前进，分别计算 M 值。

（3）设火箭特性常数 K 与燃料无关，通过计算说明，上述哪种燃料用作火箭燃料的性能较好？

【解析】（1）反应：$CH_4(g) + 2O_2(g) \xlongequal{\quad} CO_2(g) + 2H_2O(g)$

$\Delta_r H_m^\ominus = 2\Delta_f H_m^\ominus(H_2O,g) + \Delta_f H_m^\ominus(CO_2,g) - \Delta_f H_m^\ominus(CH_4,g) - 2\Delta_f H_m^\ominus(O_2,g)$

$= -802.3\ \text{kJ} \cdot \text{mol}^{-1}$，

$\sum C_p = 2C_p(H_2O,g) + C_p(CO_2,g) = 104.3\ \text{J} \cdot \text{K}^{-1} \cdot \text{mol}^{-1}$，

（注：此处的“mol”为［$2H_2O(g) + CO_2(g)$］粒子组合）

$$\Delta T = \frac{-\Delta_r H_m^\ominus}{\sum C_p} = 7692\ \text{K} \quad T = 298\ \text{K} + \Delta T = 7990\ \text{K}。$$

反应：$H_2(g)+\frac{1}{2}O_2(g)$ $=\!=\!=$ $H_2O(g)$

$\Delta_r H_m^\ominus = -241.8\ kJ\cdot mol^{-1}$，

$C_p = 33.6\ J\cdot K^{-1}\cdot mol^{-1}$，

$\Delta T = 7196\ K$，$T = 7494\ K$，

（2）M是平均摩尔质量，分别为$26.7\ g\cdot mol^{-1}$和$18\ g\cdot mol^{-1}$。因为气体分子动能为$\frac{1}{2}mv^2$，$m=nM$，动能一定且n一定时，M越大，速度v越小，故在I_{sp}的计算公式中M在分母中。注：式中M应为平均摩尔质量，此时，式中的热容也为平均摩尔热容（即上面算出的摩尔热容要除以总物质的量），但分子分母都除以总物质的量，相约。

（3）CH_4-O_2 $I_{sp} = K(104.3\ J\cdot mol^{-1}\cdot K^{-1}\times 7990\ K)/(44.0+2\times 18.0)g\cdot mol^{-1} = 1.0\times 10^4\ K$

H_2-O_2 $I_{sp} = K$（$33.6\ J\cdot mol^{-1}\cdot K^{-1}\times 7494\ K$）$/18.0\ g\cdot mol^{-1} = 1.4\times 10^4\ K$

H_2-O_2是性能较好的火箭燃料。

注：平均摩尔质量也可是上述数据除以总物质的量，此时，平均摩尔热容也除总物质的量，两项相约，与上述结果相同。

【赛题5】（2015年冬令营全国决赛题）反应体系为气体、催化剂为固体的异相催化反应很普遍。设气体在均匀的固体催化剂表面发生单层吸附，各吸附活性中心能量相同，忽略吸附粒子间相互作用，吸附平衡常数不随压力变化。

（1）理想气体X在180 K和3.05×10^5 Pa条件下，1 g固体的吸附量为$1.242\ cm^3$。在240 K达到相同的吸附量时，需要将压力增加到1.02 MPa。估算X在该固体表面的摩尔吸附焓变（假设此温度范围内摩尔吸附焓变为定值）。

（2）已知反应$A(g)\xrightarrow{k_2}B(g)$的反应机理为$A(g)+* \underset{k_d}{\overset{k_a}{\rightleftharpoons}} A^* \xrightarrow{k_1} B(g)+*$。其中"*"表示固体催化剂表面的活性中心。每个活性中心只能吸附一个气态分子A(g)，形成吸附态分子A^*。A^*可直接转化生成气相产物B，该表面反应为决速步骤。吸附态A^*的浓度用表面覆盖度（A^*分子所占据的活性中心个数与表面活性中心总个数之比）表示。在298 K测量$A(g)\xrightarrow{k_2}B(g)$反应速率常数$k_2$，高压下为$5\ kPa\cdot s^{-1}$，低压下为$0.1\ s^{-1}$。试计算气体A分压为50 kPa时，由A生成B的反应速率。

（3）假如产物B也发生表面吸附，反应机理变为：

$$A(g)+* \underset{k_d}{\overset{k_a}{\rightleftharpoons}} A^* \xrightarrow{k_1} B^* \underset{k_{a1}}{\overset{k_{d1}}{\rightleftharpoons}} B(g)+*$$

其中由A^*生成B^*的表面反应为决速步骤。假设k_a、k_d、k_1都和问题（2）中的相同。当产物B的分压p_B远大于p_A时，$A(g)\xrightarrow{k_3}B^*$的反应对于A来说

是一级反应，且速率常数 k_3 可表达为 p_B 的函数：$k_3=\dfrac{10}{p_B}\text{kPa}\cdot\text{s}^{-1}$。求 B(g) 在催化剂上的吸附平衡常数$K_B=\dfrac{k_{a1}}{k_{d1}}$。

【解析】 这是一道典型的动力学试题，主要考查对化学动力学三大假设和反应速率计算的掌握情况。试题选取异相催化反应作为背景，在介绍相关知识的同时，也对应变能力提出相当高的要求。

（1）依照题意，可以首先写出两个温度时的平衡常数：

$K_{180\,\text{K}}=\dfrac{x}{3.5\times10^5}$，$K_{240\,\text{K}}=\dfrac{x}{10.2\times10^5}$（其中，$x$ 表示 1 g 固体吸附 1.242 cm^3 气体的一个物理量），然后就可以计算出吸附反应的焓值，即摩尔吸附焓变：

$$\ln\frac{K_{240\,\text{K}}}{K_{180\,\text{K}}}=-\frac{\Delta_r H_m^\ominus}{R}\left(\frac{1}{180\,\text{K}}-\frac{1}{240\,\text{K}}\right)\text{即}\ln\frac{10.2^{-1}}{3.5^{-1}}=-\frac{\Delta_r H_m^\ominus}{R}\left(\frac{1}{180\,\text{K}}-\frac{1}{240\,\text{K}}\right)$$

解得$\Delta_{ad}H_m^\ominus=-6.4\ \text{kJ}\cdot\text{mol}^{-1}$；

此外，也可以通过吉布斯自由能来计算摩尔吸附焓：

$$\Delta_{ad}G^\ominus_{m,180\,\text{K}}=-RT\ln K_{180\,\text{K}}=\Delta_{ad}H_m^\ominus-180\,\text{K}\times\Delta_{ad}S_m^\ominus,$$

$$\Delta_{ad}G^\ominus_{m,240\,\text{K}}=-RT\ln K_{240\,\text{K}}=\Delta_{ad}H_m^\ominus-240\,\text{K}\times\Delta_{ad}S_m^\ominus,$$

在一个较小的温度范围内，$\Delta_{ad}H_m^\ominus$和$\Delta_{ad}S_m^\ominus$都可视作是不变量。以上两式消去$\Delta_{ad}S_m^\ominus$就可计算出$\Delta_{ad}H_m^\ominus=-6.4\ \text{kJ}\cdot\text{mol}^{-1}$。

（2）首先注意题目中的几句话：

①“该表面反应为决速步骤”，在决速步骤之前的 A 的吸附和解离过程可以认为是一个快速平衡的过程。即 $r_a=r_d$。

②“吸附态 A^* 的浓度用表面覆盖度（A^* 所占据的活性中心个数与表面活性中心总个数之比）表示”。在吸附化学中，速率和表面覆盖率成正比。假如用 $\theta(A^*)$ 来表示 A^* 的表面覆盖率，则 $[1-\theta(A^*)]$ 可表示“表面未覆盖率”，那么 $r_a=k_a p(A)[1-\theta(A^*)]$，$r_d=k_d\theta(A^*)$。

③“高压下为 5 $\text{kPa}\cdot\text{s}^{-1}$，低压下为 0.1 s^{-1}”。在高压和低压下，反应速率常数不仅数值不同，单位也不同。高压下反应级数为零级，而低压下则变为一级。读者应该带着这个信息进行解题。

由速控步假设可得$\dfrac{dp(B)}{dt}=k_1\theta(A^*)$；其中 $\theta(A^*)$ 可由快速平衡假设得到，

即 $k_a p(A)[1-\theta(A^*)]=k_d\theta(A^*)$，$\theta(A^*)=\dfrac{k_a p(A)}{k_a p(A)+k_d}$

在这一步也可以得到反应的平衡常数：$K(A)=\dfrac{\theta(A^*)}{p(A)[1-\theta(A^*)]}=\dfrac{k_a}{k_d}$；

那么$\frac{dp(B)}{dt}=k_1\frac{k_a p(A)}{k_a p(A)+k_d}=k_1\frac{K(A)p(A)}{K(A)p(A)+1}$；

在高压条件下，$K(A)p(A)>1$；$\frac{dp(B)}{dt}=k_1=k_2=5\ kPa\cdot s^{-1}$；

在低压条件下，$K(A)p(A)<1$；$\frac{dp(B)}{dt}=k_1K(A)p(A)=k_2p(A)$；$K(A)=\frac{k_2}{k_1}=\frac{0.10s^{-1}}{5\ kPa\cdot s^{-1}}$；

则在 $p(A)=50$ kPa 时，$\frac{dp(B)}{dt}=k_1\frac{K(A)p(A)}{K(A)p(A)+1}=2.5\ kPa\cdot s^{-1}$；

（3）本题是（2）的扩展。但要注意的是，在这里"表面未覆盖率"为 $[1-\theta(A^*)-\theta(B^*)]$。对于两个快速平衡，有：$k_a p(A)[1-\theta(A^*)\theta(B^*)]=k_d\theta(A^*)$，$K(A)=\frac{k_a}{k_d}$，$k_{a1}p(B)[1-\theta(A^*)-\theta(B^*)]=k_{d1}\theta(B^*)$，$K(B)=\frac{k_{a1}}{k_{d1}}$，可以计算出 $\theta(A^*)$ 和 $\theta(B^*)$：$\theta(A^*)=\frac{K(A)p(A)}{K(A)p(A)+K(B)p(B)+1}$，$\theta(B^*)=\frac{K(B)p(B)}{K(A)p(A)+K(B)p(B)+1}$；

由稳态近似，有：$\frac{dp(B^*)}{dt}=k_1\theta(A^*)=k_1\frac{K(A)p(A)}{K(A)p(A)+K(B)p(B)+1}$；

又由于 $p(B)\gg p(A)$，且总反应对 A 为一级，需 $1+K(A)p(A)\ll K(B)p(B)$，因此$\frac{dp(B^*)}{dt}=k_1\frac{K(A)p(A)}{K(B)p(B)}$；

速率常数 $k_3=\frac{10}{p(B)}kPa\cdot s^{-1}$，故 $k_3=k_1\frac{K(A)p(A)}{K(B)p(B)}=\frac{10}{p(B)}kPa\cdot s^{-1}$，$K(B)=0.01\ kPa^{-1}$。

【赛题6】（1999 年冬令营全国决赛题）在含有缓冲介质的水溶液中，300 K 时，研究某无机物 A 的分解反应：

$$A(l)\longrightarrow B(g)+H_2O(l)$$

假定气态产物 B 在水中不溶，有以下实验事实：

① 固定 A 溶液上部的体积，在不同时间 t 下测定产物 B 气体的分压 p，作 $p\sim t$ 曲线，可得$\lg\left(\frac{p_\infty}{p_\infty-p}\right)=k't$，式中 p_∞ 为时间足够长时，A(l) 完全分解所产生的 B(g) 的分压，k' 为一常数。

② 改变缓冲介质，在不同的 pH 下进行实验，作 $\lg(t_{1/2})\sim$ pH 图，可得一条斜率为−1，截距为$\lg\left\{\frac{0.693}{k}\right\}$的直线。$k$ 为实验速率常数，$t_{1/2}$ 的单位为秒（s）。

请回答下列问题：

（1）从上述实验结果出发，试求该反应的实验速率方程。

（2）有人提出如下反应机理：

$$A+OH^- \underset{k_{-1}}{\overset{k_1}{\rightleftharpoons}} I+H_2O$$

$$I \xrightarrow{k_2} B+OH^-$$

式中，k_1，k_{-1}，k_2 分别为相应基元反应的速率常数，你认为上述反应机理与实验事实是否相符，为什么？

【解析】（1）根据上述实验事实，设反应的实验速率方程为 $r=k[A]^{\alpha}[H^+]^{\beta}$，由于在缓冲溶液中反应，$[H^+]$ 为常数，故可简化上式为 $r=k'[A]^{\alpha}$，$k'=k[H^+]^{\beta}$

令 $\alpha=1$，可得$\ln\left(\dfrac{[A]_0}{[A]}\right)=k't$，又 $[A]_0 \propto p_{\infty}$，$[A] \propto p_{\infty}-p$，且温度一定，比例系数 r 一定，可得：

$$\ln\left\{\frac{p_{\infty}}{p_{\infty}-p}\right\}=k't$$

与实验事实相符，可见，$\alpha=1$ 是对的；

又据准一级反应，可得：$t_{1/2}=\dfrac{\ln 2}{k'}=\dfrac{0.693}{k[H^+]^{\beta}}$；

取对数，$\lg\left(t_{\frac{1}{2}}/\mathrm{s}\right)=\lg\dfrac{0.693}{k}-\beta\lg\left[H^+\right]=\lg\dfrac{0.693}{k}+\beta \mathrm{pH}$

已知 $\lg t_{1/2}$ ～ pH 直线斜率=−1，故β=−1，则有：$\lg\left(t_{\frac{1}{2}}/\mathrm{s}\right)=\lg\dfrac{0.693}{k}-\mathrm{pH}$

与实验事实相符，由此可得该反应实验速率方程为 $r=k[A][H^+]^{-1}$；

（2）由上述反应机理知：$r=k_2[I]$ ①

应用稳态近似，$\dfrac{d[I]}{dt}=k_1[A][OH^-]-k_{-1}[H_2O][I]-k_2[I]=0$

因此$[I]=\dfrac{k_1[A][OH^-]}{k_2+k_{-1}[H_2O]}$ ②

将②式代入①式得$r=\dfrac{k_2k_1[A][OH^-]}{k_2+k_{-1}[H_2O]}$

当 $k_{-1}[H_2O] \gg k_2$ 时，则：$r=\dfrac{k_2k_1[A][OH^-]}{k_{-1}[H_2O]}$ ③

又 $K_w=\dfrac{\left[H^+\right]\left[OH^-\right]}{[H_2O]}$ ④

将④式代入③式，经整理得$r=\frac{K_w k_2 k_1[A]}{k_{-1}[H^+]}=k[A][H^+]^{-1}$，$k=K_w\ k_2\ k_1/\ k_{-1}$，可见与实验事实相符。

【赛题 7】（2009 年冬令营全国决赛题）有人用核磁共振研究卤化氢（HX）对烯烃的高压加成反应。反应式为 A＋B⟶AB（A 表示 HCl，B 表示丙烯，AB 表示加成产物 2- 氯丙烷）。反应开始时产物的起始浓度 $c_0(AB)=0$。

（1）对于 A 为 m 级，B 为 $(n-1)$ 级的反应，在较短时间间隔 Δt 内，有：$c(AB)/c(A)=kc^m(A)\ c^{n-1}(B)\Delta t$。

实验发现，上述加成反应的 $c(AB)/c(B)$ 与 $c(B)$ 无关，而且，在保持 $c(B)$ 不变的条件下，分别取 $p(A)$ 为 $9p^\ominus$、$6p^\ominus$、$3p^\ominus$（$p^\ominus=100\ kPa$）时，测得 $c(AB)/c(A)$ 值之比为 9∶4∶1，求该反应各反应物的级数和反应总级数（按理想气体处理）。

（2）以 $dc(AB)/dt$ 表示该反应速率，写出速率方程。

（3）设 $c(A)$ 为 $n\ mol\cdot L^{-1}$ 且保持不变，$c_0(B)=1\ mol\cdot L^{-1}$，$c_0(AB)=0$，写出 $c(B)=0.25\ mol\cdot L^{-1}$ 时反应所需时间的表达式。

（4）有人提出该反应的反应历程为

$$2HCl \underset{k_{-1}}{\overset{k_1}{\rightleftharpoons}} (HCl)_2$$

$$HCl+C_3H_6 \underset{k_{-2}}{\overset{k_2}{\rightleftharpoons}} C$$

$$C+(HCl)_2 \xrightarrow{k_3} CH_3CHClCH_3+2HCl$$

请根据有关假设推导出该反应的速率方程，写出表观速率系数的表达式；将速率方程及（2）的结论进行比较，说明什么问题？

（5）实验测得该反应在 70 ℃时的表观速率系数为 19 ℃时的$\frac{1}{3}$，试求算该反应的表观活化能 E_a。

【解析】（1）由题给条件可得 $c(AB)/c(B)=kc^m(A)\ c^{n-1}(B)\Delta t$，因为 $c(AB)/c(B)$ 与 $c(B)$ 无关，所以，$n-1=0$，$n=1$。在 $c(B)$ 不变时，$c(AB)/c(A)$ 正比于 $c^{m-1}(A)$，由 3 组加压力得：

$[c(AB)/c(A)]_1∶[c(AB)/c(A)]_2∶[c(AB)/c(A)]_3=[(p^{m-1}(A)]_1∶[(p^{m-1}(A)]_2∶[(p^{m-1}(A)]_3=(9∶6∶3)^{m-1}=9∶4∶1$

得：$m-1=2$，$m=3$。反应对 HCl 为 3 级，对丙烯为 1 级，总级数 4 级。

（2）$dc(AB)/dt=kc^3(A)c(B)=kc^3(HCl)\ c(C_3H_6)$

（3）$dc(AB)/dt=kc^3(A)\ c(B)=a^3kc(B)$，为一级反应

$c_0(B)=1\ mol\cdot L^{-1}$，$c_0(AB)=0$，所以，$c(B)=0.25\ mol\cdot L^{-1}$ 为第二个半衰期

一级反应的半衰期 $t_{1/2}=2\ln2/(a^3k)$，$c(B)=0.25\ mol\cdot L^{-1}$ 所需时间为 $t=2\ln2/(a^3k)$

（4）平衡假设：

$$2HCl \underset{k_{-1}}{\overset{k_1}{\rightleftharpoons}} (HCl)_2$$（快速平衡）

$$HCl + C_3H_6 \underset{k_{-2}}{\overset{k_2}{\rightleftharpoons}} C^*$$（快速平衡）

$$C^* + (HCl)_2 \xrightarrow{k_3} CH_3CHClCH_3 + 2HCl$$（决速步）

由决速步反应得 $dc(AB)/dt = k_3c(C^*)c\{(HCl)_2\}$

由第一步快速平衡反应得 $c\{(HCl)_2\} = (k_1/k_{-1})\,c^2(HCl) = K_1c^2(HCl)$

由第二步快速平衡反应得 $c(C^*) = (k_2/k_{-2})\,c(HCl)\,c(C_3H_6) = K_2c(HCl)\,c(C_3H_6)$

由以上 3 式结合可得 $dc(AB)/dt = k_3c(C^*)\,c\{(HCl)_2\} = k_3 \times [(k_1k_2)/(k_{-1}k_{-2})]c^3(HCl)\,c(C_3H_6)$

令 k(表现)$= k_3 \times [(k_1k_2)/(k_{-1}k_{-2})] = k_3K_1K_2$

反应速率方程与（2）的结论一致，说明该反应历程（机理）合理。

稳态近似处理：由于 $dc(AB)/dt = k_3c(C^*)c\{(HCl)_2\}$ ①

$$dc(C^*)/dt = k_2c(HCl)\,c(C_3H_6) - [k_{-2}c(C^*) - k_3c(C^*)]c\{(HCl)_2\} = 0$$

$$c(C^*) = \frac{k_2c(HCl)\,c(C_3H_6)}{k_{-2} + k_3c\{(HCl)_2\}} \quad ②$$

$$dc\{(HCl)_2\}/dt = k_1c^2(HCl) - k_{-1}c\{(HCl)_2\} = 0$$（快速平衡）

$$c\{(HCl)_2\} = (k_1/k_{-1})\,c^2(HCl) = K_1c^2(HCl) \quad ③$$

①②③三式结合得 $dc(AB)/dt = k_3 \times c(C^*)c\{(HCl)_2\}$

$$= \frac{k_3(k_1/k_{-1})\,c^2(HCl)\,k_2c(HCl)\,c(C_3H_6)}{k_{-2} + k_3c\{(HCl)_2\}}$$

$$= \frac{(k_1k_2k_3/k_{-1})\,c^3(HCl)\,c(C_3H_6)}{k_{-2} + k_3c\{(HCl)_2\}}$$

当 $k_{-2} \gg k_3$ 时，上式化为 $dc(AB)/dt = (k_1k_2k_3/k_{-1}k_{-2})\,c^3(HCl)\,c(C_3H_6)$。显然，可以得到同样的结果。

（5）取 $T_1 = 343.15$ K，$T_2 = 292.15$ K，由于 $k(T_2)/k(T_1) = 3$，则有

$$\ln\frac{K_2^{\ominus}}{K_1^{\ominus}} = \frac{E_a}{R}\left(\frac{T_2 - T_1}{T_2 \cdot T_1}\right)$$，即：$$\ln 3 = \frac{E_a}{8.314\text{J} \cdot \text{mol}^{-1} \cdot \text{K}^{-1}} \times \left(\frac{292.15\text{ K} - 343.15\text{ K}}{343.15\text{ K} \times 292.15\text{ K}}\right)$$

该反应的表观活化能 $E_a = -17954\text{ J} \cdot \text{mol}^{-1} = -17.95\text{ kJ} \cdot \text{mol}^{-1}$。

【赛题 8】（2006 年冬令营全国决赛题）氢气被认为是理想的能源。从绿色化学的角度来考虑，作为人类能够长久依赖的未来能源，它必须储量丰富，可再生，不会破坏环境。基于这一原则，普遍认为以植物为主的生物质资源是理想选择。乙醇可通过淀粉等生物质原料发酵制得，属于可再生资源，故通过乙醇制取氢气具有良好的应用前景。

（1）已知通过乙醇制取氢气有如下两条路线：

a．水蒸气催化重整：$CH_3CH_2OH(g)+H_2O(g)\longrightarrow 4H_2(g)+2CO(g)$

b．部分催化氧化：$CH_3CH_2OH(g)+\frac{1}{2}O_2(g)\longrightarrow 3H_2(g)+2CO(g)$

从原子利用率的角度来看，哪条路线制氢更加有利？从热力学的角度看（用下表中 298.15 K 的数据计算），哪一条路线更有利？

物质与温度	$\Delta_f H_m^\ominus/(kJ\cdot mol^{-1})$	$S_m^\ominus/(J\cdot mol^{-1}\cdot K^{-1})$
$CH_3CH_2OH(g)$, 298.15 K	−234.80	281.62
$O_2(g)$, 298.15 K	0	205.15
$H_2O(g)$, 298.15 K	−241.82	188.72
$H_2O(g)$, 973.15 K	−216.89	231.67
$H_2(g)$, 298.15 K	0	130.68
$H_2(g)$, 973.15 K	19.79	165.18
$CO(g)$, 298.15 K	−110.52	197.56
$CO(g)$, 973.15 K	−89.74	233.64
$CO_2(g)$, 298.15 K	−393.51	213.64
$CO_2(g)$, 973.15 K	−361.55	267.82

（2）最近人们又提出了如下路线：

c．催化氧化重整：$CH_3CH_2OH(g)+2H_2O(g)+1/2O_2(g)\longrightarrow 5H_2(g)+2CO_2(g)$

仅考虑 298.15 K 时的情况，请说明该路线在热力学上相对于 a、b 两条路线有哪些优势？

（3）路线 c 可看作是路线 b 反应与水煤气变换（Water-Gas Shift，WGS）反应：$CO(g)+H_2O(g)\longrightarrow CO_2(g)+H_2(g)$ 的偶合。由于路线 b 在低温下反应速率慢，乙醇利用率低，为了提高原料的反应速率，实际反应一般在 973.15 K 下进行。

① 从热力学上看，该温度是否有利于 WGS 反应？

② 应采用什么措施既能保证乙醇利用率又能充分发挥 WGS 反应的作用？

（4）水煤气变换反应在实际生产过程中需要在加压（如 6×10^5 Pa）条件下进行。简述理由。

【解析】（1）从原子利用率角度看，a 路线较为有利；

因在 a 反应中：H_2 的质量分数=4×2.02/(46.1+18.0)×100%=8.08/64.1×100%=12.6%；

在 b 反应中：H_2 的质量分数=3×2.02/(46.1+16.0)×100%=6.06/62.1×100%=9.8%；

从热力学角度看，b 路线在热力学上有利。

$$\text{a 反应：}\Delta_r G^\ominus=\Delta_r H^\ominus-T\Delta_r S^\ominus=\sum \nu\Delta_f H_m^\ominus-T\sum \nu S_m^\ominus$$

$$=[4\times0+2\times(-110.52)-(-234.80)-(-241.82)]\ kJ\cdot mol^{-1}$$

$$-298.15\times[(4\times130.68+2\times197.56-281.62-188.72)/1000]\ kJ\cdot mol^{-1}$$

$= (255.58-133.42)\ \mathrm{kJ \cdot mol^{-1}} = 122.16\ \mathrm{kJ \cdot mol^{-1}} > 0$

b 反应：$\Delta_r G^\ominus = \Delta_r H^\ominus - T\Delta_r S^\ominus = \sum \nu\Delta_f H_m^\ominus - T\sum \nu S_m^\ominus$

$= [3\times0+2\times(-110.52)-(-234.80)-0.5\times0]\ \mathrm{kJ \cdot mol^{-1}}$

$-298.15\times[(3\times130.68+2\times197.56-281.62-0.5\times205.15)/1000]\mathrm{kJ \cdot mol^{-1}}$

$=(13.76-120.14)\ \mathrm{kJ \cdot mol^{-1}} = -106.38\ \mathrm{kJ \cdot mol^{-1}} < 0$

（2）c 反应：$\Delta_r H^\ominus = \sum \nu\Delta_f H_m^\ominus = [5\times0+2\times(-393.51)]-[(-234.80)+2\times(-241.82)+0.5\times0]\ \mathrm{kJ \cdot mol^{-1}} = -68.58\ \mathrm{kJ \cdot mol^{-1}}$

$\Delta_r G^\ominus = \Delta_r H^\ominus - T\Delta_r S^\ominus$

$=\{-68.58-298.15\times[(5\times130.68+2\times213.64-281.62-2\times188.72-0.5\times205.15)/1000]\}\mathrm{kJ \cdot mol^{-1}} = (-68.58-95.12)\ \mathrm{kJ \cdot mol^{-1}} = -163.70\ \mathrm{kJ \cdot mol^{-1}} < 0$

a 反应：$\Delta_r H^\ominus = [4\times0+2\times(-110.52)-(-234.80)-(-241.82)]\ \mathrm{kJ \cdot mol^{-1}} = 255.58\ \mathrm{kJ \cdot mol^{-1}}$

b 反应：$\Delta_r H^\ominus = [3\times0+2\times(-110.52)-(-234.80)-0.5\times0]\ \mathrm{kJ \cdot mol^{-1}} = 13.76\ \mathrm{kJ \cdot mol^{-1}}$

因此 c 反应与 a、b 反应相比从吸热反应变为放热反应，反应发生无需外界提供额外的能量；c 反应 $\Delta_r G^\ominus$ 更负，则平衡常数更大。

（3）WGS 反应在 973.15 K 下，

$\Delta_r G^\ominus = \Delta_r H^\ominus - \mathrm{T}\Delta_r S^\ominus$

$=\{[-361.55+19.79-(-89.74)-(-216.89)]-973.15\times[(267.82+165.18-233.64-231.67)/1000]\}\ \mathrm{kJ \cdot mol^{-1}} = [-35.13+31.44]\ \mathrm{kJ \cdot mol^{-1}} = -3.69\ \mathrm{kJ \cdot mol^{-1}}$

在 298.15 K 下，

$\Delta_r G^\ominus = \{[-393.51+0-(-110.52)-(-241.82)]-298.15\times[(213.64+130.68-197.56-188.72)/1000]\}\ \mathrm{kJ \cdot mol^{-1}} = (-41.17+12.51)\ \mathrm{kJ \cdot mol^{-1}} = -28.66\ \mathrm{kJ \cdot mol^{-1}}$

① 高温不利于 WGS 反应的进行。

② 可将反应分为两段，氧化反应在高温下反应，WGS 反应在低温下进行，这样有利于提高氢的平衡转化率。

（4）由于反应前后气体分子数不变，加压不能改变反应平衡，但能增加单位时间产量，提高设备利用效率。

参考文献

[1] 宋天佑，程鹏，徐家宁．无机化学上册 [M]．北京：高等教育出版社，2015：55.

[2] 张灿久，杨慧仙．中学化学奥林匹克 [M]．长沙：湖南教育出版社，1998：66.

[3] 张祖德，刘双怀，郑化桂．无机化学 [M]．合肥：中国科学技术大学出版社，2001：16.

第二讲 化学反应速率

一、化学反应速率与过渡态理论

1. 化学反应速率的概念

在化学反应中，单位时间内某物质的浓度（物质的量浓度）的变化值称为该物质的反应速率。反应速率只能为正值，且并非矢量。单位为 $mol \cdot L^{-1} \cdot min^{-1}$ 等。很明显，化学反应速率可以分为平均速率（$\bar{v}=\pm\frac{\Delta c}{\Delta t}$）和瞬时速率两种。若将观察的时间间隔 Δt 缩短，它的极限是 $\Delta t \rightarrow 0$，此时的速率即为某一时刻的真实速率——瞬时速率：

$$v_{瞬时}=\lim_{\Delta t\rightarrow 0}\left(\pm\frac{\Delta c}{\Delta t}\right)=\pm\frac{\mathrm{d}c}{\mathrm{d}t} \tag{2-1}$$

对于反应 $a\,\mathrm{A}+b\,\mathrm{B}=\!=\!=g\,\mathrm{G}+h\,\mathrm{H}$ 来说，其反应速率可用下列任一表示方法表示：

$$-\frac{\mathrm{d}c(\mathrm{A})}{\mathrm{d}t},\ -\frac{\mathrm{d}c(\mathrm{B})}{\mathrm{d}t},\ \frac{\mathrm{d}c(\mathrm{G})}{\mathrm{d}t},\ \frac{\mathrm{d}c(\mathrm{H})}{\mathrm{d}t}$$

注意：这几种速率表示法不全相等，但有下列关系：

$$-\frac{1}{a}\cdot\frac{\mathrm{d}c(\mathrm{A})}{\mathrm{d}t}=-\frac{1}{b}\cdot\frac{\mathrm{d}c(\mathrm{B})}{\mathrm{d}t}=\frac{1}{g}\cdot\frac{\mathrm{d}c(\mathrm{G})}{\mathrm{d}t}=\frac{1}{h}\cdot\frac{\mathrm{d}c(\mathrm{H})}{\mathrm{d}t} \tag{2-2}$$

瞬时速率可用实验作图法求得。即将已知浓度的反应物混合，在指定温度下，每隔一定时间，连续取样分析某一物质的浓度，然后以 c–t 作图。求某一时刻时曲线的斜率，即得该时刻的瞬时速率。

2. 过渡态理论

化学反应的发生，总要以反应物之间的接触为前提，即反应物分子之间的碰撞是化学反应发生的先决条件。没有粒子间的碰撞，反应的进行则无从说起。并非每一次碰撞都发生预期的反应，只有非常少的碰撞是有效的。首先，分子无限接近时，要克服斥力，这就要求分子具有足够的运动速度，即以分子动能为主的能量。一组发生有效碰撞的反应物的分子的总能量必须具备一个最低值（达到或超过这个能量值的反应物分子，叫做活化分子）。分子不断碰撞，能量不断转移，因此，分子的能量不断变化，故活化分子也不是固定不变的。但其他条件不变时，只要温度一定，活化分子的百分数是固定的。

其次，仅具有足够能量尚不充分，分子有构型，所以碰撞方向还会有所不同，如反应 $NO_2 + CO = NO + CO_2$ 的碰撞方式有（虚线表示碰撞方向）：

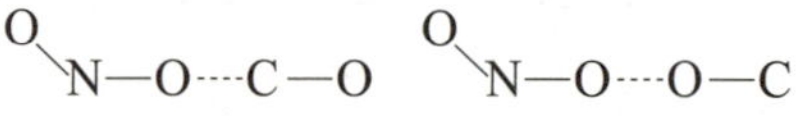

$$\underset{(a)}{\overset{O}{N}-O\cdots C-O} \qquad \underset{(b)}{\overset{O}{N}-O\cdots O-C}$$

显然，(a)种碰撞有利于反应的进行，(b)种以及许多其他碰撞方式都是无效的。

当反应物分子接近到一定程度时，分子的键连关系将发生变化，形成一种中间过渡状态，以 $NO_2 + CO = NO + CO_2$ 为例：

$$\overset{O}{N}-O+C-O \longrightarrow \overset{O}{N}\cdots O\cdots C-O$$

N—O 部分断裂，C—O 部分形成，此时分子的能量主要表现为势能。

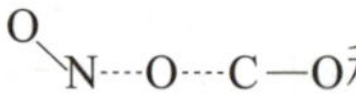

$\overset{O}{N}\cdots O\cdots C-O$ 称活化配合物。活化配合物能量高，不稳定。它既可以进一步发展，成为产物；也可以变成原来的反应物，这就是所谓的反应过渡态。

应用过渡态理论讨论化学反应时，可将反应过程中体系势能变化情况表示在反应进程-势能图上。

以 $NO_2 + CO = NO + CO_2$ 为例（图 2-1），反应进程可概括为：

（a）反应物体系能量升高，吸收 E_a；

（b）反应物分子接近，形成活化配合物；

（c）活化配合物分解成产物，释放能量 E_a'。

E_a 可看作正反应的活化能，是一个差值；E_a' 为逆反应的活化能。

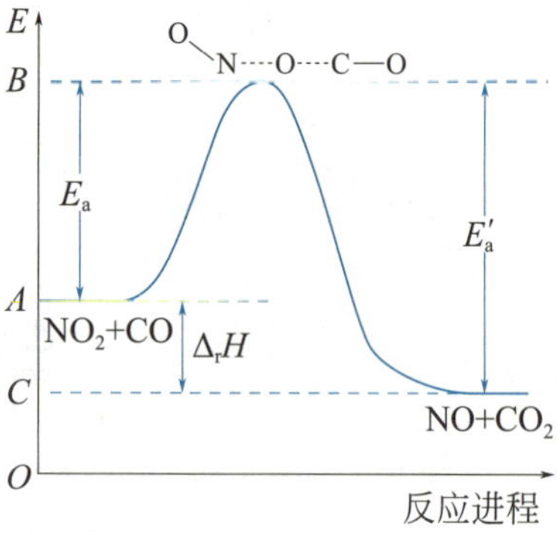

图 2-1　反应进程—势能图

A—反应物的平均能量；*B*—活化配合物的能量；*C*—产物的平均能量

① $NO_2 + CO \longrightarrow \overset{O}{N}\cdots O\cdots C-O \quad \Delta_r H_1 = E_a$

② $\overset{O}{N}\cdots O\cdots C-O \longrightarrow NO + CO_2 \quad \Delta_r H_2 = -E_a'$

由盖斯定律，①+②得 $NO_2 + CO \longrightarrow NO + CO_2$，

所以，$\Delta_r H = \Delta_r H_1 + \Delta_r H_2 = E_a - E_a'$。

若 $E_a > E_a'$，$\Delta_r H > 0$，正反应为吸热反应；若 $E_a < E_a'$，$\Delta_r H < 0$，正反应为放热反应。

$\Delta_r H$ 是热力学数据，说明反应的可能性；E_a 是决定反应速率的活化能，是现实性问题。

在过渡态理论中，E_a 和温度的关系较为明显，T 升高，反应物平均能量升

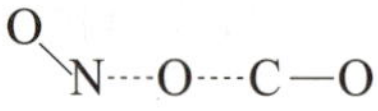

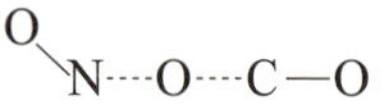

高，差值 E_a 要变小些。

影响化学反应速率的因素很多，反应速率除主要取决于反应物的性质外，外界因素也有重要作用，如浓度、温度、压强及催化剂等。

二、基元反应和非基元反应

（1）基元反应

能代表反应机理，由反应物微粒（可以是分子、原子、离子或自由基）一步直接实现的化学反应，称为基元反应或基元步骤。

（2）非基元反应

由反应物微粒经过两步或两步以上才能完成的化学反应，称为非基元反应。在非基元反应中，由一个以上基元步骤构成的反应称为复杂反应。如复杂反应 $H_2+Cl_2 = 2HCl$ 由几个基元步骤构成，它代表了该链反应的机理：

$$Cl_2+M \longrightarrow 2Cl\cdot+M$$

$$Cl\cdot+H_2 \longrightarrow HCl+H\cdot$$

$$H\cdot+Cl_2 \longrightarrow HCl+Cl\cdot$$

$$2Cl\cdot+M \longrightarrow Cl_2+M$$

式中 M 表示只参加反应物微粒碰撞而不参加反应的其他分子，如器壁，它只起转移能量的作用。

（3）反应分子数

在基元步骤中，发生反应所需的最少分子数目称为反应分子数。根据反应分子数可将反应区分为单分子反应、双分子反应和三分子反应三种，如：

单分子反应　$CH_3COCH_3 \longrightarrow CH_4+CO+H_2$

双分子反应　$CH_3COOH+C_2H_5OH \longrightarrow CH_3COOC_2H_5+H_2O$

三分子反应　$H_2+2I\cdot \longrightarrow 2HI$

反应分子数不可能为零或负数、分数，只能为正整数，且只有上面三种数值，从理论上分析，四分子或四分子以上的反应几乎是不可能存在的。反应分子数是理论上认定的微观量。

三、化学反应速率

1．化学反应速率方程与速率常数

大量实验事实表明，在一定温度下，增大反应物的浓度能够增大反应速率。那么反应速率与反应物浓度之间存在着何种定量关系呢？人们在总结大量实验结果的基础上，提出了质量作用定律：在恒温下，基元反应的速率与各种反应物浓度以反应分子数为乘幂的乘积成正比。

对于一般反应（这里指基元反应）

$$a\,\mathrm{A}+b\,\mathrm{B}\longrightarrow g\,\mathrm{G}+h\,\mathrm{H}$$

质量作用定律的数学表达式：$v_{瞬时}=kc^{a}(\mathrm{A})c^{b}(\mathrm{B})$ （2-3）

式（2-3）称为该反应的速率方程。式中 k 为速率常数，其意义是当各反应物浓度为 $1\ \mathrm{mol\cdot dm^{-3}}$ 时的反应速率。

对于速率常数 k，应注意以下几点：

① 速率常数 k 取决反应的本性。当其他条件相同时快反应通常有较大的速率常数，k 小的反应在相同的条件下反应速率较慢。

② 速率常数 k 与浓度无关。

③ k 随温度而变化，温度升高，k 通常增大。

④ k 是有单位的量，k 的单位随反应级数的不同而有变化。

前面提到，可以用任一反应物或产物浓度的变化来表示同一反应的速率。此时速率常数 k 的值不一定相同。例如 $2\mathrm{NO}+\mathrm{O_2}=\!=\!=2\mathrm{NO_2}$，其速率方程可写成：

$$v_{瞬时}(\mathrm{NO})=-\frac{\mathrm{d}c(\mathrm{NO})}{\mathrm{d}t}=k_1c^2(\mathrm{NO})c(\mathrm{O_2})\text{；}$$

$$v_{瞬时}(\mathrm{O_2})=-\frac{\mathrm{d}c(\mathrm{O_2})}{\mathrm{d}t}=k_2c^2(\mathrm{NO})c(\mathrm{O_2})\text{；}$$

$$v_{瞬时}(\mathrm{NO_2})=\frac{\mathrm{d}c(\mathrm{NO_2})}{\mathrm{d}t}=k_3c^2(\mathrm{NO})c(\mathrm{O_2})\text{。}$$

由于 $-\dfrac{1}{2}\dfrac{\mathrm{d}c(\mathrm{NO})}{\mathrm{d}t}=\dfrac{\mathrm{d}c(\mathrm{O_2})}{\mathrm{d}t}=\dfrac{1}{2}\dfrac{\mathrm{d}c(\mathrm{NO_2})}{\mathrm{d}t}$，

则 $\dfrac{1}{2}k_1=k_2=\dfrac{1}{2}k_3$。

对于一般的化学反应 aA+bB=gG+hH，有

$$\frac{k(\mathrm{A})}{a}=\frac{k(\mathrm{B})}{b}=\frac{k(\mathrm{G})}{g}=\frac{k(\mathrm{H})}{h} \qquad （2\text{-}4）$$

确定速率方程时必须特别注意，质量作用定律仅适用于一步完成的反应——基元反应，而不适用于几个基元反应组成的总反应——非基元反应。如 $\mathrm{N_2O_5}$ 的分解反应：

$$2\mathrm{N_2O_5}=\!=\!=4\mathrm{NO_2}+\mathrm{O_2}$$

实际上该反应分三步进行：

$\mathrm{N_2O_5}\longrightarrow\mathrm{NO_2}+\mathrm{NO_3}$ 慢（定速步骤）

$\mathrm{NO_2}+\mathrm{NO_3}\longrightarrow\mathrm{NO_2}+\mathrm{O_2}+\mathrm{NO}$ 快

$\mathrm{NO}+\mathrm{NO_3}\longrightarrow2\mathrm{NO_2}$ 快

实验测定其速率方程为 $v_{瞬时}=kc(N_2O_5)$。

它是一级反应，不是二级反应。

2．反应级数与阿伦尼乌斯方程

（1）反应级数

通过实验可以得到许多化学反应的速率方程，如表 2-1 所示：

表 2-1　某些化学反应的速率方程

化学反应	速率方程	反应级数
$2H_2O_2 \xlongequal{} 2H_2O+O_2$	$v_{瞬时}=kc(H_2O_2)$	1
$S_2O_8^{2-}+2I^- \xlongequal{} 2SO_4^{2-}+I_2$	$v_{瞬时}=kc(S_2O_8^{2-})c(I^-)$	1+1=2
$4HBr+O_2 \xlongequal{} 2H_2O+2Br_2$	$v_{瞬时}=kc(HBr)c(O_2)$	1+1=2
$2NO+2H_2 \xlongequal{} N_2+2H_2O$	$v_{瞬时}=kc^2(NO)c(H_2)$	2+1=3
$CH_3CHO \xlongequal{} CH_4+CO$	$v_{瞬时}=kc^{3/2}(CH_3CHO)$	3/2
$2NO_2 \xlongequal{} 2NO+O_2$	$v_{瞬时}=kc^2(NO_2)$	2

由速率方程可以看出化学反应的速率与其反应物浓度的定量关系，对于一般的化学反应 $a\text{A}+b\text{B}\longrightarrow g\text{G}+h\text{H}$，其速率方程一般可表示为 $v_{瞬时}=kc^m(\text{A})c^n(\text{B})$。式中的 $c(\text{A})$、$c(\text{B})$ 表示反应物 A、B 的浓度，a、b 表示 A、B 在反应方程式中的计量数，m、n 分别表示速率方程中 $c(\text{A})$ 和 $c(\text{B})$ 的指数。

速率方程中，反应物浓度的指数 m、n 分别称为反应物 A 和 B 的反应级数，各组分反应级数的代数和称为该反应的总反应级数，即反应级数 $=m+n$。

可见，反应级数的大小表示浓度对反应速率的影响程度，级数越大，反应速率受浓度的影响越大。若为零级反应，则表示反应速率与反应物浓度无关。某些表面催化反应，例如氨在金属钨表面上的分解反应，其分解速率在一定条件下与氨的浓度无关，就属于零级反应。

观察表 2-1 中六个反应的反应级数，并与化学方程式中反应物的计量数比较可以明显地看出：反应级数不一定与计量数相符合，因而对于非基元反应，不能直接由反应方程式导出反应级数。

另外，还应明确反应级数和反应分子数在概念上的区别：

① 反应级数是根据反应速率与各物质浓度的关系来确定的，反应分子数是根据基元反应中发生碰撞而引起反应所需的分子数来确定的。

② 反应级数可以是零、正负整数和分数，反应分子数只可能是一、二、三。

③ 反应级数是对宏观化学反应而言的，反应分子数是对微观上基元步骤而言的。

（2）一级反应及其特点

凡反应速率与反应物浓度一次方成正比的反应，称为一级反应，其速率方

程可表示为

$$-\frac{dc}{dt}=k_1c \tag{2-5}$$

对式（2-5）积分可得

$$\ln c=-k_1t + B \tag{2-6}$$

当 $t=0$ 时，$c=c_0$（起始浓度），则 $B=\ln c_0$，故上式可表示为

$$\ln\frac{c_0}{c}=k_1t \text{ 或 } k_1=\frac{1}{t}\ln\frac{c_0}{c} \tag{2-7}$$

亦可表示为

$$c=c_0e^{-k_1t} \tag{2-8}$$

若以 a 表示 $t=0$ 时的反应物的浓度，以 x 表示 t 时刻已反应掉的反应物浓度，于是式（2-7）可写为

$$k_1=\frac{1}{t}\ln\frac{a}{a-x} \tag{2-9}$$

式（2-5）～式（2-9）即为一级反应的速率公式积分形式。

一级反应的特征是：

① 速率常数 k_1 的数值与所用浓度的单位无关，其量纲为时间 $^{-1}$，其单位可用 s^{-1}、min^{-1} 或 h^{-1} 等表示。

② 当反应物恰好消耗一半，即 $x=\frac{a}{2}$时，此刻的反应时间记为 $t_{1/2}$（称为半衰期），则式（2-9）变为 $k_1=\frac{1}{t_{1/2}}\ln 2$，进一步可以求得

$$t_{1/2}=\frac{0.6932}{k_1} \tag{2-10}$$

③ 以 $\lg c$ 对 t 作图应为一直线，其斜率为$-\frac{k_1}{2.303}$。

（3）阿伦尼乌斯公式

温度对反应速率的影响，主要体现在对速率常数 k 的影响上。阿伦尼乌斯（Arrhenius）总结了 k 与 T 的经验公式：

$$k = Ae^{-\frac{E_a}{RT}} \tag{2-11}$$

取自然对数，得

$$\ln k=-\frac{E_a}{RT}+\ln A \tag{2-12}$$

取常用对数，得

$$\lg k = -\frac{E_a}{2.303RT} + \lg A \tag{2-13}$$

式（2-13）中，k 为速率常数；E_a 为活化能；R 为气体常数；T 为绝对温度，e 为自然对数底，e=2.71828…，$\lg e \approx 0.4343 \approx \frac{1}{2.303}$；$A$ 为指前因子，单位同 k。应用阿伦尼乌斯公式讨论问题时，可以认为 E_a、A 不随温度变化。由于 T 在指数上，故对 k 的影响较大。

根据阿伦尼乌斯公式，知道了反应的 E_a、A 和某温度 T_1 时的 k_1，即可求出任意温度 T_2 时的 k_2。

$$\lg k_1 = -\frac{E_a}{2.303RT_1} + \lg A \quad ①$$

$$\lg k_2 = -\frac{E_a}{2.303RT_2} + \lg A \quad ②$$

②－①得

$$\lg \frac{k_2}{k_1} = \frac{E_a}{2.303R}\left(\frac{1}{T_1} - \frac{1}{T_2}\right) \tag{2-14}$$

在反应中，反应物的数量和化学性质不变。能改变反应速率的物质叫催化剂。催化剂改变反应速率的作用，称为催化作用。有催化剂参加的反应，称为催化反应。催化反应分为均相催化和非均相催化两类。

① 反应和催化剂处于同一相中，不存在相界面的催化反应，称均相催化。如 NO_2 催化 $2SO_2 + O_2 \Longrightarrow 2SO_3$。

若产物之一对反应本身有催化作用，则称之为自催化反应。如 $2MnO_4^- + 6H^+ + 5H_2C_2O_4 \Longrightarrow 10CO_2 + 8H_2O + 2Mn^{2+}$，产物中 Mn^{2+} 对反应有催化作用。

图 2-2 为自催化反应过程的速率变化。初期，反应速率小；中期，经过一段时间 $t_0 \sim t_A$ 诱导期后，速率明显加快，见 $t_A \sim t_B$ 段；后期，t_B 之后，由于反应物耗尽，速率下降。

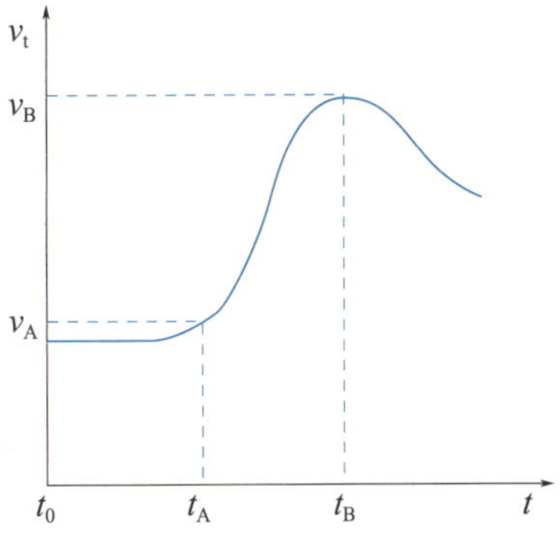

图 2-2　自催化反应过程的速率变化

② 反应物和催化剂不处于同一相，存在相界面，在相界面上进行的反应，称为多相催化反应或非均相催化、复相催化。例如 Fe 催化合成氨（固 - 气），Ag 催化 H_2O_2 的分解（固 - 液）等。

同样的反应，催化剂不同时，产物可能不同。如

$CO + 2H_2 \xlongequal{} CH_3OH$（催化剂 CuO-ZnO- Cr_2O_3）；

$CO + 3H_2 \xlongequal{} CH_4 + H_2O$（催化剂 Ni-$Al_2O_3$）。

$2KClO_3 \xlongequal{} 2KCl + 3O_2$（催化剂 MnO_2）；

$4KClO_3 \xlongequal{} 3KClO_4 + KCl$（无催化剂）。

催化剂改变反应速率，减小活化能，提高产率，不涉及热力学问题。

如 $A+B \xlongequal{} AB$，E_a 很大，无催化剂反应速率慢；加入催化剂 K，机理改变为 $A+B+K \xlongequal{} AK+B \xlongequal{} AB+K$，反应速率加快。图 2-3 中可以看出，不仅正反应的活化能降低了，而且逆反应的活化能也降低了。因此，正逆反应速率都加快了，可使达到平衡的时刻提前，但不改变热力学数据。

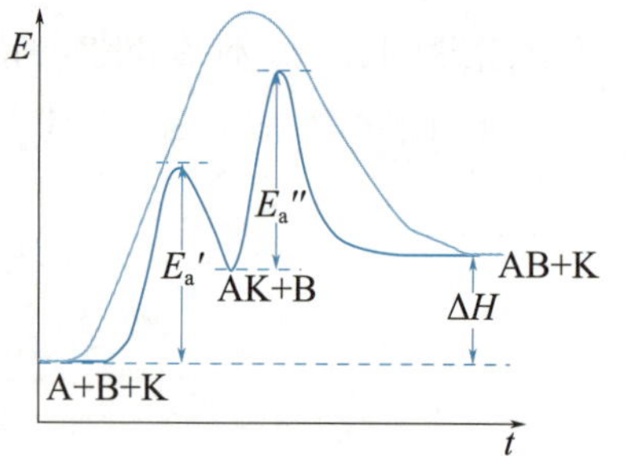

图 2-3　催化反应的活化能变化

例如 NO_2 催化氧化 SO_2 的机理

总反应：$SO_2 + \frac{1}{2}O_2 \xlongequal{} SO_3$　　E_a 大

加入 NO_2 后，催化机理：$2SO_2 + NO_2 \xlongequal{} SO_3 + NO$　　E_a' 小

$NO + \frac{1}{2}O_2 \xlongequal{} NO_2$　　E_a'' 小

每一步活化能都较小，故反应速率加快。

【例 2-1】 制备光气的反应按下式进行：$CO + Cl_2 \xlongequal{} COCl_2$。某温度下，实验测得下列数据：

实验顺序	初始浓度 / （$mol \cdot L^{-1}$）		初始速率 / （$mol \cdot L^{-1} \cdot s^{-1}$）
	CO	Cl_2	
1	0.100	0.100	1.2×10^{-2}
2	0.100	0.050	4.26×10^{-3}
3	0.050	0.10	6.0×10^{-3}
4	0.050	0.050	2.13×10^{-3}

求该温度下该反应的速率常数、反应级数和速率方程。

【解析】 设速率方程为 $v = kc^m(CO)c^n(Cl_2)$。m、n 的求算可分别保持 Cl_2、CO 的浓度不变，再根据 Cl_2、CO 的对应浓度和速率而求得。求得 m、n 后代入具体数据即可得 k，速率方程的具体表达式也就确定了。

（1）求反应级数

反应速率方程为 $v = kc^m(CO)\ c^n(Cl_2)$。首先用实验 1、2 的数据，即保持 CO 浓度不变，而使 Cl_2 的浓度由 $0.100\ mol \cdot L^{-1}$ 变为 $0.050\ mol \cdot L^{-1}$，相应的

初速率由 $1.2\times10^{-2}\ \text{mol}\cdot\text{L}^{-1}\cdot\text{s}^{-1}$ 变为 $4.26\times10^{-3}\ \text{mol}\cdot\text{L}^{-1}\cdot\text{s}^{-1}$。根据速率方程：

$v_1=kc^m(\text{CO})\,c_1^n(\text{Cl}_2)$ ①　　$v_2=kc^m(\text{CO})\,c_2^n(\text{Cl}_2)$ ②

$\dfrac{①}{②}$得 $\dfrac{v_1}{v_2}=\dfrac{c_1^n(\text{Cl}_2)}{c_2^n(\text{Cl}_2)}$，两边取常用对数并移项：$n=\dfrac{\lg\dfrac{v_1}{v_2}}{\lg\dfrac{c_1(\text{Cl}_2)}{c_2(\text{Cl}_2)}}$

代入实验数据：$n=\dfrac{\lg\dfrac{1.2\times10^{-2}}{4.26\times10^{-3}}}{\lg\dfrac{0.10}{0.050}}=\dfrac{0.45}{0.30}=1.5$，同理可求出：$m=\dfrac{\lg\dfrac{v_1}{v_3}}{\lg\dfrac{c_1(\text{CO})}{c_3(\text{CO})}}=$

$\dfrac{\lg\dfrac{1.2\times10^{-2}}{6.0\times10^{-3}}}{\lg\dfrac{0.10}{0.050}}=1$。

故该反应对 CO 为一级反应，对 Cl_2 为 1.5 级反应，总反应级数为 2.5 级。

（2）求速率常数

$$k=\frac{v}{c(\text{CO})c^{\frac{3}{2}}(\text{Cl}_2)}=\frac{1.2\times10^{-2}\ \text{mol}\cdot\text{L}^{-1}\cdot\text{s}^{-1}}{0.10\ \text{mol}\cdot\text{L}^{-1}\times(0.10\ \text{mol}\cdot\text{L}^{-1})^{\frac{3}{2}}}=3.8\left(\text{L}\cdot\text{mol}^{-1}\right)^{\frac{3}{2}}\cdot\text{s}^{-1},$$

该反应速率方程式为 $v=kc\left(\text{CO}\right)c^{\frac{3}{2}}(\text{Cl}_2)$。

【例 2-2】 338 K 时 N_2O_5 气相分解的速率常数为 $0.29\ \text{min}^{-1}$，活化能为 $103.3\ \text{kJ}\cdot\text{mol}^{-1}$，求 353 K 时的速率常数 k 及半衰期 $t_{1/2}$。

【解析】 由 Arrhenius 公式 $\ln\dfrac{k_2}{k_1}=\dfrac{E_a}{R}\left(\dfrac{1}{T_1}-\dfrac{1}{T_2}\right)$可求得 353 K 时的速率常数 k。另外，由速率常数的单位为 min^{-1}，可知该反应为一级反应，代入一级反应的半衰期公式$t_{1/2}=\dfrac{0.693}{k}$可求得该温度下的半衰期。

（1）求 353 K 时的速率常数

$T_1=383\ \text{K}$，$k_1=0.292\ \text{min}^{-1}$。$E_a=103.3\ \text{kJ}\cdot\text{mol}^{-1}$，$T_2=353\ \text{K}$。

根据公式$\ln\dfrac{k_2}{k_1}=\dfrac{E_a}{R}\left(\dfrac{1}{T_1}-\dfrac{1}{T_2}\right)$代入实验数值：

$\ln\dfrac{k_2}{0.292}=\dfrac{103.3\times10^3}{8.314}\times\left(\dfrac{1}{338}-\dfrac{1}{353}\right)$，解得 $k_2=1.392\ \text{min}^{-1}$。

（2）求 353 K 时的 $t_{1/2}$

根据公式$t_{1/2}=\dfrac{0.693}{k}$代入 k_2 具体值得$t_{1/2}=\dfrac{0.693}{1.392\ \text{min}^{-1}}=0.4978\ \text{min}$。

【例 2-3】已知反应 $2NO+O_2 \longrightarrow 2NO_2$，其 $v=k[NO]^2[O_2]$，试写出一种符合该速率方程的反应历程。

【解析】由 $v=k[NO]^2[O_2]$ 可知，活化配合物的原子数应为 N_2O_4，若把 $2NO+O_2 \longrightarrow 2NO_2$ 看作基元反应，由于三分子的基元反应极少，设想可能在平衡过程中生成中间产物，再由中间产物参加决速反应，故还可以设想另外两种反应历程：

(a) $2NO \underset{k_{-1}}{\overset{k_1}{\rightleftharpoons}} N_2O_2$　　快平衡

$N_2O_2+O_2 \xrightarrow{k_2} 2NO_2$　　决速步慢反应

$\dfrac{d[NO_2]}{2dt}=k_2[N_2O_2][O_2]$，则有$\dfrac{d[NO_2]}{dt}=2k_2[N_2O_2][O_2]$。

由快速平衡得 $k_1[NO]^2=k_{-1}[N_2O_2]$，则有$[N_2O_2]=\dfrac{k_1}{k_{-1}}[NO]^2$。

所以 $v=\dfrac{d[NO_2]}{dt}=\dfrac{2k_2k_1}{k_{-1}}[NO]^2[O_2]=k[NO]^2[O_2]$。$\left(k=\dfrac{2k_2k_1}{k_{-1}}\right)$

(b) $NO+O_2 \underset{k_{-1}}{\overset{k_1}{\rightleftharpoons}} NO_3$　快平衡

$NO_3+NO \xrightarrow{k_2} 2NO_2$　　决速步慢反应

$\dfrac{d[NO_2]}{2dt}=k_2[NO_3][NO]$，则有$\dfrac{d[NO_2]}{dt}=2k_2[NO_3][NO]$。

由快速平衡得$[NO_3]=\dfrac{k_1}{k_{-1}}[NO][O_2]$，

所以 $v=\dfrac{d[NO_2]}{dt}=\dfrac{2k_2k_1}{k_{-1}}[NO]^2[O_2]=k[NO]^2[O_2]$。$\left(k=\dfrac{2k_2k_1}{k_{-1}}\right)$

【典型赛题赏析】

【赛题 1】（2000 年冬令营全国决赛题）超氧化物歧化酶 SOD（本题用 E 为代号）是生命体中的“清道夫”，在它的催化作用下生命体代谢过程产生的超氧离子才不致过多积存而毒害细胞：

$$2O_2^- + 2H^+ \xrightarrow{E} O_2 + H_2O_2$$

今在 SOD 的浓度为 $c_o(E)=0.400\times10^{-6}\ mol\cdot L^{-1}$，pH=9.1 的缓冲溶液中进行动力学研究，在常温下测得不同超氧离子的初始浓度 $c_o(O_2^-)$ 下超氧化物歧化反应的初始反应速率 v_o 如下：

$c_o(O_2^-)/mol\cdot L^{-1}$	7.69×10^{-6}	3.33×10^{-5}	2.00×10^{-4}
$v_o/mol\cdot L^{-1}\cdot s^{-1}$	3.85×10^{-3}	1.67×10^{-2}	0.100

（1）依据测定数据确定歧化反应在常温下的速率方程 $v=kc^n(O_2^-)$ 的反应级数。

（2）计算歧化反应的速率常数 k。要求计算过程。

（3）在确定了上述反应的级数的基础上，有人提出了歧化反应的机理如下：

$$E+O_2^- \xrightarrow{k_1} E^- + O_2 \quad E^- + O_2^- \xrightarrow{k_2} E + O_2^{2-}$$

其中 E^- 为中间物，可视为自由基；过氧离子的质子化是速率极快的反应，可以不予讨论。试由上述反应机理推导出实验得到的速率方程，请明确指出推导过程所作的假设。

（4）设 $k_2=2k_1$，计算 k_1 和 k_2。要求计算过程。

【解析】（1）首先根据题给 v 和 $c(O_2^-)$ 的数据确定反应级数和速率常数 k。

$$v_1/v_2=\{c_1(O_2^-)/c_2(O_2^-)\}^n\text{；}\ \frac{3.85\times10^{-3}}{1.67\times10^{-2}}=\left(\frac{7.69\times10^{-6}}{3.33\times10^{-5}}\right)^n\text{；}n=1\text{。}$$

$$v_2/v_3=\{c_2(O_2^-)/c_3(O_2^-)\}^n\text{；}\ \frac{1.67\times10^{-2}}{0.100}=\left(\frac{3.33\times10^{-5}}{2.000\times10^{-4}}\right)^n\text{；}n=1\text{。}$$

所以 $r=kc(O_2^-)$。

（2）由于 $r=k[O_2^-]$，即 $k=v_1/[O_2^-]_1=\dfrac{3.85\times10^{-5}}{7.69\times10^{-6}}\ s^{-1}=501\ s^{-1}$；

$$k=v_2/[O_2^-]_2=\frac{1.67\times10^{-2}}{3.33\times10^{-5}}\ s^{-1}=502\ s^{-1}\text{；}$$

$$k=v_3/[O_2^-]_3=\frac{0.1}{2.00\times10^{-4}}\ s^{-1}=500\ s^{-1}\text{。}$$

平均 $k=501\ s^{-1}$。

（3）$E+O_2^- \xrightarrow{k_1} E^- + O_2 \quad E^- + O_2^- \xrightarrow{k_2} E + O_2^{2-}$

假设第 1 个基元反应是速控步骤，总反应的速率将由第 1 个基元反应的速率决定，则：$v=k_1c(E)c(O_2^-)$ 假设 SOD 的负离子 E^- 的浓度是几乎不变的（稳态近似），则 $c(E)=c_o(E)-c(E^-)$ 在反应过程中是一常数，故：$k_1c(E)=k$，$v=kc(O_2^-)$ 与实验结果一致；

若假设第 2 个反应为速控步骤，最后的结果相同。

（4）$v=k_1c(E)c(O_2^-)=k_1\{c_o(E)-c(E^-)\}c(O_2^-)$ ①

$c(E^-)$ 的生成速率等于消耗速率，故有：

$k_1c(E)c(O_2^-)-k_2c(E^-)c(O_2^-)=k_1\{c_o(E)-c(E^-)\}c(O_2^-)-k_2c(E^-)c(O_2^-)=0$ ②

将 $k_2=2k_1$ 代入②式，则：$k_1c_o(E)c(O_2^-)-k_1c(E^-)c(O_2^-)-2k_1c(E^-)c(O_2^-)=0$，所以 $c(E^-)=\dfrac{1}{3}c_o(E)$

代入①式得 $v=\dfrac{2}{3}k_1[c_o(E)c(O_2^-)]$，又知 $v=kc(O_2^-)$，两式比较，$k=$

$\frac{2}{3}k_1c_o(\mathrm{E})$。

$$k_1=\frac{2}{3}\frac{k}{c_o(\mathrm{E})}=\frac{\frac{3}{2}\times 501}{0.400\times 10^{-6}}\ \mathrm{mol\cdot L^{-1}\cdot s^{-1}}=1.88\times 10^{9}\ \mathrm{mol\cdot L^{-1}\cdot s^{-1}};$$

$$k_2=3.76\times 10^{-9}\ \mathrm{mol\cdot L^{-1}\cdot s^{-1}}。$$

【赛题 2】（2001 年冬令营全国决赛题）NO 是大气的污染物之一。它催化 O_3 分解，破坏大气臭氧层；在空气中易被氧化为 NO_2，氮的氧化物参与产生光化学烟雾。空气中 NO 最高允许含量不超过 5 $\mathrm{mg\cdot L^{-1}}$。为此，人们一直在努力寻找高效催化剂，将 NO 分解为 N_2 和 O_2。

（1）用热力学理论判断 NO 在常温常压下能否自发分解（已知 NO、N_2 和 O_2 的离解焓分别为 631.8 $\mathrm{kJ\cdot mol^{-1}}$、941.7 $\mathrm{kJ\cdot mol^{-1}}$ 和 493.7 $\mathrm{kJ\cdot mol^{-1}}$）。

（2）有研究者用载负 Cu 的 ZSM-5 分子筛作催化剂，对 NO 的催化分解获得了良好效果。实验发现，高温下，当氧分压很小时，Cu/ZSM-5 催化剂对 NO 的催化分解为一级反应。考察催化剂活性常用如下图所示的固定床反应装置。反应气体 (NO) 由惰性载气 (He) 带入催化剂床层，发生催化反应。某试验混合气中 NO 的体积分数为 4.0%，混合气流速为 40 $\mathrm{cm^3\cdot min^{-1}}$（已换算成标准状况），637 K 和 732 K 时，反应 20 s 后，测得平均每个活性中心上 NO 分解的分子数分别为 1.91 和 5.03。试求 NO 在该催化剂上分解反应的活化能。

（3）在上述条件下，设催化剂表面活性中心 (Cu^+) 含量为 1.0×10^{-6} mol，试计算 NO 在 732 K 时分解反应的转化率。

（4）研究者对 NO 在该催化剂上的分解反应提出如下反应机理：

$$\mathrm{NO+M\xrightarrow{k_1}NO{-}M} \quad ①$$

$$\mathrm{2NO{-}M\xrightarrow{k_2}N_2+2O{-}M} \quad ②$$

$$\mathrm{2O{-}M\underset{k_{-3}}{\overset{k_3}{\rightleftharpoons}}O_2+2M}\text{（快）} \quad ③$$

M 表示催化剂活性中心，NO 为弱吸附，NO—M 浓度可忽略。试根据上述机理和 M 的物料平衡，推导反应的速率方程，并解释当 O_2 分压很低时，总反应表现出一级反应动力学特征。

【解析】（1）$\mathrm{NO(g)\longrightarrow \frac{1}{2}N_2(g)+\frac{1}{2}O_2}$，$\Delta_r H_m^\ominus\approx[631.8+\frac{1}{2}\times(-941.7-493.7)]$ $\mathrm{kJ\cdot mol^{-1}}=-85.9\ \mathrm{kJ\cdot mol^{-1}}$，

$\Delta_r S_m^\ominus\approx 0$（反应前后气体的总分子数没变化），

$\Delta_r G_m^\ominus = \Delta_r H_m^\ominus - T\Delta_r S_m^\ominus \approx \Delta_r H_m^\ominus = -85.9\ \text{kJ} \cdot \text{mol}^{-1} < 0$，自发进行。

（2）$v(673\ \text{K}) / v(723\ \text{K}) = k(673\ \text{K}) / k(723\ \text{K})$

$$\ln\frac{k_{723\ \text{K}}}{k_{673\ \text{K}}} = \frac{E_a}{R}\left(\frac{723\ \text{K} - 673\ \text{K}}{723\ \text{K} \times 673\ \text{K}}\right),$$

$$E_a = \frac{8.31\ \text{J} \cdot \text{mol}^{-1} \cdot \text{K}^{-1} \times 673\ \text{K} \times 723\ \text{K}}{50\ \text{K}} \times \ln\frac{5.03}{1.91} = 78\ \text{kJ} \cdot \text{mol}^{-1}。$$

（3）每分钟通过催化剂的 NO 的物质的量：$n_0 = \dfrac{40\ \text{cm}^3 \times 4.0\%}{22400\ \text{cm}^3 \cdot \text{mol}^{-1}}$

$= 7.1 \times 10^{-5}\ \text{mol}$，

每分钟分解的 NO 的物质的量：$n_r = \dfrac{60\text{s}}{20\text{s}} \times 5.03 \times 1.0 \times 10^{-6}\ \text{mol} = 1.5 \times 10^{-5}\ \text{mol}$，

转化率：$y = \dfrac{1.5 \times 10^{-5}\ \text{mol} \cdot \text{min}^{-1}}{7.1 \times 10^{-5}\ \text{mol} \cdot \text{min}^{-1}} \times 100\% = 21\%$。

（4）由反应机理①：$v = \dfrac{\text{d}c(\text{NO})}{\text{d}t} = k_1 c(\text{NO}) c(\text{M})$ ①

由 M 的物料平衡：$c = c(\text{M}) + c(\text{O}-\text{M}) + c(\text{NO}-\text{M}) \approx c(\text{M}) + c(\text{O}-\text{M})$ ②

由反应机理③：$K = \dfrac{k_3}{k_{-3}} = \dfrac{c(\text{O}_2)c^2(\text{M})}{c^2(\text{O}-\text{M})}, c(\text{O}-\text{M}) = \dfrac{c^{\frac{1}{2}}(\text{O}_2)c(\text{M})}{K^{\frac{1}{2}}}$ ③

③代入② $c_0 = c(\text{M}) + \dfrac{c^{\frac{1}{2}}(\text{O}_2)c_\text{M}}{K^{\frac{1}{2}}}$ $c(\text{M}) = \dfrac{c_0}{1 + \dfrac{c^{\frac{1}{2}}(\text{O}_2)}{K^{\frac{1}{2}}}}$ ④

④代入① $v = k_1 c(\text{NO}) \dfrac{c_0}{1 + \dfrac{c^{\frac{1}{2}}(\text{O}_2)}{K^{\frac{1}{2}}}}$ 设 $k_1 c_0 = k$，$\dfrac{1}{K^{\frac{1}{2}}} = K'$ 则有 $v = \dfrac{k c_\text{NO}}{1 + K' c^{\frac{1}{2}}(\text{O}_2)}$。

当氧的分压很小时，$1 + K' c^{\frac{1}{2}}(\text{O}_2) \approx 1$，所以 $v = k_1 c(\text{NO})$。

【赛题 3】（1998 年冬令营全国决赛题）热重分析法是在程序控制温度下，测量物质的质量与温度的关系的一种实验技术。热重分析仪的基本构造由精密天平、程序控温加热炉和记录仪组成（图 1）；记录仪画出质量 - 炉温曲线，即热重（TG）曲线图。请回答下列问题：

（1）图 2 为 $CaC_2O_4 \cdot H_2O$ 在 N_2 和 O_2 中的热重曲线。曲线表明，N_2 和 O_2 气氛对三步分解反应有不同的影响。试分析其原因。

（2）在试样质量没有变化的情况下，温度升高时，天平显示出试样重量增加，这种现象称为“表观增重”，其原因是什么？

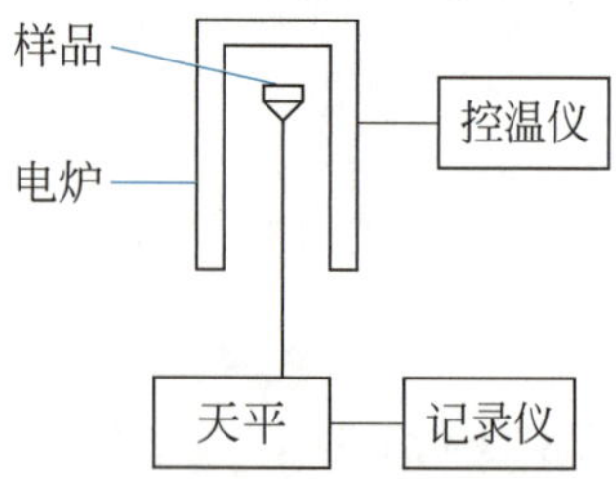

图 1　热重分析仪示意图

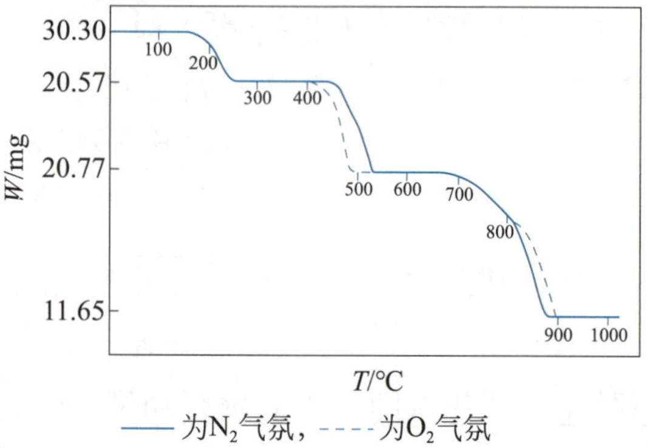

图 2　热重（TG）曲线

（3）电机在运转中的发热，导致所用漆包线表面漆膜发生热降解作用，绝缘性逐渐降低，并最终失效。实验表明：异氰酸酯树脂改性缩醛漆包线在恒温箱中热老化，温度分别为 393.0 K、411.0 K 和 453.0 K，寿命分别为 20000 h、5000 h 和 307.0 h，此时漆膜重量均减少 39.0%；假定热降解机理不变且服从一级反应规律，试推算在 348.0 K 的正常使用温度下漆包线的寿命有多长？热降解的活化能为多少？

【解析】（1）第一步反应为 $CaC_2O_4·H_2O$ 脱水反应，N_2 和 O_2 对反应无影响，所以热重曲线相同；第二步反应为 CaC_2O_4 的分解，由于 CO 在 O_2 中氧化放热，使温度升高，加快了反应速率，所以在较低的炉温下 CaC_2O_4 即开始分解；第三步反应为 $CaCO_3$ 的分解，N_2 和 O_2 对反应无影响，但由于第二步反应分解速率不同，使所生成的 $CaCO_3$ 有所不同，所以曲线有差异。

（2）由于温度升高时试样周围气体的密度减小，造成浮力减小，故出现表观增重。

（3）一级反应：$c_0/c = kt = Ae^{-E/RT}t$

$\ln c_0/c = \ln A - E/RT + \ln t$

$\ln t = [\ln c_0/c - \ln A] + E/RT$

漆包线失效时括号内为恒重，即 $\ln t = B + E/RT$；

将 $\ln t$ 对 $1/T$ 作图，从斜率可求出 E 值，从截距求出 B 值：

	t (h)	$\ln t$	T	$1/T \times 10^3$
①	20000	9.903	393.0	2.545
②	5000	8.517	411.0	2.433
③	307.0	5.727	453.0	2.208

由①与②得：$\Delta\ln t / \Delta(1/T) = E/R = 1.238 \times 10^4$；

由②与③得：$\Delta\ln t / \Delta(1/T) = E/R = 1.240 \times 10^4$；

由①与③得：$\Delta\ln t / \Delta(1/T) = E/R = 1.239 \times 10^4$；

平均值 $E/R = 1.239 \times 10^4$，$E = 103.0\ kJ \cdot mol^{-1}$。

代入①得 $B=-21.62$，代入②得 $B=-21.63$，代入③得 $B=-21.62$，平均值 $B=-21.62$。

当 $T=348.0$ K 时，$\ln t=13.98$，$t=1.179\times10^6$ h。

【赛题 4】（2005 年冬令营全国决赛题）化学反应一般是由若干基元反应构成的，所以原则上可由反应机理建立反应的速率方程。在科学研究工作中，往往根据实践经验先假设反应机理，然后再用各种实验方法和手段，检验所设反应机理的正确性。

硝酰胺在水溶液中的分解反应为 $NO_2NH_2 \longrightarrow N_2O(g)+H_2O$

实验测得其速率方程为$v(NO_2NH_2)=-\dfrac{dc(NO_2NH_2)}{dt}=kc(NO_2NH_2)/c(H_3O^+)$

（1）有研究者提出下列三种反应机理，你认为何者是合理的？并写出 k 的表达式。

① $NO_2NH_2 \xrightarrow{k_1} N_2O(g)+H_2O$

② $NO_2NH_2+H_3O^+ \underset{k_{-1}}{\overset{k_1}{\rightleftharpoons}} NO_2NH_3^+ +H_2O$ （瞬间达到平衡）

$NO_2NH_3^+ \xrightarrow{k_2} N_2O(g)+H_3O^+$（缓慢反应）

③ $NO_2NH_2+H_2O \underset{k_{-1}}{\overset{k_1}{\rightleftharpoons}} NO_2NH^- +H_3O^+$ （瞬间达到平衡）

$NO_2NH^- \xrightarrow{k_2} N_2O(g)+OH^-$（缓慢反应）

$H_3O^+ +OH^- \xrightarrow{k_3} 2H_2O$（快速反应）

（2）在实验温度和 pH 恒定的缓冲介质中，将反应在密闭的容器中进行，测得 N_2O 气体的压力 p 随时间的变化数据如下表：

t / min	0	5	10	15	20	25	∞
p / kPa	0	6.80	12.40	17.20	20.80	24.00	40.00

求 NO_2NH_2 分解反应的半衰期 $t_{\frac{1}{2}}$ 并证明 lg t 与缓冲介质的 pH 呈线性关系。

【解析】（1）③是合理的。$v(NO_2NH_2)=-\dfrac{dc(NO_2NH_2)}{dt}=k_2c(NO_2NH^-)$。

$k_1c(NO_2NH_2)=k_{-1}c(NO_2NH^-)c(H_3O^+)$ 所以$c(NO_2NH^-)=\dfrac{k_1c(NO_2NH_2)}{k_{-1}c(H_3O^+)}$，

$$-\frac{dc(NO_2NH_2)}{dt}=k_2\frac{k_1c(NO_2NH_2)}{k_{-1}c(H_3O^+)}=k\frac{c(NO_2NH_2)}{c(H_3O^+)},\quad k=\frac{k_1k_2}{k_{-1}}。$$

（2）因为 pH 恒定，所以 $c(H_3O^+)$ 是定值。

$-\dfrac{dc(NO_2NH_2)}{dt}=k'c(NO_2NH_2)$，即化为一级反应，$k'=\dfrac{1}{t}\ln\dfrac{p_\infty-p_0}{p_\infty-p_t}$

分别以 5 min、15 min、25 min 数据代入，得：$k'_1=0.0373\ \text{min}^{-1}$；$k''_1=0.0375\ \text{min}^{-1}$；

$k'''_1=0.0367\ \text{min}^{-1}$；所以平均值为 $k'_1=0.0371\ \text{min}^{-1}$；

$t_{1/2}=\ln 2/k'=(0.693/0.0371)\ \text{min}=18.68\ \text{min}$。

又因为 $t_{1/2}=\ln 2/k'=0.693/k'=0.693c(H_3O^+)/k$，

所以 $\lg t_{1/2}=\lg(0.693/k)+\lg c(H_3O^+)=\lg(0.693/k)-\text{pH}$，

所以 $\lg t_{1/2}$ 与缓冲介质的 pH 呈线性关系。

【赛题 5】（2016 年冬令营全国决赛题）甲醇既是重要的化工原料，又是一种很有发展前途的代用燃料。甲醇分解制氢已经成为制取氢气的重要途径，它具有投资省、流程短、操作简便、氢气成本相对较低等特点。我们可以根据 298 K 时的热力学数据（如下表）对于涉及甲醇的各种应用进行估算、分析和预判。

物质	$H_2(g)$	$O_2(g)$	$CO(g)$	$CO_2(g)$	$H_2O(l)$	$H_2O(g)$	$CH_3OH(l)$	$CH_3OH(g)$
$-\Delta_f H_m^\ominus/(\text{kJ}\cdot\text{mol}^{-1})$	0	0	110.52	393.51	285.83	241.82	238.66	200.66
$S_m^\ominus/(\text{JK}^{-1}\cdot\text{mol}^{-1})$	130.68	205.14	197.67	213.74	69.91	188.83	126.80	139.81

（1）估算 400.0 K，总压为 100.0 kPa 时甲醇裂解制氢反应的平衡常数（设反应的 $-\Delta_f H_m^\ominus$ 和 $S_m^\ominus$ 不随温度变化，下同）。

（2）将 0.426 g 甲醇置于体积为 1.00 L 的真空刚性容器中，维持温度为 298 K 时，甲醇在气相与液相的质量比为多少？（已知甲醇在大气中的沸点为 337.7 K）

（3）由甲醇制氢的实际生产工艺通常是在催化剂的作用下利用水煤气转化反应与裂解反应耦合，以提高甲醇的平均转化率。请写出耦合后的总反应方程式，并求总压为 100.0 kPa，甲醇与水蒸气体积进料比为 1∶1 时，使甲醇平衡转化率达到 90% 所需的温度。

（4）设想利用太阳能推动反应进行，可将甲醇裂解反应设计为光化学电池，请写出电极反应，并指出需要解决的两个最关键的问题。

（5）有研究者对甲醇在纳米 Pd 催化剂上的分解反应提出如下机理：

$$CH_3OH(g)+S \underset{k_{-1}}{\overset{k_1}{\rightleftharpoons}} CH_3OH(ad)$$

$$CH_3OH(ad) \xrightarrow{k_2} CH_3O(ad)+H(ad)$$

$$CH_3O(ad) \xrightarrow{k_3} CH_2O(ad)+H(ad)$$

$$CH_2O(ad) \xrightarrow{k_4} CHO(ad)+H(ad)$$

$$CHO(ad) \xrightarrow{k_5} CO(ad)+H(ad)$$

$$CO(ad) \xrightarrow{k_6} CO(g)+S$$

$$2H(ad) \xrightarrow{k_7} H_2(g)$$

以上各式中“S”表示表面活性中心，“g”表示气态，“ad”表示吸附态。设 S 的浓度仅随甲醇吸附而变化，请根据以上机理用稳态近似推导反应速率方程，并对结果进行讨论。

（6）金属催化剂的表面活性与表面原子的能量有关。假设表面为完整的二维结构，表面能量由原子的断键引起。请估算 Pd 金属 (110) 面（即与二重轴垂直的面）的单位表面能量。已知 Pd 为立方最密堆积，Pd 原子半径为 179 pm，原子化热为 351.6 kJ • mol^{-1}。

【解析】（1）对于反应 $CH_3OH(g) \rightleftharpoons CO(g)+2H_2(g)$，

$\Delta_r H_m^\ominus=\Delta_f H_m^\ominus(CO)-\Delta_f H_m^\ominus[CH_3OH(g)]=90.14\ kJ\cdot mol^{-1}$，

$\Delta_r S_m^\ominus=S_m^\ominus(CO)+2S_m^\ominus(H_2)-S_m^\ominus[CH_3OH(g)]=219.22\ J\cdot K^{-1}\cdot mol^{-1}$，

$\Delta_r G_m^\ominus(400\ K)=\Delta_r H_m^\ominus-T\Delta_r S_m^\ominus=(90.14-400\times 0.2192)\ kJ\cdot mol^{-1}=2.42\ kJ\cdot mol^{-1}$，

$$K^\ominus=\exp\left[\frac{-\Delta_r G_m^\ominus(400\ K)}{RT}\right]=0.477。$$

（2）据 Clapeyron-Clausius 方程：$\ln\dfrac{p_2}{100.0\ kPa}=\dfrac{\Delta_v H_m^\ominus}{R}\left(\dfrac{1}{337.7}-\dfrac{1}{298}\right)$，

$\Delta_v H_m^\ominus=\Delta_f H_m^\ominus[CH_3OH(g)]-\Delta_f H_m^\ominus[CH_3OH(l)]=38.00\ kJ\cdot mol^{-1}$，$p_2=16.48\ kPa$

$m_g=MVp/RT=0.213\ g$，即 $m_g:m_l=1.0$。

（3）总反应：$CH_3OH(g)+H_2O(g) \rightleftharpoons CO_2(g)+3H_2(g)$

平衡时各物种的量：0.010　0.010　0.990　2.970　$n_{总}=3.980$

根据$K^\ominus=K_x\left(\dfrac{p_{总}}{p^\ominus}\right)^{\sum\nu(B)}=\dfrac{x^3(H_2)x(CO)}{x(CH_3OH)x(H_2O)}\left[\dfrac{p_{总}}{p^\ominus}\right]^2$，求得 $K=1.64\times10^4$；

$\Delta_r H_m^\ominus=\Delta_f H_m^\ominus(CO_2)-\Delta_f H_m^\ominus[CH_3OH(g)]-\Delta_f H_m^\ominus[H_2O(g)]=48.97\ kJ\cdot mol^{-1}$；

$\Delta_r S_m^\ominus=S_m^\ominus(CO_2)+3S_m^\ominus(H_2)-S_m^\ominus[CH_3OH(g)]-S_m^\ominus[H_2OH(g)]=177.14\ J\cdot K^{-1}\cdot mol^{-1}$；

所以，$T=\dfrac{\Delta_r H_m^\ominus}{\Delta_r S_m^\ominus-RT\ln K^\ominus}=\dfrac{48970}{177.14-RT\ln(1.64\times10^4)}\ K=508\ K$。

（4）负极反应：$CH_3OH+4h^+ = CO+4H^+$

正极反应：$4H^++4e^- = 2H_2$

需要解决的两个关键问题：电极材料的研制与开发；CO 的处理与应用。

（5）设吸附态 CH_3OH 占据表面活性中心的分数为 θ，气态 CH_3OH 的分压为 p，根据稳态假设：

$K_1(1-\theta)=k_{-1}\theta+k_2t$，可得 $\theta=\dfrac{K_p}{1+K_p+\dfrac{k_2}{k_{-1}}}\left(K=\dfrac{k_1}{k_{-1}}\right)$

$$v=\frac{dp(CO)}{dt}=k_6[CO_{ad}]=k_5[CHO_{ad}]=\cdots=k_2\theta=\frac{k_2K_p}{1+K_p+\dfrac{k_2}{k_{-1}}}$$

通常，$k_2 \ll k_{-1}, r=\dfrac{k_2K_p}{1+K_p}$（与直接利用吸附等温式或利用平衡假设所得结果相同），如果 CH_3OH 为强吸附或高压，反应为零级，若 CH_3OH 为弱吸附或低压，反应为一级。

（6）立方最密堆积结构体相原子配位数为 12，因此，每个键所具有的能量 $\varepsilon=\dfrac{351600\ J \cdot mol^{-1}}{6N_A}=9.73\times10^{-20}\ J$，(110) 表面原子配位数为 7，即断键数为 5。单位表面能量为 $r=\dfrac{5}{\sqrt{2}d^2}\times\dfrac{\varepsilon}{2}=1.34\ J\cdot m^{-2}$。

【赛题 6】（第 40 届 Icho 预备题）丙酮和溴反应生成溴丙酮。

（1）假设丙酮过量，列出以上反应的化学反应方程式。

在研究反应机理时，这个反应在 25 ℃的水溶液环境下进行，并且通过光谱测量出溴分子的浓度。下面所有的反应物中，各个物种的初始浓度是 $[Br_2]_0=0.520\ mmol\cdot dm^{-3}$，$[C_3H_6O]_0=0.300\ mol\cdot dm^{-3}$，$[HClO_4]_0=0.050\ mol\cdot dm^{-3}$。

t/min	0	2	4	6	8	10	12	14
$[Br_2]$/(μmol · dm^{-3})	520	471	415	377	322	269	223	173
t/min	16	18	20	22	24	26	28	30
$[Br_2]$/(μmol · dm^{-3})	124	69	20	0	0	0	0	0

（2）在这个实验中，哪一个物种是限量试剂？

（3）对限量试剂来说，反应的级数为何？

特性中止点 (characteristic break point) 对应到的时间就是反应时间。以下反应在 25 ℃的水溶液环境下进行。下面的表格中列出了一些不同条件的实验下的反应时间 (′ 表示分钟，″ 表示秒)：

$[Br_2]_0$/(mmol · dm^{-3})	$[C_3H_6O]_0$/(mmol · dm^{-3})	$[HClO_4]_0$/(mmol · dm^{-3})	反应时间
0.151	300	50	5'56"
0.138	300	100	2'44"
0.395	300	100	7'32"
0.520	100	100	30'37"
0.520	200	100	15'13"
0.520	500	100	6'09"
0.520	300	200	4'55"
0.520	300	400	2'28"

（4）对于三种化合物，分别求以上反应的反应级数。

（5）列出这个反应的速率方程式。

（6）求出速率常数的值以及单位。

另一个电化学的方式能够侦测到更小浓度的 Br_2。下面的表格中是 $[Br_2]_0=1.80\ \mu mol \cdot dm^{-3}$，$[C_3H_6O]_0=1.30\ mmol \cdot dm^{-3}$，$[HClO_4]_0=0.100\ mol \cdot dm^{-3}$ 下的反应时间：

t/s	0	10	20	30	40	50	60	70
$[Br_2]/(\mu mol \cdot dm^{-3})$	1.80	1.57	1.39	1.27	1.06	0.97	0.82	0.73
t/s	80	90	100	110	120	130	140	150
$[Br_2]/(\mu mol \cdot dm^{-3})$	0.66	0.58	0.49	0.45	0.39	0.34	0.30	0.26

（7）在这个实验中，哪一个物种是限量试剂？

（8）对限量试剂来说，反应的级数为何？

通过以下一系列实验，发现限量试剂的半衰期并不会受到限量试剂的浓度的影响：

$[Br_2]_0/(\mu mol \cdot dm^{-3})$	$[C_3H_6O]_0/(mmol \cdot dm^{-3})$	$[HClO_4]_0/(mol \cdot dm^{-3})$	$t_{1/2}$/s
1.20	3.0	0.100	24
1.50	3.0	0.100	23
1.50	1.0	0.100	71
1.50	0.4	0.100	177
1.50	3.0	0.030	23
1.50	3.0	0.400	24

（9）对于三种化合物，分别求以上反应的反应级数。

（10）列出这个反应的速率方程式。

（11）求出速率常数的值以及单位。

（12）提出一个详细的反应机理来解释以上的实验结果。

【解析】（1）丙酮与 Br_2 发生了 α-H 取代反应：

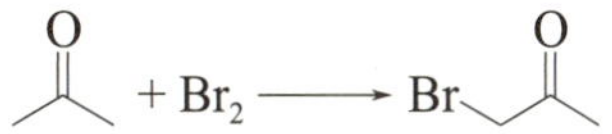

。

（2）Br_2 是限量试剂。

（3）动力学曲线图：

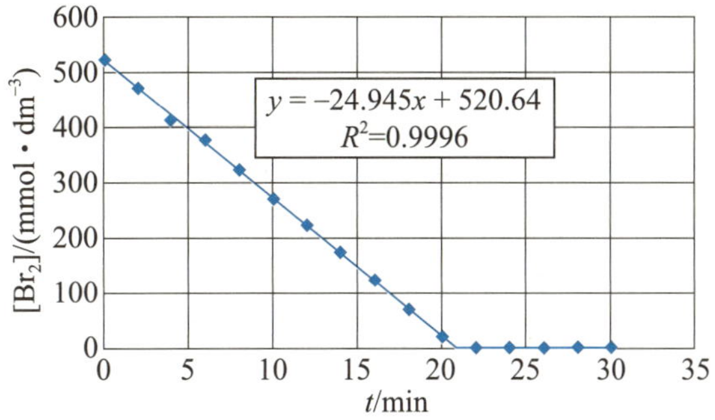

动力学曲线是一条直线，因此，对于限量试剂 Br_2 而言是零级反应。

（4）由于该过程相对于 Br_2 是零级的，并且所有其他试剂都过量很多，速率在每次实验中都是恒定的。它可以简单地计算为 $v=[Br_2]_0/t_{break}$（其中 t_{break} 是反应时间）。速率对试剂的依赖性使用这个公式可以直接研究浓度。将速率绘制为恒定酸度 (0.100 mol • dm^{-3}) 下丙酮浓度的函数图像：

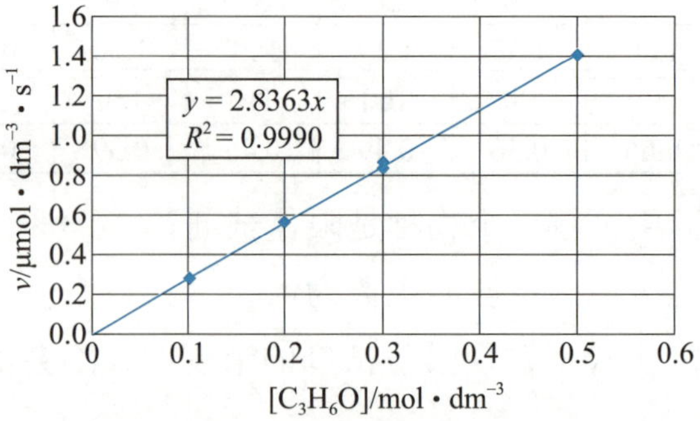

这是一条直线，因此反应对于丙酮是一级的。

在恒定丙酮浓度下，将速率绘制为酸浓度的函数 (0.300 mol • dm^{-3}) 图像：

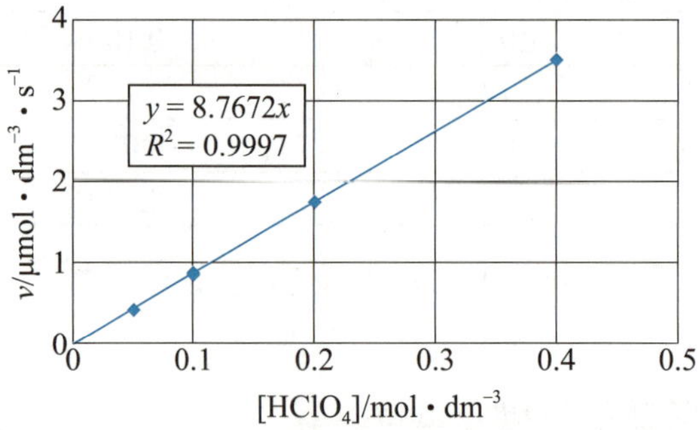

这是一条直线，因此反应相对于 $HClO_4$（即 H^+）是一级的。

（5）$v=k_a[C_3H_6O][H^+]$。

（6）表中 8 组数据均可以求出各自的速率常数，然后求出平均值，最终得 $k_a=2.86\times10^{-3}\,dm^3 \cdot mol^{-1} \cdot s^{-1}$。

（7）Br_2 是限量试剂。

（8）动力学散点图：

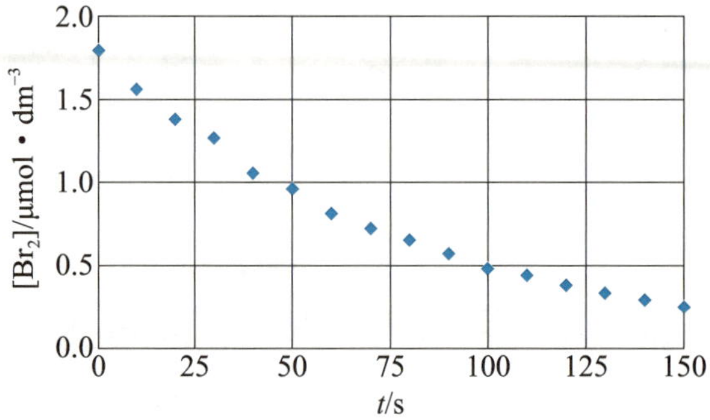

动力学曲线不是一条直线，所以对于 Br_2 不是零级反应。假设对于 Br_2 是一级反应，构造半对数图如下：

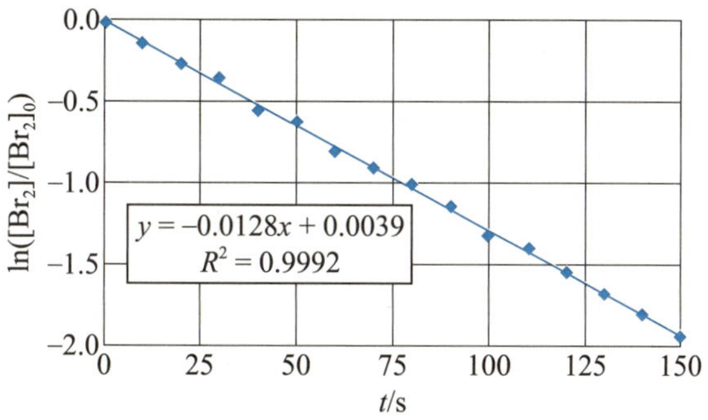

这些点基本构成一条直线。因此，该过程对于 Br_2 来说是一级的。

（9）该过程对于限量试剂 Br_2 是一级的。利用半衰期数据可以计算出一级反应的速率常数（k_{obs}），结果为 $k_{obs}=\dfrac{\ln 2}{t_{1/2}}$。对于恒定酸度（0.100 mol•dm^{-3}）下，k_{obs} 随丙酮浓度的变化关系如下图：

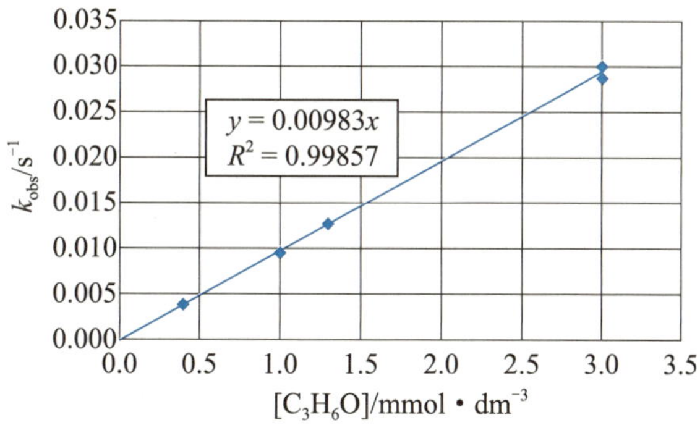

这是一条直线，因此，对于丙酮，该反应是一级的。对于恒定丙酮浓度 (3.0 mmol • dm^{-3}) 下的 k_{obs} 随 $HClO_4$ 浓度（即 $[H^+]$）变化关系如下图：

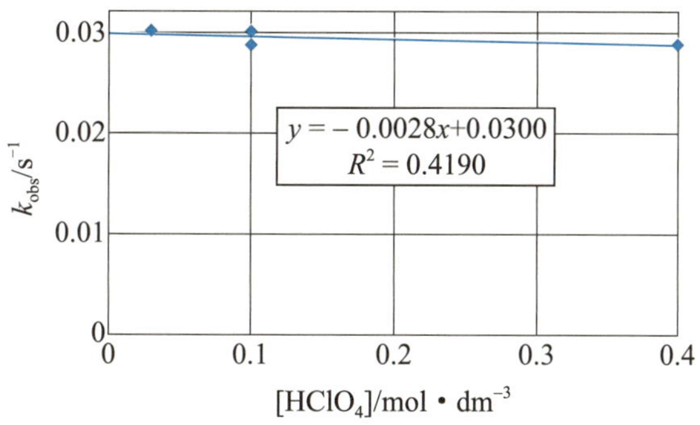

可以看出，k_{obs} 随 $[H^+]$ 变化而几乎没有什么变化，因此，该反应对于 H^+ 是零级的。

（10）$v=k_b[C_3H_6O][Br_2]$。

（11）在每组实验中都可以由丙酮浓度计算速率常数。表中显示了 6 个测量值，其平均值：$k_b=9.82\ dm^3\cdot mol^{-1}\cdot s^{-1}$。

（12）①步骤 1：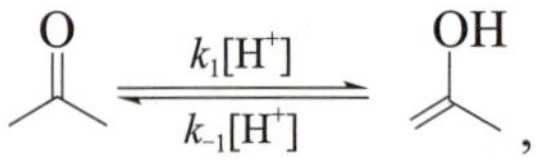

②步骤 2：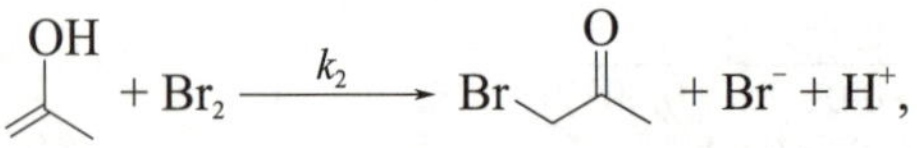

在高初始溴浓度下，k_1 是速率决定因素，因此 $k_a=k_1$。

在低初始溴浓度下，步骤 1 是快速的预平衡，因此 $k_b=k_2k_1/k_{-1}$。

参考文献

[1] 宋天佑，程鹏，徐家宁．无机化学上册 [M]．北京：高等教育出版社，2015：97．

[2] 张灿久，杨慧仙．中学化学奥林匹克 [M]．长沙：湖南教育出版社，1998：110．

[3] 张祖德，刘双怀，郑化桂．无机化学 [M]．合肥：中国科学技术大学出版社，2001：118．

第三讲 化学平衡

一、平衡的建立

当一个反应的 $\Delta_r G=0$ 时，体系的自由能降低到最低值，反应所处的状态叫化学平衡状态（即化学反应达到了最大限度）。此时，$v_{瞬时}(正)=v_{瞬时}(逆)$，反应净速率为零。这时从宏观上看反应似乎停止了，其实从微观上正反应和逆反应仍在继续进行，只不过两者的反应速率正好相等而已，所以化学平衡是一个动态平衡。

化学反应达平衡时，

① 从热力学角度：等温等压，$W_f=0$，因此 $\Delta G_{T,P}=0$；

② 从动力学角度：$v_{瞬时}(正)=v_{瞬时}(逆)$；

③ 反应物和生成物的浓度不变，即存在一个平衡常数。

大量实验事实证明，在一定条件下进行的可逆反应，其反应物和产物的平衡浓度（处于平衡状态时物质的浓度）间存在某种定量关系。总结许多化学平衡的实验结果，在一定温度下可逆反应：$a\text{A}+b\text{B} \rightleftharpoons d\text{D}+e\text{E}$ 达到平衡时有：

$$\frac{[\text{D}]^d[\text{E}]^e}{[\text{A}]^a[\text{B}]^b}=K_c \tag{3-1}$$

K_c 是浓度平衡常数。式（3-1）是浓度平衡常数的表达式，即在一定温度下，可逆反应达到平衡时，产物的浓度以反应方程式中计量数为指数的幂的乘积与反应物浓度以反应方程式中计量数为指数的幂的乘积之比是一个常数。

书写平衡常数关系式必须注意以下几点：

（1）对于气相反应，平衡常数除可用如上所述的各物质平衡浓度表示外，也可用平衡时各物质的分压表示，如：

$$a\,\text{A(g)}+b\,\text{B(g)} \rightleftharpoons d\,\text{D(g)}+e\,\text{E(g)}$$

$$K_p=\frac{p^d(\text{D})p^e(\text{E})}{p^a(\text{A})p^b(\text{B})} \tag{3-2}$$

K_p 称为压力常数，以与前述 K_c 相区别。同一反应的 K_p 与 K_c 有固定关系。若将各气体视为理想气体，那么：

$p(\text{A})=[\text{A}]RT$，$p(\text{B})=[\text{B}]RT$，$p(\text{D})=[\text{D}]RT$，$p(\text{E})=[\text{E}]RT$。

代入式（3-2），有

$$K_p=\frac{[\mathrm{D}]^d[\mathrm{E}]^e}{[\mathrm{A}]^a[\mathrm{B}]^b}(RT)^{(d+e)-(a+b)}$$

$$K_p=K_c\,(RT)^{\Delta\nu} \tag{3-3}$$

（2）不要把反应体系中纯固体、纯液体以及稀水溶液中的水的浓度写进平衡常数表达式。例如：

$$\mathrm{CaCO_3(s)\rightleftharpoons CaO(s)+CO_2(g)}\qquad K_p=p(\mathrm{CO_2})$$

$$\mathrm{Cr_2O_7^{2-}(aq)+H_2O(l)\rightleftharpoons 2CrO_4^{2-}(aq)+2H^+(aq)}\qquad K_c=\frac{\left[\mathrm{CrO_4^{2-}}\right]^2\left[\mathrm{H^+}\right]}{\left[\mathrm{Cr_2O_7^{2-}}\right]}$$

但非水溶液中反应，若有水参加或生成，则此时水的浓度不可视为常数，应写进平衡常数表达式中。例如：

$$\mathrm{C_2H_5OH+CH_3COOH\rightleftharpoons CH_3COOC_2H_5+H_2O}\quad K_c=\frac{[\mathrm{CH_3COOC_2H_5}][\mathrm{H_2O}]}{[\mathrm{C_2H_5OH}][\mathrm{CH_3COOH}]}$$

（3）同一化学反应，化学反应方程式写法不同，其平衡常数表达式及数值亦不同。例如：

$$\mathrm{N_2O_4(g)\rightleftharpoons 2NO_2(g)}\qquad K_{(373\,\mathrm{K})}=\frac{[\mathrm{NO_2}]^2}{[\mathrm{N_2O_4}]}=0.36$$

$$\frac{1}{2}\mathrm{N_2O_4(g)\rightleftharpoons 2NO_2(g)}\qquad K'_{(373\,\mathrm{K})}=\frac{[\mathrm{NO_2}]}{[\mathrm{N_2O_4}]^{\frac{1}{2}}}=\sqrt{0.36}=0.60$$

$$\mathrm{2NO_2(g)\rightleftharpoons N_2O_4(g)}\qquad K''_{(373\,\mathrm{K})}=\frac{[\mathrm{N_2O_4}]}{[\mathrm{NO_2}]^2}=\frac{1}{0.36}=2.8$$

因此书写平衡常数表达式及数值，要与化学反应方程式相对应，否则意义就不明确。

平衡常数是表明化学反应进行的最大程度（即反应限度）的特征值。平衡常数愈大，表示反应进行愈完全。虽然转化率也能表示反应进行的限度，但转化率不仅与温度条件有关，而且与起始条件有关。有几种反应物的化学反应，对不同反应物，其转化率也可能不同。而平衡常数则能表示一定温度下各种起始条件下，反应进行的限度。

（4）当几个反应相加得到一个总反应时，总反应的平衡常数等于各相加反应的平衡常数之乘积（多重平衡原理），即如果反应 3 = 反应 1 + 反应 2，则

$$K_c\text{（反应 3）}=K_c\text{（反应 1）}K_c\text{（反应 2）} \tag{3-4}$$

二、经验平衡常数与标准平衡常数

显然，K_c 与 K_p 都是有量纲的量，K_c 的量纲为 $[\text{mol}\cdot\text{L}^{-1}]^{\Sigma\gamma_i}$，$\Sigma\gamma_i$ 为反应式中除纯固体和纯液体物质以外的各物质的计量系数之代数和。K_p 的量纲为 $[\text{atm}]^{\Sigma\gamma_i}$ 或 $[\text{KPa}]^{\Sigma\gamma_i}$，$\Sigma\gamma_i$ 为反应式中气体物质的计量系数的代数和。像这样有量纲的平衡常数，叫作经验平衡常数，但在计算中一般不要求标出它们的量纲。

在化学热力学中，我们更常使用标准平衡常数，符号为 $K^{\ominus}$。等温等压下，对理想气体反应 $d\text{D}+e\text{E} \rightleftharpoons f\text{F}+h\text{H}$，设 $p(\text{D})$、$p(\text{E})$、$p(\text{F})$、$p(\text{H})$ 分别为 D、E、F、H 的平衡分压，则有：

$$K_p^{\ominus}=\frac{\left[\dfrac{p(\text{F})}{p^{\ominus}}\right]^f\left[\dfrac{p(\text{H})}{p^{\ominus}}\right]^h}{\left[\dfrac{p(\text{D})}{p^{\ominus}}\right]^d\left[\dfrac{p(\text{E})}{p^{\ominus}}\right]^e} \tag{3-5}$$

式（3-5）中 $K_{\text{p}}^{\ominus}$ 称理想气体的热力学平衡常数——标准平衡常数。

热力学可以证明，气相反应达平衡时，标准吉布斯自由能增量 $\Delta_r G_m^{\ominus}$（反应物和生成物 p 都等于 $p^{\ominus}$ 时，进行一个单位化学反应时的吉布斯自由能增量）与 $K_p^{\ominus}$ 应有如下关系：

$$\Delta_r G_m^{\ominus}=-RT\ln K_p^{\ominus} \tag{3-6}$$

式（3-6）说明，对于给定反应，$K_p^{\ominus}$ 与 $\Delta_r G_m^{\ominus}$ 和 T 有关。当温度指定时，$\Delta_r G_m^{\ominus}$ 只与标准态有关，与其他浓度或分压条件无关，它是一个定值。因此，定温下 $K_p^{\ominus}$ 必定是定值，即 $K_p^{\ominus}$ 仅是温度的函数。

如果化学反应尚未达到平衡，体系将发生化学变化，反应自发地往哪个方向进行呢？由范特霍夫等温方程即可判断。

等温等压下，理想气体反应 $d\text{D}+e\text{E} \rightleftharpoons f\text{F}+h\text{H}$，气体的任意分压为 $p'(\text{D})$、$p'(\text{E})$、$P'(\text{F})$、$p'(\text{H})$ 时：

$G_m(\text{D})=G_m^{\ominus}(\text{D})+RT\ln\dfrac{p'(\text{D})}{p^{\ominus}}$，$G_m(\text{E})=G_m^{\ominus}(\text{E})+RT\ln\dfrac{p'(\text{E})}{p^{\ominus}}$，$G_m(\text{F})=G_m^{\ominus}(\text{F})+RT\ln\dfrac{p'(\text{F})}{p^{\ominus}}$，$G_m(\text{H})=G_m^{\ominus}(\text{H})+RT\ln\dfrac{p'(\text{H})}{p^{\ominus}}$，

此时若反应自左至右进行了一个单位的化学反应，则

$$\Delta_r G_m=\Delta_r G_m^{\ominus}+RT\ln\frac{\left[\dfrac{p'(\text{F})}{p^{\ominus}}\right]^f\left[\dfrac{p'(\text{H})}{p^{\ominus}}\right]^h}{\left[\dfrac{p'(\text{D})}{p^{\ominus}}\right]^d\left[\dfrac{p'(\text{E})}{p^{\ominus}}\right]^e}，\quad 令 Q_p=\frac{\left[\dfrac{p'(\text{F})}{p^{\ominus}}\right]^f\left[\dfrac{p'(\text{H})}{p^{\ominus}}\right]^h}{\left[\dfrac{p'(\text{D})}{p^{\ominus}}\right]^d\left[\dfrac{p'(\text{E})}{p^{\ominus}}\right]^e},$$

则：$$\Delta_r G_m = \Delta_r G_m^{\ominus} + RT\ln Q_p = -RT\ln K_p^{\ominus} + RT\ln Q_p \quad (3\text{-}7)$$

式（3-7）称作范特霍夫等温方程。式中 Q_p 称作压力商。

若 $K_p^{\ominus} > Q_p$，则 $\Delta_r G_m < 0$，反应正向自发进行；

若 $K_p^{\ominus} = Q_p$，则 $\Delta_r G_m = 0$，体系已处于平衡状态；

若 $K_p^{\ominus} < Q_p$，则 $\Delta_r G_m > 0$，反应正向不能自发进行（逆向自发）。

利用范特霍夫等温方程时有几个问题必须关注：

（1）对溶液中进行的反应

$$\Delta_r G_m = \Delta_r G_m^{\ominus} + RT\ln Q_c = -RT\ln K_c^{\ominus} + RT\ln Q_c \quad (3\text{-}8)$$

$$K_c^{\ominus} = \frac{\left[\dfrac{c(\mathrm{F})}{c^{\ominus}}\right]^f \left[\dfrac{c(\mathrm{H})}{c^{\ominus}}\right]^h}{\left[\dfrac{c(\mathrm{D})}{c^{\ominus}}\right]^d \left[\dfrac{c(\mathrm{E})}{c^{\ominus}}\right]^e};\quad Q_c = \frac{\left[\dfrac{c'(\mathrm{F})}{c^{\ominus}}\right]^f \left[\dfrac{c'(\mathrm{H})}{c^{\ominus}}\right]^h}{\left[\dfrac{c'(\mathrm{D})}{c^{\ominus}}\right]^d \left[\dfrac{c'(\mathrm{E})}{c^{\ominus}}\right]^e}$$

式（3-8）中，c 为平衡浓度；c' 为任意时刻的浓度；$K_c^{\ominus}$ 为热力学平衡常数（标准平衡常数），Q_c 为浓度商；$c^{\ominus}$ 称作标准浓度。在标准状态下，$c^{\ominus} = 1\ \mathrm{mol \cdot dm^{-3}}$。

（2）纯固体或纯液体与气体间的反应（复相反应）

例如，$CaCO_3(s) \rightleftharpoons CaO(s) + CO_2(g)$ 是一个多相反应，其中包含两个不同的纯固体和一个纯气体。化学平衡条件 $\Delta_r G_m = 0$，适用于任何化学平衡，不是论是均相的，还是多相的。

$$\Delta_r G_m = -RT\ln \frac{p(CO_2)}{p^{\ominus}}，所以 K_p = \frac{p(CO_2)}{p^{\ominus}}$$

又因为 $\Delta_r G_m = -RT\ln K_c$，所以 $K_c = \dfrac{p(CO_2)}{p^{\ominus}} = K_p$，$K_p = p\,(CO_2)$。

上式中，$p(CO_2, g)$ 是平衡反应体系中 CO_2 气体的压力，即 CO_2 的平衡分压。这就是说，在一定温度下，$CaCO_3(s)$ 上面的 CO_2 的平衡压力是恒定的，这个压力又称为 $CaCO_3(s)$ 的分解压。

三、影响化学平衡的因素

一个反应如果能够发生，可能很快达到平衡，但反应进行不完全，欲使一个化学反应进行完全，就要创造条件，促使化学反应不断地向需要的方向移动。

平衡是相对的，暂时的，有条件的。当外界条件改变，可逆反应从一个平衡状态转变到另一个平衡状态的过程，叫化学平衡的移动。

如前所述，则影响反应的 $\Delta_r G$ 的符号的因素均能影响化学平衡。

从范特霍夫等温方程 $\Delta_r G_m = \Delta_r G_m^{\ominus} + RT\ln Q_c = -RT\ln K_c^{\ominus} + RT\ln Q_c$ 可知，R、T

总是正值，$\Delta_r G_m$ 的符号由$\frac{Q_c}{K_c^\ominus}$的比值来确定，所以影响$\frac{Q_c}{K_c^\ominus}$的因素都会影响化学平衡。

1. 浓度对平衡的影响

当温度 T 一定时，K_c 为一定值，则 $\Delta_r G$ 的符号由 Q_c 确定。当 $Q_c = K_c^\ominus$ 时，$\Delta_r G = 0$，反应达到平衡状态。若此时增加反应物浓度，会使 Q（Q_p 或 Q_c）的数值因其分母增大而减小，而 $K^\ominus$（$K_p^\ominus$ 或 $K_c^\ominus$）却不随浓度改变而发生变化，于是 $Q_c < K_c^\ominus$，$\ln[Q_c/K_c^\ominus]$ 为负值，$\Delta_r G < 0$，原平衡被打破，反应向正方向自发进行。反之，随着反应的进行，生成物浓度增大，反应物浓减小，Q 值增大，$Q_c > K_c^\ominus$，$\ln[Q_c/K_c^\ominus]$ 为正值，$\Delta_r G > 0$，原平衡被打破，反应向逆方向自发进行。可见，浓度对化学平衡的影响是在其他条件不变的情况下，增加反应物浓度或减少生成物浓度，平衡向正反应方向移动；增加生成物浓度或减少反应物浓度，平衡向逆反应方向移动。

2. 压力对平衡的影响

对于气相反应，有 $\Delta_r G_m = \Delta_r G_m^\ominus + RT\ln Q_p = -RT\ln K_p^\ominus + RT\ln Q_p = RT\ln[Q_p/K_p^\ominus]$，同理，当 $Q_p = K_p^\ominus$时，$\Delta_r G = 0$，反应处于暂时平衡状态。

当 T 一定（$K_p^\ominus$一定），总体积 V 一定时，单纯增加或减少某物质的分压（即增大或减少某物质的量），对其平衡的影响与上述浓度对平衡的影响是一致的。

若改变反应体系的总压力，则各气体组分的分压力均以同样倍数改变。设体系总压力增大为平衡时的 m 倍，则：

$Q_p = \frac{[mp(\mathrm{G})]^g[mp(\mathrm{D})]^d}{[mp(\mathrm{A})]^a[mp(\mathrm{B})]^b} = K_p m^{\Sigma\gamma_i}$，即 $Q_p/K_p = m^{\Sigma\gamma_i}$，则 $\Delta_r G$ 的符号由 m 和$\Sigma\gamma_i$ 决定。现将分析情况列于表 3-1 中。

表 3-1　改变体系压力对平衡的影响

情况		Q_p/K_p	$\Delta_r G$	移动方向
m>1（增大体系总压力）	$\Sigma\gamma_i=0$（气体分子数相等）	=1	=0	不移动（仍处于平衡状态）
	$\Sigma\gamma_i>0$（气体分子数增加）	>1	>0	逆向移动（气体分子数减少的方向）
	$\Sigma\gamma_i<0$（气体分子数减少）	<1	<0	正向移动（气体分子数增加的方向）
m<1（减小体系总压力）	$\Sigma\gamma_i=0$（气体分子数相等）	=1	=0	不移动（仍处于平衡状态）
	$\Sigma\gamma_i>0$（气体分子数增加）	<1	<0	正向移动（气体分子数增加的方向）
	$\Sigma\gamma_i<0$（气体分子数减少）	>1	>0	逆向移动（气体分子数减少的方向）

由上表可知：

① 总压力改变对反应前后气体分子数目相等的平衡反应没有影响。

② 在恒温条件下，增大体系的总压力，平衡向着气体分子数目减少的方向移动；减小体系的总压力，平衡向着气体分子数目增多的方向移动。

③ 根据分压的概念，$p_{分}V_{总}=n_{分}RT$。在 $V_{总}$不变时，通入一定量的稀有气体，虽然 $p_{总}$增大，但 $p_{分}$不变。故平衡不能移动。若通入稀有气体时，使 $p_{总}$不变，而 $V_{总}$改变（如增大），则 $p_{分}$改变（均减小），平衡发生移动，移动的方向与上述结论“减小体系的总压力，平衡向气体分子数目增多的方向移动”是一致的。

例如合成氨反应 $N_2(g)+3H_2(g) \rightleftharpoons 2NH_3(g)$

在某温度下达到平衡时有：$K_p^{\ominus}=\dfrac{\left[\dfrac{p(NH_3)}{p^{\ominus}}\right]^2}{\dfrac{p(N_2)}{p^{\ominus}}\left[\dfrac{p(H_2)}{p^{\ominus}}\right]^3}$

如果将体系的容积减少一半，使体系的总压力增加至原来的 2 倍，这时各组分的分压分别为原来的 2 倍，反应商为

$$Q_p=\frac{\left[\dfrac{2p(NH_3)}{p^{\ominus}}\right]^2}{\dfrac{2p(N_2)}{p^{\ominus}}\left[\dfrac{2p(H_2)}{p^{\ominus}}\right]^3}=\frac{K_p^{\ominus}}{4},\ 即\ Q_p<K_p^{\ominus}$$

原平衡破坏，反应正向进行。随着反应进行，$p(N_2)$、$p(H_2)$ 不断下降，$p(NH_3)$ 不断增大，使 Q_p 增大，直到 Q_p 再次与 $K_p^{\ominus}$ 相等，达到新的平衡为止。可见，增大体系总压力平衡向着气体计量数减小的方向移动。类似分析，可得如下结论：在等温下，增大总压力，平衡向气体计量数减小的方向移动；减小总压力，平衡向气体计量数增加的方向移动。如果反应前后气体计量数相等，则压力的变化不会使平衡移动。

3．温度对平衡的影响

当温度改变时，反应商没有变化，但却改变了平衡常数 $K_c^{\ominus}$或 $K_p^{\ominus}$，使 $Q_c/K_c^{\ominus}$或 $Q_p/K_p^{\ominus}$比值改变，导致 $\Delta_r G$ 的符号发生改变，故温度对平衡的影响很大。

由 $\Delta_r G_m^{\ominus}=-RT\ln K^{\ominus}$ 和 $\Delta_r G_m^{\ominus}=\Delta_r H^{\ominus}-T\Delta_r S^{\ominus}$ 得

$$-RT\ln K^{\ominus}=\Delta_r H^{\ominus}-T\Delta_r S^{\ominus}$$

$$\ln K^{\ominus}=-\frac{\Delta_r H_m^{\ominus}}{RT}+\frac{\Delta_r S_m^{\ominus}}{R} \tag{3-9}$$

式（3-9）说明了平衡常数与温度的关系，称为范特霍夫方程。设 T_1 时，标准平衡常数为 $K_1^{\ominus}$，T_2 时，标准平衡常数为 $K_2^{\ominus}$，且 $T_2>T_1$，有：

$$\ln K_1^{\ominus} = -\frac{\Delta_r H_{m,1}^{\ominus}}{RT} + \frac{\Delta_r S_{m,1}^{\ominus}}{R}, \quad \ln K_2^{\ominus} = -\frac{\Delta_r H_{m,2}^{\ominus}}{RT} + \frac{\Delta_r S_{m,2}^{\ominus}}{R}$$

当温度变化范围不大时，视$\Delta_r H_m^{\ominus}$和$\Delta_r S_m^{\ominus}$不随温度而改变。上两式相减，有：

$$\ln \frac{K_2^{\ominus}}{K_1^{\ominus}} = \frac{\Delta_r H_m^{\ominus}}{R}\left(\frac{T_2 - T_1}{T_2 T_1}\right) \tag{3-10}$$

根据式（3-10）可以说明温度对平衡的影响。设某反应在温度 T_1 时达到平衡，有 $Q = K_1^{\ominus}$。当升温至 T_2 时：若该反应为吸热反应，$\Delta_r H_m^{\ominus} > 0$，由式（3-10）得知 $K_2^{\ominus} > K_1^{\ominus}$，则 $Q < K_2^{\ominus}$，所以平衡向正反应方向移动；若该反应为放热反应，$\Delta_r H_m^{\ominus} < 0$，由式（3-10）得知 $K_2^{\ominus} < K_1^{\ominus}$，则 $Q > K_2^{\ominus}$，所以平衡向逆反应方向移动。总之，升温使平衡向吸热方向移动。反之，降温使平衡向放热方向移动。

各种外界因素对化学平衡的影响，均可以概括为勒夏特列原理（即平衡移动原理）：如果改变影响平衡的某一个因素（如浓度、压力或温度等），平衡就向着能够减弱这种改变的方向移动。这一原理在热力学上非常重要，因为当影响平衡的某一因素改变时，它可预示这一平衡的行动。但需要指出：

① 它不仅适用于化学平衡，也同样适用于物理平衡，如相平衡，溶解平衡等，具有普遍意义。

② 它只能指出平衡移动的方向，不能确定变化的实际量。

③ 必须特别注意，它只能应用于已经达到平衡状态的体系，而不能应用于尚未达到平衡的体系。

【例 3-1】 在一定温度和压力下，一定量的 PCl_5 气体的体积为 1 L，此时 PCl_5 气体已有 50% 离解为 PCl_3 和 Cl_2，试判断在下列情况下，PCl_5 的离解度是增大还是减小？

（1）减小压力使 PCl_5 的体积变为 2 L；

（2）保持压力不变，加入氮气使体积增至 2 L；

（3）保持体积不变，加入氮气使压力增加 1 倍；

（4）保持压力不变，加入氯气，使体积变为 2 L；

（5）保持体积不变，加入氯气，使压力增加 1 倍。

【解析】 判断平衡移动的方向，首先要知道现在平衡的平衡常数，并要计算不同条件下的浓度商 Q_c（在此应为压力商 Q_p），比较 Q_p 和压力常数 K_p 的关系进行判断。当 $Q_p = K_p$ 时，平衡不移动，当 $Q_p < K_p$ 时，平衡右移，当 $Q_p > K_p$ 时，平衡左移。对于反应：$PCl_5(g) \rightleftharpoons PCl_3(g) + Cl_2(g)$，已知 50% 的 PCl_5 分

解，所以在平衡时，PCl_5、PCl_3、Cl_2 的平衡分压相等，设为 p。则平衡常数

$$K_p=\frac{p(PCl_3)p(Cl_2)}{p(PCl_5)}=\frac{p\cdot p}{p}=p。$$

（1）体积增大了 1 倍，各物质的分压均减小为原来的$\frac{1}{2}$，所以此时：

$$Q_p=\frac{p(PCl_3)p(Cl_2)}{p(PCl_5)}=\frac{\frac{1}{2}p\times\frac{1}{2}p}{\frac{1}{2}p}=\frac{1}{2}p<K_p,$$

故平衡向右移动，PCl_5 的离解度增大。

（2）加入氮气，氮气虽然不参加反应，但它使体系的体积增大 1 倍，因而使 PCl_5、PCl_3 和 Cl_2 的分压均减小为原来的$\frac{1}{2}$，所以结果同（1）。

（3）加入氮气，虽然使压力增加 1 倍，但由于体积未变，因此 PCl_5、PCl_3 和 Cl_2 的分压不变，化学平衡不移动，所以 PCl_5 的离解度不变。

（4）加入氯气，使体积变为 2 L，总的压力不变，仍为 $3p$，但各物质的分压为

$$p(PCl_5)=p(PCl_3)=\frac{1}{2}p,$$

$$p(Cl_2)=3p-p(PCl_5)-p(PCl_3)=3p-p=2p,$$

$$Q_p=\frac{p(PCl_3)p(Cl_2)}{p(PCl_5)}=\frac{2p\times\frac{1}{2}p}{\frac{1}{2}p}=2p>K_p,$$

所以平衡向左移动，PCl_5 的离解度减小。

（5）体积不变增加氯气使压力增加 1 倍，此时的总压力为 $2\times3p=6p$，各物质的分压为

$$p(PCl_5)=p(PCl_3)=p,$$

$$p(Cl_2)=6p-p-p=4p,$$

$$Q_p=\frac{p(PCl_3)p(Cl_2)}{p(PCl_5)}=\frac{p\times4p}{p}=4p>K_p,$$

平衡向左移动，PCl_5 的离解度减小。

【例 3-2】 773 K 时，将 2.00 mol SO_2 和 3.00 mol O_2 充入容积为 10.00 dm^3 的密封容器中，平衡时有 1.90 mol SO_3 生成。计算反应：$2SO_2(g)+O_2(g)\rightleftharpoons2SO_3(g)$ 的 K_c、K_p 以及 SO_2 的转化率。

【解析】 解此类题的关键是求出平衡时各物质的平衡浓度（或平衡分压）。

反应时各物质的量变化之比，即为方程式中各物质的计量数之比。据此，根据起始浓度（或分压）即可求得各物质的平衡浓度（或平衡分压）。

根据题意，此反应是在等温等容条件下进行的。

$$2SO_2(g) + O_2(g) \rightleftharpoons 2SO_3(g)$$

	$2SO_2(g)$	$O_2(g)$	$2SO_3(g)$
起始浓度 / $(mol \cdot dm^{-3})$	$\frac{2.00}{10}$	$\frac{3.00}{10}$	0
变化浓度 / $(mol \cdot dm^{-3})$	$\frac{-1.90}{10}$	$-\frac{1}{2}\times\frac{1.90}{10}$	$+\frac{1.90}{10}$
平衡浓度 / $(mol \cdot dm^{-3})$	$\frac{2.00-1.90}{10}$	$\frac{3.00-\frac{1}{2}\times1.90}{10}$	$\frac{1.90}{10}$

$K_c = \frac{0.190^2}{0.010^2 \times 0.205} = 1.8 \times 10^3\ dm^3 \cdot mol^{-1}$，

$K_p = K_c\,(RT)^{-\Delta\nu} = 1.8 \times 10^3\ dm^3 \cdot mol^{-1} \times (8.31\ kPa \cdot dm^3 \cdot mol^{-1} \cdot K^{-1} \times 773\ K)^{2-3} = 1.2 \times 10^7\ kPa^{-1}$，$SO_2$ 的转化率 $= \frac{1.90}{2.00} \times 100\% = 95.0\%$。

【例 3-3】 碳酸钙在密闭容器中加热分解产生氧化钙和二氧化碳并达到平衡：$CaCO_3(s) \rightleftharpoons CaO(s) + CO_2(g)$，已知 298 K 时的数据如下：

物质	$CaCO_3(s)$	$CaO(s)$	$CO_2(g)$
$\Delta_f H_m^\ominus/(kJ \cdot mol^{-1})$	1206.9	−635.6	−393.5
$\Delta_f G_m^\ominus/(kJ \cdot mol^{-1})$	−1128.8	−604.2	−394.4

求 298 K 时分解反应的 K_p 和 $CaCO_3(s)$ 的分解压。在石灰窑中欲使 $CaCO_3(s)$ 以一定的速率分解，CO_2 的分压应不低于 101325 Pa，试计算石灰窑温度至少应维持在多少？（假设此反应的 $\Delta C_p = 0$），

【解析】 对 $CaCO_3(s)$ 的分解反应 $CaCO_3(s) \rightleftharpoons CaO(s) + CO_2(g)$，$K_p = \frac{p(CO_2)}{p^\ominus}$，即反应的平衡常数是平衡时 $CO_2(g)$ 的分压与标准压力之比。

298 K 时，$\Delta_r H_m = \Delta_f H_m(CaO) + \Delta_f H_m,(CO_2) - \Delta_f H_m,(CaCO_3) = -635.6\ kJ \cdot mol^{-1} - 393.5\ kJ \cdot mol^{-1} + 1206.9\ kJ \cdot mol^{-1} = 177.8\ kJ \cdot mol^{-1}$，

$\Delta_r G_m = \Delta_f G_m,(CaO) + \Delta_f G_m,(CO_2) - \Delta_f G_m,(CaCO_3) = -604.2\ kJ \cdot mol^{-1} - 394.4\ kJ \cdot mol^{-1} + 1128.8\ kJ \cdot mol^{-1} = 130.2\ kJ \cdot mol^{-1}$，

$$K_{p,298\,K} = \exp\left(-\frac{\Delta_r G_{m,298\,K}}{RT}\right) = \exp\left(-\frac{130200}{8.314 \times 298}\right) = 1.5 \times 10^{-23},$$

$CaCO_3(s)$ 的分解压 $= 1.5 \times 10^{-23} \times 101325\ Pa = 1.52 \times 10^{-18}\ Pa$。

设 CO_2 的分压不低于 101325 Pa 时，石灰窑温度至少维持在 T K，$K_{p,T} = \frac{p(CO)}{p^{\ominus}} = \frac{101325}{101325} = 1$。

由等压方程式，$\Delta_r H_m$ 为常数时，$\ln\frac{K_{p,2}}{K_{p,1}} = \frac{\Delta_r H_m}{R}\left(\frac{1}{T_1} - \frac{1}{T_2}\right)$，即 $\ln\frac{1}{1.5\times10^{-23}} = \frac{177800}{8.314}\times\left(\frac{1}{298} - \frac{1}{T}\right)$，解得 $T = 1113$。

【例 3-4】 1273 K 时 $H_2O(g)$ 通过红热的铁生产 H_2，发生如下反应：$Fe(s) + H_2O(g) \rightleftharpoons FeO(s) + H_2(g)$，反应的平衡常数 $K_p = 1.49$（K_p 是以各平衡混合气体分压表示的化学平衡常数）。

（1）计算每生产 1.00 mol 氢气需通入水蒸气的物质的量为多少。

（2）1273 K 时，若反应体系中只有 0.30 mol 的铁并通入 1.00 mol 水蒸气与其反应，试计算反应后各组分的物质的量。反应后体系是否处于平衡状态，为什么？

（3）1273 K，当 1.00 mol 水蒸气与 0.80 mol 铁接触时，最后各组分的物质的量是多少？

【解析】（1）反应为 $Fe(s) + H_2O(g) \rightleftharpoons FeO(s) + H_2(g)$，

$K_p = \frac{p(H_2)}{p(H_2O)} = 1.49$，

因为 $p(H_2) = \frac{n(H_2)RT}{V}$，$p(H_2O) = \frac{n(H_2O)RT}{V}$，

所以 $K_p = \frac{p(H_2)}{p(H_2O)} = \frac{n(H_2)}{n(H_2O)} = 1.49$。

当气相中 $n\ (H_2) = 1$ mol 时，气相中还应有 $\frac{1}{1.49}$ mol即 0.67 mol 的 $H_2O(g)$ 存在以维持平衡，故需通入 1.67 mol 的 $H_2O(g)$ 才能产生 1 mol $H_2(g)$。

（2）当 1.00 mol $H_2O(g)$ 与 0.30 mol Fe 反应时，将生成 0.30 mol $H_2(g)$，用于平衡的 $n(H_2O) = \frac{0.30}{1.49}$ mol $= 0.20$ mol；所以当 0.30 mol Fe 完全反应时共需 0.30 mol + 0.20 mol = 0.5 mol $H_2O(g)$，现有 1.00 mol $H_2O(g)$，故 Fe 可完全反应。此时体系组成为 $H_2(g)$：0.30 mol；$H_2O(g)$：0.70 mol；$FeO(s)$：0.30 mol；Fe：已不存在。

由于铁已全部反应完，体系未达化学平衡，气相中 $\frac{p(H_2)}{p(H_2O)} = \frac{0.30}{0.70} = 0.43$ 仅表示反应结束时它们的分压比。

（3）当体系中有 0.80 mol Fe 时，加入 1.00 mol $H_2O(g)$ 后，显然不可能使铁全部反应，设有 x mol Fe 起反应，应当消耗 x mol $H_2O(g)$，同时生成 x mol $H_2(g)$，故有 $x+\dfrac{x}{1.49}=1$，解得 $x=0.60$，即有 0.60 mol 的 Fe 反应生成 0.6 mol 的 FeO(s)。所以此时体系的组成为 $H_2(g)$：0.60 mol；$H_2O(s)$：0.40 mol；FeO(s)：0.60 mol；Fe：0.20 mol。

【例 3-5】 在 298 K 下，下列反应的 $\Delta_rH_m^\ominus$ 依次为

$$C_8H_{18}(g)+\frac{25}{2}O_2(g)\longrightarrow 8CO_2(g)+9H_2O(l) \qquad \Delta_1H_m^\ominus=-5512.4\ kJ\cdot mol^{-1} \qquad ①$$

$$C(石墨)+O_2(g)\longrightarrow CO_2(g) \qquad \Delta_2H_m^\ominus=-393.5\ kJ\cdot mol^{-1} \qquad ②$$

$$H_2(g)+\frac{1}{2}O_2(g)\longrightarrow H_2O(l) \qquad \Delta_3H_m^\ominus=-285.8\ kJ\cdot mol^{-1} \qquad ③$$

正辛烷、氢气和石墨的标准熵分别为 463.7 $J\cdot K^{-1}\cdot mol^{-1}$，130.6 $J\cdot K^{-1}\cdot mol^{-1}$，5.694 $J\cdot K^{-1}\cdot mol^{-1}$。设正辛烷和氢气为理想气体，请问：

（1）298 K下，求由石墨和 $H_2(g)$ 生成 1 mol 正辛烷 (g) 的反应的平衡常数 $K_p^\ominus$，给出计算过程。

（2）增加压力对提高正辛烷的产率是否有利？为什么？

（3）升高温度对提高正辛烷的产率是否有利？为什么？

（4）若在 298 K 及 101.325 kPa 下进行，平衡混合物中正辛烷的物质的量分数能否达到 0.1？

（5）若希望正辛烷在平衡混合物中的摩尔分数达到 0.5，则在 298 K 时，需要多大的压力？给出计算过程。

【解析】（1）将 8×②+9×③－① 得 $8C(石墨)+9H_2(g)\longrightarrow C_8H_{18}(g)$，

$\Delta_rH_m^\ominus=8\Delta_2H_m^\ominus+9\Delta_3H_m^\ominus-\Delta_1H_m^\ominus=-207.8\ kJ\cdot mol^{-1}$，

$\Delta_rS_m^\ominus=\sum\nu_BS_m^\ominus(B)=-757.252\ J\cdot K^{-1}\cdot mol^{-1}$，

$\Delta_rG_m^\ominus=\Delta_rH_m^\ominus-T\Delta_rS_m^\ominus=17.861\ kJ\cdot mol^{-1}$，

$K_p^\ominus=\exp(-\Delta_rG_m^\ominus/RT)=7.36\times10^{-4}$。

（2）$K_x=K_p^\ominus(p/p^\ominus)^{-\Delta\nu}$，$\Delta\nu=-8$。当压力不高时，$K_p^\ominus$ 为常数，K_x 随总压的增加而增大，故有利于正辛烷的生成。

（3）$\Delta_rH_m^\ominus<0$，$K_p^\ominus$ 随温度升高而减小，升高温度不利于正辛烷的生成。

（4）若 $x(C_8H_{18})=0.1$，则 $Q_p=\dfrac{p(C_8H_{18})/p^\ominus}{p(H_2)/p^\ominus}=0.258\gg K_p^\ominus=7.36\times10^{-4}$，故 $x(C_8H_{18})$ 不能达到 0.1。

（5）若使 $x(C_8H_{18})=0.5$，$K_p^\ominus=K_x(p/p^\ominus)^{-8}=7.36\times10^{-4}$，求得 $p=499$ kPa。

【典型赛题赏析】

【赛题1】（2013年广东省赛题）994 K，当 H_2 缓慢通过过量的块状固体 CoO 时，部分 CoO 被还原为固体 Co。在流出的平衡气体中 H_2 的物质的量分数为 2.50%；在同一温度，若用 CO 还原固体 CoO 时平衡气体中 CO 的物质的量分数为 1.92%。如果 994 K 时物质的量比为 1∶2 的一氧化碳和水蒸气的混合物在一定条件下反应，请问：

（1）一氧化碳的平衡转化率大约是多少？

（2）欲获得较纯的 H_2，请简要说明在生产工艺上应采取的措施。

（3）994 K，当 H_2 缓慢通过过量的纳米 CoO 固体粉末时，部分 CoO 被还原为固体 Co。在相同的反应时间内，与块状固体 CoO 相比，采用纳米固体 CoO 时流出的平衡气体中 H_2 的物质的量分数将怎样变化？为什么？

【解析】（1） $H_2(g)+CoO(s) \rightleftharpoons Co(s)+H_2O(g)$ ①

平衡时物质的量分数 2.50% 97.5%

$K_1^\ominus=97.50/2.50=39.00$

$CO(g)+CoO(s) \rightleftharpoons Co(s)+CO_2(g)$ ②

平衡时物质的量分数 1.92% 98.08%

$K_2^\ominus=98.08/1.92=51.08$。

由反应②－①得 $CO(g)+H_2O(g) \rightleftharpoons H_2(g)+CO_2(g)$，设平衡时 $H_2(g)$ 的物质的量为 $x$mol，

平衡时物质的量 $(1-x)$ mol　$(2-x)$ mol　x mol　x mol

$K^\ominus=\dfrac{x^2}{(1-x)(2-x)}=K_2^\ominus/K_1^\ominus=51.08/39.00$，解得 $x\approx 0.71$。所以一氧化碳的平衡转化率约为 71%。

（2）由于 CO 的平衡转化率较大，因此平衡混合气体中 CO 和 $H_2O(g)$ 很少，主体是 CO_2 和 H_2，为了获得较纯的 H_2，可采取的措施有：①将混合气体产物通过水洗塔，因 CO_2 在水中的溶解度远大于 H_2 且形成碳酸，故可获得较纯的 H_2。②将混合气体产物通过某种膜，该膜只允许 H_2 通过，而 CO_2 分子不能通过该膜，从而可获得较纯的 H_2。③将混合气体产物通过碱液或石灰水，可获得较纯的 H_2。

（3）流出的平衡气体中 H_2 的物质的量分数将减小，即 $K_1^\ominus$ 将增大。对于纳米粒子参与的化学反应，在反应过程中，由于反应物的表面能也影响到化学反应，从而改变了化学反应的热力学性质，也改变了标准平衡常数。理论和实验研究结果均表明，粒度对多相反应的标准摩尔反应焓变 $\Delta_r H_m^\ominus$、标准摩尔反应熵变 $\Delta_r S_m^\ominus$、标准摩尔反应吉布斯自由能变 $\Delta_r G_m^\ominus$ 和标准平衡常数 $K^\ominus$ 均有明显

影响，随着粒径的减小，$\Delta_r H_m^\ominus$、$\Delta_r S_m^\ominus$ 和 $\Delta_r G_m^\ominus$ 均降低，而 $K^\ominus$ 增大。对于本题，因平衡常数增大，故在相同反应条件下，有更多的 H_2 被消耗，于是流出的平衡气体中 H_2 的物质的量分数将减小。

【赛题 2】（安徽竞赛题）（1）已知血红蛋白 (Hb) 的氧化反应 $Hb(aq)+O_2(g) \rightleftharpoons HbO_2(aq)$ 的 $K_{1,292\,K}^\ominus=85.5$。若在 292 K 时，空气中 $p(O_2)=20.2$ kPa，O_2 在水中溶解度为 2.3×10^{-4} mol · L^{-1}，试求反应 $Hb(aq)+O_2(aq) \rightleftharpoons HbO_2(aq)$ 的 $K_{2,292\,K}^\ominus$ 和 $\Delta_r G_{m,292\,K}^\ominus$。[提示：水中 O_2 的溶解度与 $p(O_2)$ 成正比。]

（2）马的血红蛋白的脱水物中含铁 0.328%，若每升含血红蛋白 80 g 的溶液在 4 ℃时的渗透压为 0.026 atm，则马的血红蛋白的正确分子量为多大？

【解析】（1）$Hb(aq)+O_2(g) \rightleftharpoons HbO_2(aq) \qquad K_{1,292\,K}^\ominus=85.5$ ①

$$Hb(aq)+O_2(aq) \rightleftharpoons HbO_2(aq) \qquad K_{2,292\,K}^\ominus=? \quad ②$$

$$O_2(g) \rightleftharpoons O_2(aq) \qquad K_{3,292\,K}^\ominus=\frac{c^{eq}(O_2)/c^\ominus}{p^\ominus(O_2)/p^\ominus}=\frac{2.3\times10^{-4}/1.00}{20.2/100}=1.14\times10^{-3} \quad ③$$

可见，②=①−③，故 $K_2^\ominus=K_1^\ominus/K_3^\ominus=\dfrac{85.5}{1.14\times10^{-3}}=7.5\times10^4$。

$$\Delta_r G_{m,292\,K}^\ominus=-RT\ln K^\ominus=8.314\times10^{-3}\times292\times\ln 7.5\times10^4\ \text{J}\cdot\text{K}^{-1}\cdot\text{mol}^{-1}=$$
$$-27.2\ \text{J}\cdot\text{K}^{-1}\cdot\text{mol}^{-1}$$

（2）依题意，马的血红蛋白的脱水物中含铁 0.328%，所以它的分子量为 $\dfrac{56x}{0.003\,28}=17\,073x$（$x$ 为马的血红蛋白分子中 Fe 原子的个数）；根据每升含血红蛋白 80 g 的溶液在 4 ℃时的渗透压为 0.026 atm，由 $\pi=cRT=\dfrac{n}{V}RT$ 得

$$M=\frac{m}{V\pi}RT=\frac{80}{1\times0.026}\times0.082\,06\times277\ \text{g}\cdot\text{mol}^{-1}=69940\ \text{g}\cdot\text{mol}^{-1},$$

这样可以算出分子中铁原子的个数为 $\dfrac{69\,940}{17\,073}=4.10$，所以，马的血红蛋白的正确分子量为 $17073\times4=68298$。

【赛题 3】（2018 年全国初赛题）将 0.0167 mol I_2 和 0.0167 mol H_2 置于预先抽空的特制 1 L 密闭容器中，加热到 1500 K，体系达到平衡，总压强为 4.56 bar（1 bar = 100 kPa）。体系中存在如下反应关系：

① $I_2(g) \rightleftharpoons 2I(g) \qquad K_{p1}=2.00$

② $I_2(g)+H_2(g) \rightleftharpoons 2HI(g) \qquad K_{p2}$

③ $HI(g) \rightleftharpoons I(g)+H(g) \qquad K_{p3}=8.0\times10^{-6}$

④ $H_2(g) \rightleftharpoons 2H(g) \qquad K_{p4}$

（1）计算 1500 K 体系中 $I_2(g)$ 和 $H_2(g)$ 未分解时的分压。（$R=8.314\ J\cdot mol^{-1}\cdot K^{-1}$）

（2）计算 1500 K 平衡体系中除 H(g) 之外所有物种的分压。

（3）计算 K_{p2}。

（4）计算 K_{p4}（若未算出 K_{p2}，可设 K_{p2} 为 10.0）。

为使处理过程简洁方便，计算中务必使用如下约定符号。在平衡表达式中默认分压项均除以以下标准分压。

体系总压	$I_2(g)$ 起始分压	$I_2(g)$ 平衡分压	I(g) 平衡分压	$H_2(g)$ 起始分压	$H_2(g)$ 平衡分压	H(g) 平衡分压	HI(g) 平衡分压
p_1	x_0	x_1	x_2	y_0	y_1	y_2	z

【解析】（1）由 $pV=nRT$ 得 $p=nRT/V$，所以 $x_0=0.0167\ mol\times8.314\ J\cdot mol^{-1}\cdot K^{-1}\times1500\ K/1\ L=2.08\ bar$，$y_0=0.0167\ mol\times8.314\ J\cdot mol^{-1}\cdot K^{-1}\times1500\ K/1\ L=2.08\ bar$。

（2）$p(I_2)+p(H_2)+p(I)+p(H)+p(HI)=4.56\ bar$，即 $x_1+y_1+x_2+y_2+z=4.56$，

$[p(I)+p(H)]/2+p(I_2)+p(H_2)+p(HI)=2.08+2.08=4.16\ bar$，即 $x_1+y_1+z+\dfrac{x_2+y_2}{2}=4.16$，

$p^2(I)/p(I_2)=2.00$，即$\dfrac{x_2^2}{x_1}=2.00$，

$p(I)p(H)/p(HI)=8.0\times10^{-6}$，即$\dfrac{x_2y_2}{z}=8.0\times10^{-6}$，

$p(I_2)+p(I)/2=p(H_2)+p(H)/2$，即$x_1+\dfrac{x_2}{2}=y_1+\dfrac{y_2}{2}$，

解得 $p(I_2)=0.32\ bar$，$p(I)=0.8\ bar$，$p(H_2)=0.72\ bar$，$p(H)=2.72\times10^{-5}\ bar$，$p(HI)=2.72\ bar$。

本问也可以用以下思路快速求解。

根据所给反应的平衡常数：$K_{p3}\ll K_{p1}$，可以估算出 $K_{p4}\ll K_{p1}$，故可以只考虑反应①和②。列式如下：

$K_{p1}=x_2^2/x_1=2.00$，

$p_1=x_1+x_2+y_1+z=4.56\ bar$，

$x_0=x_1+x_2/2+z/2=2.08\ bar$，

$y_0=y_1+z/2=2.08\ bar$，

因此有 $p_1=x_0+y_0+x_2/2$（或写为 $4.56\ bar=4.16\ bar+x_2/2$）

联解以上各式，可得 $x_1=0.32\ bar$，$x_2=0.80\ bar$，$y_1=0.72\ bar$，$z=2.72\ bar$。

（3）$K_{p2}=p(HI)^2/[p(I_2)p(H_2)]=2.72^2/(0.32\times0.72)=32.11$。

（4）$K_{p4}=p(H)^2/p(H_2)=(2.72\times10^{-5})^2/0.72=1.03\times10^{-9}$。（若采用 $K_{p2}=10.0$，

计算值为 $K_{p4} = 3.2 \times 10^{-10}$。）

【赛题 4】（1991 年冬令营全国决赛题）在机械制造业中，为了消除金属制品中的残余应力和调整其内部组织，常采用有针对性的热处理工艺，以使制品机械性能达到设计要求。CO 和 CO_2 的混合气氛用于热处理时，调节 CO/CO_2 既可成为氧化性气氛（脱除钢制品中的过量碳），也可成为还原性气氛（保护制品在处理过程中不被氧化或还原制品表面的氧化膜）。反应式为 $Fe(s)+CO_2(g) \xlongequal{} FeO(s)+CO(g)$；

已知在 1673 K 时：

$2CO(g)+O_2(g) \xlongequal{} 2CO_2(g) \quad \Delta G^\ominus = -278.4\ kJ \cdot mol^{-1}$

$2Fe(s)+O_2(g) \xlongequal{} 2FeO(s) \quad \Delta G^\ominus = -311.4\ kJ \cdot mol^{-1}$

混合气氛中含有 CO、CO_2 及 N_2（N_2 占 1.0%，不参与反应）。

（1）CO/CO_2 比值为多大时，混合气氛恰好可以防止铁的氧化？

（2）此混合气氛中 CO 和 CO_2 各占多少百分数？

（3）混合气氛中 CO 和 CO_2 的分压比、体积比、摩尔比及质量比是否相同？若相同，写出依据；若不同，请说明互相换算关系。

（4）若往上述气氛保护下的热处理炉中投入一定石灰石碎块，如气氛的总压不变（设为 101.3 kPa），石灰石加入对气氛的氧化还原性有何影响？

【解析】（1）$2CO(g)+O_2(g) \xlongequal{} 2CO_2(g) \qquad \Delta G^\ominus = -278.4\ kJ \cdot mol^{-1}$ ①

$2Fe(s)+O_2(g) \xlongequal{} 2FeO(s) \qquad \Delta G^\ominus = -311.4\ kJ \cdot mol^{-1}$ ②

[②－①]/2 得 $Fe(s)+CO_2(g) \xlongequal{} FeO(s)+CO(g) \quad \Delta G^\ominus = -16.5\ kJ \cdot mol^{-1}$

由 $\Delta G^\ominus = -RT\ln\dfrac{p(CO)}{p(CO_2)}$ 得 $p(CO)/p(CO_2)=3.22$，即当 $p(CO)/p(CO_2) \geqslant 3.22$ 时，混合气氛防止铁的氧化。

（2）混合气氛中含 N_2 1.0%，设 CO 为 x%、CO_2 为 y%，则：$x+y=99.0\%$，同时有 $x/y=3.22$，解得 CO 为 75.6%，CO_2 为 23.4%，N_2 为 1.0%。

（3）混合气氛中 CO 和 CO_2 的分压比、摩尔比及体积比均相同（$pV=nRT$），质量比和它们的关系为

$$\frac{\dfrac{w(CO)}{28}}{\dfrac{w(CO_2)}{44}} = \frac{w(CO)}{w(CO_2)} \times \frac{44}{28} = \frac{p(CO)}{p(CO_2)} = \frac{n(CO)}{n(CO_2)} \text{ 或 } \frac{w(CO)}{w(CO_2)} = \frac{7}{11}\frac{p(CO)}{p(CO_2)}$$

（4）$CaCO_3(s) \xlongequal{} CaO(s)+CO_2(g) \quad K_p = p(CO_2)$

1673 K 时，$CaCO_3$ 分解生成的 CO_2，压强＞101.3 kPa，即石灰石分解使混合气氛中 CO_2 气压增大，将增强其氧化性。

【赛题 5】（2011 年全国初赛题）NO_2 和 N_2O_4 混合气体的针管实验是高中

化学的经典素材。理论估算和实测发现，混合气体体积由 V 压缩为 $V/2$，温度由 298 K 升至 311 K。已知这两个温度下 $N_2O_4(g) \rightleftharpoons 2NO_2(g)$ 的压力平衡常数 K_p 分别为 0.141 和 0.363。

（1）通过计算回答，混合气体经上述压缩后，NO_2 的浓度比压缩前增加了多少倍。

（2）动力学实验证明，上述混合气体几微秒内即可达成化学平衡。压缩后的混合气体在室温下放置，颜色如何变化？为什么？

【解析】（1）设混合气体未被压缩，在 298 K（V_1、T_1）达平衡，$N_2O_4(g)$ 的平衡分压为 p_1，$NO_2(g)$ 的平衡分压为 p_2，则：

$$p_1 + p_2 = 1\ \text{atm} \quad ①$$

$$K_{p,298\,K} = (p_2/p^{\ominus})^2/(p_1/p^{\ominus}) = 0.141 \quad ②$$

联立方程①和②，解得 $p_1 = 0.688$ atm，$p_2 = 0.312$ atm。

设针管压缩未发生平衡移动，已知 $p_{T_1} = 1$ atm，$T_1 = 298$ K，$T_2 = 311$ K，$V_2/V_1 = 1/2$，根据理想气体状态方程 $p_{T_1}V_1/T_1 = p_{T_2}V_2/T_2$，解得 $p_{T_2} = 2.087$ atm，$N_2O_4(g)$ 的分压 $p_1 = 1.436$ atm，NO_2 的分压 $p_2 = 0.651$ atm。

压缩引发压力变化，$Q_p = 0.651^2/1.436 = 0.296 < 0.363 = K_{p,311\,K}$，平衡正向移动。设达到平衡时 $N_2O_4(g)$ 分压减小 x atm，则 NO_2 的分压增加 $2x$ atm，有：

$$K_{p,311\,K} = [(p_2 + 2x)/p^{\ominus}]^2/[(p_1 - x)/p^{\ominus}] = 0.363 \quad ③$$

解得 $x = 0.0317$。$N_2O_4(g)$ 的平衡分压 $p_{1,311\,K} = 1.404$ atm，$NO_2(g)$ 的平衡分压为 $p_{2,311\,K} = 0.714$ atm，浓度比等于分压比：$p_{2,311\,K}/p_{2,298\,K} = 0.714/0.312 = 2.29$，增加了 1.29 倍。

（2）压缩后的混合气体在室温下放置，温度逐渐下降，平衡向放热方向移动，NO_2 聚合成 N_2O_4，颜色逐渐变浅，直到体系温度降至室温，颜色不再变化。

【赛题 6】（2019 年全国初赛题）高炉炼铁是重要的工业过程，冶炼过程中涉及如下反应：

① $FeO(s) + CO(g) \rightleftharpoons Fe(s) + CO_2(g)$　$K_1 = 1.00$　($T = 1200$ K)

② $FeO(s) + C(s) \rightleftharpoons Fe(s) + CO(g)$　　K_2　　($T = 1200$ K)

气体常数 R 等于 8.314 $J \cdot mol^{-1} \cdot K^{-1}$；相关的热力学数据（298 K）列入下表：

	FeO(s)	Fe(s)	C(s，石墨)	CO(g)	$CO_2(g)$
$\Delta_f H_m^{\ominus}/(kJ \cdot mol^{-1})$	−272.0	—	—	−110.6	−393.5
$S_m^{\ominus}/(J \cdot mol^{-1} \cdot K^{-1})$	60.75	27.3	5.74	/	x

（1）假设上述反应体系在密闭条件下达平衡时总压为 1200 kPa，计算各气体的分压。

（2）计算 K_2。

（3）计算 $CO_2(g)$ 的标准熵 $S_m^\ominus$(单位：$J \cdot mol^{-1} \cdot K^{-1}$)。（设反应的焓变和熵变不随温度变化）

（4）反应体系中，著 CO(g) 和 $CO_2(g)$ 均保持标准态，判断此条件下反应的自发性（填写对应的字母）。

反应①的自发性________　　A 自发　　B 不自发　　C 达平衡

反应②的自发性________　　A 自发　　B 不自发　　C 达平衡

（5）若升高温度，指出反应平衡常数如何变化（填写对应的字母）。计算反应焓变，给出原因。

反应①的平衡常数________　　（1）A 增大　　B 不变化　　C 减小

反应②的平衡常数________　　（1）A 增大　　B 不变化　　C 减小

【解析】（1）平衡体系中存在 2 个平衡反应，平衡的总压为 1200 kPa，由于反应①的 $K_1 = p(CO_2)/p(CO) = 1.00$，故平衡体系中 $p(CO) = p(CO_2) = 600$ kPa。

（2）对于反应②而言，由于 $K_2 = p(CO)$，所以 $K_2 = 600$ kPa。

（3）设定反应③：$2FeO(s) + C(s) \rightleftharpoons 2Fe(s) + CO_2(g)$，显然，$K_3 = 600$ kPa，即 $K_3^\ominus = 6.00(T = 1200\ K)$。

考虑到 $\Delta_r G_m^\ominus = -RT\ln K^\ominus$，代入数据得

$\Delta_r G_m^\ominus$(③)$=-8.314\ J \cdot mol^{-1} \cdot K^{-1} \times 1200\ K \times \ln 6.00 \approx -17876\ J \cdot mol^{-1} \approx -17.9\ kJ \cdot mol^{-1}$;

$\Delta_r H_m^\ominus$(③)$= -393.5\ kJ \cdot mol^{-1} - (-272.0\ kJ \cdot mol^{-1} \times 2) = 150.5\ kJ \cdot mol^{-1}$;

$\Delta_r S_m^\ominus$(③)$= x\ kJ \cdot mol^{-1} + 2\times 27.3\ kJ \cdot mol^{-1} - 5.73\ kJ \cdot mol^{-1} - 2\times 60.75\ kJ \cdot mol^{-1} = (x-72.63)\ J \cdot mol^{-1} \cdot K^{-1}$;

又因为 $\Delta_r G_m^\ominus = \Delta_r H_m^\ominus - T\Delta_r S_m^\ominus$，所以 $\Delta_r S_m^\ominus$(③)$=(150.5\ kJ \cdot mol^{-1} + 17.9\ kJ \cdot mol^{-1})/1200\ K = 0.1403\ kJ \cdot mol^{-1} \cdot K^{-1} = 140.3\ J \cdot mol^{-1} \cdot K^{-1}$;

$S_m^\ominus = 213.0\ J \cdot mol^{-1} \cdot K^{-1}$。

（4）CO(g) 和 $CO_2(g)$ 均保持标准态即 1×10^5 Pa，因此，$K_1 = \dfrac{p(CO_2)}{p(CO)} = 1.00$，即反应①正好处于平衡状态，选 C。反应②由压强为 0 增大到 1×10^5 Pa，也就是反应正向进行，选 A。

（5）反应①：$\Delta_r H_m^\ominus$(①)$= -393.5\ kJ \cdot mol^{-1} - (-110.5\ kJ \cdot mol^{-1}) - (272.0\ kJ \cdot mol^{-1}) = -11\ kJ \cdot mol^{-1}$;

反应②：$\Delta_r H_m^\ominus$(②)$= -110.5\ kJ \cdot mol^{-1} - (-272.0\ kJ \cdot mol^{-1}) = +161.5\ kJ \cdot mol^{-1}$;

升高温度，平衡①逆向移动，平衡常数减小，选 C。平衡②正向移动，平衡常数增大，选 A。

【赛题 7】（2016 年全国初赛题）N_2O_4 和 NO_2 的相互转化 $N_2O_4(g) \rightleftharpoons 2NO_2(g)$ 是讨论化学平衡问题的常用体系。已知该反应在 295 K 和 315 K 温度下平衡常数 K_p 分别为 0.100 和 0.400。将一定量的气体充入一个带活塞的特制容器，通过活塞移动使体系总压恒为 1 bar (1 bar = 100 kPa)。

（1）计算 295 K 下体系达平衡时 N_2O_4 和 NO_2 的分压。

（2）将上述体系温度升至 315 K，计算达平衡时 N_2O_4 和 NO_2 的分压。

（3）计算恒压下体系分别在 315 K 和 295 K 达平衡时的体积比及物质的量之比。

（4）保持恒压条件下，不断升高温度，体系中 NO_2 分压最大值的理论趋近值是多少（不考虑其他反应）？根据平衡关系式给出证明。

（5）上述体系在保持恒外压的条件下，温度从 295 K 升至 315 K，下列说法正确的是________。

(a) 平衡向左移动　(b) 平衡不移动　(c) 平衡向右移动　(d) 三者均有可能

（6）与体系在恒容条件下温度从 295 K 升至 315 K 的变化相比，恒压下体系温度升高，下列说法正确的是（简述理由，不要求计算）________。

(a) 平衡移动程度更大　(b) 平衡移动程度更小　(c) 平衡移动程度不变　(d) 三者均有可能

【解析】（1）设体系在 295 K(V_1, T_1) 达平衡时，$N_2O_4(g)$ 的分压为 p_1, $NO_2(g)$ 的分压为 p_2，根据所给条件，有：

$$p_1 + p_2 = 1\ \text{bar} \qquad ①$$

根据反应式：$N_2O_4(g) \rightleftharpoons 2NO_2(g)$ 和所给平衡常数，有：

$$K_{p,298\ \text{K}} = (p_2/p_2^{\ominus})^2/(p_1/p_1^{\ominus}) = 0.100 \qquad ②$$

联立方程①和②，解得 $p_1 = 0.730$ bar，$p_2 = 0.270$ bar。

（2）315 K(V_2, T_2) 下体系达平衡，$N_2O_4(g)$ 的分压为 p_1', $NO_2(g)$ 的分压为 p_2'，类似地有：

$$p_1' + p_2' = 1\ \text{bar} \qquad ③$$

$$K_{p,315\ \text{K}} = (p_2'/p_2^{\ominus})^2/(p_1'/p_1^{\ominus}) = 0.400 \qquad ④$$

联立方程③和④，解得 $p_1' = 0.537$ bar，$p_2' = 0.463$ bar。

（3）根据反应计量关系，有：$2 \times \Delta n(N_2O_4) = \Delta n(NO_2)$，结合理想气体方程 $pV = nRT$，得

$2\times(p_1V_1/T_1-p_1'V_2/T_2)/R=(p_2'V_2/T_2-p_2V_1/T_1)/R$

$(2p_1+p_2)V_1/T_1=(2p_1'+p_2')V_2/T_2$

$V_2/V_1=T_2/T_1\times(2p_1+p_2)/(2p_1'+p_2')$

$=315/295\times(2\times0.730+0.270)/(2\times0.537+0.463)$

$=1.20$

因为体系的总压不变，则 $n_2/n_1=V_2/V_1\times T_1/T_2=1.20\times295/315=1.12$

（4）理论最大值趋向于 1 bar，由恒压关系（=1 bar）和平衡关系，设 NO_2 分压为 y，则 $N_2O_4(g)$ 的分压为 y^2/K，有：$y+y^2/K=1$ 即 $y^2+Ky-K=0$；解得 $y=\frac{1}{2}(\sqrt{K^2+4K}-K)=\frac{1}{2}(\sqrt{(K+2)^2-4}-K)$。

当 $K+2\gg4$ 时，$\sqrt{(K+2)^2-4}\approx K+2$，此时 $y=1$。

（5）c

（6）a

因为平衡常数随温度升高而增大，恒容条件下升温平衡向右移动，从而导致体系总压增大，此时若要保持恒压，则需要增大体积，而体积增大会促使反应向生成更多气体物质的方向移动，即促使平衡进一步向右移动。

本题也可以通过计算说明。

恒容条件，因为随温度升高平衡常数增大，所以从 295 K 升至 315 K，会导致 N_2O_4 分解。

温度升高，导致两种气体的分压均增大，设温度升高而平衡未移动时 N_2O_4 的分压为 P_3，NO_2 为 P_4，则：$p_3=0.730\times315/295=0.779$ (bar)，$p_4=0.27\times315/295=0.288$ (bar)。（1 bar $=10^5$ Pa）

体系在 315 K 达平衡时，设 N_2O_4 的分压降低 x。根据反应关系，有：

$N_2O_4(g) \rightleftharpoons 2NO_2(g)$

p_3-x　　　p_4+2x　　　$(p_4+2x)^2/(p_3-x)=0.400$

$2.5\times(p_4^2+4p_4x+4x^2)=p_3-x$，即 $2.5\times(0.288^2+4\times0.288x+4x^2)=0.779-x$，$10x^2+3.88x-0.572=0$，解得 $x=0.114$ bar。

$p(N_2O_4)=0.779-0.114$ bar $=0.665$ bar; $p(NO_2)=0.288$ bar $+0.114$ bar $\times2=0.516$ bar

$p_{总}=1.181$ bar；NO_2 的摩尔分数 $=0.436$。恒压下 NO_2 的摩尔分数 $=0.463>0.436$, 故恒压下平衡移动的程度更大。

【赛题 8】（2015 年冬令营全国决赛题）氢最有可能成为 21 世纪的主要能源，但氢气需要由其他物质来制备。制氢的方法之一是以煤的转化为基础。基本原理是用碳、水在气化炉中发生如下反应：

$$C(s)+H_2O(g) \rightleftharpoons CO(g)+H_2(g) \quad ①$$

$$CO(g)+H_2O(g) \rightleftharpoons CO_2(g)+H_2(g) \quad ②$$

利用 CaO 吸收产物中的 CO_2：

$$CaO(s)+CO_2(g) \rightleftharpoons CaCO_3(s) \quad ③$$

产物中的 H_2 与平衡体系中的 C、CO、CO_2 发生反应，生成 CH_4：

$$C(s)+2H_2(g) \rightleftharpoons CH_4(g) \quad ④$$

$$CO(g)+3H_2(g) \rightleftharpoons CH_4(g)+H_2O(g) \quad ⑤$$

$$CO_2(g)+4H_2(g) \rightleftharpoons CH_4(g)+2H_2O(g) \quad ⑥$$

将 2 mol C(s)、2 mol $H_2O(g)$、2 mol CaO(s) 放入气化炉，在 850 ℃下发生反应。已知 850 ℃下相关物种的热力学参数如下表：

物质	$\Delta_f H_m^{\ominus}$/(kJ · mol^{-1})	$S_m^{\ominus}$/(J · K^{-1} · mol^{-1})
C(s)	8.70	21.04
CO(g)	−93.65	229.22
$CO_2(g)$	−368.1	260.49
CaO(s)	−606.97	90.58
$CaCO_3(s)$	−1147.40	196.92
$H_2(g)$	16.21	161.08
$H_2O(g)$	−221.76	226.08
$CH_4(g)$	−46.94	236.16

（1）计算气化炉总压为 2.50×10^6 Pa 时，H_2 在平衡混合气中的摩尔分数。

（2）计算 850 ℃从起始原料到平衡产物这一过程的热效应。

（3）碳在高温下是一种优良的还原剂，可用于冶炼多种金属。试写出 600 ℃碳的可能氧化产物的化学式，从热力学角度说明原因（假设 600 ℃反应的熵变、焓变和 850 ℃下的熵变、焓变相同）。

【解析】本题是一道多重平衡的热力学计算试题。

（1）首先需要判断题目中给出的六个反应方程式中哪些是独立的反应，再利用这些方程式的平衡常数表达式推导出几种气体的分压关系，最后得到只有 $p(H_2)$ 的方程求解。经过分析，先取以下 4 个独立的方程式，其中 $C(s)+2H_2O(g) \rightleftharpoons CO_2(g)+2H_2(g)$ 是题给反应①和②叠加得到。它们的特点是互相之间不能叠加表示，但可以叠加表示出另外剩余的两个方程式。求这 4

个反应的平衡常数：

反应方程式	$\Delta_r H_m^\ominus$ /(kJ·mol^{-1})	$\Delta_r S_m^\ominus$ /(J·mol^{-1}·K^{-1})	$K^\ominus$
$C(s)+H_2O \rightleftharpoons CO(g)+H_2(g)$	135.62	143.18	14.8200
$C(s)+2H_2O \rightleftharpoons CO_2(g)+2H_2(g)$	99.14	109.45	12.7500
$CaO(s)+CO_2(g) \rightleftharpoons CaCO_3(s)$	−172.33	−154.15	0.9198
$C(s)+2H_2(g) \rightleftharpoons CH_4(g)$	88.06	−107.04	0.03196

式③是本题的一个突破口，因为在式③中只有 CO_2 一种气体，可以直接通过它的平衡常数算出 CO_2 的平衡分压：

$$p(CO_2)=1/K^\ominus=1.089p^\ominus \quad ⑦$$

再根据式②有：$$\frac{p(H_2)}{p(H_2O)}=\left(\frac{K_2^\ominus}{p(CO_2)}\right)^{\frac{1}{2}}=3.422 \quad ⑧$$

根据式①：$$\frac{p(H_2)p(CO)}{p(H_2O)}=K_1^\ominus=14.82 \quad ⑨$$

将式⑧代入式⑨可以得到：$p(CO)=4.331p^\ominus$

最后还有$K_4^\ominus$的表达式：$$\frac{p(CH_4)}{p^2(H_2)}=K_4^\ominus=0.03196 \quad ⑩$$

气体的总压为 $$p(H_2)+p(CH_4)+p(CO)+p(CO_2)+p(H_2O)=25.0p^\ominus \quad ⑪$$

将式⑧、式⑩和 CO、CO_2 的分压代入式⑪，得到关于 $p(H_2)$ 的二次方程，解得：$p(H_2)$=$11.74p^\ominus$，$p(H_2O)=3.431p^\ominus$, $p(CH_4)=4.405p^\ominus$，因此$x(H_2)=47.0\%$。

（2）考查对热力学状态函数的理解。应该把平衡体系作为一个整体考虑，得到整体的末状态，再计算由始态到末态的焓变。

体系中氢气元素的物料守恒表达式为

$$n(H_2)+n(H_2O)+2n(CH_4)=2.00\ \text{mol},$$

$$n(H_2)=\frac{2.00p(H_2)}{p(H_2)+p(H_2O)+2p(CH_4)}=0.9791\ \text{mol},$$

进而可以求得达到平衡时其他气体的物质的量

$$n(H_2O)=0.2861\text{mol}, n(CH_4)=0.3674\ \text{mol}, n(CO)=0.3612\ \text{mol}, n(CO_2)=0.0908\ \text{mol},$$

再考虑氧元素和碳元素的守恒可以求得

$$n(C)=0.5950\ \text{mol}，n(CaO)=1.4140\ \text{mol}, n(CaCO_3)=0.5856\ \text{mol},$$

因此全过程的焓变为

$\Delta H = 0.2861\times(-221.76)+0.3674\times(-46.94)+0.3612\times(-93.65)+0.0908\times(-368.1)+$
$0.5950\times8.70+1.414\times(-606.97)+0.5856\times(-1147.40)+0.9791\times16.21-$
$2.00\times8.70-2.00\times(-606.97)-2.00\times(-221.76)=-17.0$ kJ。

（3）要求判断在 600 ℃的条件下碳的氧化产物，实际上要求找到一个合理的方法判断 CO、CO_2 的稳定性。题目中没有给出 O_2 的热力学数据，因此考虑 CO 的歧化反应：

$2CO(g) \rightleftharpoons CO_2(g)+C(s)$，$\Delta_r G_m^{\ominus}=-17.66\ \text{kJ}\cdot\text{mol}^{-1}<0$

由此得出：CO 在 600 ℃时不稳定，会自动发生歧化反应生成 C 和 CO_2，所以碳的氧化产物为 CO_2。

【赛题 9】（第 32 届 Icho 国际赛题）化合物 Q（摩尔质量为 122.0 g • mol^{-1}）含碳、氢、氧元素。在 6 ℃时 Q 在苯和水中的分配情况见下表，表中 c(B) 和 c(W) 分别表示 Q 在苯和水中的平衡浓度。假定 Q 在苯中的物种是唯一的，并与浓度、温度无关。CO_2(g) 和 H_2O(l) 在 25.00 ℃的标准生成焓分别为 −393.51 kJ • mol^{-1} 和 −285.83 kJ•mol^{-1}。气体常数 R 为 8.314 J•K^{-1}•mol^{-1}。（原子量：H-1.0、C-12.0、O-16.0）

浓度 /(mol • L^{-1})			
c(B)	c(W)	c(B)	c(W)
0.0118	0.00281	0.0981	0.00812
0.0478	0.00566	0.1560	0.0102

质量为 0.6000 g 的固体 Q 在氧弹量热计内充分燃烧，在 25.000 ℃下开始反应，此时量热计内含水 710.0 g。反应完成后温度上升至 27.250 ℃，反应生成 1.5144 g CO_2(g) 和 0.2656 g H_2O(g)。

（1）假定 Q 在水中是单体，通过计算说明 Q 在苯中是单体还是双聚体？

（2）理想稀溶液的凝固点的表达式如下：$T_f^0 - T_f = \dfrac{R\left(T_f^0\right)^2 \times X_s}{\Delta H_f}$；其中，$T_f$ 是溶液的凝固点，T_f^0 是溶剂的凝固点，ΔH_f 是溶剂的熔化热，X_s 是溶质的摩尔分数，苯的摩尔质量为 78.0 g • mol^{-1}，纯苯在 1 大气压下的凝固点为 5.40 ℃，苯的熔化热为 9.89 kJ • mol^{-1}，计算在 5.85 g 苯中含有 0.244 g Q 的溶液在 1 大气压下的凝固点 T_f。

【解析】 本题首先应该解决的问题是 Q 的分子式，然后根据 Q 在苯和水中的平衡常数 K，判断出 Q 在苯中是单体还是双聚体，最后根据题给的凝固点公式计算出 Q 在 1 atm 时的凝固点。

（1）C ∶ H ∶ O（原子个数比）= $m(CO_2)/M(CO_2)$ ∶ $2m(H_2O)/M(H_2O)$ ∶ $[m(Q)-m(C)-m(H)]/M(O)$ = 1.5144/44.0 ∶ 2 × 0.2655/18.0 ∶ (0.6000−12 × 1.5144/44.0−2 ×

0.2655/18.0)/16.0 = 7 ∶ 6 ∶ 2。

设 Q 的分子式为 $(C_7H_6O_2)_n$，则 $n = 122.0/(12.0 \times 7 + 1.0 \times 6 + 16.0 \times 2) = 1$，即 Q 的分子式为 $C_7H_6O_2$。

假设 Q 在苯中是单体，即存在 $Q(H_2O) \rightleftharpoons Q(苯)$，其平衡常数 $K_1 = c(B)/c(W)$；

假设 Q 在苯中是二聚体，即存在 $2Q(H_2O) \rightleftharpoons Q(苯)$，其平衡常数 $K_2 = c(B)/c^2(W)$，列表可以算出如下数据：

浓度 /($mol \cdot L^{-1}$)		$Q(H_2O) \rightleftharpoons Q(苯)$	$2Q(H_2O) \rightleftharpoons Q(苯)$
$c(B)$	$c(W)$	$K_1 = c(B)/c(W)$	$K_2 = c(B)/c^2(W)$
0.0118	0.00281	4.20	1.49×10^3
0.0478	0.00566	8.45	1.49×10^3
0.0981	0.00812	12.1	1.49×10^3
0.156	0.0102	15.3	1.50×10^3

从表中数据可以看出，当 Q 在苯中以二聚体形式存在时，$2Q(H_2O) \rightleftharpoons Q(苯)$ 的平衡常数 K 确实是一常数，大约为 1.49×10^3，所以 Q 以二聚体的形式存在于苯中。

（2）由于 $n(Q_2) = m(Q_2)/M(Q_2) = 0.244\ g/(122.0\ g \cdot mol^{-1} \times 2) = 0.00100\ mol$，$n(苯) = 5.85\ g/78.0\ g \cdot mol^{-1} = 0.0750\ mol$，$X_s = n(Q_2)/[n(Q_2) + n(苯)] = 0.00100\ mol/(0.00100\ mol + 0.0750\ mol) = 0.0132$，代入凝固点的表达式：

$$T_f^0 - T_f = \frac{R\left(T_f^0\right)^2 X_s}{\Delta H_f}，5.40\ ℃ - T_f = \frac{8.314 \times (5.54 + 273.15)^2 \times 0.0132}{9.89 \times 10^3}\ ℃，$$

最终解得 $T_f = 4.54\ ℃$。

【赛题 10】（2009 年冬令营全国决赛题）新陈代谢不仅需要酶，而且需要能量。糖类是细胞的主要能源物质之一，脂肪是生物体内储存能量的主要物质。但是，这些有机物中的能量都不能直接被生物体利用，它们只是在细胞中随着这些有机物逐步氧化分解而释放出来，并且储存在生物活性体系中一种非常重要的高能磷酸化合物三磷酸腺苷（简称 ATP）中才能被生物体利用。ATP 是新陈代谢所需能量的直接来源，它是许多生化反应的初级能源。ATP 的水解是一个较强的放能作用，在有关酶的催化作用下，ATP 水解转化成二磷酸腺苷（简称 ADP）和磷酸盐：

$$ATP + H_2O = ADP + Pi(磷酸盐) \qquad ①$$

已知 298.2 K 时该反应：$\Delta_r G^{\ominus}_{m,①}(298.2\ K) = -30.58\ kJ \cdot mol^{-1}$，$\Delta_r H^{\ominus}_{m,①}(298.2\ K) = -20.10\ kJ \cdot mol^{-1}$，$\Delta_r C_p \approx 0$；310.2 K（人体温度）时反应：

$$\text{谷氨酸盐} + NH_4^+ \text{===} \text{谷氨酰胺} + H_2O \qquad ②$$

$$\Delta_r G^{\ominus}_{m,②}(310.2\ K) = 15.70\ kJ \cdot mol^{-1}$$

（1）通过计算回答在 310.2 K，标准状态下，人体内能否由下述反应合成谷氨酰胺？

$$\text{谷氨酸盐} + NH_4^+ + ATP \text{===} \text{谷氨酰胺} + ADP + Pi(\text{磷酸盐}) \qquad ③$$

（2）计算 310.2 K 时反应③的标准平衡常数 $K^{\ominus}_{③}$。

（3）ATP 消耗后，可通过另外的途径复生。在另一种酶的催化作用下，ADP 可以接受能量，同时与一个磷酸分子结合，从而转化成 ATP。例如在糖酵解反应的过程中，如果 1 mol 葡萄糖完全降解，消耗 2 mol ATP，又产生 38 mol ATP。计算在标准状态下，310.2 K 时，1 mol 葡萄糖完全降解过程贮能 $\Delta_r G$ 是多少？

（4）许多磷酸酯水解是放能反应，ATP 水解释放的能量不是最大的，也不是最小的。从热力学角度说明，为什么许多生物代谢过程中有 ATP 参加。

【解析】（1）因为反应①的 $\Delta_r C_P \approx 0$，所以 $\Delta_r H^{\ominus}_{m,①,310.2\ K} = \Delta_r H^{\ominus}_{m,①,298.2\ K} = -20.10\ kJ \cdot mol^{-1}$，

$$\Delta_r S^{\ominus}_{m,①,310.2\ K} = \Delta_r S^{\ominus}_{m,①,298.2\ K} = (\Delta_r H^{\ominus}_{m,①,298.2\ K} - \Delta_r G^{\ominus}_{m,①,298.2\ K})/298.2$$
$$= \{[(-20100) - (-30580)]/298.2\}\ J \cdot K^{-1} \cdot mol^{-1} = 35.14\ J \cdot K^{-1} \cdot mol^{-1},$$

反应①在 310.2 K 时的 $\Delta_r G^{\ominus}_{m,①,310.2\ K}$ 为

$$\Delta_r G^{\ominus}_{m,①,310.2\ K} = \Delta_r H^{\ominus}_{m,①,310.2\ K} - 310.2\ K \times \Delta_r S^{\ominus}_{m,①,310.2\ K}$$
$$= (-20.10 - 301.2 \times 0.03514)\ kJ \cdot mol$$
$$= -31.00\ kJ \cdot mol^{-1}。$$

反应②在 310.2 K 时的 $\Delta_r G^{\ominus}_{m,②,310.2\ K} = 15.70\ kJ \cdot mol^{-1}$。

反应③是反应①和②的耦合反应，所以反应③在 310.2 K 时

$$\Delta_r G^{\ominus}_{m,③,310.2\ K} = \Delta_r G^{\ominus}_{m,①,310.2\ K} + \Delta_r G^{\ominus}_{m,②,310.2\ K}$$
$$= -31.00\ kJ \cdot mol^{-1} + 15.70\ kJ \cdot mol^{-1} = -15.30\ kJ \cdot mol^{-1}。$$

标准状态下，$\Delta_r G^{\ominus}_{m,③,310.2\ K} = -15.30\ kJ \cdot mol^{-1} < 0$，所以人体内可以由反应③合成谷氨酰胺。

如果利用 van't Hoff 方程 $\ln \dfrac{K_2^{\ominus}}{K_1^{\ominus}} = \dfrac{\Delta_r H_m^{\ominus}}{R}\left(\dfrac{T_2 - T_1}{T_2 T_1}\right)$ 求解，同样可以得到这一结果。

（2）$\Delta_r G^{\ominus}_{m,③,310.2\ K} = -RT\ln K^{\ominus}_{③,310.2\ K}$

$$= -8.314\ J \cdot K^{-1} \cdot mol^{-1} \times 310.2\ K \times \ln K^{\ominus}_{③,310.2\ K}$$
$$= -15300\ kJ \cdot mol^{-1},$$

解得 $K^{\ominus}_{③,310.2\ K} = 377.1$。

（3）$\Delta_r G = 36\ \text{mol} \times (-\Delta_r G^\ominus_{m,①,310.2\ K}) = 36\ \text{mol} \times 31.00\ \text{kJ} \cdot \text{mol}^{-1} = 1.116 \times 10^3\ \text{kJ}$。

（4）ATP 水解的 $\Delta_r G$ 值比较适宜。若太大，意味着合成它时需要更多的能量，不利于 ATP 再生；若太小，则不能有效驱动被耦合的反应。因此 ATP 在生物代谢循环中发挥着重要作用。

【赛题 11】（2005 年冬令营全国决赛题）甲醛亦称“蚁醛”。含甲醛 37% ～ 40%、甲醇 8% 的水溶液俗称“福尔马林”。甲醛是重要的有机合成原料，大量用于生产树脂、合成纤维、药物、涂料以及用于房屋、家具和种子的消毒等。

利用下表所给数据回答问题（设 $\Delta H^\ominus_m$ 和 $S^\ominus_m$ 均不随温度而变化）。

一些物质的热力学数据（298.15 K）

物质	$\Delta_f H^\ominus_m/(\text{kJ} \cdot \text{mol}^{-1})$	$S^\ominus_m/(\text{J} \cdot \text{K}^{-1} \cdot \text{mol}^{-1})$
C_2H_5OH (g)	−235.10	282.70
CH_3OH (g)	−200.66	239.81
HCHO (g)	−108.57	218.77
H_2O (g)	−241.818	188.825
CO (g)	−110.525	197.674
Ag_2O (s)	−31.05	121.3
Ag (s)	0	42.55
H_2 (g)	0	130.684
O_2 (g)	0	205.138

（1）甲醇脱氢是制甲醛最简单的工业方法：$CH_3OH(g) \xlongequal{} HCHO(g) + H_2(g)$。

甲醇氧化是制甲醛的另一种工业方法，即甲醇蒸气和一定量的空气通过 Ag 催化剂层，甲醇即被氧化得到甲醛：$CH_3OH(g) + \frac{1}{2}O_2(g) \xlongequal{} HCHO(g) + H_2O(g)$。

试通过简单的热力学分析，对 298.15 K 时的上述两种方法作出评价。

（2）实际上，甲醇氧化制甲醛的反应，是甲醇脱氢反应和氢氧化合反应的结合。试通过计算分析两反应结合对制甲醛的实际意义。

（3）如图是甲醇制甲醛有关反应的 lg $K^\ominus$ 随温度 T 的变化。试指出图中曲线 Ⅰ、Ⅱ、Ⅲ分别对应哪个化学反应？为什么？

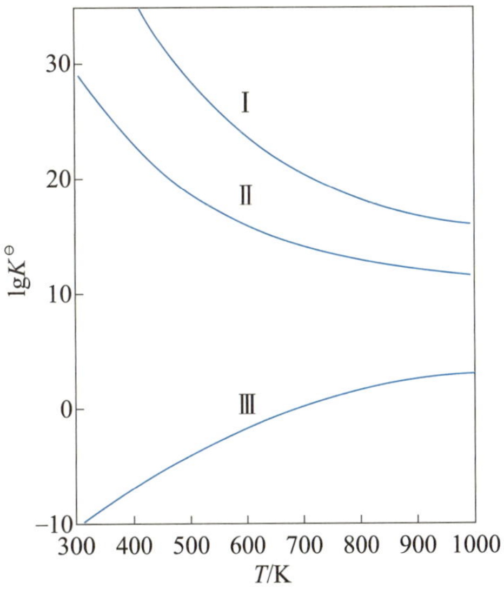

有关反应有：

$$CH_3OH(g) \Longrightarrow HCHO(g) + H_2(g)$$

$$CH_3OH(g) + \frac{1}{2}O_2 \Longrightarrow HCHO(g) + H_2O(g)$$

和在氧化法中不可避免的深度氧化反应：

$$HCHO(g) + \frac{1}{2}O_2(g) \Longrightarrow CO(g) + H_2O(g)$$

（4）氧化法制甲醛时，温度为 550 ℃、总压为 101325 Pa 的甲醇与空气混合物通过银催化剂，银逐渐失去光泽并且碎裂。试通过计算判断上述现象是否由于 Ag 氧化成 $Ag_2O(s)$ 所致。

（5）以 CO 和 H_2 为原料可以合成甲醇。500 ℃和 25 MPa 时，CO 和 H_2 的体积比为 1：2 的合成气，在催化剂 ZnO-Cr_2O_3-Al_2O_3 存在下，发生如下两平行反应①和②：

$$CO + 2H_2 \begin{array}{c} \overset{①}{\nearrow} CH_3OH \\ \underset{②}{\searrow} \frac{1}{2}C_2H_5OH + \frac{1}{2}H_2O \end{array}$$

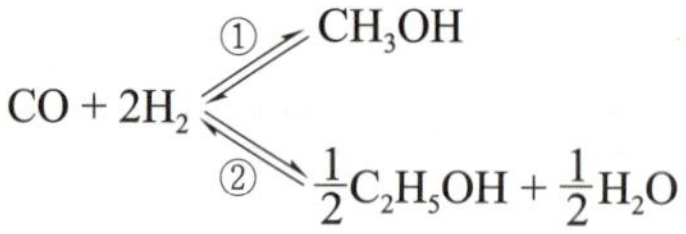

试计算平衡产物 CH_3OH 和 C_2H_5OH 的摩尔分数之比。

【解析】（1）第一种制法：

$$\Delta_r H_m^\ominus = \Delta_f H_m^\ominus(HCHO,g) - \Delta_f H_m^\ominus(CH_3OH,g)$$
$$= [(-108.57) - (-200.66)] \text{ kJ} \cdot \text{mol}^{-1} = 92.09 \text{ kJ} \cdot \text{mol}^{-1};$$

$$\Delta_r S_m^\ominus = \Sigma v_B S_m^\ominus = S_m^\ominus(HCHO,g) + S_m^\ominus(H_2,g) - S_m^\ominus(CH_3OH,g)$$
$$= (218.77 + 130.684 - 239.81) \text{ J} \cdot \text{K}^{-1} \cdot \text{mol}^{-1} = -109.64 \text{ J} \cdot \text{K}^{-1} \cdot \text{mol}^{-1};$$

$$\Delta_r G_m^\ominus = \Delta_r H_m^\ominus - T\Delta_r S_m^\ominus = (92.09 - 298.15 \times 109.64 \times 10^{-3}) \text{ kJ} \cdot \text{mol}^{-1} = 59.40 \text{ kJ} \cdot \text{mol}^{-1},$$
$$K_p^\ominus = 3.92 \times 10^{-11}。$$

因为 $\Delta_r G_m^\ominus > 0$ 或 $K_p^\ominus$ 很小，所以工业上不宜在 298.15 K 下采用此方法制甲醛。

第二种制法：

$$\Delta_r H_m^\ominus = \Delta_f H_m^\ominus(HCHO,g) + \Delta_f H_m^\ominus(H_2O,g) - \Delta_f H_m^\ominus(CH_3OH,g)$$
$$= [(-108.57) + (-241.818) - (-200.66)] \text{ kJ} \cdot \text{mol}^{-1} = -149.73 \text{ kJ} \cdot \text{mol}^{-1};$$

$$\Delta_r S_m^\ominus = \Sigma v_B S_m^\ominus = S_m^\ominus(HCHO,g) + S_m^\ominus(H_2O,g) - S_m^\ominus(CH_3OH,g) - \frac{1}{2}S_m^\ominus(O_2,g)$$

$$= (218.77 + 188.825 - 239.81 - 205.138/2) \text{ J} \cdot \text{mol}^{-1} \cdot \text{K}^{-1} = 65.22 \text{ J} \cdot \text{mol}^{-1} \cdot \text{K}^{-1};$$

$$\Delta_r G_m^\ominus = \Delta_r H_m^\ominus - T\Delta_r S_m^\ominus = (-149.73 - 298.15 \times 65.22 \times 10^{-3}) \text{ kJ} \cdot \text{mol}^{-1}$$
$$= -169.18 \text{ kJ} \cdot \text{mol}^{-1};$$

$$K_p^\ominus = 4.35 \times 10^{29}。$$

因为 $\Delta_r G_m^\ominus < 0$ 或 $K^\ominus$ 很大，所以 298.15 K 下用此法制甲醛极为有利。

（2）甲醇脱氢 $CH_3H(g) \Longrightarrow HCHO(g) + H_2(g)$ 是一个吸热反应，$\Delta_r H_{m,298.15\,K}^\ominus =$

92.09 kJ·mol^{-1}。氢与氧化合 $H_2+\frac{1}{2}O_2$ ═══ H_2O 是一个强放热反应，$\Delta_r H^\ominus_{m,298.15\,K}=-241.818$ kJ·mol^{-1}。两反应之和，致使总反应（即甲醇氧化成甲醛的反应）为放热反应，$\Delta_r G^\ominus_m$ 有很大的负值，对制甲醛极为有利。

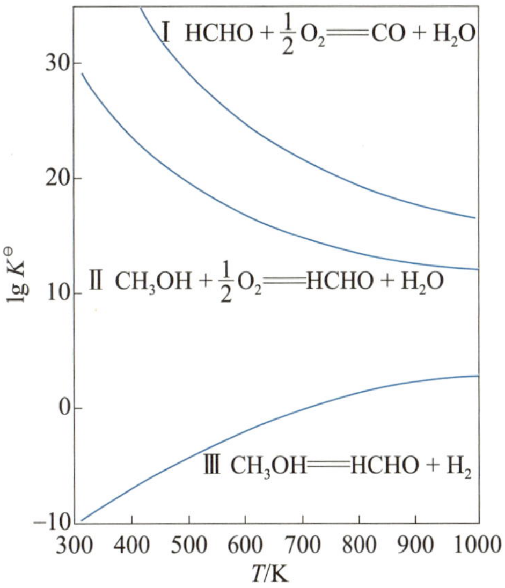

（3）制甲醛有关反应 $K^\ominus$ 与 T 的关系如图。因为反应Ⅰ和Ⅱ为放热反应，Ⅲ为吸热反应，所以Ⅰ和Ⅱ的 $K^\ominus$ 或 $\lg K^\ominus$ 随温度升高而减小，Ⅲ的 $K^\ominus$ 或 $\lg K^\ominus$ 随温度升高而增大。

在 298 K 时，对于反应Ⅰ：

$\Delta_r H^\ominus_m=[(-241.818)+(-110.525)-(-108.57)]$ kJ·mol$^{-1}=-243.77$ kJ·mol^{-1}；

$\Delta_r S^\ominus_m=(188.825+197.674-218.77-205.138/2)$ J·K^{-1}·mol$^{-1}=65.16$ J·K^{-1}·mol^{-1}；

$\Delta_r G^\ominus_m=\Delta_r H^\ominus_m-T\Delta_r S^\ominus_m=[(-243.77)-298.15\times65.16\times10^{-3}]$ kJ·mol^{-1} = -263.20 kJ·mol^{-1}。

对于反应Ⅱ：$\Delta_r G^\ominus_m=-169.18$ kJ·mol^{-1}。

所以 $K^\ominus_{1,298\,K}>K^\ominus_{2,298\,K}$

（4）$2Ag(s)+\frac{1}{2}O_2(g)$ ═══ $Ag_2O(s)$

$\Delta_r H^\ominus_{m,298.15\,K}=\Delta_f H^\ominus_m(Ag_2O,s)=-31.05$ kJ·mol^{-1}；

$\Delta_r S^\ominus_{m,298.15\,K}=S^\ominus_m(Ag_2O,s)-2S^\ominus_m(Ag,s)-\frac{1}{2}S^\ominus_m(O_2,g)$

$=(121.3-2\times42.55-205.138/2)$ J·K^{-1}·mol$^{-1}=66.4$ J·K^{-1}·mol^{-1}；

$\Delta_r G^\ominus_{m,823.15\,K}=\Delta_r H^\ominus_{m,823.15\,K}-823.15\text{ K}\times\Delta_r S^\ominus_{m,823.15\,K}$

$=[(-31.05)-823.15\times66.4\times10^{-3}]$ kJ·mol$^{-1}=-23.6$ kJ·mol^{-1}。

不妨假设混合气体中氧的分压为 $p(O_2)=(101325\times0.21)$ Pa，则：

$$\Delta_r G_{m,823.15\,K}=\Delta_r G^\ominus_{m,823.15\,K}+RT\ln\frac{1}{\left[\frac{p(O_2)}{p^\ominus}\right]^{\frac{1}{2}}}$$

$$=23.6\times10^3\text{ J}\cdot\text{mol}^{-1}+RT\ln\left(\frac{101\,325\times0.21}{100\times10^3}\right)^{-\frac{1}{2}}\gg0,$$

所以不是由于 Ag 被氧化生成 Ag_2O 所致。

（5）以 1 mol CO 为基准计算，则

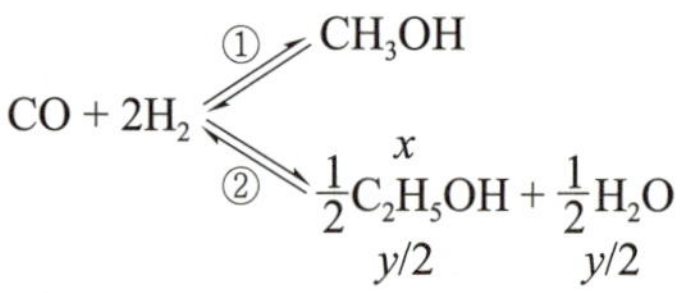

$$\text{CO} + 2\text{H}_2 \underset{\text{②}}{\overset{\text{①}}{\rightleftharpoons}} \begin{array}{l} \text{CH}_3\text{OH} \quad x \\ \frac{1}{2}\text{C}_2\text{H}_5\text{OH} + \frac{1}{2}\text{H}_2\text{O} \\ \qquad y/2 \qquad\quad y/2 \end{array}$$

平衡时：$n(\text{CO}) = 1 - x - y$，$n(\text{H}_2) = 2(1 - x - y)$，

$$\sum n_i = (1 - x - y) + 2(1 - x - y) + x + y = 3 - 2x - 2y,$$

$$K^{\ominus}_{773\text{K},①} = \frac{\dfrac{x}{\sum n_i} \times \dfrac{p}{p^{\ominus}}}{\left\{\dfrac{1 - x - y}{\sum n_i} \times \dfrac{p}{p^{\ominus}}\right\}\left\{\dfrac{2(1 - x - y)}{\sum n_i} \times \dfrac{p}{p^{\ominus}}\right\}^2},$$

$$K^{\ominus}_{773\text{K},②} = \frac{\dfrac{y/2}{\sum n_i} \times \dfrac{p}{p^{\ominus}}}{\left\{\dfrac{1 - x - y}{\sum n_i} \times \dfrac{p}{p^{\ominus}}\right\}\left\{\dfrac{2(1 - x - y)}{\sum n_i} \times \dfrac{p}{p^{\ominus}}\right\}^2},$$

$K^{\ominus}_{773\text{K},①} : K^{\ominus}_{773\text{K},②} = 2x : y$。

$\Delta_r H^{\ominus}_{m,298\text{K},①} = [(-200.66) - (-110.525)]\ \text{kJ} \cdot \text{mol}^{-1} = -90.14\ \text{kJ} \cdot \text{mol}^{-1}$；

$\Delta_r S^{\ominus}_{m,298\text{K},①} = (239.81 - 197.674 - 2 \times 130.684)\ \text{J} \cdot \text{K}^{-1} \cdot \text{mol}^{-1} = -219.232\ \text{J} \cdot \text{K}^{-1} \cdot \text{mol}^{-1}$；

$\Delta_r G^{\ominus}_{m,773\text{K},①} = \Delta_r H^{\ominus}_m - T \times \Delta_r S^{\ominus}_m = [(-90.14) - 773 \times (-219.232 \times 10^{-3})]\ \text{kJ} \cdot \text{mol}^{-1} = 79.33\ \text{kJ} \cdot \text{mol}^{-1}$。

$\Delta_r H^{\ominus}_{m,298\text{K},②} = -127.79\ \text{kJ} \cdot \text{mol}^{-1}$；

$\Delta_r S^{\ominus}_{m,298\text{K},②} = -223.28\ \text{J} \cdot \text{K}^{-1} \cdot \text{mol}^{-1}$；

$\Delta_r G^{\ominus}_{m,773\text{K},①} = \Delta_r H^{\ominus}_m - T\Delta_r S^{\ominus}_m = [(-127.79) - 773 \times (-223.28 \times 10^{-3})]\ \text{kJ} \cdot \text{mol}^{-1} = 44.81\ \text{kJ} \cdot \text{mol}^{-1}$。

所以 $\dfrac{K^{\ominus}_{773\text{K},①}}{K^{\ominus}_{773\text{K},②}} = \dfrac{\exp\left[-\dfrac{\Delta_r G^{\ominus}_{m,773\text{K},①}}{RT}\right]}{\exp\left[-\dfrac{\Delta_r G^{\ominus}_{m,773\text{K},②}}{RT}\right]} = 4.65 \times 10^{-3}$，即摩尔分数之比为 $x : \dfrac{y}{2} = 4.65 \times 10^{-3} : 1$。

参考文献

[1] 宋天佑，程鹏，徐家宁. 无机化学上册 [M]. 北京：高等教育出版社，2015：125.

[2] 张灿久，杨慧仙. 中学化学奥林匹克 [M]. 长沙：湖南教育出版社，1998：81.

[3] 张祖德，刘双怀，郑化桂. 无机化学 [M]. 合肥：中国科学技术大学出版社，2001：43.

第四讲 原子结构特征与元素周期表

一、核外电子的运动状态

原子是由原子核和绕核运动的电子组成的，在化学变化中，原子核并不发生变化，仅仅是核外电子的运动状态发生了变化。核外电子有多种运动状态，每一种运动状态称为一个原子轨道，即薛定谔方程的解，又称为量子数。原子核外的电子运动状态用四个量子数描述：n、l、m、m_s。

实际上，每个原子轨道可以用 3 个整数来描述，这三个整数的名称、表示符号及取值范围如下：

① 主量子数 n，$n=1$，2, 3，4，5,…（只能取正整数），表示符号：K，L，M，N，O，…

② 角量子数 l，$l=0$，1，2，3，…，$n-1$。（取值受 n 的限制），表示符号：s，p，d，f，…

③ 磁量子数 m，$m=0$，±1，±2，…，$\pm l$。（取值受 l 的限制）

当三个量子数都具有确定值时，就对应一个确定的原子轨道。如 $2p_x$ 就是一个确定的轨道。主量子数 n 与电子层对应，$n=1$ 时对应第一层，$n=2$ 时对应第二层，依次类推。轨道的能量主要由主量子数 n 决定，n 越小轨道能量越低。

角量子数 l 和轨道形状有关，它也影响原子轨道的能量。n 和 l 一定时，所有的原子轨道称为一个亚层，如 $n=2$，$l=1$ 就是 2p 亚层，该亚层有 3 个 2p 轨道。n 确定时，l 值越小亚层的能量越低。磁量子数 m 与原子轨道在空间的伸展方向有关，如 2p 亚层，$l=1$，$m=0$ 或 ±1，有 3 个不同的值，因此 2p 有 3 种不同的空间伸展方向，一般将 3 个 2p 轨道写成 $2p_x$，$2p_y$，$2p_z$。

除上述轨道运动外，电子自身还具有自旋运动。电子的自旋运动用量子数 m_s 表示，称为自旋磁量子数。对一个电子来说，其 m_s 可取两个不同的数值+1/2 或 −1/2。习惯上，一般将 m_s 取+1/2 的电子称为自旋向上，表示为+；将 m_s 取 −1/2 的电子称为自旋向下，表示为 −。实验证明，同一个原子轨道中的电子不能具有相同的自旋磁量子数 m_s，也就是说，每个原子轨道只能占两个电子，且它们的自旋不同。

核外电子可能的空间状态就是电子云的形状，如图 4-1 所示。

s 电子云：球形有一个方向。

p 电子云：哑铃形，有三个方向 p_x、p_y、p_z。

d 电子云：有五个方向 d_{xy}、d_{xz}、d_{yz}、$d_{x^2-y^2}$、d_{z^2}（称五个简并轨道，即能量相同的轨道）。

f 电子云：有七个方向。

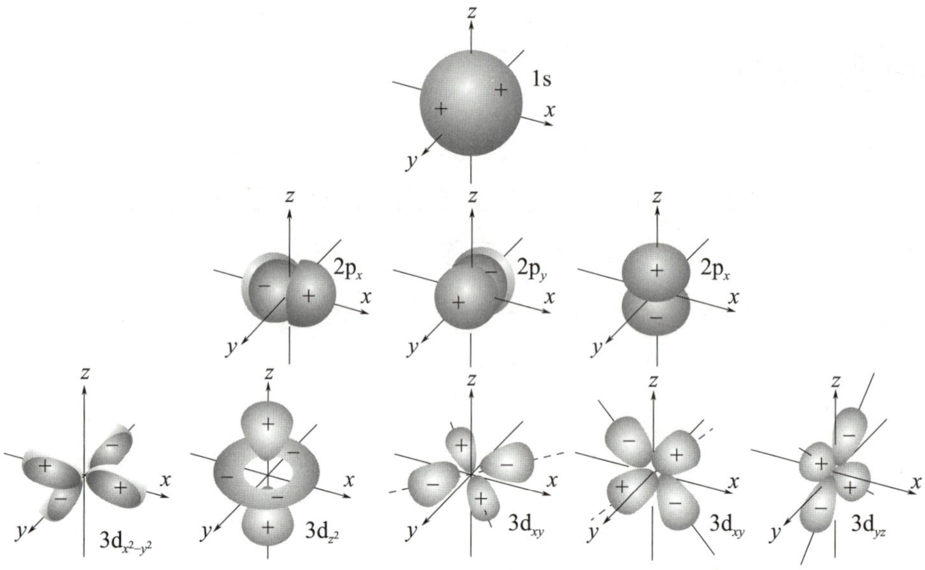

图 4-1　电子云的形状

二、核外电子的排布

1. 多电子原子的能级

（1）鲍林的轨道能级图、能级交错与能级分裂

鲍林根据光谱实验的结果，提出了多电子原子中原子轨道的近似能级图，如图 4-2 所示，要注意的是图中的能级顺序是指价电子层填入电子时各能级能量的相对高低。

多电子原子的近似能级图有如下几个特点：

① 近似能级图是按原子轨道的能量高低排列的，而不是按原子轨道离核远近排列的。它把能量相

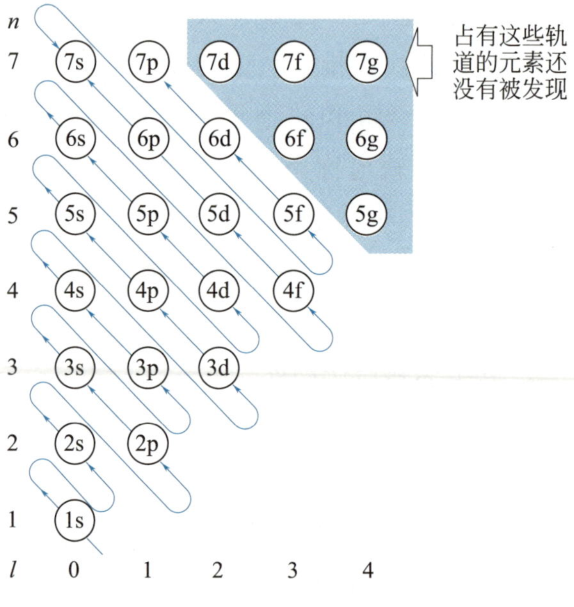

图 4-2　鲍林能级图

近的能级划为一组，称为能级组，共分成七个能级组。能级组之间的能量差比较大。徐光宪教授提出用 $n+0.7l$ 计算各能级相对高低值，并将第一位数相同的能级组成相应的能级组，如 4s、3d 和 4p 的 $n+0.7l$ 计算值相应为 4.0、4.4 和 4.7，它们组成第四能级组。

② 主量子数 n 相同、角量子数 l 不同的能级，它们的能量随 l 的增大而升高，即“能级分裂”现象。例如 $E_{4s}<E_{4p}<E_{4d}<E_{4f}$。

③ 电子层数较大的某些轨道的能量反而低于电子层数较小的某些轨道的能量，即“能级交错”现象。例如 $E_{4s}<E_{3d}<E_{4p}$，$E_{6s}<E_{4f}<E_{5d}<E_{6p}$。

（2）屏蔽效应和有效核电荷

在多电子原子中，一个电子不仅受到原子核的引力，而且还要受到其他电子的排斥力。这种排斥力显然要削弱原子核对该电子的吸引，可以认为排斥作用部分抵消或屏蔽了核电荷对该电子的作用，相当于使该电子受到的有效核电荷数减少了。于是有 $Z^*=Z-\sigma$，式中 Z^* 为有效核电荷，Z 为核电荷。σ 为屏蔽常数，它代表由于电子间的斥力而使原核电荷减少的部分。由于其他电子对某一电子的排斥作用而抵消了一部分核电荷，使该电子受到的有效核电荷降低的现象称为屏蔽效应。一个电子受到其他电子的屏蔽，其能量升高。

（3）钻穿效应

外层角量子数小的能级上的电子，如 4s 电子能钻到近核内层空间运动，这样它受到其他电子的屏蔽作用就小，受核引力就强，因而电子能量降低，造成 $E_{4s}<E_{3d}$。外层电子钻穿到近核内层空间运动，因而使电子能量降低的现象，称为钻穿效应。钻穿效应可以解释原子轨道的能级交错现象。

2．核外电子的排布规则

① 能量最低原理：原子中的电子按照能量由低到高的顺序排布到原子轨道上，遵循能量最低原理。例如，氢原子只有一个电子，排布在能量最低的 1s 轨道上，表示为 $1s^1$，这里右上角的数字表示电子的数目。根据能量最低原理，电子在原子轨道上排布的先后顺序与原子轨道的能量高低有关，人们发现绝大多数原子的电子排布遵循图 4-2 所示的能量高低顺序，这个原理称为构造原理。

② 泡利不相容原理：物理学家泡利指出一个原子轨道上最多排布两个电子，且这两个电子必须具有不同的自旋。

③ 洪特规则：洪特在研究了大量原子光谱的实验后总结出了一个规律，即电子在能量相同的轨道上排布时，尽量分占不同的轨道且自旋相同，这样的排布方式可以使原子的能量最低。氮原子的电子排布是 $1s^22s^22p^3$，因此，氮原子的 3 个 2p 电子在 3 个在 2p 轨道上的排布为 2p | ↑ | ↑ | ↑ |。

洪特规则的补充规则：等价轨道全充满、半充满、全空的状态比较稳定。如 24 号元素 Cr 和 29 号元素 Cu 的电子排布式分别写为

Cr：$1s^2 2s^2 2p^6 3s^2 3p^6 3d^5 4s^1$；　　　Cu：$1s^2 2s^2 2p^6 3s^2 3p^6 3d^{10} 4s^1$。

归根结底，以上三条原则的本质都是能量最低原理的不同表现形式。

注意：具体元素原子的电子排布情况应尊重实验事实。

3．电子排布的表示方法

根据电子排布的以上三条规则，就可以确定各元素原子基态时的排布情况，电子在核外的排布情况简称电子构型，表示的方法通常有两种。

（1）轨道表示法

一个方框表示一个轨道，↑、↓表示不同自旋方向的电子。如

C　$\overset{1s}{\boxed{↑↓}}$ $\overset{2s}{\boxed{↑↓}}$ $\overset{2p}{\boxed{↑}\boxed{↑}\boxed{}}$

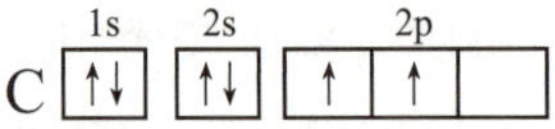

（2）电子排布式（亦称电子组态）

如 C：$1s^2\, 2s^2\, 2p^2$（式中右上角的数字表示该轨道中电子的数目）

为了简化，常用"原子实"来代替部分内电子层构型。所谓原子实，是指某原子内电子层构型与某一稀有气体原子的电子层构型相同的那一部分实体。如 $_{26}$Fe：$2s^2 2p^6 3p^2 3p^6 3d^6 4s^2$ 可表示为 $[Ar]3d^6 4s^2$。

三、原子的电子层结构与元素周期律

1．原子的电子层结构

① 随核电荷增大，电子层结构呈周期性分布，每个周期的电子由 ns → np 逐个填入。

② 新周期开始出现新电子层。周期序数等于原子的电子层数 n，每周期中元素的数目等于相应能级组中原子轨道所能容纳的电子的总数。

③ 主族元素的族序数＝原子最外层电子数，副族元素的族序数＝原子次外层 d 电子数与最外层 s 电子数之和（Ⅷ、ⅠB、ⅡB 除外）。

④ 周期表按电子层结构分五个区（s、p、d、ds、f），如图 4-3 所示。

⑤ 元素金属性和非金属性的递变：从左到右，金属性逐渐减弱；从上到下，金属性逐渐增强。

2．元素周期律

元素的性质随元素原子序数的增加而呈周期性变化的规律称为元素周期律。由于上述结构的关系，原子的一些基本性质的变化也有一定的周期性。

（1）有效核电荷：Z^*

由于屏蔽效应，元素原子的有效核电荷的变化如图 4-4 所示。

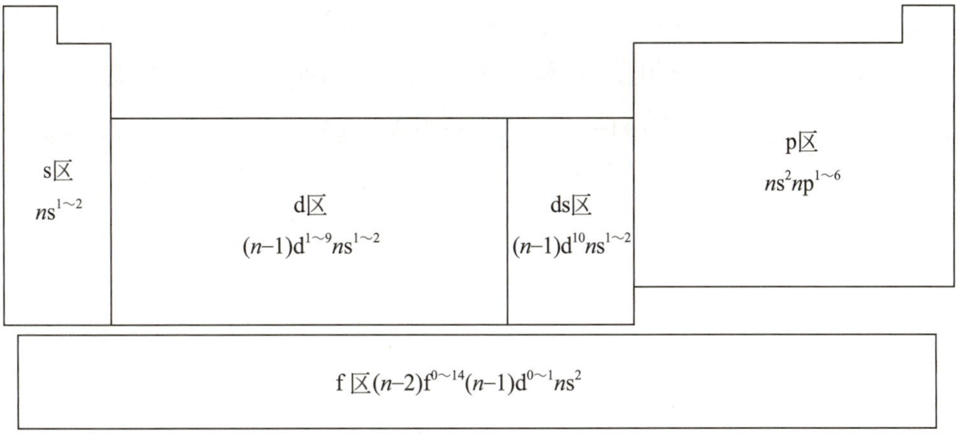

图 4-3　元素周期表的分区

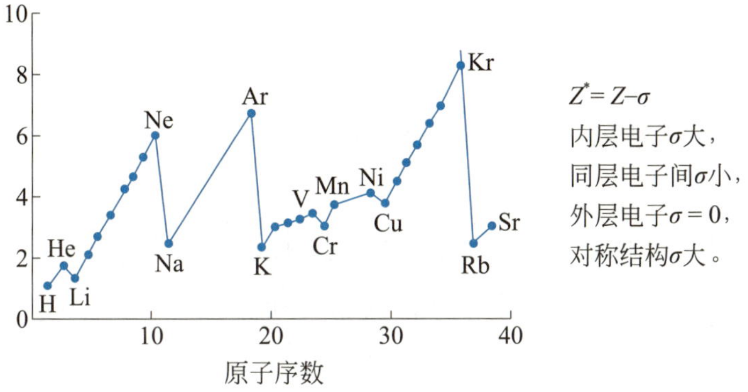

图 4-4　有效核电荷

（2）原子半径

相邻的两个相同原子核间距的一半（原子半径通常包括金属半径、共价半径和范德华半径）。部分元素的原子半径如图 4-5 所示。

H 37							He 122
Li 123	Be 89	B 80	C 77	N 70	O 66	F 64	Ne 160
Na 157	Mg 136	Al 125	Si 117	P 110	S 104	Cl 99	Ar 191
K 203	Ca 174						

	Zr 145	Nb 134	Mo 129	Ru 124	Rh 125	Pd 128
La 169	Hf 144	Ta 134	W 130	Os 126	Ir 127	Pt 130

图 4-5　部分元素原子半径 /pm

第六周期镧系以后的元素原子半径与上一周期相应的同族元素原子半径非常接近，故性质相似，难分离，在自然界中共生，这一现象称为镧系收缩。

（3）电离能

使元素处于基态（即最低能态）的一个气态原子失去一个电子成为一价气态

正离子所需要的能量，称元素的第一电离能（I_1）。一价气态正离子再失去一个电子成为二价气态正离子所需要的能量，称元素的第二电离能（I_2），依此类推。

例如 $Al(g) \xrightarrow[I_1=578\ kJ \cdot mol^{-1}]{-e} Al^{+}(g) \xrightarrow[I_2=1823\ kJ \cdot mol^{-1}]{-e^-} Al^{2+}(g) \xrightarrow[I_3=2751\ kJ \cdot mol^{-1}]{-e^-} Al^{3+}(g) \cdots$

元素的第一电离能随原子序数增加呈周期性变化，如图 4-6 所示。

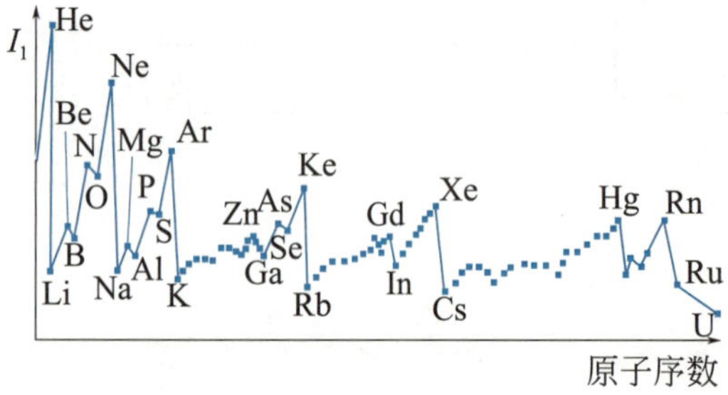

图 4-6　第一电离能的变化

I_1 反映元素的原子失电子难易程度。I_1 大，难失电子，金属性弱；I_1 小，易失电子，金属性强。

规律：①同周期元素，由左至右，Z^* 增大，半径减小，I_1 依次增大（由于半充满、全充满结构稳定，导致同一周期内的ⅡA 族与ⅢA 族、ⅤA 族与ⅥA 族出现反常现象）。

②同一主族元素，自上而下，Z^* 增加不多，半径增大起主导作用，I_1 依次减小；同一副族内，自上而下，I_1 一般是增加的。

③长周期元素的 I_1 由左至右变化也有起伏，I_1 增大不如短周期元素明显。

（4）电子亲和能

元素的一个基态的气态原子得到一个电子形成一价气态负离子所放出的能量，称该元素的第一电子亲和能，用 E_1 表示。习惯上把放出能量的电子亲和能 E_1 用正号表示。例如 $O(g) + e^- \longrightarrow O^-(g)$；$E_1 = 141.8\ kJ \cdot mol^{-1}$。

E_1 反映原子得电子难易程度。E_1 大，易得电子，非金属性强。部分元素的第一电子亲和能如表 4-1 所示。

表 4-1　部分元素的第一电子亲和能 ($kJ \cdot mol^{-1}$)

H 72.8					
Li 59.6	B 26.7	C 122	N −7	O 141	F 328
Na 59.6	Al 42.5	Si 134	P 72.0	S 200	Cl 349
K 48.4	Ga 28.9	Ge 119	As 78.2	Se 195	Br 325
Rb 46.9	In 28.9	Sn 107	Sb 103	Te 190	I 295
Cs 45.5	Tl 19.3	Pb 35.1	Bi 91.3	Po 183	At 270

规律：①同一周期元素，自左向右 Z^* 增大，半径减小，易与电子形成 8 电子稳定结构，所以 E_1 总的趋势是增加。但同一亚层出现电子半充满或全充满排布时 E_1 突然减小，可能变为吸收能量。例如氮族、稀有气体。

②同一主族自上而下 E_1 的趋势是减小，但Ⅲ A→Ⅶ A 的第一种元素的 E_1 并不是同族中最大的。如 F、O、N 比 Cl、S、P 的 E_1 分别都要小。

③所有元素的 E_2 不是释放能量，而是吸收能量。

（5）电负性

原子在分子中吸引电子的能力称为电负性。

1932 年化学家鲍林（L. Pauling）指出："电负性是元素的原子在化合物中吸引电子能力的标度。"并提出 F 的电负性为 4.0（实际测得 F 的电负性为 4.19，一般也近似看作 4.00），其他原子的电负性均为相对值，以 χ_p 表示。部分元素的电负性如表 4-2 所示。χ_p 的数值越大，表示该元素的原子吸引电子的能力就越强；反之，χ_p 的数值越小，表示该元素的原子吸引电子的能力就越弱。

表 4-2　部分元素的电负性

H 2.30							He 4.16
Li 0.91	Be 1.58	B 2.05	C 2.54	N 3.07	O 3.61	F 4.19	Ne 4.79
Na 0.87	Mg 1.29	Al 1.61	Si 1.92	P 2.25	S 2.59	Cl 2.87	Ar 3.24
K 0.73	Ca 1.03	Ga 1.76	Ge 1.99	As 2.21	Se 2.42	Br 2.68	Kr 2.97
Rb 0.71	Sr 0.96	In 1.66	Sn 1.82	Sb 1.98	Te 2.16	I 2.36	Xe 2.58
Cs 0.66	Ba 0.88	Tl 1.79	Pb 1.85	Bi (2.01)	Po (2.19)	At (2.39)	Rn (2.6)

从上表可以看出：

① 周期表中从左到右电负性逐渐增大，从上到下电负性逐渐减小。电负性可用于区分金属和非金属。金属元素的电负性一般小于 1.9，而非金属元素的电负性一般大于 2.2，处于 1.9 与 2.2 之间的元素称为"类金属"，它们既有金属性又有非金属性。

② 周期表中左上角与右下角的相邻元素，如锂和镁、铍和铝、硼和硅等，有许多相似的性质。例如，锂和镁都能在空气中燃烧，除生成氧化物外同时生成氮化物；铍和铝的氢氧化物都具有两性；硼和硅都是"类金属"等等。这种

现象称为对角线规则。

【例 4-1】 下列说法是否正确？如不正确，应如何改正？

（1）s 电子绕核旋转，其轨道为一圆圈，而 p 电子是走∞字形。

（2）主量子数为 1 时，有自旋相反的两条轨道。

（3）主量子数为 3 时，有 3s、3p、3d、3f 四条轨道。

【解析】 本题是涉及电子云及量子数的概念题。必须从基本概念出发，判断正误。

（1）不正确。因为电子运动并无固定轨道。应改正为：s 电子在核外运动电子云轮廓图或概率密度分布是一个球体，其剖面图是个圆。而 p 电子云轮廓图或概率密度分布是一个纺锤体，其剖面图是∞形。

（2）不正确。因为当 $n=1$，$l=0$，$m=0$ 时，只有一个 1s 原子轨道。应改为：主量子数为 1 时，在 1s 原子轨道中可以有两个自旋相反的电子。

（3）不正确。因为 $n=3$ 时，l 只能取 0、1、2，所以没有 3f 轨道。另外 3s、3p、3d 的电子云形状不同，3p 还有 $m=0$、±1 三种空间取向不同的运动状态，有 3 个原子轨道，3d 有 $m=0$、±1、±2 五种空间取向，有 5 个原子轨道。应改为：主量子数为 3 时，有 9 个原子轨道。

【例 4-2】 甲元素是第三周期 p 区元素，其最低化合价为 −1 价；乙元素是第四周期 d 区元素，其最高化合价为 +4 价，填写下表。

元素	价层电子构型	周期	族	金属或非金属	电负性相对高低
甲					
乙					

【解析】 根据题意，甲元素处于周期表 p 区，为主族元素，其最低化合价为 −1 价，则它最外层电子构型为 $3s^2 3p^5$，所以甲为第三周期ⅦA 族的非金属元素，具有较高的电负性。

同理可推测乙元素的外层电子构型及其在周期表中的位置和它较低的电负性。

元素	价层电子构型	周期	族	金属或非金属	电负性相对高低
甲	$3s^2 3p^5$	3	ⅦA	非金属	较高
乙	$3d^2 4s^2$	4	ⅣB	金属	较低

【例 4-3】 某元素原子共有 3 个价电子，其中一个价电子的四个量子数为 $n=3$、$l=2$、$m=2$、$m_s=+\frac{1}{2}$。试回答：

（1）写出该元素原子核外电子排布式。

（2）写出该元素的原子序数，指出在周期表中所处的分区、周期数和族序数，是金属还是非金属以及最高正价化合价。

【解析】本题关键是根据量子数推出价层电子构型，由此即可写出核外电子排布式并回答其他问题。

（1）由一个价电子的量子数可知，该电子为3d电子，则其他两个价电子必为4s电子（因为$E_{3d}<E_{4s}$），其原子的价层电子构型为$3d^1 4s^2$。所以电子排布式为$1s^2 2s^2 2p^6 3s^2 3p^6 3d^1 4s^2$。

（2）该元素的原子序数为21，处于周期表中的d区，第四周期ⅢB族，是金属元素，最高正价为+3。

【例4-4】现有A、B、C、D四种元素，A是第五周期ⅠA族元素，B是第三周期元素。B、C、D的价电子分别为2、2和7个。四种元素原子序数从小到大的顺序是B、C、D、A。已知C和D的次外层电子均为18个。

（1）判断A、B、C、D是什么元素。

（2）写出A、B、C、D的简单离子。

（3）写出碱性最强的最高价氧化物水化物的化学式。

（4）写出酸性最强的最高价氧化物水化物的化学式。

（5）哪种元素的第一电离能最小？哪一种元素的电负性最大？

【解析】根据A在周期表的位置、B的周期数及最外层电子数，C、D的最外层和次外层的电子数及四元素原子序数的大小关系，就可以判断出四种元素，继而在此基础上回答其他问题。

（1）A—Rb、B—Mg、C—Zn、D—Br。

（2）Rb^+、Mg^{2+}、Zn^{2+}、Br^-。

（3）碱性最强的为RbOH。

（4）酸性最强的为$HBrO_4$。

（5）元素Rb的第一电离能最小，Br的电负性最大。

【例4-5】下列各组量子数哪些是不合理的，为什么？如何将不合理的改为合理？

（1）$n=2$，$l=1$，$m=0$　　（2）$n=2$，$l=2$　$m=-1$

（3）$n=3$，$l=0$，$m=0$　　（4）$n=3$，$l=1$，$m=+1$

（5）$n=2$，$l=0$，$m=-1$　　（6）$n=2$，$l=3$，$m=+2$

【解析】掌握四个量子数之间的关系，此题就不难解决。

（2）、（5）、（6）不合理。

在（2）中$l=n$是不对的，l的取值只能是小于n的自然数，故减小l或增大n均可。

在（5）中，$|m|>l$ 是不对的，当 l 取值一定时，$|m|$ 最大和 l 的值相等，所以减小 $|m|$ 或增大 l 均可。

在（6）中，$l>n$ 也是不对的，l 的取值最大为 $n-1$，考虑到 $m=+2$，所以只能增大 n 的取值。

【例 4-6】 已知某元素在周期表中位于氪前，当此元素的原子失去 3 个电子后，它的角量子数为 2 的轨道内电子恰好为半充满，试推断该元素。

【解析】 此题是根据离子的结构推断相应元素的试题。只不过常见的此类问题提到是电子层、电子亚层，而未涉及主量子数和角量子数，所以此题关键是搞清角量子数为 2 的轨道属于 d 亚层。

$l=2$ 为 d 亚层，只有第四周期及其后各周期的 d 区和 p 区元素才有此结构。失去 3 个电子后，d 轨道为半充满的元素一定是在 d 区，即为副族元素。氪为第四周期元素，故此元素必定为第四周期的副族元素。

$$M^{3+} \xrightarrow{+3e^-} M$$

$3d^5$　　　$3d^6 4s^2$

故该元素为 26 号元素 Fe。

【例 4-7】 若在现代原子结构理论中，假定每个原子轨道只能容纳一个电子，则原子序数为 42 的元素的核外电子排布将是怎样的？按这种假设而设计出的元素周期表，该元素将属于第几周期、第几族？该元素的中性原子在化学反应中得失电子情况又将怎样？

【解析】 在该题的假设下，原有原子结构理论的有关规律的实质是有用的，但具体的规则要发生一些变化。如泡利不相容原理和洪特规则就不适用，但能量最低原理是有用的；饱和的概念仍然成立，只是各个轨道、各个亚层、各个电子层最多能容纳的电子数应为原来的一半，如第二层排成 $2s^1\ 2p^3$ 就饱和了，第三层排成 $3s^1\ 3p^3\ 3d^5$ 就饱和了；轨道的能级顺序没有变化，电子的填充顺序也无变化。

电子排布式：$1s^1 2s^1 2p^3 3s^1 3p^3 3d^5 4s^1 4p^3 4d^5 4f^7 5s^1 5p^3 5d^5 6s^1 6p^2$

周期表中的位置：第六周期，第ⅢA 族。

该元素的中性原子在化学反应中可得到一个电子显 −1 价；可失去 3 个电子显 +3 价，也可失去 2 个 p 电子而显 +2 价。

【例 4-8】 A、B 两元素，A 原子的 M 层和 N 层的电子数分别比 B 原子的 M 层和 N 层的电子数少 7 个和 4 个。写出 A、B 两原子的名称和电子排布式，并说明推理过程。

【解析】 A 原子的 M 层电子数比 B 原子的 M 层的电子数少 7 个，说明 B

原子的M层已经排满；A原子的N层的电子数比B原子的N层的电子数少4个，说明B原子的4s轨道已经排满，由电子排布的知识很容易判断出A和B。A为钒(V)，电子排布式为$[Ar]3d^34s^2$；B为硒(Se)，电子排布式为$[Ar]3d^{10}4s^24p^4$。

【例4-9】写出Eu（63号）、Te（52号）元素原子的电子排布式。若原子核外出现5g和6h亚层，请预测第九、十周期最后一个元素原子序数和它们的电子排布。

【解析】由于第一层仅有s亚层，第二层出现2p，第三层出现3d，第四层出现4f，可推知第五层新增5g，第六层新增6h，各亚层最多排布的电子数为s^2、p^6、d^{10}、f^{14}、g^{18}、h^{22}，电子的排布遵循$ns \to (n-4)h \to (n-3)g \to (n-2)f \to (n-1)d \to \cdots$的顺序。

Eu（63号）和Te（52号）的电子排布式分别为Eu：$[Xe]5f^76s^2$，Te：$[Kr]4d^{10}5s^25p^4$。

第九周期最后一个元素应从9s开始排布，以118号稀有气体为原子核：$[118]9s^26h^{22}6g^{18}7f^{14}8d^{10}9p^6$。原子序数为$118+2+18+14+10+6=168$。

第十周期最后一个元素从10s开始排布，以168号稀有气体为原子核：$[168]10s^26h^{22}7g^{18}8f^{14}9d^{10}10p^6$，原子序数为$168+2+22+18+14+10+6=240$。

【例4-10】斯莱脱（Slate）规则如下。将原子中的电子分成如下几组：(1s)(2s，2p)(3s，3p)(3d)(4s，4p)(4d)(4f)(5s，5p)，如此类推。

① 位于被屏蔽电子右边的各组，对被屏蔽电子的$\sigma=0$，可近似认为外层电子对内层电子没有屏蔽作用。

② 1s轨道上两个电子之间$\sigma=0.30$。其他主量子数相同的各分层电子之间的$\sigma=0.35$。

③ 当被屏蔽电子为ns或np时，则主量子数为$(n-1)$的各电子对它们的$\sigma=0.85$，而小于$(n-1)$的各电子对它们的$\sigma=1.00$。

④ 被屏蔽电子为nd或nf电子时，则位于它左边各组电子对它们的屏蔽常数$\sigma=1.00$。在计算某原子中某个电子的σ值时，可将有关屏蔽电子对该电子的σ值相加而得。

试用斯莱脱规则分别计算作用于Fe的3s、3p、3d和4s电子的有效核电荷数，这些电子所在各轨道的能量及Fe原子系统的能量。

【解析】由于其他电子对某一电子的排斥作用而抵消了一部分核电荷，从而引起有效核电荷的降低，削弱了核电荷对该电子的吸引，这种作用称为屏蔽作用或屏蔽效应。因此，对于多电子原子来说，如果考虑到屏蔽效应，则每一个电子的能量应为$E=-13.6\times(Z-\sigma)^2/n^2$(eV)，从式中可见，如果能知道屏蔽

常数 σ，则可求得多电子原子中各能级的近似能量。影响屏蔽常数大小的因素很多，屏蔽常数除了与屏蔽电子的数目和它所处原子轨道的大小和形状有关以外，还与被屏蔽电子离核的远近和运动状态有关。可用斯莱脱规则求得。

Fe 的原子序数为 26，轨道分组为（$1s^2$）（$2s^22p^6$）（$3s^23p^6$）（$3d^6$）（$4s^2$），其中 3s $Z^*=14.75$，3p $Z^*=14.75$，3d $Z^*=6.25$，4s $Z^*=3.75$。

所以有 $E_{3s}=E_{3p}=-52.7\times10^{-18}$ J，$E_{3d}=-9.46\times10^{-18}$ J，$E_{4s}=-1.92\times10^{-18}$ J。

2s$Z^*=21.8$，2p $Z^*=21.8$，1s $Z^*=25.70$。$E_{2s}=E_{2p}=-0.260\times10^{-15}$ J，$E_{1s}=-1.439\times10^{-15}$ J。

故 Fe 系统的能量：$E=2E_{1s}+2E_{2s}+6E_{2p}+2E_{3s}+6E_{3p}+6E_{3d}+2E_{4s}=-5.44\times10^{-15}$ J。

【典型赛题赏析】

【赛题 1】（上海竞赛模拟题）设想你去某外星球做了一次考察，采集了该星球上十种元素单质的样品，为了确定这些元素的相对位置以更系统地进行研究，你设计了一些实验并得到了下列结果：

单质	A	B	C	D	E	F	G	H	I	J
熔点 /℃	−150	550	160	210	−50	370	450	300	260	250
与水反应		√				√	√	√		
与酸反应		√		√		√	√	√		√
与氧气反应		√	√	√		√	√	√	√	√
不发生化学反应	√				√					
相对于 A 元素的原子质量	1.0	8.0	15.6	17.1	23.8	31.8	20.0	29.6	3.9	18.0

按照元素性质的周期性递变规律，试确定以上十种元素的相对位置，并填入下表：

							A			
					B					
				H						

【解析】元素周期律是元素周期表的核心。题给信息中的各元素单质，熔点各不相同，但有明显的高低差异；相对于 A 元素的原子质量肯定是一个极为

关键的信息；另外还有反应的情况。综合分析、整理，可得以下结论：

（1）化学性质相似的有：B、F、G、H；D、J；C、I；A、E。

（2）化学性质相似组中相对于A的相对质量数据成等差数列组合，公差约为12的组合：B(8)、G(20)、F(31.8)；I(3.9)、C(15.6)；公差约为1的组合：D(17.1)、B(18.0)；公差约为24的组合：A(1)、E(24.8)。

（3）在（2）的各种组合中熔点递变的组合如下。随原子量递增而递减的组合：B(550 ℃)、G(450 ℃)、F(370 ℃)、H(300 ℃)；I(260 ℃)、C(160 ℃)；随原子量递增而递增的组合：A(−150 ℃)、E(−50 ℃)；D(210 ℃)、J(250 ℃)。

联系上述的各项特点，横向对比，迁移联想，类比元素周期表中的同主族和同周期性质的递变规律，最终对10种元素的相对位置作出判断，具体结论如下表所示。

							A			
	I				B					
	C	D	J		G		E			
				H	F					

【赛题2】（2019年全国初赛题）

（1）^{28}Ca 轰击 ^{249}Cf，生成第118号元素的原子核并放出三个中子。写出配平的核反应方程式。

（2）推出二元氧化物（稳定物质）中氧的质量分数最高的化合物。

（3）9.413 g 未知二元气体化合物中含有0.003227 g 电子。推出该未知物，写出化学式。

【解析】（1）$^{48}_{20}Ca + ^{249}_{98}Cf = ^{294}_{118}Og + 3^{1}_{0}n$

（2）二元氧化物含氧量最高，要求另一元素 A_r 最小，应为H，且O原子数要大。可以是臭氧酸 HO_3 或超氧酸 HO_2，但它们都不稳定。稳定的只有 H_2O_2。

（3）电子的摩尔质量为1/1836 g•mol^{-1}，故有：$n(e^-)=0.003227\ g \times 1836\ g\cdot mol^{-1}=$ 5.925 mol。

设二元气体化合物的摩尔质量为M，分子中含x个电子，故有$x \times 9.413\ g/M=5.925\ mol$，化简得$M \approx 1.6x\ g\cdot mol^{-1}$。显然，符合题意的二元化合物应该是甲烷（$CH_4$）。

【赛题3】（2018年全国初赛题）元素同位素的类型及天然丰度不仅决定原子量的数值，也是矿物质年龄分析、反应机理研究等的重要依据。

（1）已知Cl有两种同位素 ^{35}Cl 和 ^{37}Cl，两者丰度比为0.75∶0.25；Rb有两

种同位素 ^{85}Rb 和 ^{87}Rb，两者丰度比为 0.72∶0.28。

① 写出所有同位素组成的不同 RbCl 分子。

② 这些分子有几种质量数？写出质量数，并给出其比例。

（2）年代测定是地质学的一项重要工作。Lu-Hf 法是 20 世纪 80 年代随着等离子发射光谱、质谱等技术发展而建立的一种新断代法。Lu 有两种天然同位素：^{176}Lu 和 ^{177}Lu；Hf 有六种天然同位素：^{176}Hf，^{177}Hf，^{178}Hf，^{179}Hf，^{180}Hf，^{181}Hf。^{176}Lu 发生 β 衰变生成 ^{176}Hf 半衰期为 3.716×10^{10} 年。^{177}Hf 为稳定同位素且无放射性来源。地质工作者获取一块岩石样品，从该样品的不同部位取得多个样本进行分析。其中的两组有效数据如下：

样本 1，^{176}Hf 与 ^{177}Hf 的比值为 0.28630（原子比，记为 $^{176}Hf/^{177}Hf$），$^{176}Lu/^{177}Hf$ 为 0.48250；

样本 2，$^{176}Hf/^{177}Hf$ 为 0.28239，$^{176}Lu/^{177}Hf$ 为 0.01470。

（一级反应，物种含量 c 随时间 t 变化关系：$c = c_0 e^{-kt}$ 或 $\ln[c/c_0] = -kt$，其中 c_0 为起始含量。）

① 写出 ^{176}Lu 发生 β 衰变的核反应方程式（标出核电荷数和质量数）。

② 计算 ^{176}Lu 衰变反应速率常数 k。

③ 计算该岩石的年龄。

④ 计算该岩石生成时 $^{176}Hf/^{177}Hf$ 的比值。

【解析】（1）① $^{85}Rb^{35}Cl$、$^{85}Rb^{37}Cl$、$^{87}Rb^{35}Cl$、$^{87}Rb^{37}Cl$。

② 3 种；$Z = 120$、122、124；$0.75 \times 0.72 : (0.25 \times 0.72 + 0.75 \times 0.28) : 0.25 \times 0.28 = 54 : 39 : 7$。

（2）① $^{176}_{71}Lu \longrightarrow ^{176}_{72}Hf + ^{0}_{-1}e$。

② 由 $t_{1/2} = 0.6931/k$，计算出衰变速率常数 $k = 0.6931/3.716 \times 10^{10}$ a，可知 $k = 1.865 \times 10^{-11}\ a^{-1}$。

③ 依据题意，写出以下关系式：

$^{176}Lu_0 - ^{176}Lu = ^{176}Hf - ^{176}Hf_0$

$^{176}Lu\ e^{kt} - ^{176}Lu = ^{176}Hf - ^{176}Hf_0$，即 $^{176}Hf = ^{176}Hf_0 + ^{176}Lu(e^{kt} - 1)$，

也就是 $^{176}Hf/^{177}Hf = ^{176}Hf_0/^{177}Hf + ^{176}Lu(e^{kt} - 1)/^{177}Hf$。其中，$^{177}Hf$ 为稳定同位素且无放射来源，故 $^{176}Hf_0/^{177}Hf$ 即为二同位素的起始的比值。所以：

$0.28630 = ^{176}Hf_0/^{177}Hf + 0.48250(e^{kt} - 1)$

$0.286239 = ^{176}Hf_0/^{177}Hf + 0.01470(e^{kt} - 1)$

联解可得 $t = 5.06 \times 10^{8}$ a。

④ 同上，由于 $^{176}Hf_0/^{177}Hf = ^{176}Hf/^{177}Hf - ^{176}Lu(e^{kt} - 1)/^{177}Hf$。代入数据：

$^{176}Hf_0/^{177}Hf = 0.28630 - 0.48250(e^{kt} - 1) = 0.28220$。所以 $^{176}Hf/^{177}Hf = 0.28220$。

【赛题 4】（2016 年全国初赛题）

（1）离子化合物 A_2B 由四种元素组成，一种为氢，另三种为第二周期元素。正、负离子皆由两种原子构成且均呈正四面体构型。写出这种化合物的化学式。

（2）对碱金属 Li、Na、K、Rb 和 Cs，随着原子序数增加以下哪种性质的递变不是单调的？简述原因。

a．熔沸点　　b．原子半径　　c．晶体密度　　d．第一电离能

（3）保险粉（$Na_2S_2O_4 \cdot 2H_2O$）是重要的化工产品，用途广泛，可用来除去废水 (pH ≈ 8) 中的 Cr(Ⅵ)，所得含硫产物中硫以 S(Ⅳ) 存在。写出反应的离子方程式。

（4）化学合成的成果常需要一定的时间才得以应用于日常生活。例如，化合物 A 合成于 1929 年，至 1969 年才被用作牙膏的添加剂和补牙填充剂成分。A 是离子晶体，由 NaF 和 $NaPO_3$ 在熔融状态下反应得到。它易溶于水，阴离子水解产生氟离子和对人体无毒的另一种离子。

① 写出合成 A 的反应方程式。

② 写出 A 中阴离子水解反应的离子方程式。

【解析】（1）$(NH_4)_2BeF_4$

（2）c；密度由 2 个因素决定：质量和体积。碱金属晶体结构类型相同，故密度取决于其原子质量和原子体积。原子序数增加，碱金属原子质量和体积均增大，质量增大有利于密度增大，但体积增大却使密度减小，因而导致它们的密度变化不单调。

（3）废水 pH = 8，说明 $S_2O_4^{2-}$ 被 CrO_4^{2-} 氧化，而不是 $Cr_2O_7^{2-}$。产物中，S(Ⅳ) 是 SO_3^{2-} 与 HSO_3^- 共同存在，所以有：$2CrO_4^{2-} + 3S_2O_4^{2-} + 4H_2O \longrightarrow 2Cr(OH)_3\downarrow + 4SO_3^{2-} + 2HSO_3^-$（反应物中不能出现 OH^- 或 H^+）。

（4）① $NaF + NaPO_3 \longrightarrow Na_2PO_3F$。

② $PO_3F^{2-} + H_2O \longrightarrow H_2PO_4^- + F^-$。

【赛题 5】（化学竞赛模拟题）原子中每个电子的运动状态由四个量子数 n、l、m 和 m_s 确定。而 n、l、m 确定一个空间轨道，m_s 确定电子的自旋方式。假定某个星球量子数的取值规则为 $n = 1, 2, 3, \cdots$；$l = 1, 2, 3, \cdots, n$；$m = 0, 1, 2, \cdots, l$；$m_s = \pm 1/2$。考虑能级交错现象，请回答下列问题：

（1）每个 n 值一定的电子层包含多少个空间轨道？

（2）每个 l 值一定的电子亚层可容纳多少个电子？

（3）画出该星球前三周期元素周期表，用原子序数代表该元素的名称。

（4）归纳出元素周期表中元素的种数与周期数的关系。

【解析】很明显，本题的重心是要理清地球上的四个量子数与这个星球的四个量子数之间的区别与联系，然后运用类比联想的方法答题。

（1）一个 n 对应 n 个 l，每个 l 对应 $(l+1)$ 个 m，对于一个 (l,m) 组，有 $(1+1)+(2+1)+\cdots+(n+1)=n(n+3)/2$ 个空间轨道；

（2）对于一个 (n,l,m) 组，相当于一个空间轨道，电子云的伸展方向为 $n(n+3)/2$。若 l 值一定，对应的 m 值为 $(l+1)$ 个，容纳的电子数为 $2(l+1)$ 个；

当 $n=1$ 时，$l=1$，$m=0$，1；1s 应该有两个轨道，$m_s=\pm1/2$，容纳的电子数为 4 个；

当 $n=2$ 时，$l=1$，$m=0$，1；2s 有两个轨道，$m_s=\pm1/2$，容纳的电子数为 4 个；$l=2$，$m=0$，1，2；即 2p 有三个轨道，$m_s=\pm1/2$，容纳的电子数为 6 个；总计 10 个；

当 $n=3$ 时，$l=1$，$m=0$，1；3s 有两个轨道，$m_s=\pm1/2$，容纳的电子数为 4 个；$l=2$，$m=0$，1，2；3p 有三个轨道，$m_s=\pm1/2$，容纳的电子数为 6 个；$l=3$，$m=0$，1，2，3；3d 有四个轨道，$m_s=\pm1/2$，容纳的电子数为 8 个；总计 18 个；

当 $n=4$ 时，$l=1$，$m=0$，1；4s 有两个轨道，$m_s=\pm1/2$，容纳的电子数为 4 个；$l=2$，$m=0$，1，2；4p 有三个轨道，$m_s=\pm1/2$，容纳的电子数为 6 个；$l=3$，$m=0$，1，2，3；4d 有四个轨道，$m_s=\pm1/2$，容纳的电子数为 8 个；$l=4$，$m=0$，1，2，3，4；4f 有五个轨道，$m_s=\pm1/2$，容纳的电子数为 10 个；总计 28 个。

（3）依（2）分析，若不考虑能级交错现象，该星球上的前三周期的元素周期表如下。

1	2	3							4
5	6	7	8	9	10	11	12	13	14
15	16	17	***	27	28	29	30	31	32

***	代表了类似地球的镧系元素的元素族

这时，第三周期就可能就出现类似地球元素周期表中的镧系或锕系元素的情况。

若考虑能级交错现象，可首先列表如下：

周期数	能级组	电子亚层数	电子数	周期所能容纳的元素种数
1	$1s^4$	1	4	4
2	$2s^42p^6$	2	10	10
3	$3s^43p^6$	3	10	10
4	$4s^43d^84p^6$	3	18	18
5	$5s^44d^85p^6$	3	18	18
6	$6s^44f^{10}5d^86p^6$	4	28	28

这时的元素周期表的前三周期如下。

1	2	3							4
5	6	7	8	9	10	11	12	13	14
15	16	17	18	19	20	21	22	23	24

（4）由上面的元素种数与周期表的关系，可以发现：$a_n=a_{n-1}+2(n+1)$，进一步可以归纳出通式为

$$a_n=4+6+\cdots+2n+2(n+1)=2[2+3+\cdots+n+(n+1)]=2[1+2+3+\cdots+n+n]$$
$$=n(n+1)+2n=n^2+3n$$
。（此表达式未考虑能级交错现象）

当 n 为奇数时，$a_n=(n+1)(n+7)/4$；当 n 为偶数时，$a_n=(n+2)(n+8)/4$。（此结果已经考虑了能级交错现象）

【赛题 6】（第 20 届 Icho 试题）如果我们把三维空间里的周期系搬到一个想象中的“平面世界”去，那是一个二维世界。那里的周期系是根据三个量子数建立的，即 $n=1$，2，3，…，$m=0$，±1，±2，±3，…，$\pm(n-1)$, $m_s=\pm1/2$。其中 m 相当于三维世界中的 l 和 m 两者的作用（例如用它也能表示 s、p、d……）。另外，在三维世界中的基本原理和方法对这个二维的“平面世界”也适用。试回答：

（1）画出“平面世界”元素周期表中前四个周期。按照核电荷标明原子序数，并用原子序数（Z）当作元素符号（例如第一号元素的元素符号即为 1），写出每个元素的电子构型。

（2）现在研究 $n \leqslant 3$ 的各元素。指出与“平面世界”中每种元素相对应的三维空间中的各种元素的符号。根据这种相似性，你估计在常温、常压下，哪些“平面世界”的单质是固体、液体和气体？

（3）画图说明 $n=2$ 的“平面世界”元素的第一电离能的变化趋势。在“平面世界”周期表中，画出元素的电负性增长方向。

（4）在这个“平面世界”中有哪些规则和三维世界中所用的 8 电子和 18 电子规则相当？

（5）$n=2$ 的各元素分别与最轻的元素（$Z=1$）形成简单的二元化合物。用原子序数作为元素符号，画出它们的路易斯结构式并画出它们的几何构型。指出分别与它们中每一个化合物相应的三维世界中的化合物。

【解析】(1)

1 $1s^1$									2 $1s^2$
3 $2s^1$	4 $2s^2$					5 $2s^22p^1$	6 $2s^22p^2$	7 $2s^22p^3$	8 $2s^22p^4$
9 $3s^1$	10 $3s^2$					11 $3s^23p^1$	12 $3s^23p^2$	13 $3s^23p^3$	14 $3s^23p^4$
15 $4s^1$	16 $4s^2$	17 $4s^23d^1$	18 $4s^23d^2$	19 $4s^23d^3$	20 $4s^23d^4$	21 $4s^23d^44p^1$	22 $4s^23d^44p^2$	23 $4s^23d^44p^3$	24 $4s^23d^44p^4$

(2)

1 H					2 He
3 Li	4 Be	5 B/C	6 N/O	7 F	8 Ne
9 Na	10 Mg	11 Al/Si	12 P/S	13 Cl	14 Ar

气					气
固	固	固	气	气	气
固	固	固	固	气	气

(3)

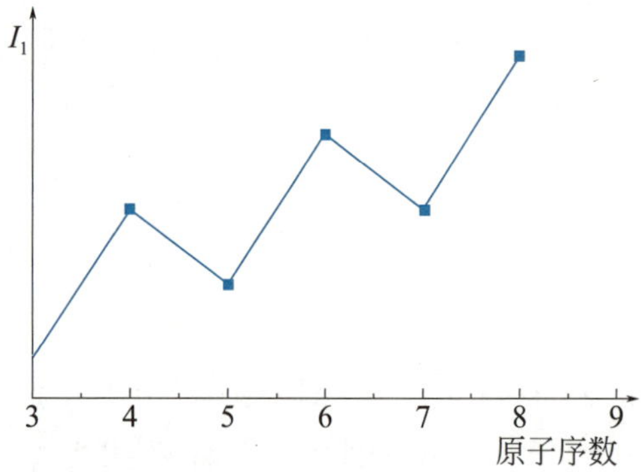

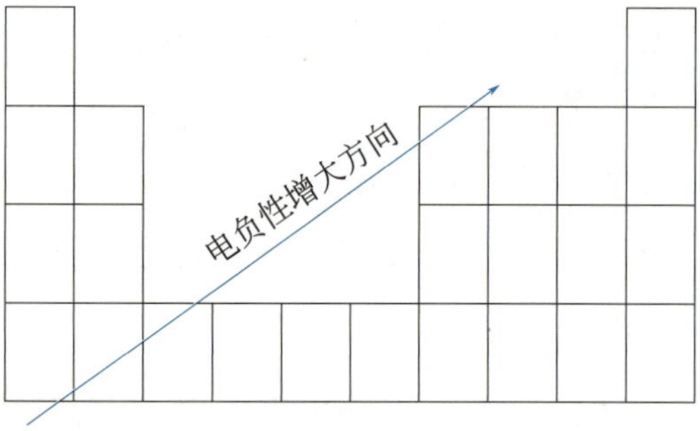

(4)“平面世界”中的 6 电子和 10 电子规则，分别相当于三维空间中的 8 电子和 18 电子规则。

(5)

二元化合物	③ :1	1: ④ :1	1 1: ⑤ :1	1: ⑥ :1	⑦ :1
几何构型	直线形	直线形	平面三角形	V 形	直线形
对应化合物	LiH	BeH_2	BH_3	H_2O	HF

参考文献

[1] 宋天佑，程鹏，徐家宁．无机化学上册 [M]．北京：高等教育出版社，2015，146.

[2] 宋天佑，程鹏，徐家宁．无机化学上册 [M]．北京：高等教育出版社，2015，55.

第五讲 分子结构与价键理论

一、分子结构

1．路易斯理论与路易斯结构式

1916 年，美国的 Lewis 提出共价键理论，该理论认为分子中的原子都有形成稀有气体电子结构的趋势（八隅律），求得本身的稳定。而达到这种结构，并非通过电子转移形成离子键来完成，而是通过共用电子对来实现。添加了孤电子对的结构式叫路易斯结构式。如 :N≡N:。

2．共价键的本质

共价键的本质是成键原子间共享两个或两个以上成键电子（如图 5-1 所示）。

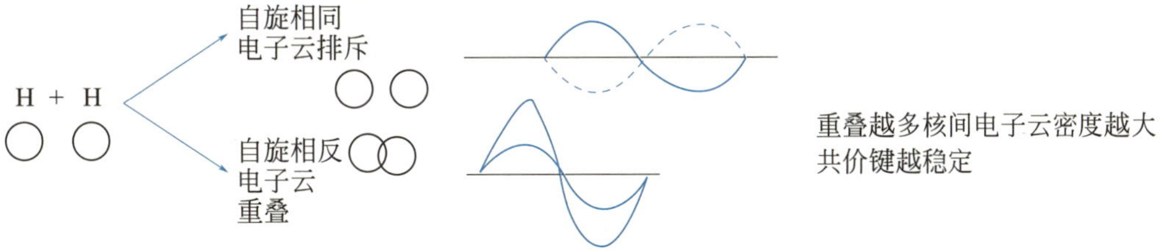

图 5-1　共价键的形成

（1）具体计算

当 ns、np 原子轨道充满电子，会成为八电子构型，该电子构型是稳定的，所以在共价分子中，每个原子都希望成为八电子构型（H 原子为二电子构型）。共价分子中成键数和孤电子对数可以通过计算求出。

① n_o—共价分子中，所有原子形成八电子构型（H 为二电子构型）所需要的电子总数。

② n_v—共价分子中，所有原子的价电子数总和。

③ n_s—共价分子中，所有原子之间共用电子总数。

$n_s = n_o - n_v$，$n_s/2 = (n_o - n_v)/2$ = 成键电子数。

④ n_l—共价分子中，存在的孤电子数（或称未成键电子数）。

$n_l = n_v - n_s$，$n_l/2 = (n_v - n_s)/2$ = 孤电子对数。

一些共价分子或离子的 n_o、n_v 和 $\dfrac{n_s}{2}$ 如表 5-1 所示。

表 5-1　几种共价分子或离子的 n_o、n_v 和 $\dfrac{n_s}{2}$

化学式	P_4S_3	HN_3	N_5^+	H_2CN_2	NO_3^-
n_o	$7 \times 8 = 56$	$2 + 3 \times 8 = 26$	$5 \times 8 = 40$	$2 \times 2 + 3 \times 8 = 28$	$4 \times 8 = 32$
n_v	$4 \times 5 + 3 \times 6 = 38$	$1 + 3 \times 5 = 16$	$5 \times 5 - 1 = 24$	$1 \times 2 + 4 + 5 \times 2 = 16$	$5 + 6 \times 3 + 1 = 24$
$n_s/2$	$(56 - 38)/2 = 9$	$(26 - 16)/2 = 5$	$(40 - 24)/2 = 8$	$(28 - 16)/2 = 6$	$(32 - 24)/2 = 4$

（2）Lewis 结构式的书写

N_5^+ $[\ddot{\text{N}}=\text{N}=\text{N}=\text{N}=\ddot{\text{N}}]^+$, $[:\text{N}\equiv\text{N}-\ddot{\text{N}}-\text{N}\equiv\text{N}:]^+$, $[:\text{N}\equiv\text{N}-\ddot{\text{N}}=\text{N}=\ddot{\text{N}}]^+$, $[:\text{N}\equiv\text{N}-\text{N}=\text{N}-\ddot{\text{N}}:]^+$

CH_2N_2（重氮甲烷）
$\overset{\text{H}}{\underset{\text{H}}{\diagup}}\text{C}=\text{N}=\ddot{\text{N}}$,　$\overset{\text{H}}{\underset{\text{H}}{\diagup}}\ddot{\text{C}}-\text{N}\equiv\text{N}:$

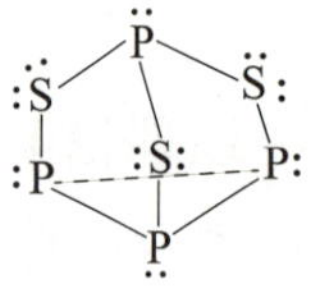

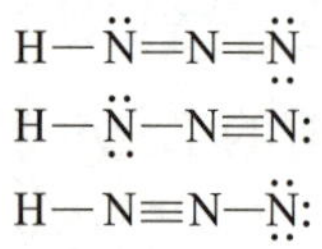

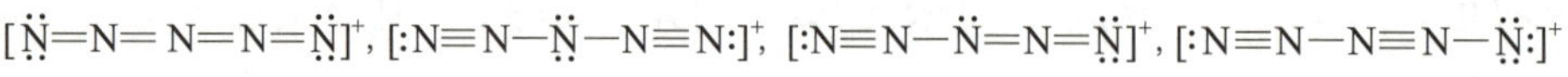

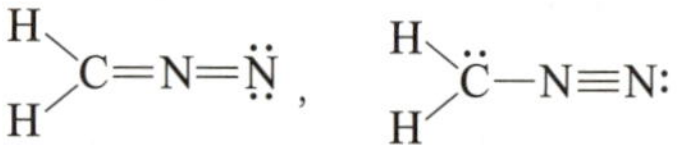

（3）形式电荷

当 Lewis 结构式不止一种形式时，如何来判断这些 Lewis 结构式的稳定性呢？如 HN_3 可以写出三种可能的 Lewis 结构式，N_5^+ 可以写出四种可能的 Lewis 结构式，而重氮甲烷只能写出两种可能的 Lewis 结构式。可以通过形式电荷（Q_F）判断各 Lewis 结构式的稳定性。

Q_F 的计算公式：Q_F = 原子的价电子数 - 键数 - 孤电子数。

在 CO 中，$Q_F(\text{C}) = 4 - 3 - 2 = -1$，$Q_F(\text{O}) = 6 - 3 - 2 = +1$。

对于 HN_3

$$\overset{0\quad\ 0\ \ \ +1\ \ \ -1}{\underset{(\text{I})}{\text{H}-\text{N}=\text{N}=\text{N}}}\qquad \overset{0\quad +1\ \ +1\ \ -2}{\underset{(\text{II})}{\text{H}-\text{N}\equiv\text{N}-\text{N}}}\qquad \overset{0\quad -1\ \ +1\ \ \ 0}{\underset{(\text{III})}{\text{H}-\text{N}-\text{N}\equiv\text{N}}}$$

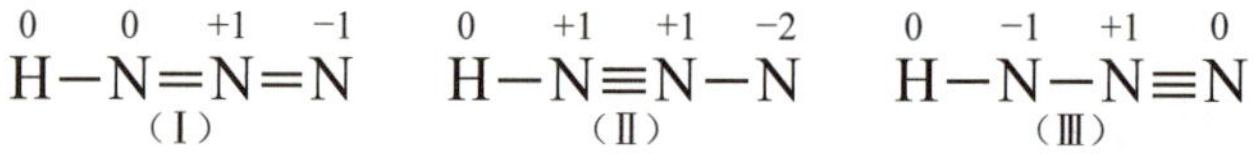

形式（Ⅰ）、（Ⅲ）中形式电荷小，相对稳定，而形式（Ⅱ）中形式电荷高，而且相邻两原子之间的形式电荷为同号，相对不稳定，应舍去。

Q_F 可以用另一个计算公式来求得：Q_F = 键数 - 特征数（特征数 = 8 - 价电子数）。

对于缺电子化合物或富电子化合物，由于中心原子的价电子总数可以为 6（BF_3）、10（$OPCl_3$）、12（SF_6）等，则中心原子的特征数应该用实际价电子总数（修正数）减去其价电子数来计算。例如 SF_6 中 S 的特征数不是 2，而应该是 6（$12 - 6 = 6$）。

（4）Lewis 结构式稳定性的判据

a. 在 Lewis 结构式中，Q_F 应尽可能小，若共价分子中所有原子的形式电荷均为零，则是最稳定的 Lewis 结构式；

b. 两相邻原子之间的形式电荷尽可能避免同号。

（5）共振结构

如果一个共价分子有几种可能的 Lewis 结构式，那么通过 Q_F 的判断，应保留最稳定和次稳定的几种 Lewis 结构式，它们互称为共振结构。例如 H−N＝N＝N↔H−N−N≡N，互称为 HN_3 的共振结构式。

（6）Lewis 结构式的应用

① 可以比较稳定性。例如氰酸根离子 OCN^- 比异氰酸根离子 ONC^- 稳定。

② 可以计算多原子共价分子的键级。如上面的 $H-N_{(a)}-N_{(b)}-N_{(c)}$ 中，(Ⅰ)、(Ⅲ) 两个 HN_3 共振结构式可知：

$N_{(a)}-N_{(b)}$之间的键级=(1+2)/2=3/2，$N_{(b)}-N_{(c)}$之间的键级=(2+3)/2=5/2。

再如 C_6H_6（苯）的共振结构式为 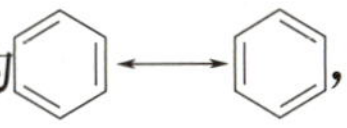，其 C−C 键级=(1+2)/2=3/2。

③ 可以比较原子之间键长的长短。键级越大，键能越大，键长越短。在 HN_3 中，$N_{(a)}-N_{(b)}$ 的键长 > $N_{(b)}-N_{(c)}$ 的键长，在 C_6H_6 中，C−C 键的键长都是一样的，都可以通过键级来判断。

二、价键理论

1. 共价键的形成

A、B 两原子各有一个成单电子，当 A、B 相互接近时，两电子以自旋相反的方式结成电子对，即两个电子所在的原子轨道能相互重叠，则体系能量降低，形成化学键，亦即一对电子形成一个共价键。形成的共价键越多，则体系能量越低，形成的分子越稳定。因此，各原子中的未成对电子尽可能多地形成共价键。例如 N 原子的电子结构为 $2s^22p^3$，每个 N 原子有三个单电子，所以形成 N_2 分子时，N 与 N 原子之间可形成三个共价键。写成 :N≡N:。

N $2s^22p^3$ 2p [↑|↑|↑]　C $2s^22p^2$ 2p [↑|↑|]　O $2s^22p^4$ 2p [↑|↑|↑↓]

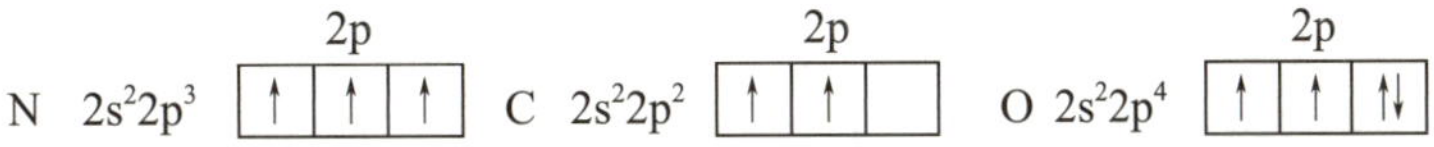

形成 CO 分子时，与 N_2 相仿，同样用了三对电子，形成三个共价键。不同之处是，其中一对电子在形成共价键时具有特殊性，即 C 和 O 各出一个 2p 轨道重叠，而其中的电子是由 O 单独提供的。这样的共价键称为共价配位键。于是，CO 可表示成 :C≦O:

配位键形成条件：一种原子中有孤电子对，而另一原子中有可与孤电子对所在轨道相互重叠的空轨道。在配位化合物中，经常出现配位键。

2. 共价键的特点

① 饱和性：一个原子有几个未成对电子，就可以和几个自旋相反的电子配对，形成共价键。

② 方向性：s-p、p-p、p-d 原子轨道的重叠都有方向性。

3. 共价键的类型

① σ 键：沿着键轴的方向，发生“头碰头”原子轨道的重叠而形成的共价键，称为 σ 键。

② π 键：原子轨道以“肩碰肩”的方式发生重叠而形成的共价键，称为 π 键。

不同重叠方式如图 5-2 所示。

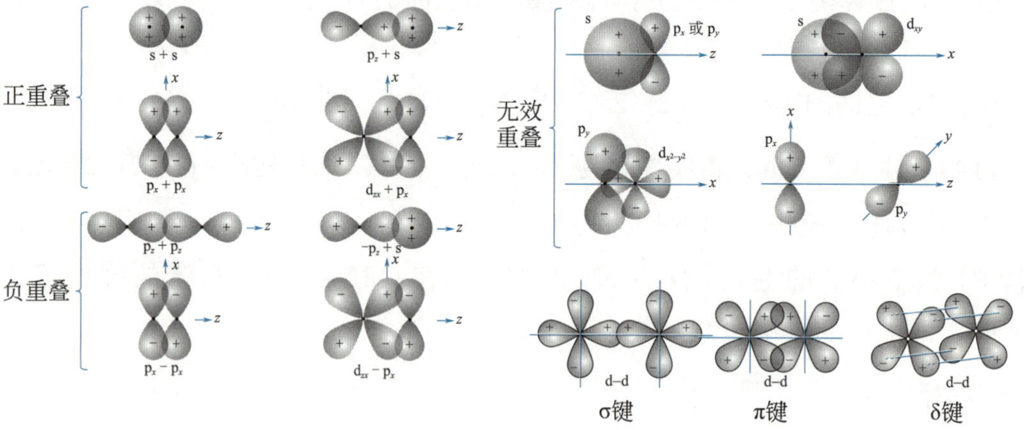

图 5-2　共价键的类型

综上所述，形成共价键的条件有：要有单电子，原子轨道能量相近，电子云最大重叠，必须相对于键轴具有相同对称性原子轨道（即波函数角度分布图中的 +、+ 重叠，−、− 重叠，称为对称性一致的重叠）。

特别需要提醒考生的是，形成共价键的原子轨道能量必须相近，否则难以形成有效的共价键。

4. 共价键的键参数

（1）键能

$AB(g) = A(g) + B(g) \quad \Delta H = E_{AB} = D_{AB}$。

对于双原子分子，离解能 D_{AB} 等于键能 E_{AB}，但对于多原子分子，则要注意离解能与键能的区别与联系，如 NH_3：

$NH_3(g) = H(g) + NH_2(g) \quad D_1 = 435.1\ kJ \cdot mol^{-1}$；

$NH_2(g) = H(g) + NH(g) \quad D_2 = 397.5\ kJ \cdot mol^{-1}$；

$NH(g) = H(g) + N(g) \quad D_3 = 338.9\ kJ \cdot mol^{-1}$。

三个 D 值不同，而且键能 $E(N-H) = (D_1 + D_2 + D_3)/3 = 390.5\ kJ \cdot mol^{-1}$。另外，$E$ 可以表示键的强度，E 越大，则键越强。

（2）键长

分子中成键两原子的原子核之间的距离，叫键长。一般键长越小，键越强。如表 5-2 所示，C−C、C=C、C≡C 的键长依次减小，键能依次增大。

表 5-2　几种碳碳键的键长和键能

键的类型	键长 /pm	键能 / $(kJ \cdot mol^{-1})$
C−C	154	345.6
C=C	133	602.0
C≡C	120	835.1

另外，相同的键，在不同化合物中，键长和键能不相等。例如 CH_3OH 中和 C_2H_6 中均有 C−H 键，而它们的键长和键能不同。

（3）键角

分子中键与键之间的夹角称为键角（在多原子分子中才涉及键角）。如 H_2S 分子，H−S−H 的键角为 92°，决定了 H_2S 分子的构型为 V 形；又如 CO_2 中，O=C=O 的键角为 180°，则 CO_2 分子的构型为直线形。因而，键角是决定分子几何构型的重要因素。

（4）键的极性

极性分子的电场力强度以偶极矩表示。偶极矩 $\mu = g$（静电单位）$\times d$（距离，cm），单位为德拜（D）。

三、杂化轨道理论

1．杂化轨道

成键过程是由若干个能量相近的轨道经叠加、混合、重新调整电子云空间伸展方向，分配能量形成新的杂化轨道过程。

2．理论要点

① 成键原子中几个能量相近的轨道杂化成新的杂化轨道。

② 参加杂化的原子轨道数＝杂化后的杂化轨道数。总能量不变。

③ 杂化时轨道上的成对电子被激发到空轨道上成为单电子，需要的能量可以由成键时释放的能量补偿。

3．杂化轨道的种类

（1）按参加杂化的轨道分类，可分为 s-p 型：sp 杂化、sp^2 杂化和 sp^3 杂化；s-p-d 型：sp^3d 杂化、sp^3d^2 杂化。

（2）按杂化轨道能量是否一致分类，例如在 CH_4 中 C 原子采取等性 sp^3 杂化，在能量相等的四个 sp^3 杂化轨道排着自旋相同的四个单电子，所以可以与四个 H 原子成键，解决了饱和性；sp^3 杂化轨道的几何构型为正四面体，又解决了方向性。所以 Pauling 的杂化轨道理论获得了成功。

C 的 sp^3 杂化：

C 原子：$\underset{2s}{\boxed{\uparrow\downarrow}}$ $\overset{2p}{\boxed{\uparrow|\uparrow|\ \ }}$ $\xrightarrow{\text{激发}}$ $\boxed{\uparrow}$ $\boxed{\uparrow|\uparrow|\uparrow}$ $\xrightarrow{\text{杂化}}$ $\overset{sp^3\text{杂化}}{\boxed{\uparrow|\uparrow|\uparrow|\uparrow}}$

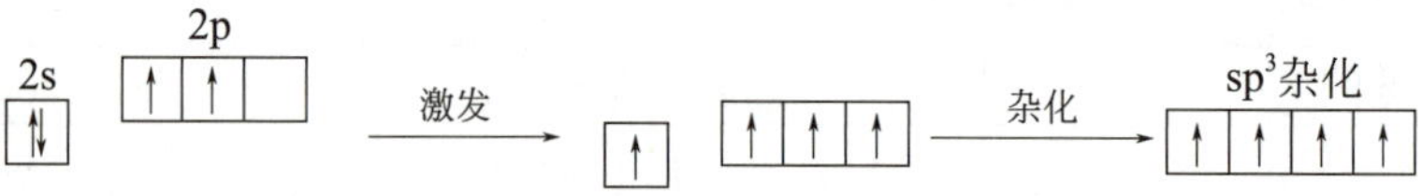

4 个 sp^3 杂化轨道能量一致，属于等性杂化。

O 的 sp^3 杂化：

$\underset{2s}{\boxed{\uparrow\downarrow}}$ $\overset{2p}{\boxed{\uparrow\downarrow|\uparrow|\uparrow}}$ $\xrightarrow{\text{杂化}}$ $\overset{sp^3\text{杂化}}{\boxed{\uparrow|\uparrow}}$ $\boxed{\uparrow\downarrow|\uparrow\downarrow}$

4 个 sp^3 杂化轨道能量不相等，属于不等性杂化。

又如 C 的 sp^2 杂化：$\underset{2s}{\boxed{\uparrow\downarrow}}$ $\overset{2p}{\boxed{\uparrow|\uparrow|\ \ }}$ $\xrightarrow{\text{激发}}$ $\boxed{\uparrow}$ $\boxed{\uparrow|\uparrow|\uparrow}$ $\xrightarrow{\text{杂化}}$ $\overset{sp^2\text{杂化}}{\boxed{\uparrow|\uparrow|\uparrow}}$ $\boxed{\uparrow}$

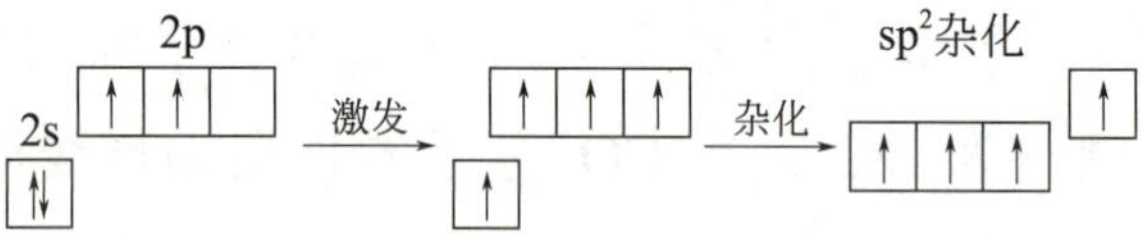

形成 3 个能量相等的 sp^2 杂化轨道，属于等性杂化。

判断是否是等性杂化，要看各杂化轨道的能量是否相等，不看未参与杂化的轨道的能量。

（3）各种杂化轨道在空间的几何构型

几种常见的杂化轨道的几何构型与杂化轨道间夹角如表 5-3 所示。

表 5-3　杂化轨道的几何构型

杂化方式	杂化轨道几何构型	杂化轨道间夹角
sp	直线形	180°
sp^2	平面三角形	120°
sp^3	正四面体	109°28′
sp^3d	三角双锥	90°（轴与平面） 120°（平面内） 180°（轴向）
sp^3d^2	正八面体	90°（轴与平面、平面内） 180°（轴向）

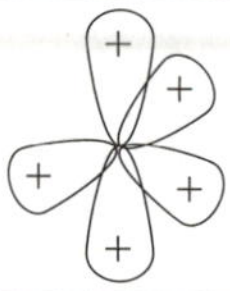

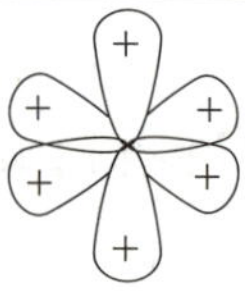

4．杂化轨道理论的应用

杂化轨道理论的引入解决了共价键的饱和性和方向性。实际上只有已知分子几何构型，才能确定中心原子的杂化类型。例如 BF_3 和 NF_3，前者为平面三角形，后者为三角锥形，就可以推断 BF_3 中的 B 原子采取 sp^2 杂化，NF_3 中的 N 原子采取 sp^3 杂化。

四、价层电子对互斥（VSEPR）理论

1．理论要点

① AD_m 型分子的空间构型总是采取 A 的价层电子对相互斥力最小的那种几何构型。

② 分子构型与价层电子对数有关（包括成键电子对和孤电子对）。

③ 分子中若有重键（双、三键）均视为一个电子对。

④ 电子对的斥力顺序：孤电子对与孤电子对间斥力 > 孤对与键对间 > 键对与键对间。

键对电子对间斥力顺序：三键与三键 > 三键与双键 > 双键与双键 > 双键与单键 > 单键与单键。

2．判断共价分子构型的一般规则——经验总结

（1）确定中心原子的杂化类型

① 计算共价分子或共价型离子的价电子总数 (n_v)。

PCl_4^+　$n_v = 5 + 4 \times 7 - 1 = 32$　　PCl_5　$n_v = 5 + 5 \times 7 = 40$

PCl_6^-　$n_v = 5 + 6 \times 7 + 1 = 48$　　XeF_4　$n_v = 8 + 4 \times 7 = 36$

② $n_v / 8 =$ 商 $_{(1)}$ ……余数 $_{(1)}$，　商 $_{(1)}$ = 成键电子对数。

③ 余数 $_{(1)}$ / 2 = 商 $_{(2)}$ ……余数（1 或 0），商 $_{(2)}$ = 孤电子对数（若余数还有 1，则也当作一对孤电子对来处理）。

④ 商 $_{(1)}$ + 商 $_{(2)}$ = 中心原子的杂化轨道数。

⑤ 实例：如表 5-4 所示。

表 5-4　几种共价分子或离子的中心原子杂化类型

分子或离子	XeF_2	$XeOF_4$	XeO_3	I_3^-
成键电子对数	22/8 = 2……6	42/8 = 5……2	26/8 = 3……2	22/8 = 2……6
孤电子对数	6/2 = 3	2/2 = 1	2/2 = 1	6/2 = 3
中心原子杂化类型	sp^3d	sp^3d^2	sp^3	sp^3d

（2）画出分子几何构型图

例如 PCl_4^+（正四面体）　PCl_5（三角双锥）　PCl_6^-（正八面体）

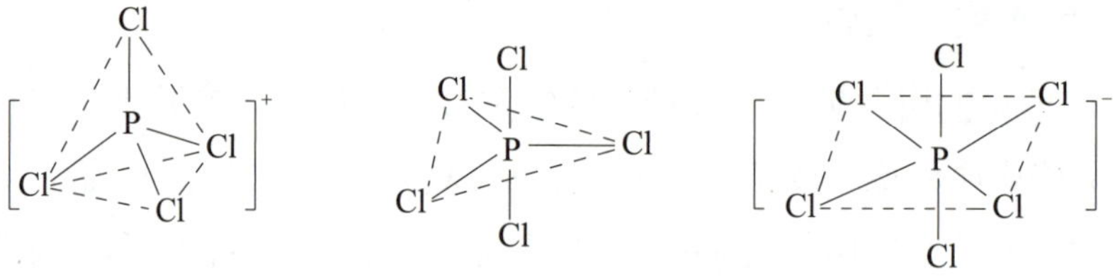

对于 ClF_3，成键电子对数 = (4 × 7) / 8 = 3……4，孤电子对数 = 4 / 2 = 2。Cl 原子采取 sp^3d 杂化，ClF_3 分子可以画出三种不同的空间几何构型。

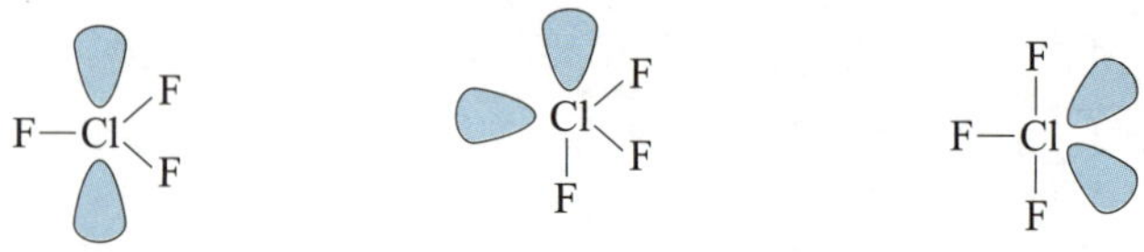

（Ⅰ）　　（Ⅱ）　　（Ⅲ）

（3）结构式的确定

如果遇到存在几种可能的空间几何构型时，要选择最稳定的结构式，即各电子对间的排斥力最小。对于三角双锥而言，抓住 90°键角之间的排斥力，因为最小角之间的排斥力最大。根据经验，各电子对之间排斥力的大小顺序为：孤电子对 - 孤电子对 > 孤电子对 - 双键 > 孤电子对 - 单键 > 双键 - 双键 > 双键 - 单键 > 单键 - 单键，三种构型的电子对情况如下表所示。

90°	（Ⅰ）	（Ⅱ）	（Ⅲ）
孤对电子对 - 孤对电子对	0	1	0
孤对电子对 - 成键电子对	6	3	4
成键电子对 - 成键电子对	0	2	2

所以构型（Ⅲ）最稳定，即孤电子对放在平面内，ClF_3 的几何构型为 T 形。

所有分子的杂化类型和几何构型总结于表 5-5。

表 5-5　分子的杂化类型和几何构型总结

杂化类型	sp	sp^2		sp^3		
分子类型	AB_2	AB_3	AB_2E	AB_4	AB_3E	AB_2E_2
分子几何构型	直线形	平面三角形	V 形	正四面体	三角锥形	V 形
实例	CO_2 CS_2	BF_3 $NPCl_2$	SO_2 ONCl	XeO_4 CCl_4	NCl_3 AsH_3	H_2O OF_2

杂化类型	sp^3d				sp^3d^2		
分子类型	AB_5	AB_4E	AB_3E_2	AB_2E_3	AB_6	AB_5E	AB_4E_2
分子几何构型	三角双锥	歪四面体	T 形	直线形	正八面体	四方锥	平面四方形
实例	PCl_5 $AsCl_5$	$TeCl_4$ SCl_4	ClF_3 $XeOF_2$	I_3^- XeF_2	SF_6 PCl_6^-	$XeOF_4$ IF_5	XeF_4 IF_4^-

3．键角的讨论

① 不同的杂化类型，键角不同。

② 在相同的杂化类型条件下，孤电子对越多，成键电子对之间的键角越小。例如：CH_4、NH_3、H_2O，键角越来越小。

③ 在相同的杂化类型和孤对电子对条件下，

a．中心原子的电负性越大，成键电子对离中心原子越近，则成键电子对之间距离越小，排斥力越大，键角越大。例如：NH_3、PH_3、AsH_3，中心原子电负性减小，键角越来越小。

b．配位原子的电负性越大，键角越小。例如 NH_3 中的∠HNH 大于 NF_3 中的∠FNF。

c．双键、三键的影响：由于三键与三键之间的排斥力 > 双键与双键之间的排斥力 > 双键与单键之间的排斥力 > 单键与单键之间的排斥力，形成双键或三键时键角会有变化。如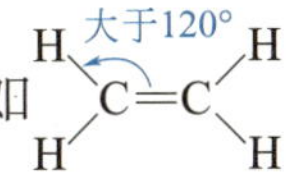

4．d-p π 键

（1）d-p π 键的形成

以 H_3PO_4 为例，说明 d-p π 键的形成：在 $(HO)_3PO$ 中 P 原子采取 sp^3 杂化，P 原子中 3 个 sp^3 杂化轨道中的 3 个单电子与 OH 基团形成三个 σ 键，第四个 sp^3 杂化轨道上的孤电子对必须占有 O 原子的空的 2p 轨道。而基态氧原子 2p 轨道上的电子排布为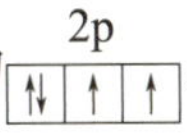

，没有空轨道，但为了容纳 P 原子上的孤对电子对，O 原子只好重排 2p 轨道上电子而空出一个 2p 轨道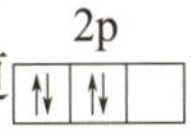

，来容纳 P 原子的孤电子对，形成 P: →O 的 σ 配位键。

氧原子 2p 轨道上的孤电子对反过来又可以占有 P 原子的 3d 空轨道，这两个 p-d 轨道只能“肩并肩”重叠，形成 π 键，称为 d-p π 键。所以 P、O 之间的成键方式为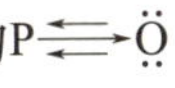（一个 σ 配位键，两个 d-p π 配位键），相当于 P=O。许多教科书上把 H_3PO_4 的结构式表示为如下两种形式。

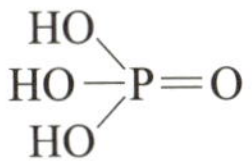

或
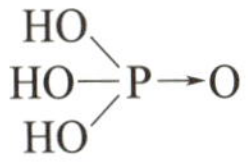

（2）d-p π 键的应用

① 可以解释共价分子几何构型。$(SiH_3)_3N$ 与 $(CH_3)_3N$ 有不同的几何构型，前者为平面三角形，后者为三角锥形。这是由于在 $(SiH_3)_3N$ 中 N 原子可以采取 sp^2 杂化，未杂化的 2p 轨道（有一对孤电子对）可以“肩并肩”地与 Si 原子的

3d 空轨道重叠而形成 d-p π 键，使平面三角形结构得以稳定。$(CH_3)_3N$ 中的 C 原子不存在 d 价轨道，所以 N 原子必须采取 sp^3 杂化，留给孤电子对合适的空间。

② 可以解释 Lewis 碱性的强弱。比较 $H_3C-O-CH_3$ 与 $H_3Si-O-CH_3$ 的碱性，前者的碱性强于后者的碱性，这是由于在 $H_3Si-O-CH_3$ 中 O 原子上的孤电子对可以占有 Si 原子的 3d 空轨道，形成 d-p π 键，从而减弱了 O 原子的给出电子对能力，使得后者的 Lewis 碱性减弱。

③ 可以解释键角的变化。对于 NH_3 与 NF_3，∠HNH > ∠FNF，而对于 PH_3 与 PF_3，∠HPH < ∠FPF。两者是反序的，这是因为后者 F 原子上的孤电子对占有 P 原子上的 3d 空轨道，增大了 P 原子上的电子云密度，使成键电子对之间的排斥力增大，所以键角变大。

5. 离域 π 键

（1）离域 π 键的形成条件

① 所有参与形成离域 π 键的原子都必须在同一平面内，即连接这些原子的中心原子只能采取 sp 或 sp^2 杂化。

② 所有参与形成离域 π 键的原子都必须提供一个或两个相互平行的 p 轨道。

③ 参与形成离域 π 键的 p 轨道上的电子数必须小于 2 倍的 p 轨道数。

（2）离域 π 键的实例

离域 π 键可表示为 Π_n^m（m 为形成离域 π 键的电子数，n 为形成离域 π 键的 p 轨道数）。如下是几种离域 π 键的实例。

1,3-丁二烯　$H_2C=CH-CH=CH_2$

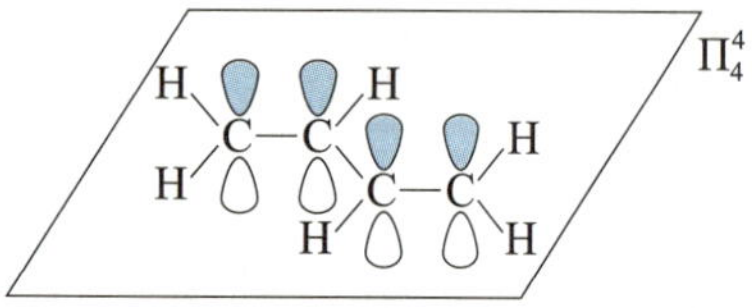

NO_3^-

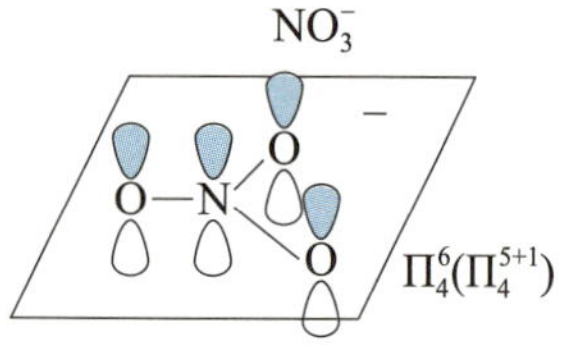

CO_3^{2-}

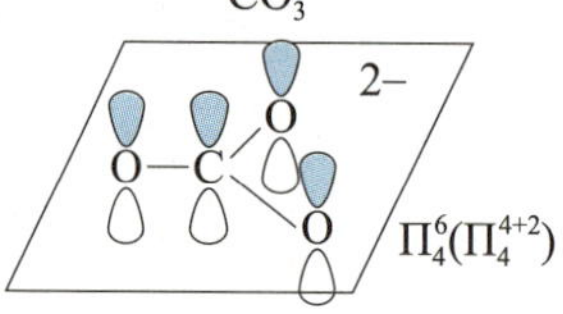

SO_3

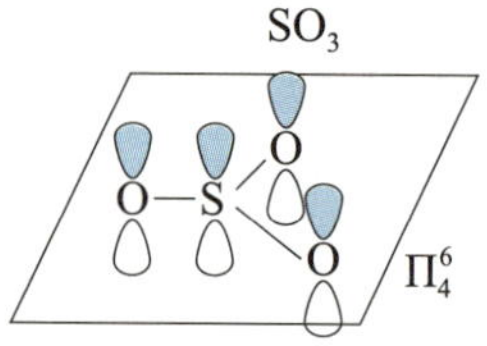

SO_3 中 S 原子采取 sp^2 杂化，未参与杂化的 3p 轨道上存在一对电子，由于在 sp^2 杂化轨道上有一对电子：$\overset{sp^2}{\boxed{\uparrow\downarrow\,|\,\uparrow\,|\,\uparrow}}$，所以 SO_3 中氧原子的 2p 轨道上的电子发生重排而空出了一个 2p 轨道来容纳 S 原子的 sp^2 杂化轨道上的电子对，则该氧原子提供的平行的 2p 轨道上也是一对电子，所以 SO_3 中 S 原子的一个 3p 轨道和 3 个 O 原子的 2p 轨道（共四个相互平行的 p 轨道）提供的 p 电子数为

2+2+1+1=6。

实际上 NO_3^- 和 CO_3^{2-} 是等电子体，SO_3 与它们也是广义的等电子体，所以它们有相同的离域 π 键（Π_4^6）。

几种多环芳烃的离域 π 键如下：

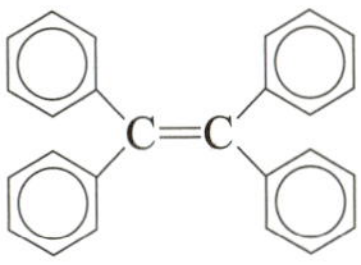

Π_{26}^{26}

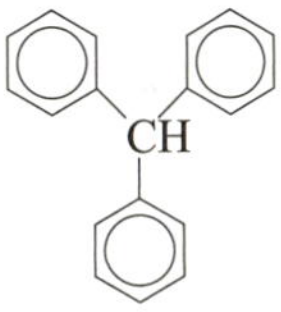

3个Π_6^6

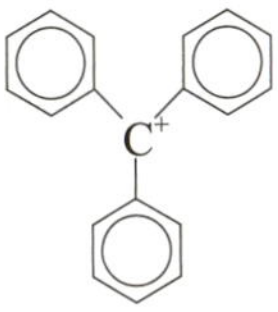

Π_{19}^{18}

6．等电子原理

1919 年化学家 Langmuir 研究大量的实例后得出了等电子体原理：具有相同总原子数（即 H、Li 以外的原子数之和），价电子总数又相等的分子或离子往往具有相同的化学键合情况和相似的几何构型，但其物理性质却不一定相似。

例如 CO_2，原子数为 3，总价电子数为 16，空间构型为直线形，化学键合情况为: 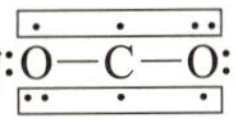，即中心原子 C 分别与 2 个 O 原子形成 1 个 σ 键，整个分子中存在 2 个 Π_3^4 的离域 π 键。其等电子体的化学键合情况如下。

N_3^-	SCN^-	NCN^{2-}	N_2O	NO_2^+
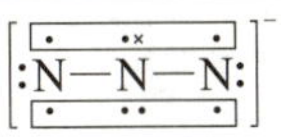	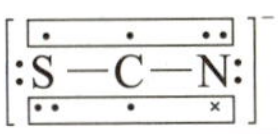	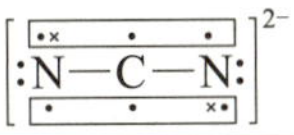	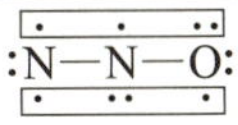	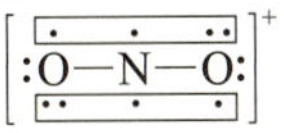

表 5-6 列举了一些常见的等电子体。

表 5-6　常见的等电子体

原子数 / 价电子总数	代表物	构型	等电子体
2/10	CO	直线形	N_2，C_2^{2-}，CN^-，NO^+，C_2H_2
3/16	CO_2	直线形	N_3^-，SCN^-，NO_2^+, N_2O，OCN^-，CN_2^{2-}，$HgCl_2$，$BeCl_2$，$AgCl_2^-$
3/18	NO_2^-	V 形	O_3，SO_2
4/24	CO_3^{2-}	三角形	NO_3^-，BO_3^{3-}，BF_3，BCl_3，$COCl_2$，$CO(NH_2)_2$，$CO(CH_3)_2$
5/32	PO_4^{3-}	四面体	SO_4^{2-}，SiO_4^{4-}，BF_4^-，SO_2Cl_2，$FClO_3$，$ClSO_2OH$
7/48	SF_6	八面体	PF_6^-，SiF_6^{2-}，AlF_6^{3-}

等电子体的其他应用：如由 C−C（金刚石结构）联想到 BN、GaAs 的结构；由苯 (C_6H_6) 的结构联想到无机苯 ($B_3N_3H_6$) 的结构；由 SiO_2 的结构联想到 $AlPO_4$ 的结构（Al 和 P 均与 O 形成四配位。）

五、分子轨道理论（MO 法）

1．分子轨道的形成

分子轨道由原子轨道线性组合而成。分子轨道的数目与参与组合的原子轨道数目相等。H_2 中的两个 H 有两个 1s 轨道，可组合成两个分子轨道。

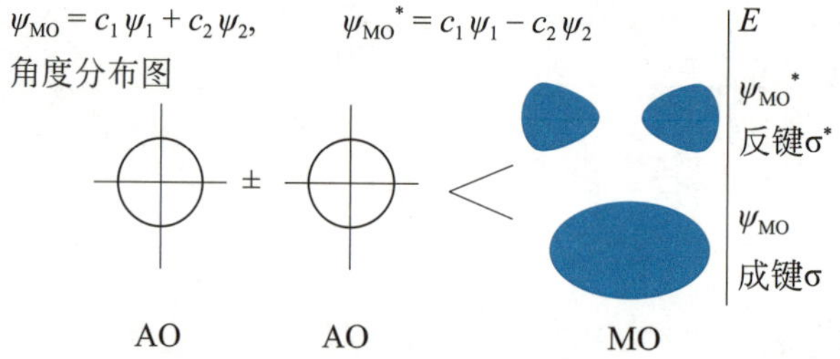

两个 s 轨道只能“头碰头”组合成 σ 分子轨道，ψ_{MO} 和 ψ^*_{MO} 的能量总和与原来的 2 个 ψ_{AO} 能量总和相等，σ 的能量比 AO 低，称为成键轨道，σ^* 的能量比 AO 高，称为反键轨道。成键轨道在核间无节面，反键轨道有节面。

当原子沿 x 轴接近时，p_x 与 p_x 头碰头组合成 σp_x 和 σp^*_x，同时 p_y 和 p_y，p_z 和 p_z 分别肩并肩组合成 $\pi^* p_y$，πp_y 和 $\pi^* p_z$，πp_z 分子轨道。π 轨道有通过两核连线的节面，σ 轨道没有。

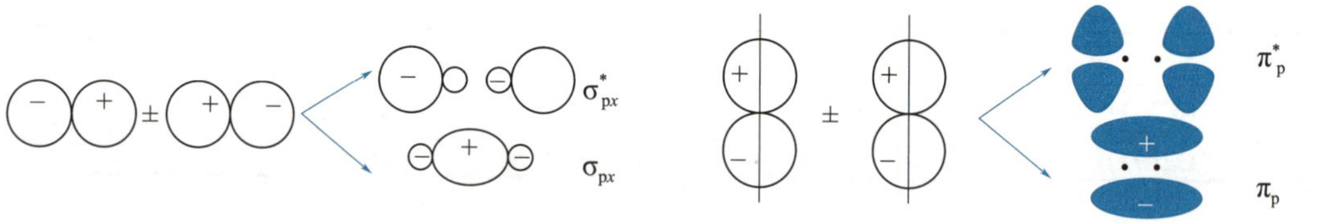

2．线性组合三原则

（1）对称性一致原则

对核间连线呈相同的对称性的轨道可组合，除 s-s，p-p 之外，还有 s-p，p-d；

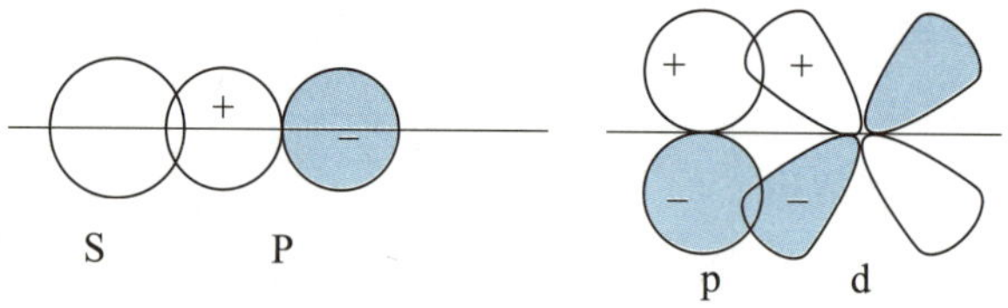

（2）能量相近原则

H 1s −1312 kJ • mol^{-1}　　　　Na 3s −496 kJ • mol^{-1}

Cl 3p −1251 kJ • mol^{-1}

O 2p −1314 kJ • mol^{-1}　　　　（以上数据按 I_1 值估算）

左面 3 个轨道能量相近，彼此间均可组合，形成分子，Na 3s 比左面 3 个轨道能量高许多，不能组合（不形成共价键，只形成离子键）。

（3）最大重叠原则

在对称性一致、能量相近的基础上，原子轨道重叠越大，越易形成分子轨道，或说共价键越强。

3．分子轨道能级图

分子轨道的能量与组成它的原子轨道能量相关，能量由低到高组成分子轨道的能级图。

4．分子轨道中的电子排布

分子中的所有电子属于整个分子，在分子轨道中依能量由低到高的次序排布，同样遵循能量最低原理、泡利原理和洪特规则。

5．同核双原子分子

（1）分子轨道能级图

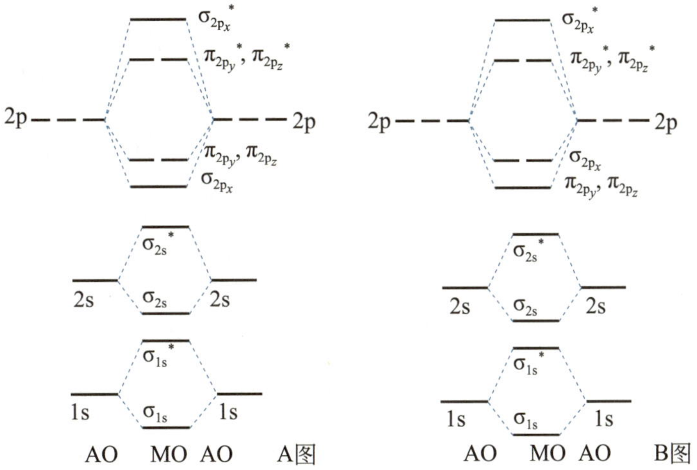

A 图适用于 O_2、F_2 分子，B 图适用于 N_2、B_2、C_2 等分子。

对于 N、B、C 原子，2s 和 2p 轨道间能量差小，相互间排斥作用大，形成分子轨道后，σ_{2s} 和 σ_{2p_x} 之间的排斥也大，结果出现 B 图中 σ_{2p_x} 的能级反而比 π_{2p_y}，π_{2p_z} 的能级高的现象。

（2）电子在分子轨道中的排布

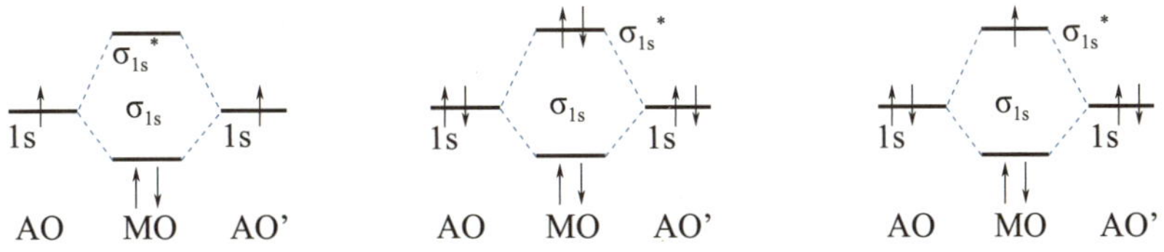

H_2 分子轨道图　　He_2 分子轨道图　　He_2^+ 分子离子

对于 H_2 而言，电子只填充在成键轨道中，分子轨道式为 $(\sigma_{1s})^2$，能量比在原子轨道中低。这个能量差，就是分子轨道理论中化学键的本质。可用键级表示分子中键的个数：键级 = (成键电子数 − 反键电子数)/ 2，所以，H_2 分子中，键级 = (2−0)/ 2 = 1，即为单键。

对于 He_2 而言，由于填充满了一对成键轨道和反键轨道，分子轨道式为 $(\sigma_{1s})^2(\sigma^*_{1s})^2$，故分子的能量与原子单独存在时能量相等。$He_2$ 分子中，键级 = (2−2)/ 2 = 0，键级为零，He 之间无化学键，故 He_2 不存在。

He_2^+ 的存在用价键理论不好解释，无两个单电子的成对问题，分子轨道式为 $(\sigma_{1s})^2(\sigma^*_{1s})^1$，键级 = (2−1)/ 2 = 1/2，即分子轨道理论认为有半键。这是分子轨道理论较现代价键理论的成功之处。

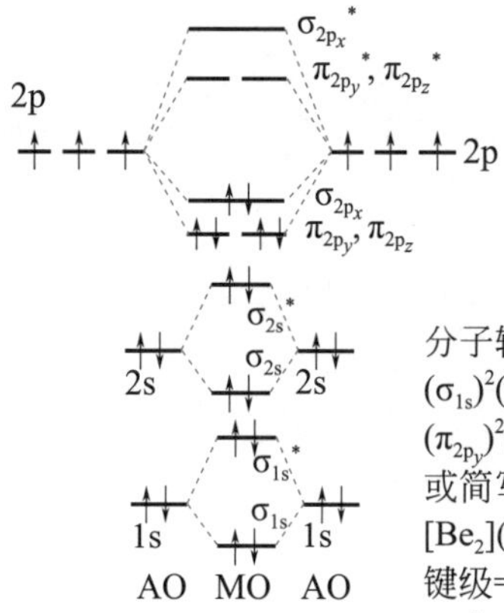

分子轨道式：
$(\sigma_{1s})^2(\sigma_{1s}{}^*)^2(\sigma_{2s})^2(\sigma_{2s}{}^*)^2$
$(\pi_{2p_y})^2(\pi_{2p_z})^2(\sigma_{2p_x})^2$
或简写成：
$[Be_2](\pi_{2p_y})^2(\pi_{2p_z})^2(\sigma_{2p_x})^2$
键级=(6−0)/2=3, 三键，
一个σ键，两个π键.

N_2 分子轨道图

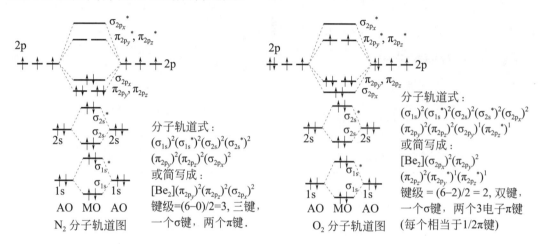

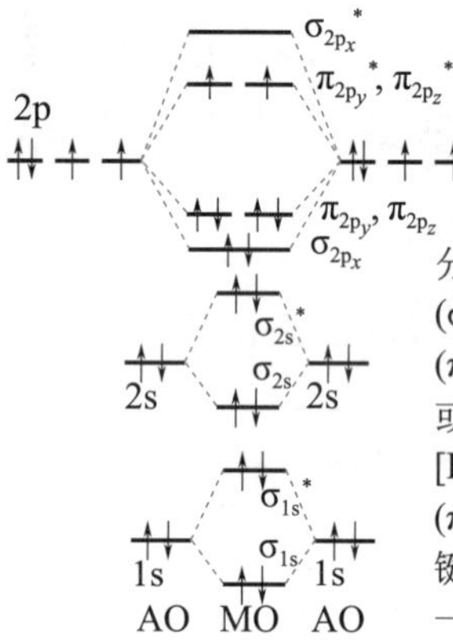

分子轨道式：
$(\sigma_{1s})^2(\sigma_{1s}{}^*)^2(\sigma_{2s})^2(\sigma_{2s}{}^*)^2(\sigma_{2p_x})^2$
$(\pi_{2p_y})^2(\pi_{2p_z})^2(\sigma_{2p_y})^1(\pi_{2p_z}{}^*)^1$
或简写成：
$[Be_2](\sigma_{2p_x})^2(\pi_{2p_y})^2$
$(\pi_{2p_z})^2(\pi_{2p_y}{}^*)^1(\pi_{2p_z}{}^*)^1$
键级 = (6–2)/2 = 2, 双键，
一个σ键，两个3电子π键
(每个相当于1/2π键)

O_2 分子轨道图

（3）分子磁学性质

电子自旋产生磁场，分子中有不成对电子时，各单电子平行自旋，磁场加强，这时物质呈顺磁性。分子中无不成对电子时，电子自旋场抵消，物质呈抗磁性（又称逆磁性或反磁性）。

实验表明，单质 O_2 是顺磁性的。用分子轨道理论解释，O_2 的分子轨道式为 $(\sigma_{1s})^2(\sigma_{1s}{}^*)^2(\sigma_{2s})^2(\sigma_{2s}{}^*)^2(\sigma_{2p_x})^2(\pi_{2p_y})^2\ (\pi_{2p_z})^2(\pi_{2p_y}{}^*)^1\ (\pi_{2p_z}{}^*)^1$，其中 $(\pi_{2p_y}{}^*)^1\ (\pi_{2p_z}{}^*)^1$，各有一个单电子，故显顺磁性。按路易斯理论，氧气分子电子构型为 $:\ddot{O}::\ddot{O}:$，用路易斯理论，不能解释氧气分子无单电子。用现代价键理论也解释不通，因为 p_x−p_x 成 σ 键，p_y−p_y 成 π 键，单电子全部成对，形成共价键，无单电子。分子轨道理论在解释 O_2 的顺磁性上非常成功。同理可推出 N_2 是抗磁性的。

（4）异核双原子分子

CO 为异核双原子分子，CO 与 N_2 是等电子体，其分子轨道能级图与 N_2 相似（如图 5-3 所示），值得注意的是 C 和 O 相应的 AO 能量并不相等（同类轨道，原子序数大的能量低）。CO 的分子轨道式为 $[Be_2](\sigma_{2p_x})^2(\pi_{2p_y})^2(\pi_{2p_z})^2$；键级 =（6−0）/ 2=3，分子中含三键（一个 σ 键，两个 π 键）无单电子，显抗磁性。

说明：无对应的（能量相近且对称性匹配）原子轨道直接形成的分子轨道

称非键轨道。非键轨道是分子轨道，不再属于提供原子轨道的原子。如：H 的 1s 与 F 的 1s、2s 能量差大，不能形成有效分子轨道。所以 F 的 1s，2s 仍保持原子轨道的能量，对 HF 的形成不起作用，称非键轨道，分别为 1σ 和 2σ。当 H 和 F 沿 x 轴接近时，H 的 1s 和 F 的 $2p_x$ 对称性相同，能量相近（F 的 I_1 比 H 的 I_1 大，故能量高），组成一对分子轨道 3σ 和 4σ（反键），而 $2p_y$ 和 $2p_z$ 由于对称性不符合，也形成非键轨道，即 1π 和 2π。

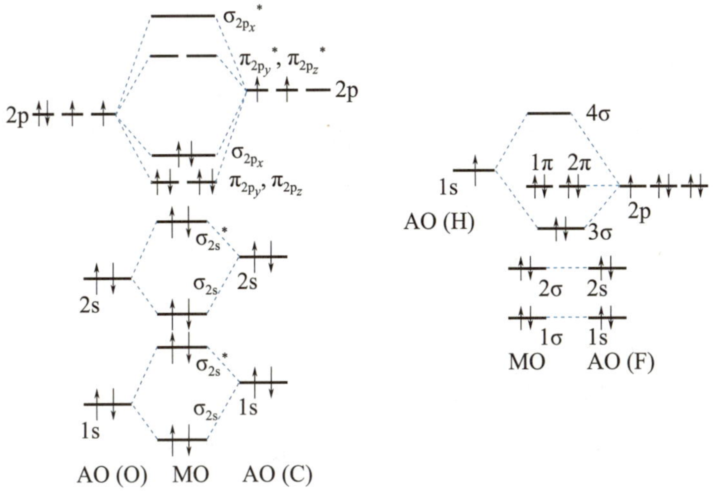

CO的分子轨道　　　　HF的分子轨道

图 5-3　异核双原子分子的原子轨道

【例 5-1】（1）写出 $POCl_3$ 的路易斯结构式。（2）分析 $POCl_3$ 的立体构型。

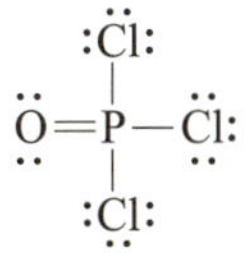

【解析】（1）应当明确在 $POCl_3$ 里，P 是中心原子。一般而言，配位的氧和氯应当满足八隅律。氧是 2 价元素，因此，氧原子和磷原子之间的键是双键，氯是 1 价元素，因此，氯原子和磷原子之间的键是单键。使配位原子满足八隅律，画出它们的孤电子对，即可写出 $POCl_3$ 的路易斯结构式（如图所示）。

（2）应用 VSEPR 模型，先明确中心原子是 P，然后计算中心原子的孤电子对数：$n=5-2-3\times1=0$，所以，$POCl_3$ 属于 $AX_4E_0=AY_4$ 型。AY_4 型的理想模型是正四面体。

磷原子采取 sp^3 杂化，但由于配位原子有两种，是不等性杂化，由于氧和磷的键是双键，氯和磷的键是单键，$\angle POCl>109°28'$，而$\angle ClPCl<109°28'$。所以 $POCl_3$ 属于三维的不正的四面体构型。[注意：不能只考虑磷原子周围有四个配位原子，杂化类型的确定必须把中心原子的孤电子对考虑在内。本题恰好 $AX_{n+m}=AY_n(m=0)$，如果不写解题经过，可能不会发现未考虑孤电子对的错误。]

【例 5-2】利用价层电子对互斥理论判断下列分子和离子的几何构型（价

层电子总数、价层电子对数、电子对构型和分子构型）。

$AlCl_3$　　H_2S　　SO_3^{2-}　　NH_4^+　　NO_2　　IF_3

【解析】根据价层电子对互斥理论，计算单电子个数、价层电子对数、孤电子对数，进而判断分子的构型（注意：必须考虑离子的价态）。

分子或离子	$AlCl_3$	H_2S	SO_3^{2-}	NH_4^+	NO_2	IF_3
价层电子总数	6	8	8	8	5	10
价层电子对数	3	4	4	4	3	5
电子对构型	 三角形	 正四面体	 正四面体	 正四面体	 三角形	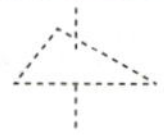 三角双锥
分子构型	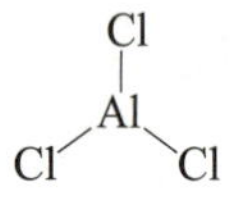 平面三角形	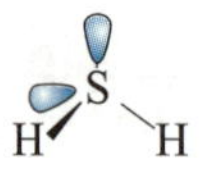 V 形	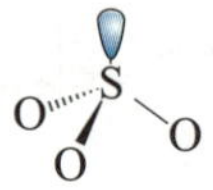 三角锥	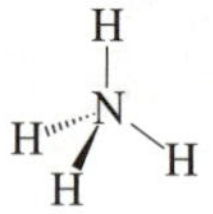 正四面体	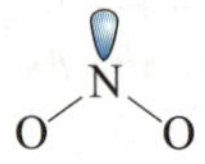 V 形	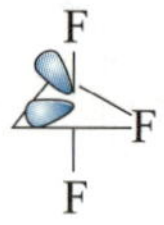 T 形

【例 5-3】在地球的电离层中，可能存在下列离子：$ArCl^+$、OF^+、NO^+、PS^+、SCl^+。请你预测哪种离子最稳定，哪种离子最不稳定，并说明理由。

【解析】$ArCl^+$、OF^+、NO^+、PS^+、SCl^+ 的杂化类型及键的性质、键级、成键轨道的周期数的关系列于下表中：

离子	杂化类型	键的性质	键级	成键轨道的周期数
$ArCl^+$	sp^3	σ	1	4～3
OF^+	sp^2	$1\sigma+1\Pi_2^2$	2	2～2
NO^+	sp	$1\sigma+2\Pi_2^2$	3	2～2
PS^+	sp	$1\sigma+2\Pi_2^2$	3	3～3
SCl^+	sp^2	$1\sigma+1\Pi_2^2$	2	3～3

由键级可知，NO^+、PS^+ 稳定，$ArCl^+$ 不稳定。由于 NO^+ 成键轨道为 2p 和 2s，形成的键比 PS^+ 用 3p 和 3s 形成的键更稳定，所以 NO^+ 最稳定。

提示：本题主要考查键级对分子或离子稳定性的影响。一般来说，键级越大，分子或离子越稳定。相同键级的分子则看成键轨道的能级大小，能级越低，分子或离子越稳定。

【例 5-4】假设有一个分子只含有H、N、B原子，其中原子个数比 H∶N∶B=2∶1∶1，它的分子量为80.4，且发现它是非极性分子、抗磁性分子。

（1）此分子有两种可能构型 A 和 B，其中 A 比 B 要稳定。请画出它们的结构式，并说明为什么 A 比 B 要稳定。

（2）说明 A 和 B 分子中化学键的类型。

（3）说明 A 和 B 分子为什么是非极性抗磁性分子。

（4）标明 A 分子中成键骨架原子的形式电荷，并简述理由。

【解析】（1）A：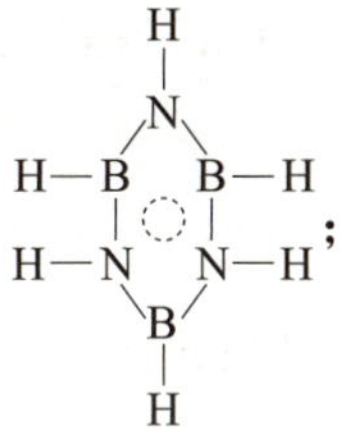；B：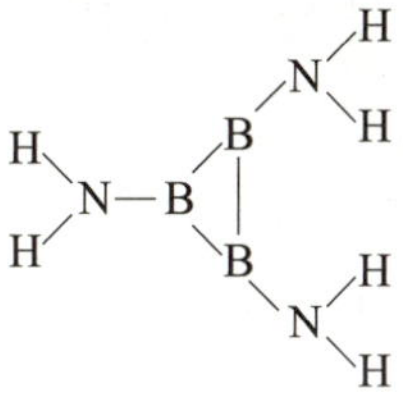

从立体几何的角度看，A 构型为六元环结构，比 B 构型三元环结构稳定，因为三元环的张力太大；从纯化学的角度看，A 构型中的 N、B 均以 sp^2 杂化轨道成键，在 A 构型中，3 个 N 原子的 p_z 轨道上 3 对孤电子对与 3 个 B 原子的空 p_z 轨道形成 6 中心、6 电子的离域 π 键，而 B 构型却不能形成离域 π 键。所以 A 构型比 B 构型稳定。

（2）A：B、N 均为 sp^2 杂化，有一个 Π_6^6，其余为 σ 键；B：B、N 均为 sp^3 杂化，均为 σ 键。

（3）在上述成键情况下，两种构型中 B、N 都没有单电子，所以都是抗磁性分子。

（4）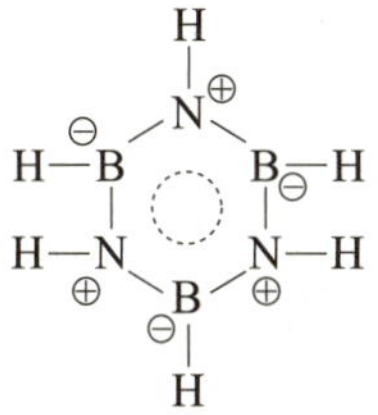

由于 A 构型中的离域 π 键的形成是 N 原子将孤电子对提供给 B 原子（B 原子是缺电子原子），N 原子因而少电子，因此 N 原子显示正电荷，B 原子显示负电荷。

【例 5-5】画出下列各物种的几何构型（分子中的孤电子对也要表示出来，并说明中心原子的轨道如何杂化，是等性杂化还是不等性杂化）。

(1) ClF_2^- （2）BrF_3 （3）IF_5 （4）ClF_4^- （5）BrF_4^+ （6）ICl_2^+ （7）OF_2 （8）$H_4IO_6^-$

【解析】根据价层电子对互斥理论通过计算和分析得出结论，如下表所示。

（1）ClF_2^-	（2）BrF_3	（3）IF_5	（4）ClF_4^-	（5）BrF_4^+	（6）ICl_2^+	（7）OF_2	（8）$H_4IO_6^-$
AB_2E_3 型	AB_3E_2 型	AB_5E 型	AB_4E_2 型	AB_4E 型	AB_2E_2 型	AB_2E_2 型	AB_6 型
不等性 sp^3d 杂化	不等性 sp^3d 杂化	不等性 sp^3d^2 杂化	不等性 sp^3d^2 杂化	不等性 sp^3d 杂化	不等性 sp^3 杂化	不等性 sp^3 杂化	等性 sp^3d^2 杂化
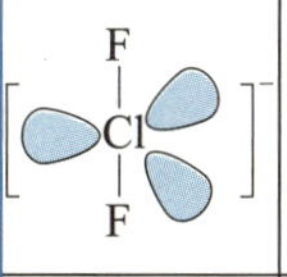	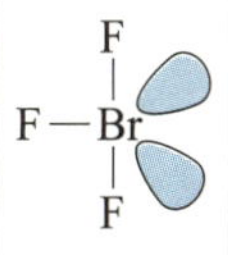	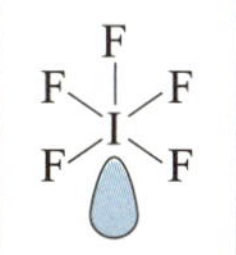	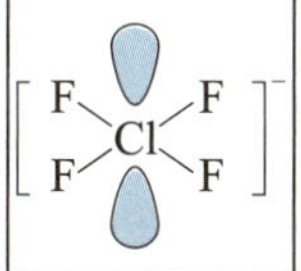	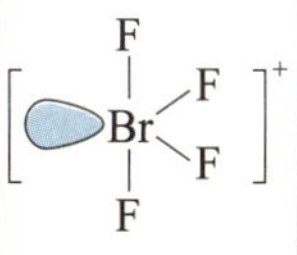	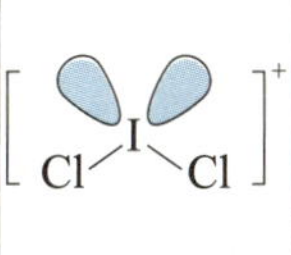	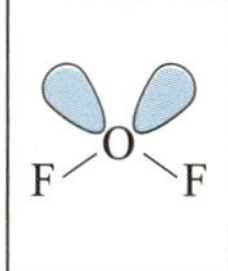	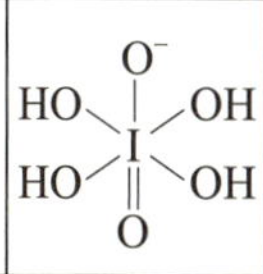
直线形	T 形	四方锥	正方形	变形四面体	V 形	V 形	正八面体

【例 5-6】HN_3 有哪些可能的共振结构？标明每个共振结构中所有原子的形式电荷。讨论 HN_3 分子中三个氮原子的杂化方式并比较它们之间的 N—N 键的键长的长短。

【解析】根据路易斯结构式的书写规则，可以写出可能出现的 HN_3 的所有可能结构式，然后通过计算形式电荷 Q_F 的数值将Ⅲ舍去：

(Ⅰ)　　　　(Ⅱ)　　　　(Ⅲ)不稳定，舍去

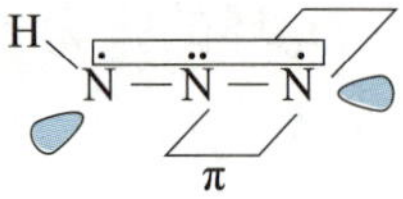

从(Ⅰ)、(Ⅱ)看，$N_{(a)}—N_{(b)}$ 之间的键级为 1.5，$N_{(b)}—N_{(c)}$ 的键级为 2.5，所以 $N_{(b)}—N_{(c)}$ 的键长短于 $N_{(a)}—N_{(b)}$。

从杂化轨道理论来看，N_3^- 与 CO_2 为等电子体，所以中心 $N_{(b)}$ 原子采取 sp 杂化，而$\angle HN_{(a)}N_{(b)} = 120°$，所以 $N_{(a)}$ 采取 sp^2 杂化，$N_{(c)}$ 也可看作 sp 杂化，形成一个 π 键，在 $N_{(a)}—N_{(c)}$ 中另外形成 Π_3^4。

【例 5-7】试解释：HCN 在水溶液中是弱酸，而液态的 HCN 却是强酸。

【解析】HCN 在水溶液中是弱酸，说明 HCN 难电离成 $H^+ + CN^-$，也说明 H—C≡N 中的 H—C 共价键强。HCN 中 C 原子采取 sp 杂化，其中一个 sp 杂化轨道与 N 原子的 sp 杂化轨道重叠成 σ 键，另一个 sp 杂化轨道与 H 原子的 1s 形成 s-sp 的 σ 键，由于 s-sp 杂化的重叠程度大，所以 H—C 键强，在水中难电离，所以 HCN 在水溶液中为弱酸。液态 HCN 是强酸，这与 CN^- 可以聚合有关，根据电荷守恒，液态 HCN 中，$[H^+]=[CN^-]+[(CN)_2^{2-}]+[(CN)_3^{3-}]+\cdots+[(CN)_n^{n-}]$，$[H^+]$ 大大增加，所以液态 HCN 是强酸。

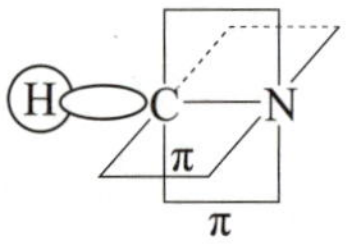

【例 5-8】画出分子式为 C_4H_4 的包含等价氢原子的所有三种可能构型的结构图。指明并论证哪两个构型是不稳定的。用价键理论讨论稳定的 C_4H_4 构型及其较低同系物 C_3H_4 结构和键合情况。

【解析】

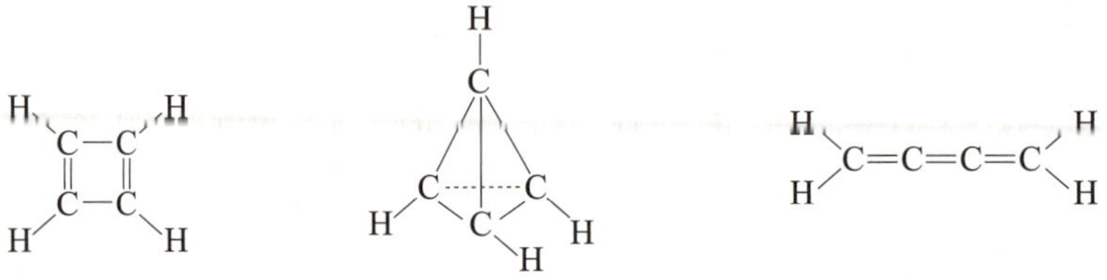

(Ⅰ)　　　　(Ⅱ)　　　　(Ⅲ)

(Ⅰ)不稳定，因为其 π 电子数 = 4，不符合 4n+2 规则。

(Ⅱ)不稳定，其中每个 C 原子均为 sp^3 杂化，理论上 C—C—C 键角 = 109° 28′，但三元环中的C—C—C键角远小于109°28′，环中存在较大张力，不稳定。

（Ⅲ）中两端的两个碳原子是 sp^2 杂化，中间两个碳原子是 sp 杂化，成键如下。

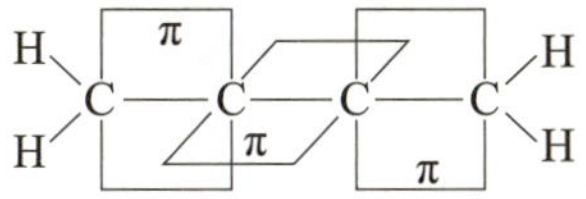

同系物 C_3H_4 中两端的两个碳原子是 sp^2 杂化，中间碳原子是 sp 杂化，成键如下。

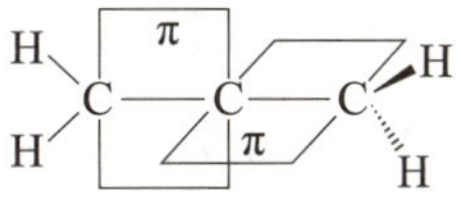

【例 5-9】 用价键理论讨论：（1）C_3O_2（线型）；（2）$C_4O_4^{2-}$（环状）的结构和键合情况。

【解析】（1）C_3O_2（线型）：O=C=C=C=O，每个碳原子均采取 sp 杂化，每个 O 原子均采取 sp^2 杂化。或可看作 C、O 原子都采取 sp 杂化，形成两个 Π_5^6。

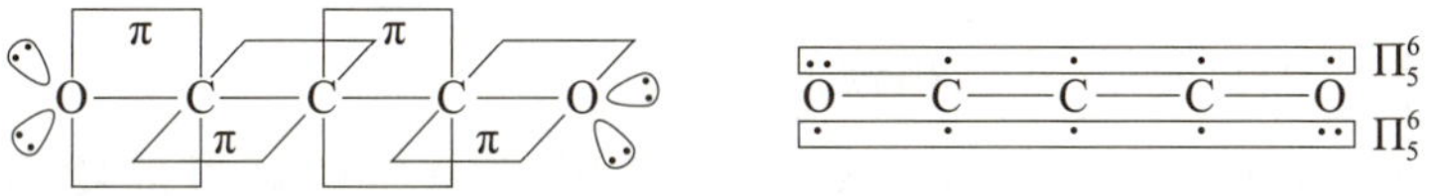

（2）$C_4O_4^{2-}$（环状）：每个 C 原子均采取 sp^2 杂化，其中两个碳原子未参与杂化的 2p 轨道分别与两个 O 原子的 2p 轨道"肩并肩"形成π键，另外两个碳原子未参与杂化的 2p 轨道相互"肩并肩"重叠形成π键。

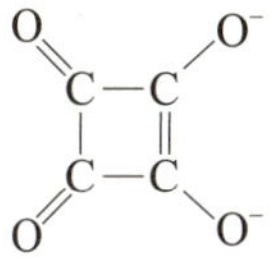

【典型赛题赏析】

【赛题 1】（2014 年全国初赛题）

（1）连二亚硫酸钠是一种常用的还原剂。硫同位素交换和顺磁共振实验证实，其水溶液中存在亚磺酰自由基负离子。

① 写出该自由基负离子的结构简式，根据 VSEPR 理论推测其形状。

② 连二亚硫酸钠与 CF_3Br 反应得到三氟甲烷亚硫酸钠。文献报道，反应过程主要包括自由基的产生、转移和湮灭（生成产物）三步，写出三氟甲烷亚磺酸根形成的反应机理。

（2）2013 年，科学家通过计算预测了高压下固态氮的一种新结构：N_8 分子晶体。其中，N_8 分子呈首尾不分的链状结构；按价键理论，氮原子有 4 种成键方式；除端位以外，其他氮原子采用 3 种不同类型的杂化轨道。

① 画出 N_8 分子的 Lewis 结构式并标出形式电荷。写出端位之外的 N 原子的杂化轨道类型。

② 画出 N_8 分子的构型异构体。

【解析】（1）题中涉及连二亚硫酸钠，首先要知道其化学式是 $Na_2S_2O_4$，对应的酸是连二亚硫酸，路易斯结构式为 HO—S(=O)—S(=O)—OH，由此可知，其水溶液中存在的亚磺酰自由基负离子是 $\cdot SO_2^-$。这样，才可以根据 VSEPR 理论计算确定 $\cdot SO_2^-$ 的形状。

① $\cdot SO_2^-$，结构简式为 $^-O—\dot{S}=O$，空间构型为 V 形。

② 自由基的产生：$^-O_2S—SO_2^- \longrightarrow {}^-O_2S\cdot + \cdot SO_2^-$，

自由基的转移：$CF_3Br + \cdot SO_2^- \longrightarrow \cdot CF_3 + BrSO_2^-$，

或 $CF_3Br + \cdot SO_2^- \longrightarrow CF_3 + Br^- + SO_2$，

自由基的湮灭：$\cdot CF_3 + \cdot CF_3 \longrightarrow C_2F_6$ 和 $\cdot CF_3 + \cdot SO_2^- \longrightarrow F_3CSO_2^-$。

（2）① $:N{\equiv}\overset{\oplus}{N}—\overset{\ominus}{\ddot{N}}—\ddot{N}{=}\ddot{N}—\overset{\ominus}{\ddot{N}}—\overset{\oplus}{N}{\equiv}N:$

sp　sp^3　sp^2　sp^2　sp^3　sp

② 

【赛题 2】（2018 年全国初赛题）

（1）195 K 条件下，三氧化二磷在二氯甲烷中与臭氧反应得到 P_4O_{18}。画出 P_4O_{18} 分子的结构示意图。

（2）CH_2SF_4 是一种极性溶剂，其分子几何构型符合价层电子对互斥（VSEPR）模型。画出 CH_2SF_4 的分子结构示意图（体现合理的成键及角度关系）。

（3）2018 年世界杯比赛用球使用了生物基三元乙丙橡胶（EPDM）产品 Keltan Eco。EPDM 属三元共聚物，由乙烯、丙烯及第三单体经溶液共聚而成。

① EPDM 具有优良的耐紫外光、耐臭氧、耐腐蚀等性能。写出下列分子中不可用于制备 EPDM 的第三单体（可能多选，答案中含错误选项不得分）。

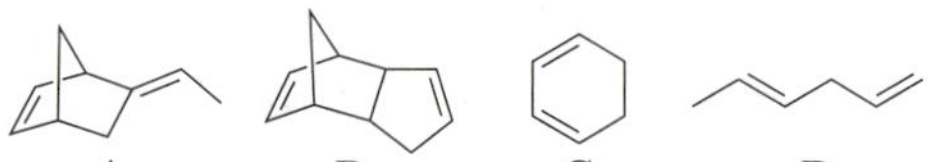

A　B　C　D　E

② 合成高分子主要分为塑料、纤维和橡胶三大类，下列高分子中与 EPDM 同为橡胶的是________。

F. 聚乙烯　G. 聚丙烯腈　H. 反式聚异戊二烯　I. 聚异丁烯

【解析】（1）题目中所说的反应物只有 P_2O_3 和 O_3，根据 P_2O_3 的结构（即 P_4O_6 的分子结构，如图 1），P 上有孤电子对，而 O_3 的共振结构式为 $\overset{\ominus}{O}—\overset{\oplus}{O}=O \longleftrightarrow O=\overset{\oplus}{O}—\overset{\ominus}{O} \longleftrightarrow \overset{\oplus}{O}—O—\overset{\ominus}{O} \longleftrightarrow \overset{\ominus}{O}—O—\overset{\oplus}{O}$，所以反应的时候臭氧的首尾两个氧原子可以直接与 P 相连形成 P_4O_{18}，对应的分子结构如图 2。

（2）根据等电子体原理，CH_2SF_4 与 SOF_4 互为等电子体，所以分子构型相同，S 采取 sp^{3}d 杂化，分子构型为三角双锥形，CH_2 位于平面上，且与 S 形成双键。又由于双键之间的电子云密度大于单键间的电子云密度，所以在上下侧的 F 原子要略向右偏移，使得竖直平面上的 C—S—F 键角角度略大于 90°，且水平方向上，F—S—F 键角略小于 120°，CH_2SF_4 的分子结构示意图（体现合理的成键及角度关系）如下。

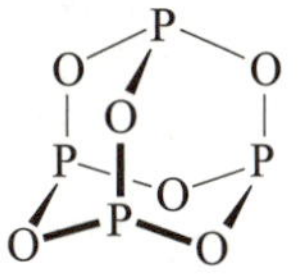

图 1

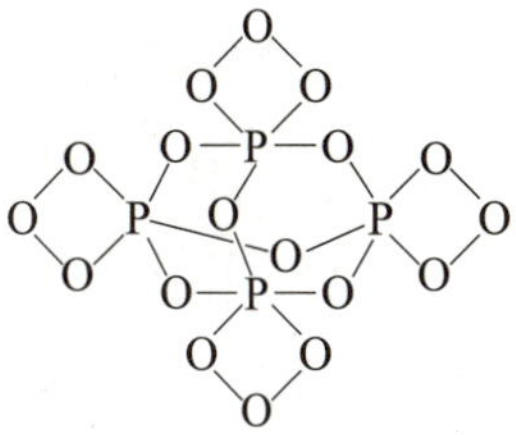

图 2

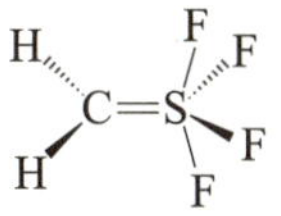 或 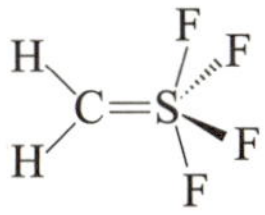

（3）①C 和 E 中有共轭双键存在，由于共轭 π 键的反应活性较高，且易受到紫外辐射使得电子跃迁至 π^* 轨道，所以 C 和 E 都是不耐臭氧，不耐紫外光的，选 C、E。

②只是对于高中基础高分子化学常识的考查，很简单，选 H、I。

【赛题 3】（竞赛模拟题）离子化合物 A 及 B 均只含有 C、H、O、N 四种元素，并且阴阳离子互为等电子体。电导实验证实化合物 A 属于 K_2SO_4 型，化合物 B 属于 $MgSO_4$ 型，已知 A 及 B 阴离子的含氧量分别为 79.99% 和 76.91%，A、B 的阳离子中均不含有氧元素。

（1）画出化合物 A 及 B 的结构式（阴阳离子分开写）。

（2）再写出一种阴阳离子互为等电子体的离子化合物。

（3）写出制备 A 的方程式。

【解析】运用等电子体的概念可以解决很多看似新颖、复杂的结构问题。

（1）由于化合物 A 属于 K_2SO_4 型，因此可以确定其阳离子带一个单位正电荷，阴离子带两个单位负电荷。已知 A 中阴离子的含氧量为 79.99%，即 $\frac{16n}{M(\text{A的阴离子})}\times100\%=79.99\%$，当 $n=3$ 时，A 的阴离子的相对质量 $M=60$，从中去除 3 个 O 原子，得到 12，很容易猜想到是碳元素，所以 A 的阴离子极有可能是 CO_3^{2-}，这样，A 的一价阳离子中肯定含有 N 元素，可能含有 H、C 元素，考虑到阴、阳离子互为等电子体，由于 O ～ NH、O^- ～ NH_2，可以推测到阳离子是 $C(NH_2)_3^+$，即 A 为 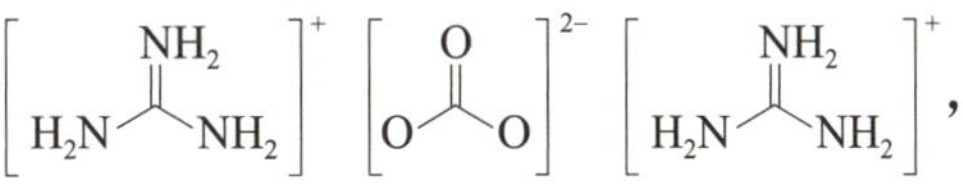，其中阳离子 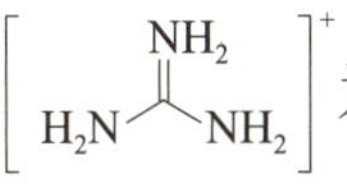 为胍离子；同理，根据化合物 B 属于 $MgSO_4$ 型，且 B 中阴离子的含氧量为 76.91%，可以确定 B 的阴离子为 $C_2O_5^{2-}$，即 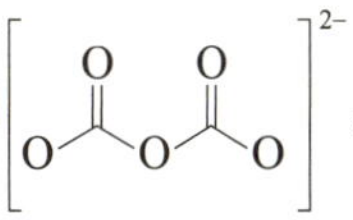，阳离子只

能为 $\left[\begin{array}{c} NH_2 \quad NH_2 \\ H_2N \quad\diagup\quad N \quad\diagdown\quad NH_2 \end{array}\right]^{2+}$，即 B 为 $\left[\begin{array}{c} NH_2 \quad NH_2 \\ H_2N \quad N \quad NH_2 \end{array}\right]^{2+}\left[\begin{array}{c} O \quad O \\ O \quad O \end{array}\right]^{2-}$。

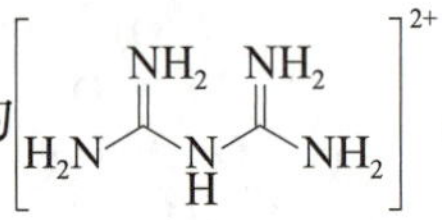

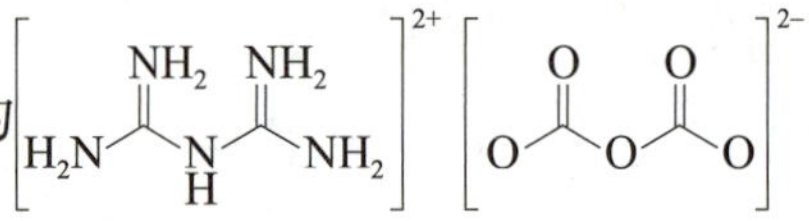

（2）考虑到 O 原子属于"链基"，因此 O 原子与 O 原子可以无阻连接，同理，NH 也属于链基，NH 与 NH 之间也能实现无阻连接，因此，可以写出无数与 A 和 B 结构类似的阴阳离子互为等电子体的离子化合物，如

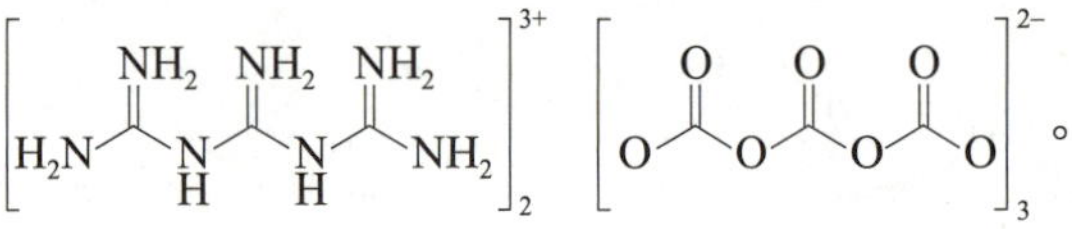

$$\left[\begin{array}{c} NH_2 \quad NH_2 \quad NH_2 \\ H_2N \quad N \quad N \quad NH_2 \\ H \quad\quad H \end{array}\right]_2^{3+}\left[\begin{array}{c} O \quad O \quad O \\ O \quad O \quad O \end{array}\right]_3^{2-}。$$

（3）

$$\begin{array}{c} NH_2 \\ H_2N \quad NH_2 \end{array} + H_2CO_3 \longrightarrow [C(NH_2)_3]^+ + HCO_3^-$$

$$\begin{array}{c} NH \\ H_2N \quad NH_2 \end{array} + HCO_3^- \longrightarrow [C(NH_2)_3]^+ + CO_3^{2-}$$

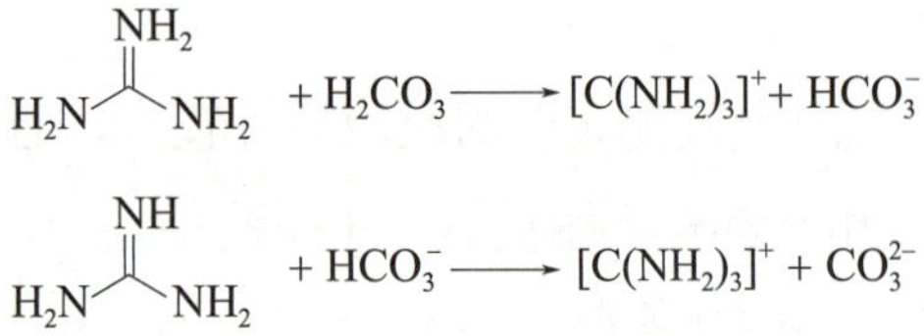

【赛题4】（第 30 届 Icho 国际赛题）（1）尽管锡和碳一样也能生成四氯化物 $SnCl_4$，然而锡又不同于碳，配位数可以超过 4。画出 $SnCl_4$ 的两种可能的立体结构。

（2）$SnCl_4$ 作为路易斯酸可以跟像氯离子或氨基离子那样的路易斯碱反应。已经知道它跟氯离子有如下两个反应：$SnCl_4 + Cl^- \Longrightarrow SnCl_5^-$；$SnCl_4 + 2Cl^- \Longrightarrow SnCl_6^{2-}$。画出 $SnCl_5^-$ 的三种可能的立体结构。

（3）用价层电子对互斥理论（VSEPR）预言 $SnCl_5^-$ 最可能是哪一种结构。

（4）画出 $SnCl_6^{2-}$ 的三种可能的立体结构。

（5）用价层电子对互斥理论（VSEPR）预言 $SnCl_6^{2-}$ 最可能是哪一种结构。

（6）用电喷射质谱（ESMS）测定了一种含有 $SnCl_6^{2-}$ 的溶液（它的四丁基胺盐溶液）。图谱显示，在 $m/z = 295$ 处出现一个单峰。假定被测定的只是核素 ^{120}Sn 和 ^{35}Cl。写出用此方法检出的含锡物种的化学式。

（7）用电喷射质谱（ESMS）测定了一种含有 $SnBr_6^{2-}$ 的溶液（它的四丁基胺盐溶液）。图谱显示，在 $m/z = 515$ 处出现一个单峰。假定被测定的只是核素 ^{120}Sn 和 ^{79}Br。写出用此方法检出的含锡物种的化学式。

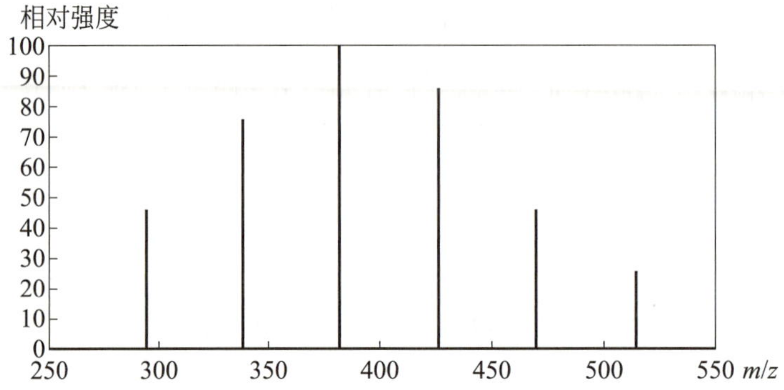

（8）然而，用电喷射质谱（ESMS）测定等物质的量的 $SnCl_6^{2-}$ 和 $SnBr_6^{2-}$ 的混合物（它们的四丁基胺盐），其中含有 6 种主要物种。分别写出 4 种新物种的各自的化学式：$m/z=339$、$m/z=383$、$m/z=427$、$m/z=471$。

（9）分子 ^{1}H 和 ^{13}C 核磁共振谱可以用来检测处在不同化学环境中的 ^{1}H 和 ^{13}C 核的独立的信号，这些信号可以根据公认的标准化合物为参考来记录，单位为 ppm，同样，^{119}Sn NMR（四丁基胺盐形式）为处在不同化学环境中的锡原子给出的信号。$SnCl_6^{2-}$ 溶液中的 ^{119}Sn NMR（四丁基胺盐形式）在 −732 ppm 只出现一个信号（以四甲基锡为参比物），而 $SnBr_6^{2-}$ 溶液中的 ^{119}Sn NMR（四丁基胺盐形式）在 −2064 ppm 出现。将等物质的量的 $SnCl_6^{2-}$ 和 $SnBr_6^{2-}$ 混合得到的溶液在 60 ℃测定，^{119}Sn NMR 出现 7 个峰。写出这一混合物中引起如下 5 个峰的含锡物种的化学式：−912 ppm；−1117 ppm；−1322 ppm；−1554 ppm；−1800 ppm。

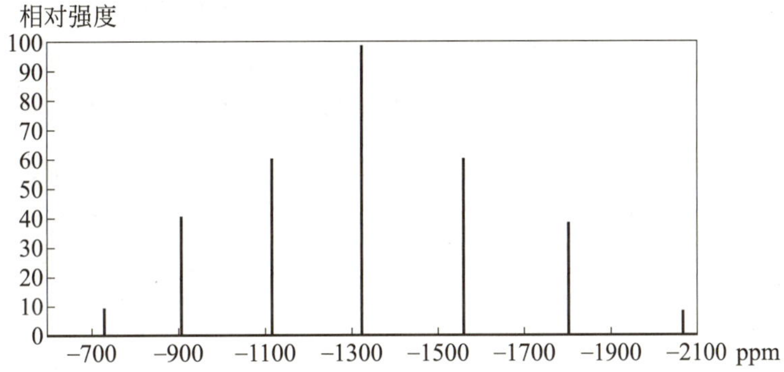

（10）画出在 −30 ℃下引起：−1092 ppm、−1115 ppm、−1322 ppm 和 −1336 ppm 4 个峰的含锡物种的结构式。

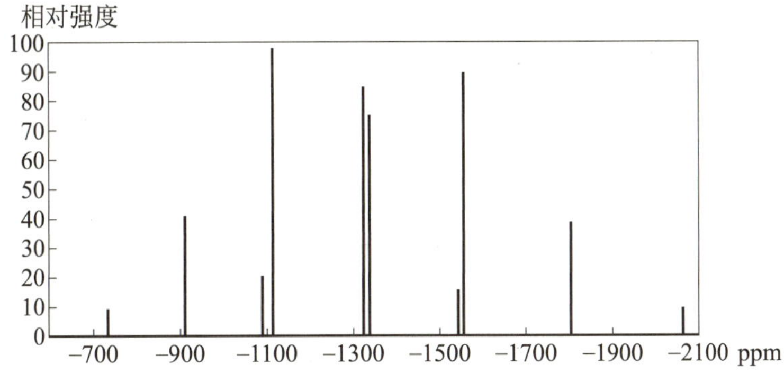

【解析】对于 $SnCl_5^{-}$、$SnCl_6^{2-}$ 和 $SnBr_6^{2-}$ 的结构，可以根据 Sn 原子的电子排布特征，预测 Sn 原子作为中心原子可能出现的杂化方式，再应用 VSEPR 理论判断出最稳定的一种结构。

Sn 的电子排布式为 $_{50}$Sn [Kr]$4d^{10}5s^25p^2$，轨道表示式为

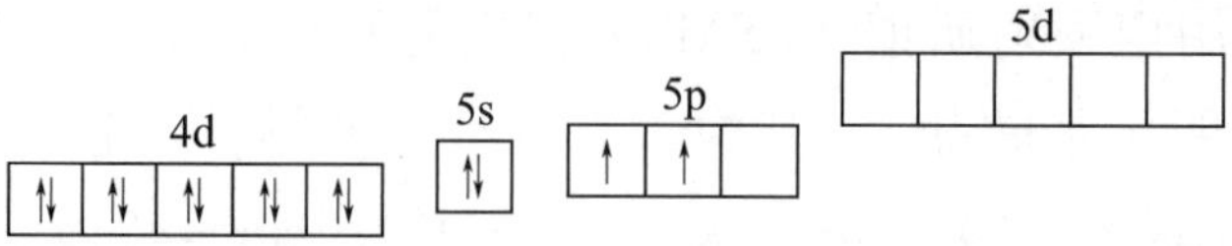

值得关注的是，对于 Sn 原子而言，由于 5d 轨道与 4d、5s、5p 能量相近，有杂化的可能，但对于 C 原子而言，虽然电子排布式为 $1s^22s^22p^2$，但 2s、2p 轨道与 3s、3p、3d 轨道能量相差甚远，不可能发生杂化，即 C 原子只能是 2s 和 2p 杂化，可能出现 sp、sp^2、sp^3 三种形式的杂化轨道。但 Sn 原子除 5s、5p 之间的杂化之外，完全可能出现 4d 或 5d 或 4d、5d 同时与 5s、5p 之间的杂化。

中心原子的杂化方式一旦确定，中心原子的配位数就可以确定。显然，当配位数为 4 时，可能的结构有 2 种，即正四面体或平面正方形；当配位数为 5 时，可能的结构有 3 种，即三角双锥、四方锥、平面正五边形；当配位数为 6 时，可能的结构有 3 种，即正八面体、三角棱柱、平面正六边形。

对 $SnCl_5^-$ 来说，最稳定的肯定是三角双锥；$SnCl_6^{2-}$ 有 6 对成键电子对，最稳定的构型为正八面体；根据 *m/z* 的值减去中心原子 Sn 的质量数所得数值的奇偶性及其数值的大小，可以确定含 Cl 或 Br 的个数。因为 $SnCl_6^{2-}$ 溶液的 ^{119}Sn NMR（四丁基胺盐形式）在 −732 ppm 处出现，而 $SnBr_6^{2-}$ 溶液的 ^{119}Sn NMR（四丁基胺盐形式）在 −2064 ppm 处出现，可预测 Br 的存在（或键合）会使 ^{119}Sn NMR 信号负移，Br 越多，负移越多，进而方便推测对应信号的粒子的化学式。

最后需要注意的是，通过（10）的设问，可以想象出温度越低，信号的区分度越高，即当温度低至 −30 ℃时，几何异构体的信号峰将可以区分。

（1）

A　　B

（2）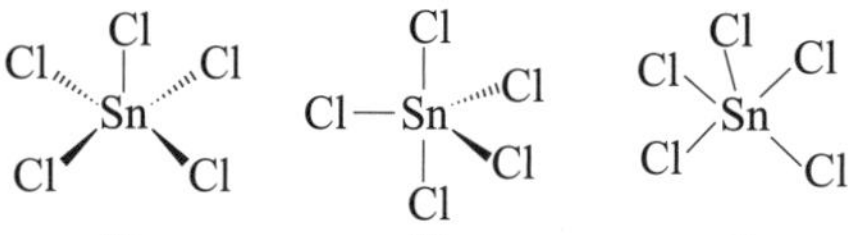

C　　D　　E

（3）D

（4）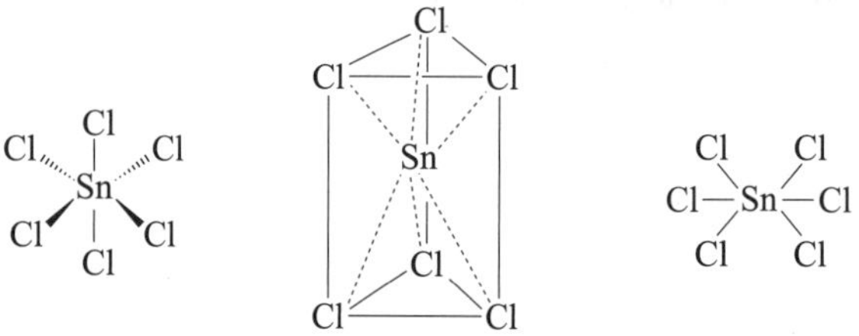

F　　G　　H

（5）F

（6）$SnCl_5^-$

（7）$SnBr_5^-$

（8）m/z=339 时：$SnCl_4Br^-$；m/z=383 时：$SnCl_3Br_2^-$；m/z=427 时：$SnCl_2Br_3^-$；m/z=471 时：$SnClBr_4^-$；

（9）−912 ppm 时：$SnCl_5Br^{2-}$；−1117 ppm 时：$SnCl_4Br_2^{2-}$；−1322 ppm 时：$SnCl_3Br_3^{2-}$；−1554 ppm 时：$SnCl_2Br_4^{2-}$；−1800 ppm 时：$SnClBr_5^{2-}$。

（10）−1092 ppm 和 −1115 ppm 时对应的两种化合物肯定是 $SnCl_4Br_2^{2-}$ 的如下两种几何异构体。

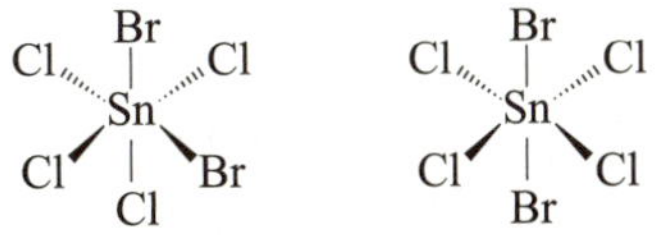

−1322 ppm 和 −1336 ppm 时对应的两种化合物肯定是 $SnCl_3Br_3^{2-}$ 的如下两种几何异构体。

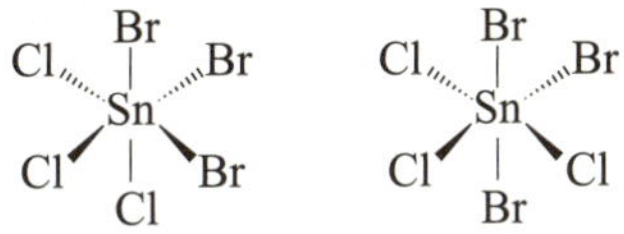

【赛题 5】（2015 年冬令营全国决赛题）

（1）CH_3SiCl_3 和金属钠在液氨中反应，得到组成为 $Si_6C_6N_9H_{27}$ 的分子，此分子有一条三重旋转轴，所有 Si 原子不可区分，画出该分子结构图（必须标明原子种类，H 原子可不标），并写出化学反应方程式。

（2）金属钠和 $(C_6H_5)_3CNH_2$ 在液氨中反应，生成物中有一种红色钠盐，写出化学反应方程式，解释红色产生的原因。

（3）最新研究发现，高压下金属 Cs 可以形成单中心的 CsF_5 分子，试根据价层电子对互斥理论画出 CsF_5 的中心原子价电子对分布，并说明分子形状。

【解析】（1）根据题意：CH_3SiCl_3 和金属钠在液氨中反应，得到组成为 $Si_6C_6N_9H_{27}$ 的分子，产物中 C 与 Si 的原子个数比为 1∶1，与反应物中对应比例相同，说明反应物 CH_3SiCl_3 的 C−Si 键比较稳定，在反应过程中没有发生任何变化。$-CH_3$ 上氢的酸性很弱，不会在 Na/NH_3 的环境下脱去，更不会以 H^- 形式脱去，这说明分子中 27 个氢原子应该有 18 个属于甲基（$-CH_3$），同时分子中 N 原子只能连接 1 个 H 原子，因此，反应只能发生在 Si−Cl 键，这样，Cl 原子在反应过程中肯定作为离去基团。

在亲核取代反应中，离去基团必然对应亲核试剂。在 Na/NH_3 体系中，合

理的亲核试剂是 NH_2^-，判断出反应位点和大致机理后，可以对分子式再作研究。根据前面思考，可以进一步把分子式 $Si_6C_6N_9H_{27}$ 改写为 $(CH_3)_6Si_6(NH)_9$。

最后结合分子的对称性，分子有一条三重旋转轴，所有 Si 原子不可区分，说明 A 分子具有比较高的对称性，这样，应该可以想到六元环状结构，其中，3 个 Si 原子与 3 个 N 原子构成六元环的顶点。考虑这个结论，可以立即写出大致结构（如图，记为 B）。B 中每个 Si 原子上还连有 1 个 Cl 原子，因此，还可以发生亲核取代反应。注意到 A 分子中有 6 个 Si 原子，而上述 B 中只有 3 个 Si 原子，说明可能存在两个 B 结构中的六元环，通过化学键连接在一起成为 A，再观察两个 B 的化学式与 A 的分子式的差别，可以确定二者相差三个"NH"，而"NH"基团正好可以形成两个化学键，可以作为桥将两个 B 分子连接在一起，于是可以得到 A 的分子结构如图。其中 Si 表示 $Si-CH_3$，楔形折点代表 NH，虚线不表示连接关系，反应方程式为 $6CH_3SiCl_3 + 18Na + 9NH_3 = 18NaCl + 9H_2 + Si_6C_6N_9H_{27}$。

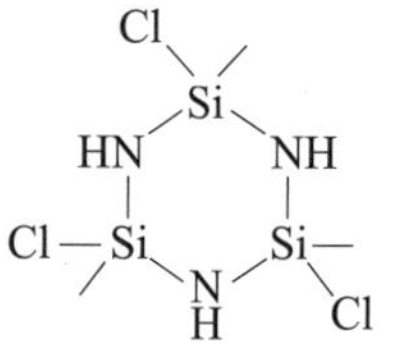

B

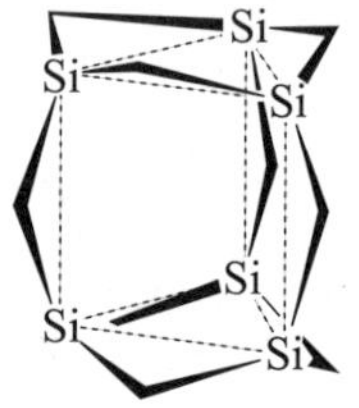

A

（2）反应物中出现了 Ph_3CNH_2，题目给定的 Na/NH_3 体系是一个强极性、强碱性的环境，只有三苯甲基负离子能够在这种条件下生成。而且题目还提到生成物中出现了红色的钠盐，这种有机物的颜色一般是由于长程离域 π 键，导致分子轨道能级差减小，根据颜色互补效应，吸收蓝绿光，从而显现出红色。在此条件下，只有此负离子与苯基共轭才能产生此效果，这进一步证实了 Ph_3C^- 的生成。

产生 Ph_3C^-，需要让体系中的 NH_2^- 进攻 N 原子，打开 C—N 键；或者让 Na 的电子直接介入 C—N 键，还原三苯甲基的 C 原子。但前者是带负电的亲核试剂进攻负电端，违背常理，因此考虑后者，写出如下方程式。

$$(C_6H_5)_3CNH_2 + 2Na = (C_6H_5)_3CNa + NaNH_2$$

三苯甲基负离子中共有 19 个 C 原子参与共轭，其中苯环上的 18 个 C 原子提供 18 个电子，而中间的 C 原子提供 2 个电子，一共是 20 个离域电子。因此传统地讲，Ph_3C^- 形成 Π_{19}^{20} 离域 π 键。

（3）传统化学原理一般认为原子中只有最外层电子参与成键和化学反应，

内层电子不参与，因此碱金属只有 0 和 +1 两种氧化态。不过如果考虑到下面两个因素，上述原理就不一定成立了：首先，碱金属元素自上而下，随着层数的增加，轨道能级差递减。Cs 位于碱金属元素的底部，因此它的价层 6s 轨道与内层 5p 轨道之间能级差不大。其次，在高压条件下，原子间距较小，使得次外层电子有可能参与成键。在这两个情况下，Cs 的氟化物有可能突破经典“价”的约束，出现更高的价态和氧化态。本题中，Cs 的氧化态为 +5。

在确定中心 Cs 原子的氧化态之后，下面需要确定中心原子的电子对数。CsF_5 与 XeF_5^- 互为等电子体，因此应该是 AX_5E_2 构型，其中有 5 个成键电子对和 2 个孤电子对，Cs 周围一共有 7 对电子。根据 VSEPR 理论可以推测，Cs 周围的电子对分布为五角双锥形，而两个排斥力更大的孤电子对应分别处于“双锥”的位置，这样，得出 CsF_5 的分子形状是正五边形（如图所示）。

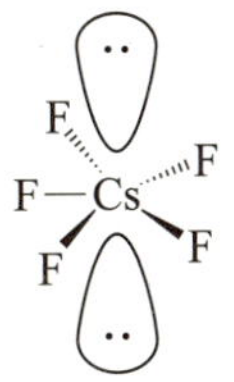

【赛题 6】（2019 年全国初赛题）1960 年代，稀有气体化合物的合成是化学的重要突破之一。Bartlett 从 $O_2^+[PtF_6]^-$ 的生成得到启发，推测可能形成 $Xe^+[PtF_6]^-$ 化合物，于是尝试通过 Xe 和 PtF_6 反应合成稀有气体化合物。这一工作具有深远的意义。

（1）后续研究发现，Bartlett 当时得到的并非 $Xe^+[PtF_6]^-$，而可能是 $XeF^+\ Pt_2F_{11}^-$。

① 写出 $XeF^+\ Pt_2F_{11}^-$ 中 Xe 的氧化态。

② 在 $Pt_2F_{11}^-$ 结构中，沿轴向有四次轴，画出 $Pt_2F_{11}^-$ 的结构。

（2）后来，大量含 Xe—F 和 Xe—O 键的化合物被合成出来，如 $XeOF_2$。根据价层电子对互斥理论（VSEPR），写出 $XeOF_2$ 的几何构型及中心原子所用的杂化轨道类型。

（3）1974 年合成了第一例含 Xe—N 键的化合物：XeF_2 和 $HN(SO_2F_2)_2$ 在 0 ℃的二氯二氟甲烷溶剂中按 1∶1 的计量关系反应，放出 HF，得到白色固体产物 A，A 受热至 70 ℃分解，A 中的 Xe 一半以 Xe 气放出，其他两种产物与 Xe 具有相同的计量系数且其中一种是常见的氙的氟化物。写出 A 的化学式及其分解的反应方程式。

（4）1989 年，发现超高压下 Xe 可以参与形成更复杂的化合物，如 $Cs^{\mathrm{I}}Xe^{\mathrm{II}}Au_3$，它采用钙钛矿类型的结构，分别写出 Cs^{I} 和 Xe^{II} 最近邻的金原子数。

【解析】（1）① 反应过程：$Xe + PtF_6 \xlongequal{} Xe^+[PtF_6]^-$，

$Xe^+[PtF_6]^- + PtF_6 \xlongequal{} XeF^+[PtF_6]^- + PtF_5 \xlongequal{} XeF^+[Pt_2F_{11}]^-$，

因此，$XeF^+\ Pt_2F_{11}^-$ 中 Xe 的氧化态为 +2。

② $Pt_2F_{11}^-$ 的结构为 。

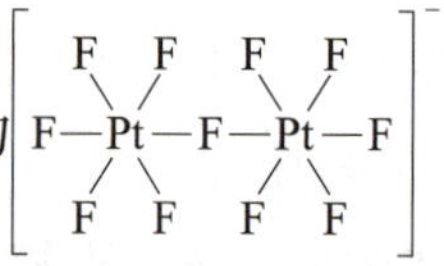

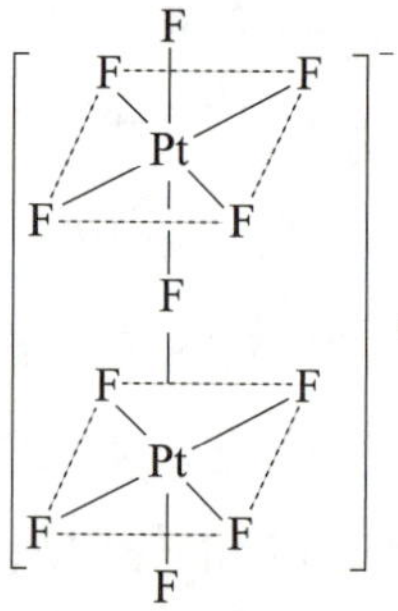

（2）根据 VSEPR 理论，对于 $XeOF_2$，中心原子为 Xe，Xe 原子价层电子数为 $8+2=10$，即 5 对电子，杂化轨道为 sp^3d，VSEPR 模型为三角双锥，有两对孤电子对，因此分子的几何构型为 T 形。

（3）XeF_2 和 $HN(SO_2F_2)$ 在 0 ℃的二氯二氟甲烷溶剂中按 1∶1 的计量关系反应，放出 HF，得到白色固体产物 A，即：$F-Xe-F+HN(SO_2F)_2 \Longrightarrow A + HF$，显然，A 为 $F-Xe-N(SO_2F)_2$，A 的化学式为 $XeF[N(SO_2F)_2]$，

$F-Xe-N(SO_2F)_2 \longrightarrow Xe + XeF_2$，根据 Xe 原子守恒，参加反应的 $F-Xe-N(SO_2F)_2$ 的化学计量数为 2。则对应的分解方程式为 $2XeF[N(SO_2F)_2] \Longrightarrow Xe + XeF_2 + [N(SO_2F)_2]_2$。$[N(SO_2F)_2]_2$ 对应的分子结构应该是 $\begin{array}{c}F-Xe-N(SO_2F)_2\\|\\F-Xe-N(SO_2F)_2\end{array}$。

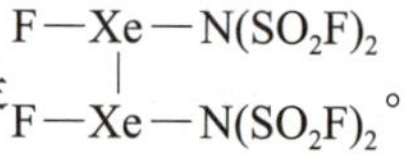

（4）根据钙钛矿类型的晶体结构特征（如图），可知化学式为 $CaTiO_3$。

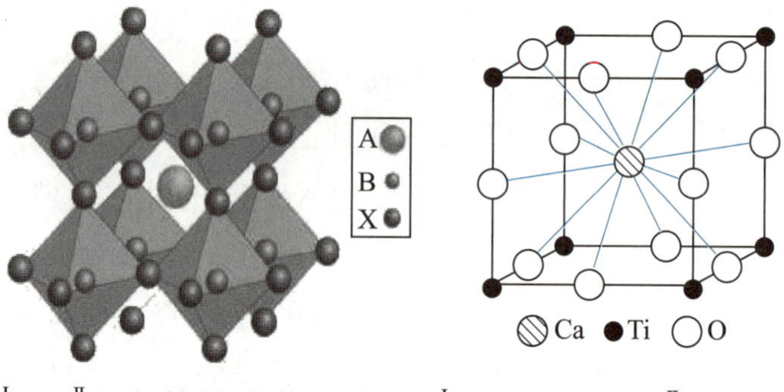

所以，$Cs^IXe^{II}Au_3$ 的晶胞体心为 Cs^I、顶点为 Xe^{II}，棱心为 Au。因此，与 Cs^I 最邻近的金原子数为 12 个，与 Xe^{II} 最邻近的金原子数为 6 个。

【赛题 7】（2017 年全国初赛题）

（1）氨晶体中，氨分子中的每个 H 原子均参与一个氢键的形成，N 原子邻接几个 H 原子？1 mol 固态氨中有几摩尔氢键？氨晶体融化时，固态氨下沉还是漂浮在液氨的液面上？

（2）P_4S_5 是个多面体分子，结构中的多边形虽非平面状，但仍符合欧拉定律，两种原子成键后价层均满足 8 电子，S 的氧化数为 -2。画出该分子的结构图（用元素符号表示原子）。

（3）水煤气转化反应 [$CO(g)+H_2O(g) \longrightarrow H_2(g)+CO_2(g)$] 是一个重要的化工过程，已知如下键能 (BE) 数据：BE(C≡O) = 1072 kJ·mol^{-1}，BE(O—H) = 463 kJ·mol^{-1}，BE(C=O) = 799 kJ·mol^{-1}，BE(H—H) = 436 kJ·mol^{-1}。估算水煤气转化反应的反应热，该反应低温还是高温有利？简述理由。

（4）硫粉和 S^{2-} 反应可以生成多硫离子。在 10 mL S^{2-} 溶液中加入 0.080 g 硫粉，控制条件使硫粉完全反应。检测到溶液中最大聚合度的多硫离子是 S_3^{2-} 且 $S_n^{2-}(n=1,2,3,\cdots)$ 离子浓度之比符合等比数列 1，10，…，10^{n-1}。若不考虑其他副反应，计算反应后溶液中 S^{2-} 的浓度 c_1 和其起始浓度 c_0。

【解析】（1）6（3 个氢键、3 个共价键）；3 mol；下沉。

（2）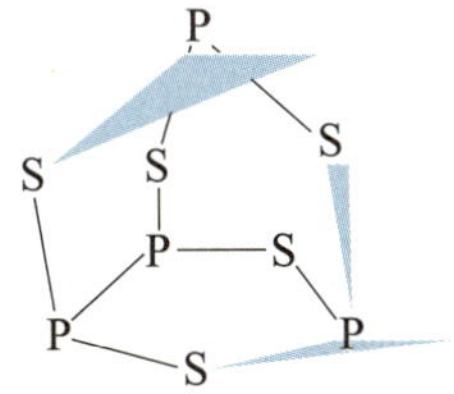

（3）$\Delta H \approx -2[\mathrm{BE(C=O)+BE(H-H)-BE(C\equiv O)-2BE(O-H)}] = -36\ \mathrm{kJ\cdot mol^{-1}}$

该反应的 $\Delta H<0$，根据勒夏特列平衡移动原理，低温有利于平衡正向移动，因而低温有利。

注：实际反应要用合适的温度。

（4）根据题意可得溶液中只有三种含硫离子 S^{2-}，S_2^{2-}，S_3^{2-}。

列式 S^{2-}	S_2^{2-}	S_3^{3-}
c_1	$10c_1$	$100c_1$

根据零价 S 守恒可得 $10c_1+2\times100c_1=n(S)=2.49\times10^{-3}$ mol，因而 $c_1=1.2\times10^{-3}\ \mathrm{mol\cdot L^{-1}}$。

$c_0=c_1+10c_1+100c_1=0.13\ \mathrm{mol\cdot L^{-1}}$。

【赛题 8】（2016 年全国初赛题）

（1）好奇心是科学发展的内在动力之一。P_2O_3 和 P_2O_5 是两种经典的化合物，其分子结构已经确定。自然而然会有如下问题：是否存在磷氧原子比介于二者之间的化合物？由此出发，化学家合成并证实了这些中间化合物的存在。

① 写出这些中间化合物的分子式。

② 画出其中具有 2 重旋转轴的分子的结构图。根据键长不同，将 P—O 键分组并用阿拉伯数字标出（键长相同的用同一个数字标识）。比较键角 O—P(Ⅴ)—O 和 O—P(Ⅲ)—O 的大小。

（2）NH_3 分子独立存在时 H—N—H 键角为 106.7°。右图是 $[Zn(NH_3)_6]^{2+}$ 的部分结构以及 H—N—H 键角的测量值。解释配合物中 H—N—H 键角变为 109.5°的原因。

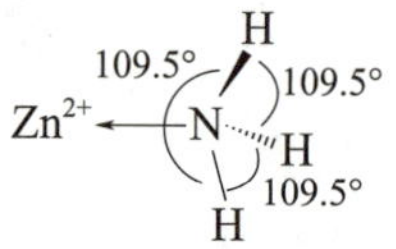

（3）量子化学计算预测未知化合物是现代化学发展的途径之一。2016 年 2 月有人通过计算预言铁也存在四氧化物，其分子构型是四面体，但该分子中铁的氧化态是 +6 而不是 +8。

① 写出该分子中铁的价电子组态。

② 画出该分子结构的示意图（用元素符号表示原子，用短线表示原子间的化学键）。

【解析】（1）① P_4O_7，P_4O_8，P_4O_9。

② 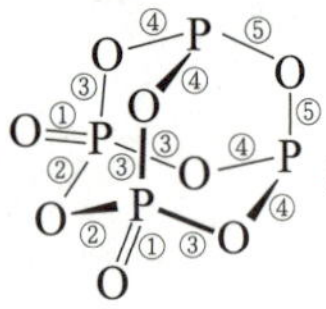；O—P(Ⅴ)—O 键角大于 O—P(Ⅲ)—O 键角。

（2）氨分子与 Zn^{2+} 形成配合物后，孤电子对与 Zn^{2+} 成键，原孤电子对与成键电子对间的排斥作用变为成键电子对间的排斥作用，排斥作用减弱，故 H—N—H 键角变大。

（3）① $3d^2$。

② 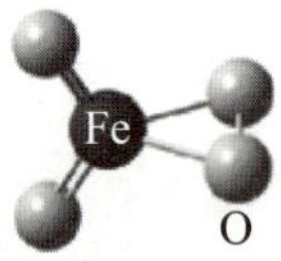

（必须画出四个氧原子围绕中心铁原子形成四面体分布且表示出两个氧之间的过氧键）。

【赛题 9】（2013 年全国初赛题）白色固体 A，熔点 182 ℃，摩尔质量 76.12 g·mol^{-1}，可代替氰化物用于提炼金的新工艺。A 的合成方法有：① 142 ℃下加热硫氰酸铵；② CS_2 与氨反应；③ $CaCN_2$ 和 $(NH_4)_2S$ 水溶液反应（放出氨气）。常温下，A 在水溶液中可发生异构化反应，部分转化成 B。酸性溶液中，A 在氧化剂（如 Fe^{3+}、H_2O_2 和 O_2）存在下能溶解金，形成采取 sp 杂化的 Au(Ⅰ)配合物。

（1）画出 A 的结构式。

（2）分别写出合成 A 的方法②、③中化学反应的方程式。

（3）画出 B 的结构式。

（4）写出 A 在硫酸铁存在下溶解金的离子方程式。

（5）A 和 Au(Ⅰ)形成的配合物中配位原子是什么？

（6）在提炼金时，A 可被氧化成 C：$2A \longrightarrow C + 2e^-$；C 能提高金的溶解速率。画出 C 的结构式。写出 C 和 Au 反应的方程式。

【解析】(1) 首先得解决A的分子组成。题中明确A的合成方法之一为“142 ℃下加热硫氰酸铵”，铵盐受热一般会产生NH_3，预估反应为$NH_4SCN \longrightarrow A + NH_3$，A的摩尔质量为76.12 g·mol^{-1}，而NH_4SCN的摩尔质量恰好约为76 g·mol^{-1}，说明此时的硫氰酸铵并没有释放出NH_3，只是NH_4SCN异构化成为A，所以A的分子式为$SC(NH_2)_2$，显然，A与尿素$CO(NH_2)_2$互为等电子体，所以A的结构式为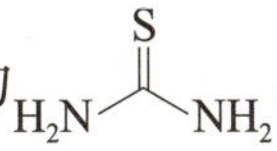。

(2) ② CS_2与氨反应；反应只能是$CS_2 + 2NH_3 \longrightarrow (H_2N)_2C{=}S + H_2S$。

③ $CaCN_2$和$(NH_4)_2S$水溶液反应（放出氨气），反应为$CaCN_2 + (NH_4)_2S + 2H_2O \longrightarrow (H_2N)_2C{=}S + Ca(OH)_2 + 2NH_3$。

(3) 由“烯醇式”可以联想到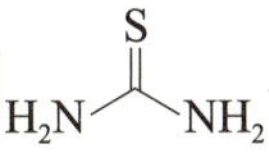与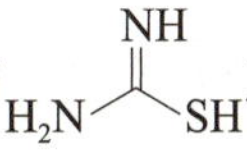之间的转变，所以B为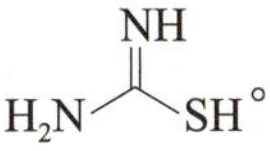。

(4) $Au + Fe^{3+} + 2(H_2N)_2C{=}S \longrightarrow Au[(H_2N)_2CS]_2^{+} + Fe^{2+}$。

(5) 配位原子为S。

(6) A可被氧化成C：$2A \longrightarrow C + 2e^-$；很明显，C是$[(NH_2)CS]_2^{2+}$，结合$NH_4^+$的形成，可以确定C为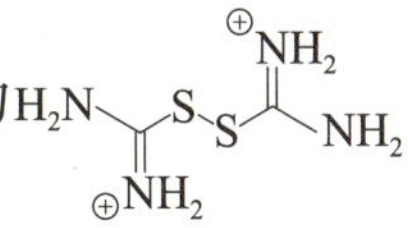或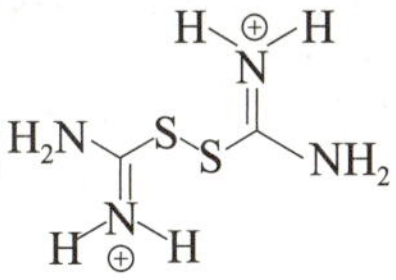或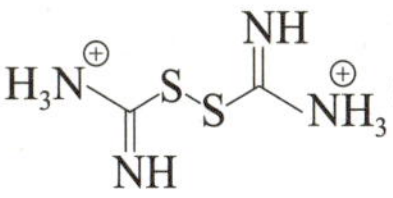；C和Au反应的方程式为$S_2C_2(NH_2)_4^{2+} + 2Au + 2SC(NH_2)_2 \longrightarrow 2Au[SC(NH_2)_2]_2^{+}$。

参考文献

[1] 宋天佑，程鹏，徐家宁. 无机化学上册 [M]. 北京：高等教育出版社，2015：192.

[2] 宋天佑，程鹏，徐家宁. 无机化学上册 [M]. 北京：高等教育出版社，2015：55.

第六讲 晶体结构基础

一、离子键理论

1916 年德国科学家 Kossel 提出离子键理论。

1．离子键的形成过程（以 NaCl 为例）

（1）电子转移形成离子

$$Na - e^- = Na^+，\ Cl + e^- = Cl^-$$

相应的电子构型变化：$2s^22p^63s^1 \rightarrow 2s^22p^6$；$3s^23p^5 \rightarrow 3s^23p^6$，分别达到 Ne 和 Ar 的稀有气体原子的结构，形成稳定离子。

（2）靠静电吸引，形成化学键

体系的势能与核间距之间的关系如图 6-1 所示。

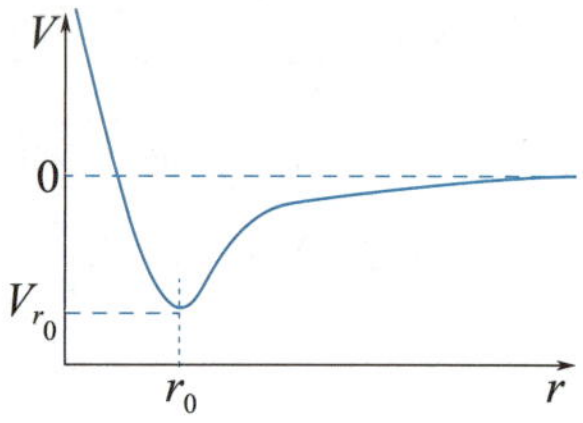

图 6-1　体系的势能与核间距的关系

注：横坐标—核间距 r。纵坐标—体系的势能 V。纵坐标的零点—当 r 无穷大时，即两核之间无限远时，势能为零。

图 6-1 中可见：

① $r > r_0$ 时，随着 r 的不断减小，正负离子靠静电相互吸引，V 减小，体系趋于稳定。

② $r = r_0$ 时，V 有极小值 V_{r_0}，此时体系最稳定，表明形成了离子键。

③ $r < r_0$ 时，随着 r 的不断减小，V 急剧上升，因为 Na^+ 和 Cl^- 彼此再接近时，相互之间电子斥力急剧增加，导致势能骤然上升。

因此，离子相互吸引，保持一定距离时，体系最稳定，该状态即为离子键。

2．离子键的形成条件

（1）元素的电负性差要比较大

$\Delta\chi > 1.7$，发生电子转移，形成离子键；

$\Delta\chi < 1.7$，不发生电子转移，形成共价键。

但离子键和共价键之间，并非可以严格区分。可将离子键视为极性共价键的一个极端，而另一极端为非极性共价键。化合物中不存在百分之百的离子键，即使是 NaF 的化学键之中，也有共价键的成分，即除离子间靠静电相互吸引外，尚有共用电子对的作用。$\Delta\chi>1.7$，实际上是指离子键的成分大于 50%。

（2）易形成稳定离子

例如 $Na^+(2s^22p^6)$ 和 $Cl^-(3s^23p^6)$，电子排布达到稀有气体稳定结构，而 $Ag^+(4d^{10})$ 的 d 轨道为全充满的稳定结构。所以，NaCl、AgCl 均为离子化合物；而 C 和 Si 原子的电子结构为 ns^2np^2，要失去全部价电子形成稳定离子，比较困难，所以一般不形成离子键。如 CCl_4、SiF_4 等，均为共价化合物。

3．离子键的特征

（1）离子键的实质是静电作用力

$F \propto (q_1q_2)/r^2$（q_1、q_2 分别为正、负离子所带电荷量的绝对值）。

（2）离子键无方向性、无饱和性

因为离子键的本质是静电作用，所以无方向性；且只要是正负离子之间，彼此都能相互作用，即无饱和性。

4．离子键的强度与晶格能

（1）键能和晶格能

以 NaCl 为例：

① 键能：1 mol 气态 NaCl 分子，离解成气体原子时，所吸收的能量。用 E_i 表示。

$$NaCl(g) = Na(g) + Cl(g) \quad \Delta H = E_i$$

键能 E_i 越大，表示离子键越强。

② 晶格能：气态的正负离子，结合成 1 mol NaCl 晶体时，放出的能量。用 U 表示。

$$Na^+(g) + Cl^-(g) = NaCl(s) \quad \Delta H = -U \text{（}U\text{为正值）}$$

晶格能 U 越大，则形成离子键时放出的能量越多，离子键越强。键能和晶格能，均能表示离子键的强度，而且大小关系一致。通常，晶格能比较常用。

（2）玻恩 - 哈伯循环 (Born-Haber Circulation) 求晶格能

Born 和 Haber 设计了一个热力学循环过程，从已知的热力学数据出发，计算晶格能。具体如下：

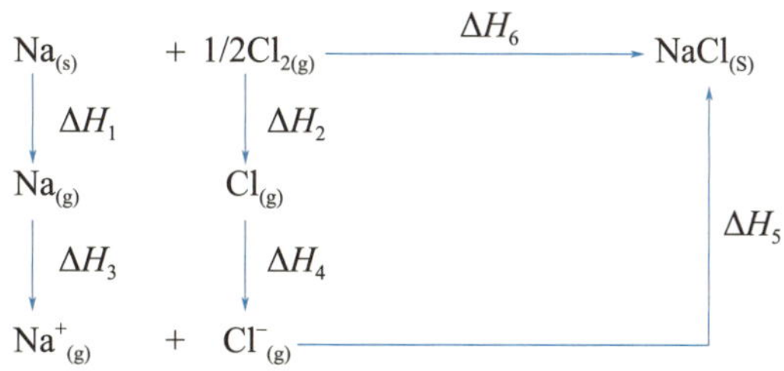

ΔH_1 等于 Na(s) 的升华热 (S)，即 $\Delta H_1 = S = -108.8\ kJ \cdot mol^{-1}$

ΔH_2 等于 $Cl_2(g)$ 的离解能 (D) 的一半，即 $\Delta H_2 = \frac{1}{2}D = -119.7\ kJ \cdot mol^{-1}$

ΔH_3 等于 Na(g) 的第一电离能 (I_1)，即 $\Delta H_3 = I_1 = 496\ kJ \cdot mol^{-1}$

ΔH_4 等于 Cl(g) 的电子亲和能 (E) 的相反数，即 $\Delta H_4 = -E = -348.7\ kJ \cdot mol^{-1}$

ΔH_5 等于 NaCl 的晶格能 (U) 的相反数，即 $\Delta H_5 = -U = ?$

ΔH_6 等于 NaCl 的标准生成热 ($\Delta_f H_m^{\ominus}$)，即 $\Delta H_6 = \Delta_f H_m^{\ominus} = -410.9\ kJ \cdot mol^{-1}$

由盖斯定律：$\Delta H_6 = \Delta H_1 + \Delta H_2 + \Delta H_3 + \Delta H_4 + \Delta H_5$，

所以 $\Delta H_5 = \Delta H_6 - (\Delta H_1 + \Delta H_2 + \Delta H_3 + \Delta H_4)$，

即 $U = \Delta H_1 + \Delta H_2 + \Delta H_3 + \Delta H_4 - \Delta H_6 = (108.8 + 119.7 + 496 - 348.7 + 410.9)\ kJ \cdot mol^{-1} = 186.7\ kJ \cdot mol^{-1}$。

以上关系称为 Born-Haber 循环。

运用 Born-Haber 循环计算晶格能时，由于所用的数据均为实验值，故最终求得的晶格能数值亦为实验值。通常可用波恩 - 兰德 (Born-Lander) 公式直接求出晶格能的理论值：

$$U = +\frac{138490MZ_+Z_-}{r_0}\left(1-\frac{1}{n}\right)$$

其中 U 以 $kJ \cdot mol^{-1}$ 为单位，r_0 为相邻的正、负离子之间的核间距离，以 pm 为单位；Z_+、Z_- 为晶体中的正、负离子电荷的绝对值；n 为玻恩指数，与离子的电子层结构有关；M 为马德隆常数，与离子晶体的结构形式有关。

① 马德隆常数 (M) 与离子晶体结构的关系：

离子的晶体类型	NaCl 型	CsCl 型	CaF_2 型	闪锌矿型	纤维锌矿型
M	1.74756	1.76767	5.03878	1.63805	1.64132

② 玻恩指数 (n) 与离子的电子构型的关系：

离子的电子构型	He	Ne	Ar	Kr	Xe
n	5	7	9	10	12

对于结构形式相同（即 M 相同），离子的电子层结构也相同（即 n 相同）的二元离子晶体，即可根据 r_0（即 $r_+ + r_-$）和 Z_+、Z_- 的大小就可以比较其晶格能的相对大小。晶格能越大，离子晶体的熔点和沸点越高。

（3）影响离子键强度的因素

离子键的实质是静电引力，从 $F \propto (q_1q_2)/r^2$ 出发，影响 F 大小的因素有离子的电荷数 q 和离子之间的距离 r（r 与离子半径的大小相关）。

① 离子电荷数的影响：电荷高，离子键强。

② 离子半径的影响：半径大，导致离子间距大，所以作用力小，离子键

弱；相反，半径小，则作用力大，离子键强。

二、离子晶体与晶胞

1. 离子晶体的特征

① 无确定的分子量：NaCl 晶体是个大分子，无单独的 NaCl 分子存在于分子中。NaCl 是化学式，因而 58.5 是 NaCl 的式量，不是分子量。

② 导电性：离子晶体在水溶液中或熔融态导电，是通过离子的定向迁移导电，而不是通过电子流动而导电。

③ 熔点沸点一般较高。如 NaCl 晶体，熔点 801 ℃，沸点 1413 ℃；MgO 晶体，熔点 2800 ℃，沸点 3600 ℃。

④ 硬度高，延展性差：因离子键强度大，所以硬度高。如果发生位错，正正离子相切，负负离子相切，彼此排斥，离子键失去作用，故无延展性。如 $CaCO_3$ 可用于雕刻，而不可用于锻造，即不具有延展性。

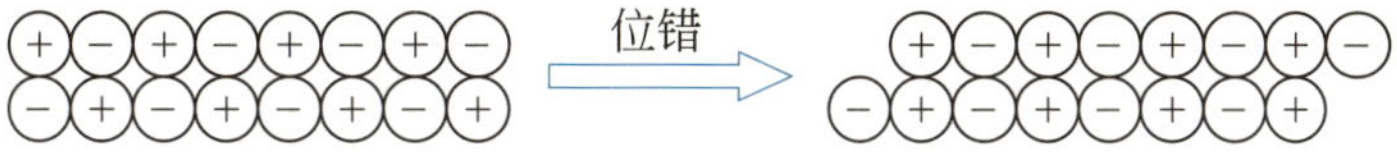

2. 晶胞

（1）布拉维系简介

物质的质点（分子、离子或原子）在空间有规则地排列而成的、具有整齐外形的、以多面体出现的固体物质，称为晶体。以确定位置的点在空间作有规则的排列所具有一定的几何形状，称为晶体格子，简称为晶格，格子分类成平面格子（无数并置的平行四边形）和空间格子（无数并置的平行六面体）。法国晶体学家布拉维 (A. Bravais) 曾在 1848 年首先用数学方法证明，空间点阵只有 14 种类型。这 14 种空间点阵以后就被称为布拉维点阵，分属七个不同的晶系，如图 6-2 所示。

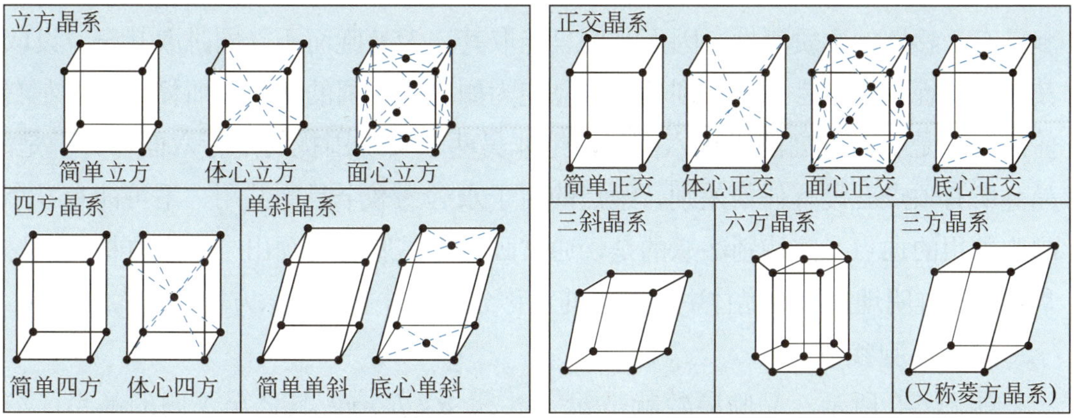

图 6-2 布拉维系的七大晶系和 14 种晶格

（2）晶胞

在晶格中，具有代表性的最小单元，称为单元晶胞，简称晶胞。在晶胞中的各结点上的内容必须相同。例如铝是面心立方结构，其晶胞中的六个面心和八个顶点都是铝原子（或铝离子）；而 NaCl 晶体也是面心立方结构，则六个面心和八个顶点都必须是 Na^+，或都必须是 Cl^-。考察一个晶胞，绝对不能把它当成游离孤立的几何体，而是应该想象它的上下左右前后都有完全等同的晶胞与之相邻。从其中一个晶胞平移到另一个晶胞不会有任何差异，而是完全重合（即所有晶胞的八个顶点，平行的面以及平行的棱一定是完全等同的）。例如图 6-3 中的实线小立方体不是“氯化钠晶胞”和“金刚石晶胞”，十分明显，它们的顶点不等同，反之，其 8 倍体积的虚线大立方体才分别是氯化钠和金刚石的晶胞，其上下左右前后都有等同的晶胞与之无隙并置，这些晶胞虽未在图中画出，却不应忽视。

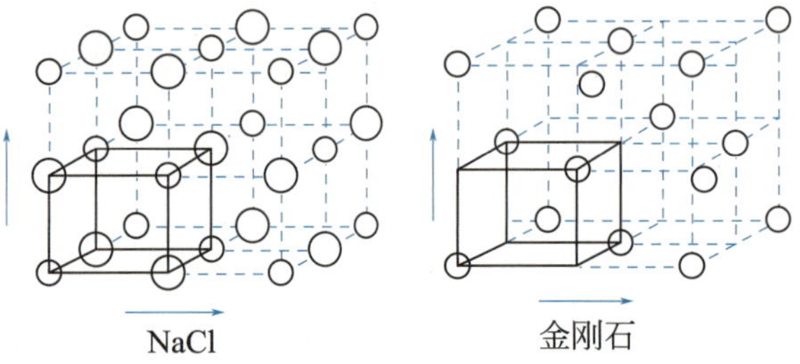

图 6-3　实线小立方体不是晶胞而虚线大立方体才是晶胞

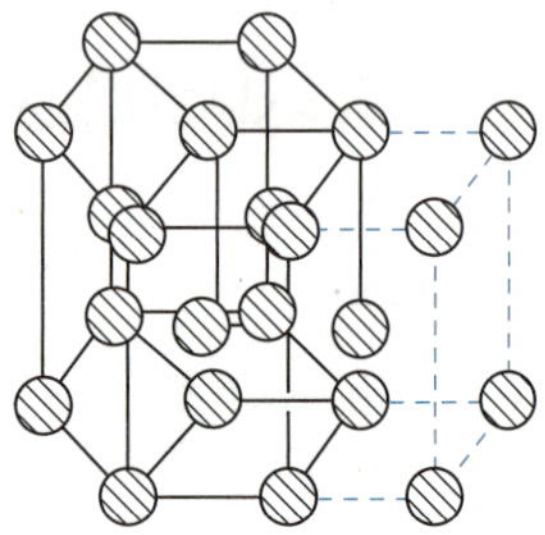

图 6-4　金属镁的晶胞

需要注意的是，通常所讲的晶胞，是指布拉维晶胞，它们都是平行六面体。如图 6-4 所示，有人认为镁的六方柱体由三个布拉维晶胞构成，其底面中心的原子为 6 个布拉维晶胞共用。这是错误的，因为构成六方柱的三个平行六面体虽无隙却非并置，从一个平行六面体到另一个平行六面体不仅要移动而且要旋转，不符合晶胞具有平移性的本质属性，因而我们只能取其一为晶胞而不能同时取其三。设取其前右平行六面体为晶胞，则其相邻晶胞为如虚线所画的平行六面体，上下左右前后全都是如是方向的平行六面体，绝非另两个实线围拢的平行六面体。于是，晶胞所有顶点就没有任何差别，绝点的原子永远为 8 个晶胞共用，不可能有 6 个晶胞共用的顶点。需特别注意的是，通常画六方晶胞总是画出一个立方柱体，这是为了更鲜明地描绘出晶体中的原子的对称分布，并非表明六方柱体是六方晶胞。

（3）晶胞参数

如图 6-5 所示，晶胞参数就是 a、b、c、α、β、γ。具体至不同的晶系，结果如下。

立方晶系：$a=b=c$，$\alpha=\beta=\gamma=90°$，即晶胞参数为 a。

四方晶系：$a=b\neq c$，$\alpha=\beta=\gamma=90°$，即晶胞参数为 a、c。

六方晶系：$a=b\neq c$，$\alpha=\beta=90°$，$\gamma=120°$，即晶胞参数为 a、c。

正交晶系：$a\neq b\neq c$，$\alpha=\beta=\gamma=90°$，即晶胞参数为 a、b、c。

单斜晶系：$a\neq b\neq c$，$\alpha=\gamma=90°$，$\beta\neq 90°$，即晶胞参数为 a、b、c、β。

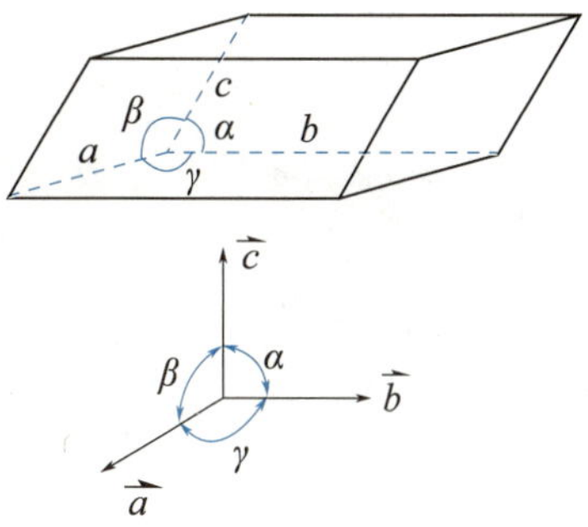

图 6-5 晶胞参数定义

三斜晶系：$a\neq b\neq c$，$\alpha\neq\beta\neq\gamma\neq 90°$，即晶胞参数为 a、b、c、α、β、γ。

菱方晶系：$a=b=c$，$\alpha=\beta=\gamma\neq 90°$，即晶胞参数为 a、α。

（4）晶胞的分数坐标：用来表示晶胞中质点的位置

例如：

简单立方	体心立方	面心立方
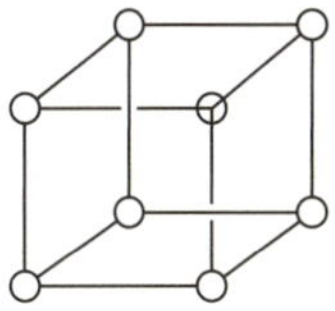	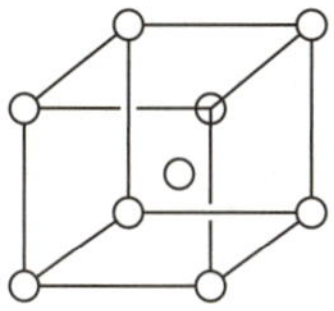	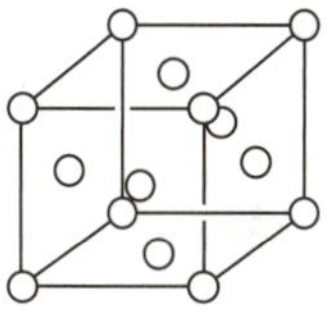
(0, 0, 0)	(0, 0, 0), $(\frac{1}{2},\frac{1}{2},\frac{1}{2})$	(0, 0, 0), $(\frac{1}{2},\frac{1}{2},0)$, $(\frac{1}{2},0,\frac{1}{2})$, $(0,\frac{1}{2},\frac{1}{2})$

在分数坐标中，绝对不能出现 1，因为 1 即 0。这说明晶胞是可以前后、左右、上下平移的。等价点只需要一个坐标来表示即可，上述三个晶胞中所含的质点分别为 1、2、4，所以分数坐标分别为 1 组、2 组和 4 组。可以根据原子坐标确定平均每个晶胞中的原子个数，如图 6-6 所示。

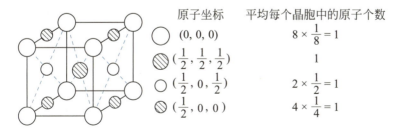

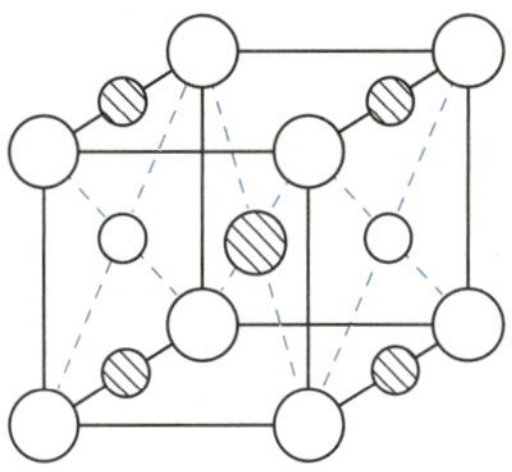

原子坐标	平均每个晶胞中的原子个数
(0, 0, 0)	$8\times\frac{1}{8}=1$
$(\frac{1}{2},\frac{1}{2},\frac{1}{2})$	1
$(\frac{1}{2},0,\frac{1}{2})$	$2\times\frac{1}{2}=1$
$(\frac{1}{2},0,0)$	$4\times\frac{1}{4}=1$

图 6-6 原子坐标与平均每个晶胞中的原子个数

3. 几种常见的离子晶体结构

离子晶体中三种典型的结构类型：NaCl 型、CsCl 型和立方 ZnS 型。如

图 6-17 所示。

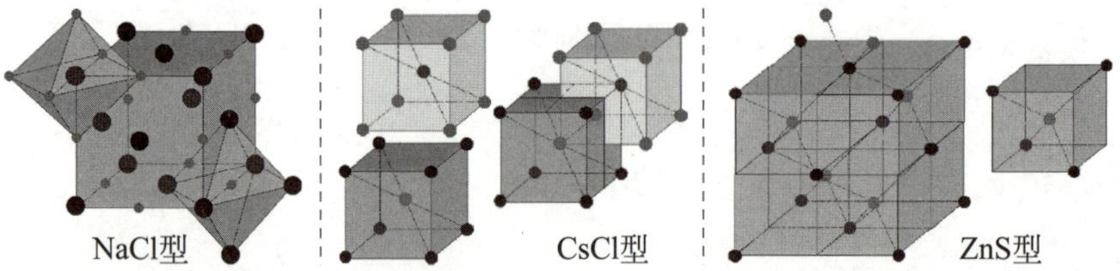

图 6-7　三种典型的离子晶体结构

① NaCl 型：面心立方晶格（晶胞形状是立方体），正、负离子配位数为 6。正、负离子半径之比介于 0.414~0.732 之间。实例：KI、LiF、NaBr、MgO、CaO、CaS 等。在 NaCl 晶体中，每个晶胞含有 4 个 Cl^- 和 4 个 Na^+，如图 6-8 所示。

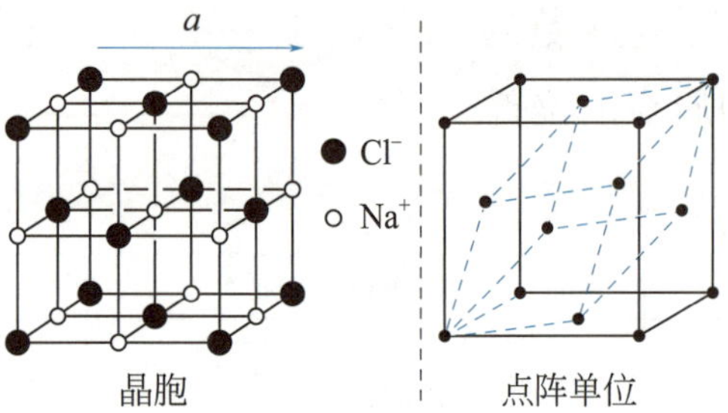

图 6-8　氯化钠晶胞和点阵单位

② CsCl 型：体心立方晶格，正、负离子配位数为 8，正、负离子半径之比介于 0.732 ～ 1 之间。实例：CsBr、CsI、RbCl、TlCl、TlBr、TlI、NH_4Cl、NH_4Br、NH_4I 等。CsCl 型晶体属简单立方点阵，Cl^- 作简单立方堆积，Cs^+ 填在立方体空隙中，正负离子配位数均为 8，晶胞只含 1 个 Cl^- 和 1 个 Cs^+，如图 6-9 所示。

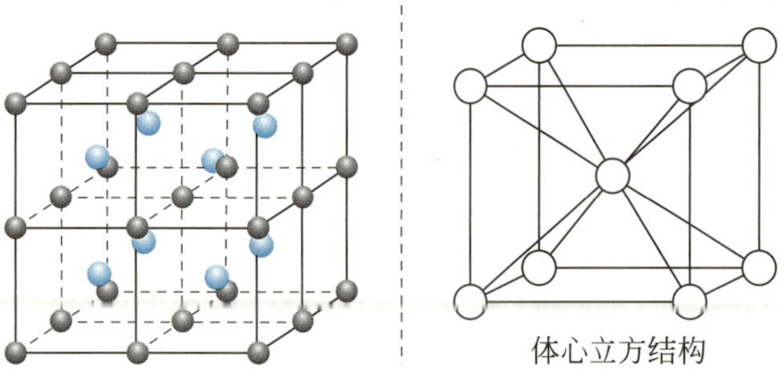

图 6-9　氯化铯的晶体结构

③ ZnS 型（又称闪锌矿型）：面心立方晶格，正、负离子配位数为 4，正、负离子半径之比介于 0.225 ～ 0.414 之间。实例：BeO、ZnSe。ZnS 晶体结构有两种形式，即立方 ZnS 和六方 ZnS，这两种形式的 ZnS，化学键的性质相同，

都是离子键向共价键过渡，具有一定的方向性。Zn 原子和 S 原子的配位数都是 4，不同的是原子堆积方式有差别。在立方 ZnS 中，S 原子作立方最密堆积，Zn 原子填在一半的四面体空隙中，形成面心立方点阵。在立方 ZnS 晶胞中，有 4 个 S 原子，4 个 Zn 原子；属于立方 ZnS 结构的化合物有硼族元素的磷化物、砷化物，铜的卤化物，Zn、Cd 的硫化物。硒化物。在六方 ZnS 晶体中，S 原子作六方最密堆积，Zn 原子填在一半的四面体空隙中，形成六方点阵，如图 6-10 所示。

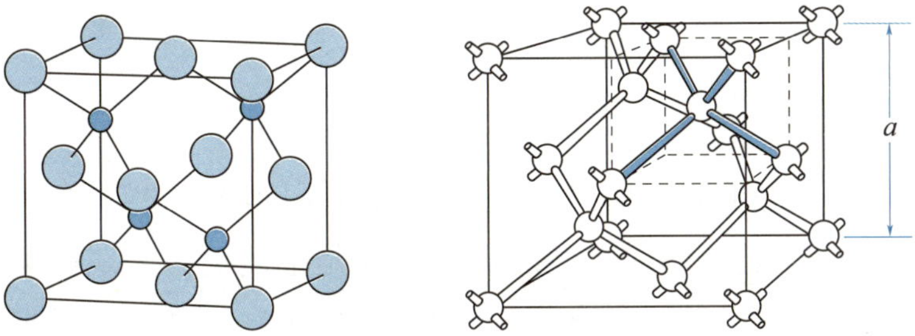

图 6-10　硫化锌的晶体结构

4. 二元离子晶体的典型结构

在离子晶体中，占据晶格结点的是正离子和负离子，负离子半径一般比正离子大，因此负离子在占据空间方面起着主导作用。在简单的二元离子晶体中，负离子只有一种，可以认为负离子按一定的方式堆积，而正离子填充在其间的空隙中。在描述简单离子晶体结构形式时，一般只要着重指出负离子的堆积方式以及正负离子所占空隙的种类与分数，就基本上抓住了离子晶体结构的主要特征。对于简单的二元离子晶体来说，正负离子在空间的排列方式（即结构形式）主要取决于正负离子的数量比（或称组成比）和半径比。常见的六种二元离子晶体典型结构形式如表 6-1 所示。

表 6-1　二元离子晶体典型结构形式

结构形式	组成比	负离子堆积方式	$\frac{CN_+}{CN_-}$	正离子占据空隙种类	正离子占据空隙分数
NaCl 型	1∶1	立方密堆积	6∶6	八面体空隙	1
CsCl 型	1∶1	简单立方堆积	8∶8	立方体空隙	1
立方 ZnS 型	1∶1	立方密堆积	4∶4	四面体空隙	1/2
六方 ZnS 型	1∶1	六方密堆积	4∶4	四面体空隙	1/2
CaF_2 型	1∶2	简单立方堆积	8∶4	立方体空隙	1/2
金红石型	1∶2	（假）六方密堆积	6∶3	八面体空隙	1/2

正负离子配位数 (CN_+) 一般可由正负离子半径比规则确定：

① $r_+/r_-=0.225\sim0.414$ 时，CN_+ 为 4；

② $r_+/r_-=0.414\sim0.732$ 时，CN_+ 为 6；

③ $r_+ / r_- = 0.732 \sim 1$ 时，CN_+ 为 8。

负离子配位数 (CN_-) 可由下式确定：

CN_- / CN_+ = 正离子数 / 负离子数 = 负离子电荷 / 正离子电荷。

例如金红石 TiO_2 晶体中，$r(Ti^{4+})/r(O^{2-}) = 68\ pm / 140\ pm = 0.486$，$CN_+$ 为 6，正负离子 Ti^{4+} 占据八面体空隙；CN_- 为 3；金红石晶体中，负离子数∶八面体空隙数 = 1∶1，Ti^{4+} 数只有 O^{2-} 数的一半，因此 Ti^{4+} 只占据八面体空隙数的 1/2。

三、金属键理论

1. 金属键的改性共价键理论

金属键的形象说法："失去电子的金属离子浸在自由电子的海洋中"。金属离子通过吸引自由电子联系在一起，形成金属晶体，这就是金属键。金属键无方向性，无固定的键能，金属键的强弱和自由电子的多少有关，也和离子半径、电子层结构等其他许多因素有关，很复杂。金属键的强弱可以用金属原子化热等来衡量。金属原子化热是指 1 mol 金属变成气态原子所需要的热量。金属原子化热数值小时，其熔点低，硬度小；反之，则熔点高，硬度大。

金属可以吸收波长范围极广的光，并重新反射出，故金属晶体不透明，且有金属光泽。在外电压的作用下，自由电子可以定向移动，故有导电性。受热时通过自由电子的碰撞及其与金属离子之间的碰撞，传递能量，故金属是热的良导体。

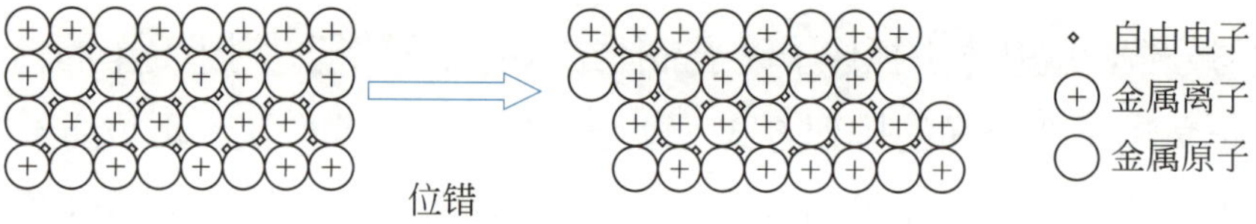

金属受外力发生变形时，金属键不被破坏，故金属有很好的延展性，与离子晶体的情况相反。

2. 金属晶体的密堆积结构

金属原子堆积在一起形成金属晶体，金属原子的价电子脱离核的束缚，在整个晶体中自由运动，形成"自由电子"，留下的阳离子以紧密堆积的形式存在，研究过程中，人们常把金属阳离子看成刚性等径圆球。这些等径圆球有六方最密堆积、面心立方堆积、体心立方堆积几种堆积方式。

在一层中，最紧密的堆积方式是，一个球与周围 6 个球相切，在中心的周围形成 6 个凹位，将其算为第一层。

第二层对第一层来讲最密的堆积方式是将球对准 1、3、5 位（若对准 2、4、6 位，其情形是一样的）。

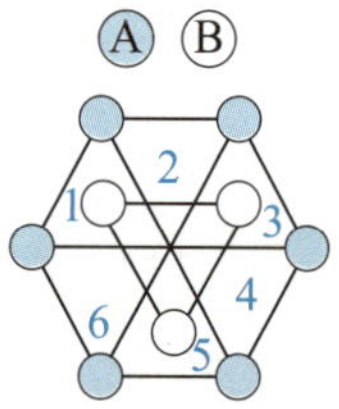

关键是第三层，对第一、二层来说，可以有两种最密的堆积方式，如图 6-11 所示。

第一种是将球对准第一层的球，于是每两层形成一个周期，即 ABAB 堆积方式，形成六方最密堆积，配位数为 12（同层 6，上下各 3）。

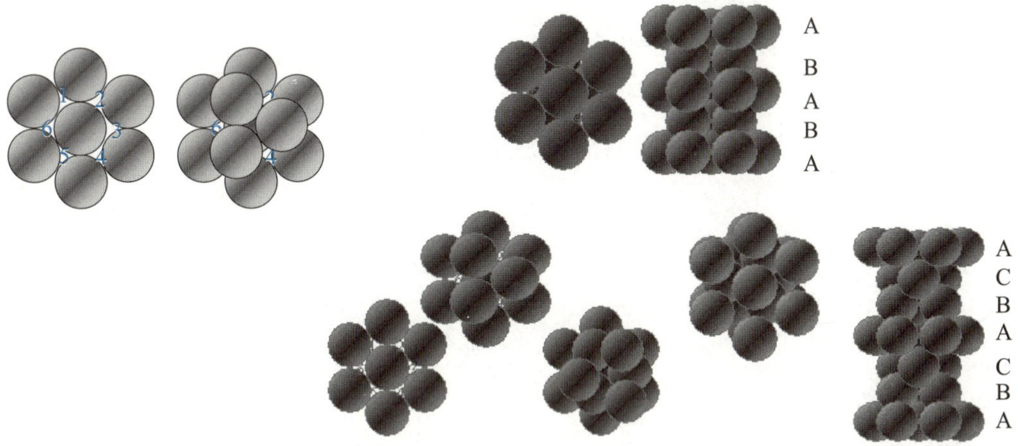

图 6-11　两种最密堆积的前视图

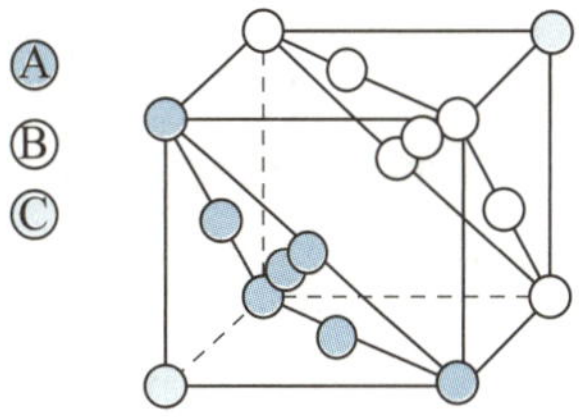

图 6-12　面心立方堆积

另一种是将球对准第一层的 2、4、6 位，不同于 AB 两层的位置，这是 C 层。第四层再排 A，于是形成 ABCABC 三层一个周期。得到面心立方堆积（如图 6-12 所示），配位数为 12。

这两种堆积方式都是最密堆积，空间利用率为 74.05%。

还有一种空间利用率稍低的堆积方式，称之为体心立方堆积。立方体 8 个顶点上的球互不相切，但均与体心位置上的球相切（如图 6-13 所示），配位数为 8，空间利用率为 68.02%。

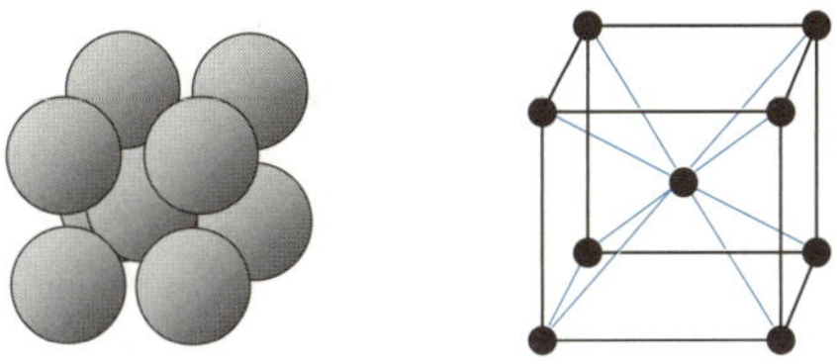

图 6-13　体心立方堆积

3．金属晶体的空间利用率与空隙

（1）空间利用率 $=\dfrac{\text{晶胞中球所占的体积}}{\text{晶胞的体积}}\times 100\%$

（2）空隙的形成与规律

① 在密置单层中，把金属原子看作等径的圆球，按图 6-14 的方式堆积。

球数∶三角形空穴数 = 1∶2。这个结论有两种理解。

其一：在▱ABCD 中，球数 = 4 × (1/4)，三角形空穴数 = 2，得结论。

其二：在图示正六边形中，三角形空穴数 = 6，球数 = 6 × (1/3) + 1 = 3，所以球数∶三角形空穴数 = 3∶6 = 1∶2。

② 在密置双层中，第二密置层的球必须排在第一密置层的三角形空穴上（如图 6-15 所示）。这样在密置双层中就会形成两种空隙。

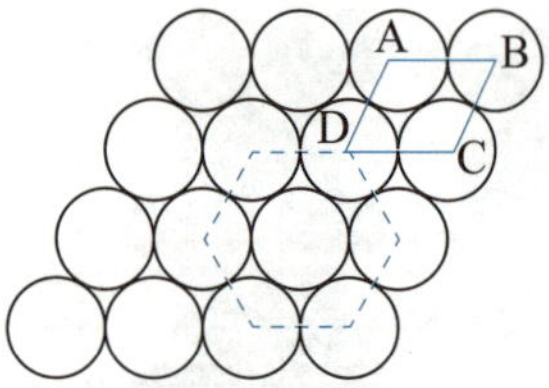

图 6-14　密置单层

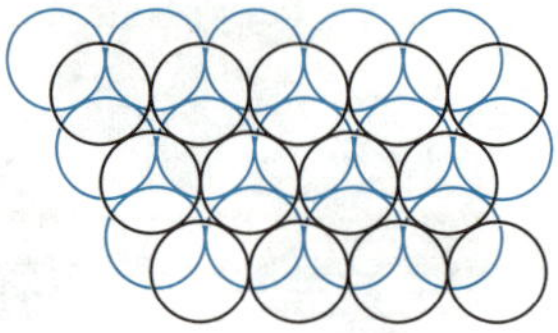

图 6-15　密置双层

第一种空隙：正四面体空隙，即第一层的三个相切的球与第二层在其三角形空穴上的一个球组成（如图 6-16 所示）；

第二种空隙：正八面体空隙，即第一层的三个相切的球与第二层的三个相切的球，但上、下球组成的两个三角形方向必须相反（如图 6-17 所示）。

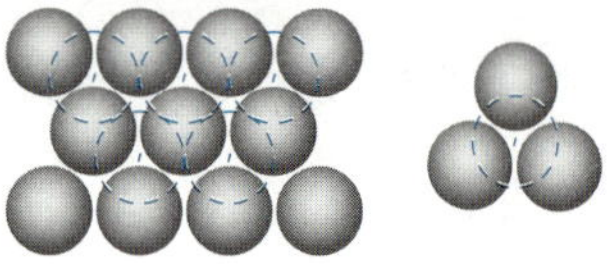

图 6-16　正四面体空隙

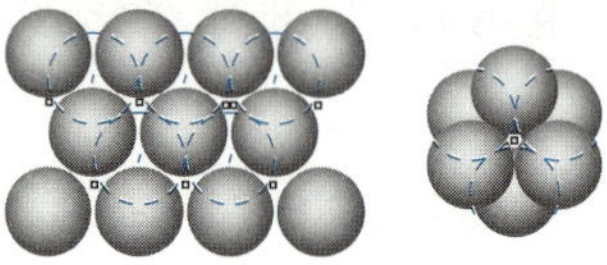

图 6-17　正八面体空隙

可以证明：球数∶正四面体空隙∶正八面体空隙 = 2∶2∶1。

上下两层各取四个球（如图 6-18 所示），其中有两个正四面体空隙（5−1、2、3；4−6、7、8），一个正八面体空隙（3−5、2、4、7−6），球数为 4 × (1/4) + 4 × (1/4) = 2（因为平行四边形顶点上的球对平行四边形的贡献为 1/4，即每个顶点上的球为四个平行四边形共享）故证得该结论。

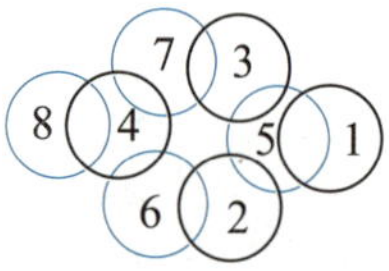

图 6-18　密置双层中的空隙

③ 在密置双层上加第三层、第四层、……（立体结构）

a. 第一种密置方法：第三层与第一层（A 层）平行，第四层与第二层（B 层）平行，形成 ABABAB……型（如图 6-19 所示），称为透光型（或 A_3 型）

的六方最紧密堆积。

（i）晶胞：六方晶胞如图 6-19 中的实线部分。

（ii）晶胞参数：a, c。

（iii）球数∶正四面体空隙∶正八面体空隙 = 1∶2∶1。

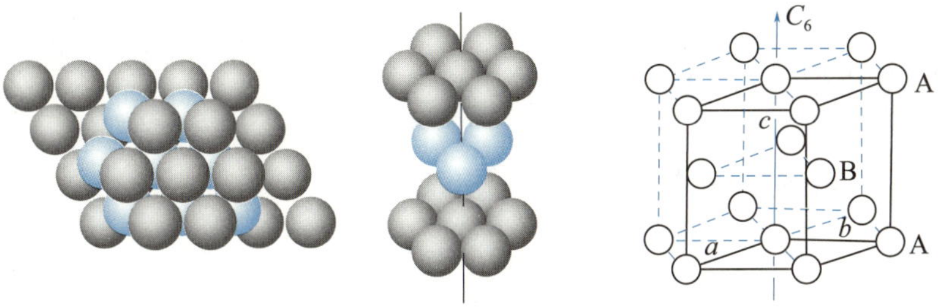

图 6-19　A_3 型六方最密堆积（ABAB……）

以上结论可从下面两个角度思考。

角度一：A 层与 B 层构成密置双层，所以球数∶正四面体空隙∶正八面体空隙 = 2∶2∶1，而 B 层与下一个 A 层又构成密置双层，所以球数∶正四面体空隙∶正八面体空隙 = 2∶2∶1，即每一层都用了两次或者说每层球对密置双层的贡献为 1/2，球数减半，所以，球数∶正四面体空隙∶正八面体空隙 = 1∶2∶1。

角度二：在六方晶胞中，球数 = 8 × (1/8) + 1 = 1 + 1 = 2；晶胞内有两个正四面体空隙，c 轴的每条棱上都有 2 个正四面体空隙（如图 6-20 所示），所以正四面体空隙 = 2 + 8 × (1/4) = 2 + 2 = 4；正八面体空隙 = 2（如图 6-21 所示），故球数∶正四面体空隙∶正八面体空隙 = 2∶4∶2 = 1∶2∶1。

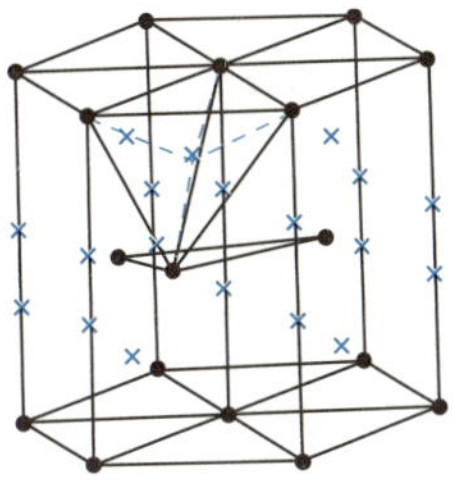

图 6-20　六方最密堆积的正四面体空隙

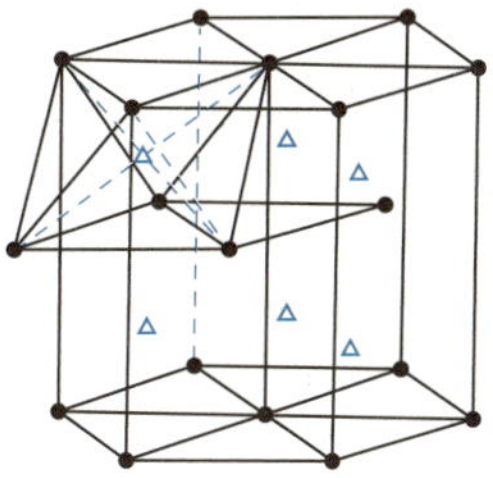

图 6-21　六方最密堆积的正八面体空隙

b. 第二种密置方法：第三层（C 层）不与第一层平行，而是盖在一、二两层未覆盖的另一组三角形空穴上（如图 6-22 所示），第四层与第一层平行，组成 ABCABCABC……型，称为不透光型（或 A_1 型）的面心立方最密堆积 (ccp)。

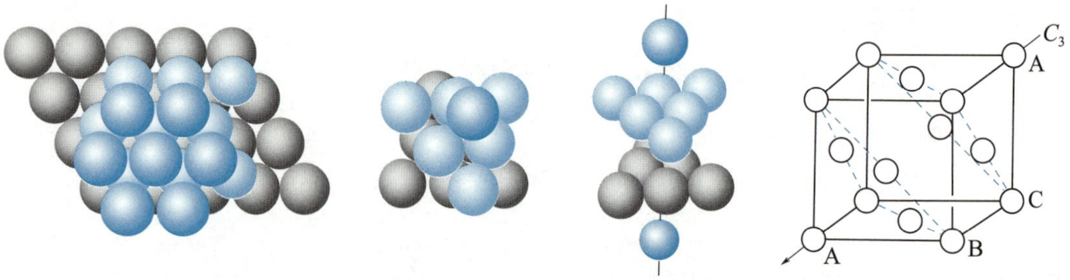

图 6-22　A_1 型面心立方最密堆积（ABCABC……）

（ⅰ）晶胞：面心立方晶胞如图 6-22 中的右图。

（ⅱ）晶胞参数：a。

（ⅲ）球数∶正四面体空隙∶正八面体空隙 = 1∶2∶1。

证明：面心立方晶胞中，球数 = 8 × (1/8) + 6 × (1/2) = 1 + 3 = 4，正四面体空隙有 8 个，因为立方体的每个顶点与相邻的三个面心组成一个正四面体空隙（如图 6-23 所示），正八面体空隙有 12 × (1/4) + 1 = 4，因为体心和每条棱的棱心都是正八面体空隙的位置（如图 6-24 所示），故球数∶正四面体空隙∶正八面体体空隙 = 4∶8∶4 = 1∶2∶1。

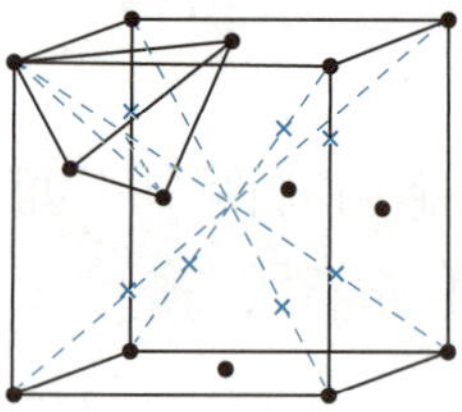

图 6-23　面心立方晶胞的正四面体空隙

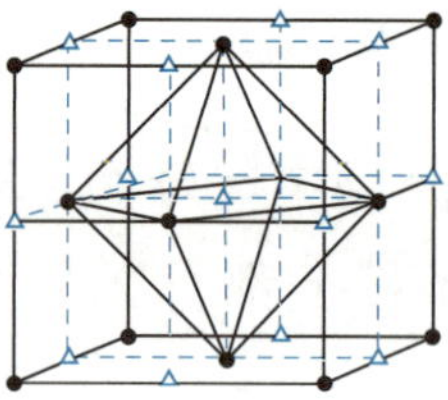

图 6-24　面心立方晶胞的正八面体空隙

（3）空间利用率的计算

进行计算之前，首先回顾一下几何知识。如图 6-25 所示为晶体计算中的几种常用几何关系。

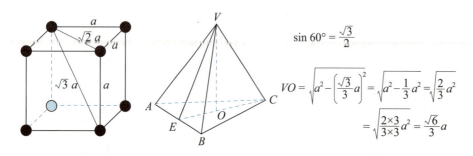

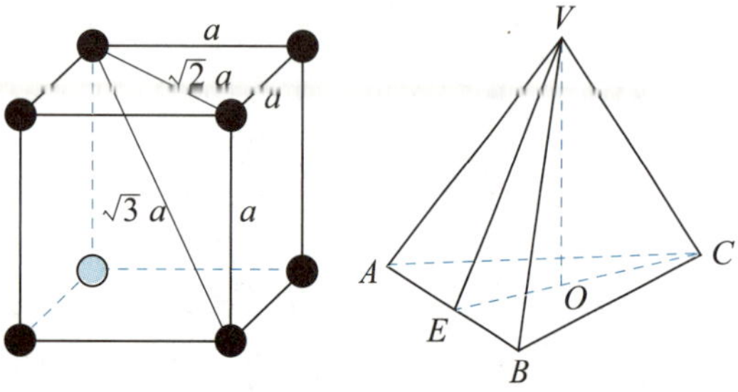

$$\sin 60° = \frac{\sqrt{3}}{2}$$

$$VO = \sqrt{a^2 - \left(\frac{\sqrt{3}}{3}a\right)^2} = \sqrt{a^2 - \frac{1}{3}a^2} = \sqrt{\frac{2}{3}a^2} = \sqrt{\frac{2\times3}{3\times3}a^2} = \frac{\sqrt{6}}{3}a$$

图 6-25　晶体计算中的几种常用几何关系

情况一：如图 6-26 所示，求体心立方堆积 (A_2) 的空间利用率。

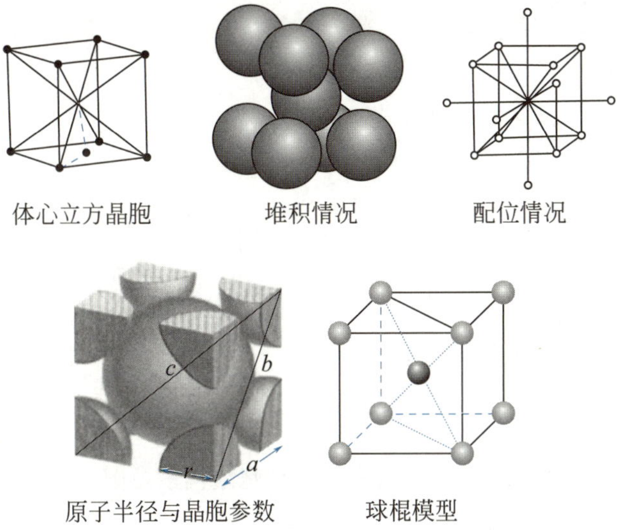

图 6-26　体心立方堆积结构示意图

从体心立方晶胞的结构可以看出，晶胞顶点有 8 个原子，体心有 1 个原子，即一个晶胞中的原子数 = 8 × 1/8 + 1 = 2，设晶胞的棱长为 a，金属原子的半径为 r，由于晶胞的体对角线长为 $4r$，即 $4r=\sqrt{3}a$，所以，$a=\dfrac{4r}{\sqrt{3}}$，由此可知，体心立方堆积的空间利用率 $=\dfrac{2\times\left(\dfrac{4}{3}\pi r^3\right)}{a^3}\times 100\%=68.02\%$。

情况二：如图 6-27 所示，求面心立方堆积 (A_1) 的空间利用率。

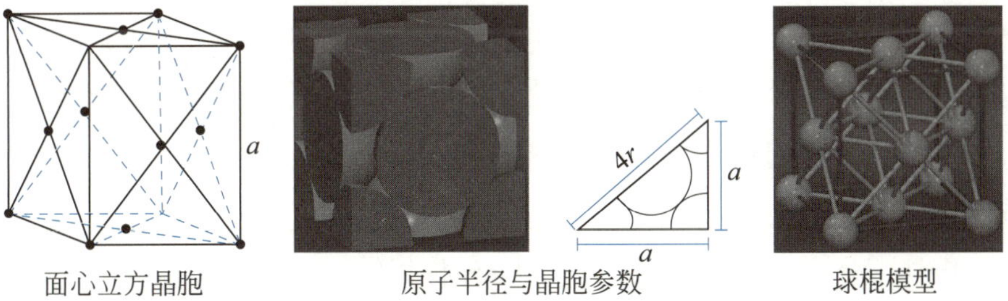

图 6-27　面心立方堆积示意图

从面心立方堆积的晶胞结构可以看出，晶胞顶点有 8 个原子，面心有 6 个原子，即一个晶胞中的原子数 = 8 × 1/8 + 6 × 1/2 = 4，设晶胞的棱长为 a，金属原子的半径为 r，由于晶胞的面对角线长为 $4r$，即 $4r=\sqrt{2}a$，所以，$a=\dfrac{4r}{\sqrt{2}}=2\sqrt{2}r$，由此可知，体心立方堆积的空间利用率$=\dfrac{4\times\left(\dfrac{4}{3}\pi r^3\right)}{\left(2\sqrt{2}a\right)^3}\times 100\%=74.05\%$。

情况三：六方最密堆积(A_3)的空间利用率

如图 6-28 所示，在 A_3 型堆积中取出六方晶胞，平行六面体的底是菱形，各边长 $a=2r$，则菱形的面积 $S=a\times a\sin 60^\circ=\dfrac{\sqrt{2}}{2}a^2$，平行六面体的高 $h=2\times$边长为 a 的四面体高$=2\times\dfrac{\sqrt{6}}{3}a=\dfrac{2\sqrt{6}}{3}a$，所以

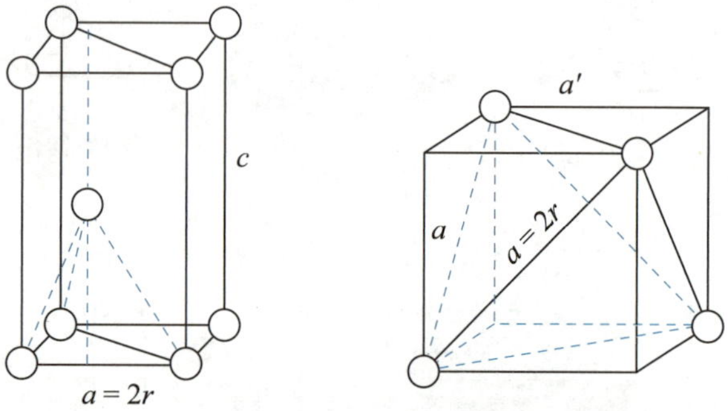

图 6-28　六方最密堆积晶胞结构示意图

$V_{晶胞}=\dfrac{\sqrt{3}}{2}a^2\times\dfrac{2\sqrt{6}}{3}a=\sqrt{2}a^3=8\sqrt{2}r^3$，$V_{球}=2\times\dfrac{4\pi}{3}r^3$（每个晶胞中有两个刚性球），空间利用率$=\dfrac{2\times\dfrac{4}{3}\pi r^3}{8\sqrt{2}r^3}\times 100\%=74.05\%$。

四、分子间作用力

1．极性分子和非极性分子

（1）分子的极性

由两个相同原子形成的单质分子，分子中只有非极性共价键，共用电子对不发生偏移，这种分子称为非极性分子。由两个不同原子形成的分子，如 HCl，由于氯原子对电子的吸引力大于氢原子，使共用电子对偏向氯原子一边，使氯原子一端显负电，氢原子一端显正电，在分子中形成正负两极，这种分子称为极性分子。双原子分子的极性大小可由键矩决定。

（2）分子的极性与键的极性的关系

在多原子分子中，分子的极性和键的极性有时并不一致，如果组成分子的化学键都是非极性键，且中心原子无孤电子对，则分子也没有极性，但在组成分子的化学键为极性键时，分子的极性就要取决于它的空间构型。如在 CO_2 分子中，氧的电负性大于碳，在 C=O 键中，共用电子对偏向氧，C=O 是极性键，但由于 CO_2 分子的空间结构是直线型对称的（O=C=O），两个 C=O 键的极性相互抵消，其正负电荷中心重合，因此 CO_2 是非极性分子。同样，在

CCl_4 中虽然 C−Cl 键有极性，但分子为对称的四面体空间构型，分子没有极性。可把键矩看成一个矢量，分子的极性取决于各键矩矢量加合的结果。

分子的偶极矩是衡量分子极性大小的物理量，分子偶极矩的数据可由实验测定。

2．永久偶极、诱导偶极和瞬间偶极

（1）永久偶极

极性分子的固有偶极称永久偶极。

（2）诱导偶极

非极性分子在外电场的作用下，可以变成具有一定偶极的极性分子，而极性分子在外电场作用下，其偶极也可以增大。在电场的影响下产生的偶极称为诱导偶极。

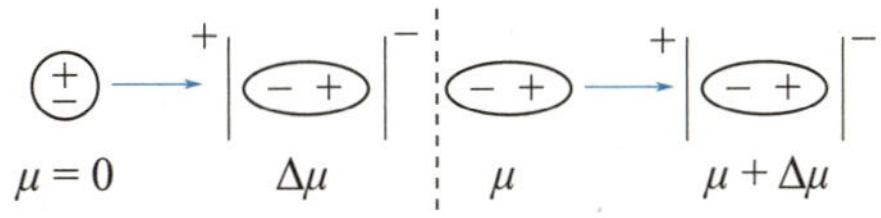

诱导偶极用 $\Delta\mu$ 表示，其强度大小和电场强度成正比，也和分子的变形性成正比。所谓分子的变形性，即为分子的正负电重心的可分程度，分子体积越大、电子越多，变形性越大。

（3）瞬间偶极

非极性分子无外电场时，由于运动、碰撞，原子核和电子的相对位置变化，其正负电重心可有瞬间的不重合；极性分子也会由于上述原因改变正负电重心。这种由于分子在一瞬间正负电重心不重合而造成的偶极叫瞬间偶极。瞬间偶极和分子的变形性大小有关。

3．分子间作用力（范德华力）

范德华力是分子间存在的一种较弱的相互作用，其强度大约只有几个到几十个 $kJ \cdot mol^{-1}$，比化学键的键能小 1 ～ 2 个数量级。气体分子能凝聚成液体或固体，主要就是靠分子间作用力。

范德华力有三种形式。

① 取向力：极性分子之间永久偶极与永久偶极之间的作用称为取向力。取向力仅存在于极性分子之间，且 $F \propto \mu^2$。

② 诱导力：诱导偶极与永久偶极之间的作用称为诱导力。极性分子作为电场，使非极性分子产生诱导偶极或使极性分子的偶极增大（也产生诱导偶极），这时诱导偶极与永久偶极之间形成诱导力，因此诱导力存在于极性分子与非极性分子之间，也存在于极性分子与极性分子之间。

③ 色散力：瞬间偶极与瞬间偶极之间的相互作用称为色散力。由于各种分子均有瞬间偶极，故色散力存在于极性分子与极性分子、极性分子与非极性分子及非极性分子与非极性分子之间。色散力不仅存在广泛，而且在分子间力中，色散力一般是最重要的。

4. 氢键

（1）氢键的形成

氢键的形成，主要是由偶极与偶极之间的静电吸引作用。当氢原子与电负性甚强的原子（如O、N、F等）结合时，因极化效应，其键间的电荷分布不均，氢原子变成近乎氢正离子状态。此时再与另一电负性甚强的原子（如 O、N、F等）相遇时，即发生静电吸引。因此结合可视为以氢离子为桥梁而形成的，故称为氢键。如下式中虚线所示。

A—H···B（其中 A、B 是 O、N 或 F 等电负性大且原子半径比较小的原子）

形成氢键时，给出氢原子的 A—H 基叫氢给予基，与氢原子配位的电负性较大的原子或基团 B 叫氢接受基，具有氢给予基的分子叫氢给予体。把氢键看作是由 B 给出电子向 H 配位，电子给予体 B 是氢接受体，电子接受体 A—H 是氢给予体。

氢键的形成，既可以是在一个分子内形成，也可以是在两个或多个分子间形成。例如水杨醛在其分子内形成了氢键，而氟化氢和甲醇则在其分子之间形成了氢键。

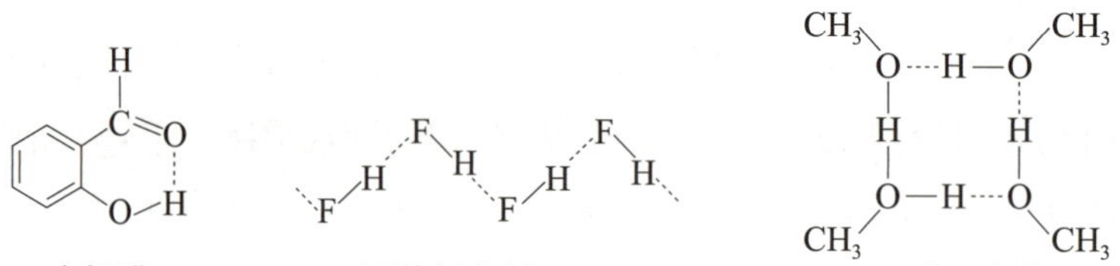

水杨醛　　固体氟化氢$(HF)_n$　　甲醇四聚体

分子内氢键和分子间氢键虽然本质相同，但前者是一个分子的缔合，后者是两个或多个分子的缔合体。因此，两者在相同条件下生成的难易程度不一定相同。一般来说，分子内氢键在非极性溶剂的稀溶液里也能存在，而分子间氢键几乎不能存在。因为在很稀的溶液里，两个或两个以上分子靠近是比较困难的，溶液越稀越困难，所以很难形成分子间氢键。

氢键并不限于在同类分子之间形成。不同类分子之间亦可形成氢键，如醇、醚、酮、胺等相混时，都能生成类似 O—H···O 状的氢键。例如，醇与胺相混合即形成下列形式的氢键：

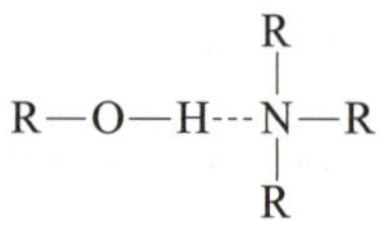

一般认为，在氢键 A—H···B 中，A—H 基本上是共价键，而 H···B 则是一种较弱的有方向性的范德华力。因为原子 A 的电负性较大，所以 A—H 的偶极矩比较大，使氢原子带有部分正电荷，而氢原子又没有内层电子，同时原子半径（约 30 pm）又很小，因而可以允许另一个带有部分负电荷的原子 B 来充分接近它，从而产生强烈的静电吸引作用，形成氢键。

（2）氢键的饱和性和方向性

氢键不同于范德华力，它具有饱和性和方向性。由于氢原子特别小而原子 A 和 B 比较大，所以 A—H 中的氢原子只能和一个 B 原子结合形成氢键。同时由于负离子之间的相互排斥，另一个电负性大的原子 B′ 就难以再接近氢原子。这就是氢键的饱和性。

氢键具有方向性则是由于偶极矩 A—H 与原子 B 之间的相互作用，只有当 A—H···B 在同一条直线上时最强，同时原子 B 一般含有未共用电子对，在可能范围内氢键的方向和未共用电子对的对称轴一致，这样可使原子 B 中负电荷分布最多的部分最接近氢原子，这样形成的氢键最稳定。

（3）影响氢键强弱的因素

不难看出，氢键的强弱与原子 A 与 B 的电负性大小有关。A、B 的电负性越大，则氢键越强；另外也与原子 B 的半径大小有关，即原子 B 的半径越小则越容易接近 A—H 中的氢原子，因此氢键越强，例如氟原子的电负性最大而半径很小，所以 F—H···F 是最强的氢键。在 F—H、O—H、N—H、C—H 系列中，形成氢键的能力随着与氢原子相结合的原子的电负性的降低而递降。碳原子的电负性很小，C—H 一般不能形成氢键，但在 H—C≡N 或 $HCCl_3$ 等分子中，由于氮原子和氯原子的影响，使碳原子的电负性增大，这时也可以形成氢键。例如 HCN 的分子之间可以生成氢键，三氯甲烷和丙酮之间也能生成氢键：

$$H{-}C{\equiv}N\cdots H{-}C{\equiv}N\cdots H{-}C{\equiv}N \qquad (CH_3)_2C{=}O\cdots HCCl_3$$

（4）氢键对物质性质的影响

氢键作为把分子彼此连接起来的一种很强的力，若在晶体内分子之间形成氢键，则晶体硬度增大，同时熔点有升高的倾向，分子间以氢键相连的化合物，其晶体的硬度和熔点介于离子晶体和由范德华力形成的分子晶体之间。对于液体，分子间氢键也能将构成液体的分子连接起来，使液体的黏度和表面张力增加，沸点升高。当某种分子能与水（溶剂）形成分子间氢键时，则该分子易溶于水（溶剂）。若某种分子能形成分子内氢键，则与水（溶剂）难以形成分子间氢键，因而这种分子难溶于水（溶剂）。同样由于分子形成分子内氢键，分子之间不再缔合而凝聚力较小，因此这种化合物容易汽化，沸点偏低。例如，硝基苯酚的三个异构体，其中邻硝基苯酚能形成分子内氢键，不能再与其他邻硝基苯酚分子和水分子生成分子间氢键，因此邻硝基苯酚容易挥发且不溶于水，间和对硝基苯酚不仅分子之间能生成氢键，且与水分子之间也能生成氢键。由于分子间氢键能够降低物质的蒸气压，利用它们的这种差别，可用水蒸气蒸馏方法将邻位异构体与间、对位异构体分开。

对硝基苯酚：有分子间氢键
熔点113~114℃

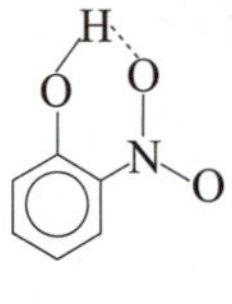

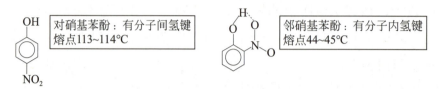

邻硝基苯酚：有分子内氢键
熔点44~45℃

分子间和分子内氢键的不同不仅影响物质的物理性质，也对它们的化学性质和化学反应等产生影响。另外，分子能否生成氢键，对其性质的影响更大。

【例 6-1】实验测得某些离子型二元化合物的熔点如下表所示，试从晶格能的变化来讨论化合物熔点随离子半径、电荷变化的规律。

化合物	NaF	NaCl	NaBr	NaI	KCl	RbCl	CaO	BaO
熔点 /K	1265	1074	1020	935	1041	990	2843	2173

【解析】离子晶体熔点主要由晶格能决定，晶格能越大熔点越高。而晶格能又和阴、阳离子电荷及半径有关，晶格能$\propto\dfrac{Z^+Z^-}{r_+ + r_-}$。据此分下列几种情况讨论。

（1）对于 NaF、NaCl、NaBr、NaI，其阳离子均为 Na^+，阴离子电荷相同而阴离子半径大小为：$r(F^-)<r(Cl^-)<r(Br^-)<r(I^-)$，晶格能大小为 NaF > NaCl > NaBr > NaI，所以，熔点高低也是 NaF > NaCl > NaBr > NaI。

（2）对于 NaCl、KCl、RbCl，其阴离子均为 Cl^-，而阳离子电荷相同，离子半径：$r(Na^+)<r(K^+)<r(Rb^+)$，则晶格能：NaCl>KCl>RbCl。同理，CaO 熔点高于 BaO。

（3）对于 NaF 与 CaO，由于它们的阴、阳离子距离差不多 [d(NaF) = 231 pm d(CaO) = 239 pm]，故晶格能的大小决定于离子电荷数，CaO 的阴、阳离子电荷数均为 2，而 NaF 均为 1，则 CaO 的晶格能比 NaF 大，所以 CaO 熔点高于 NaF。同理 BaO 的熔点高于 NaCl。

因此，离子晶体的熔点，随阴、阳离子电荷的增大和离子半径的减小而升高。

【例 6-2】已知 Fe_xO 晶体的晶胞结构为 NaCl 型，由于晶体缺陷，x 的值小于 1。测知 Fe_xO 晶体密度 ρ 为 5.71 g · cm^{-3}，晶胞棱长为 4.28×10^{-10} m（铁原子量为 55.9，氧原子量为 16.0）。

（1）求 Fe_xO 中 x 的值（精确至 0.01）。

（2）晶体中的 Fe 分别为 Fe^{2+} 和 Fe^{3+}，在 Fe^{2+} 和 Fe^{3+} 的总数中，Fe^{2+} 所占分数为多少（精确至 0.001）？

（3）写出此晶体的化学式。

（4）描述 Fe 在此晶体中占据空隙的几何形状（即与 O^{2-} 距离最近且等距离的铁离子围成的空间形状）。

（5）在晶体中，铁元素的离子间最短距离为多少？

【解析】（1）由 NaCl 晶胞结构可知，1 mol NaCl 晶胞中含有 4 mol NaCl，故在 Fe_xO 晶体中，1 mol Fe_xO 晶胞中含有 4 mol Fe_xO。设 Fe_xO 的摩尔质量为 M g · mol^{-1}，晶胞的体积为 V。则有：$4M=\rho VN_A$，代入数据解得 $M=67.4$ g · mol^{-1}，则 $x=0.92$。

（2）设 Fe^{2+} 为 y 个，则 Fe^{3+} 为 $(0.92-y)$ 个，由正负化合价代数和为零可得 $2y+3(0.92-y)=2$，则 $y=0.76$。

（3）由于 Fe^{2+} 为 0.76 个，则 Fe^{3+} 为（0.92−0.76）= 0.16 个，故化学式为 $Fe^{2+}_{0.76}Fe^{3+}_{0.16}O^{2-}$。

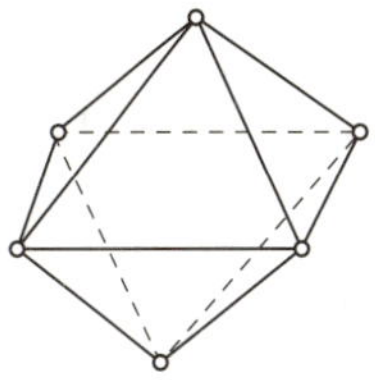

（4）与 O^{2-} 距离最近且等距离的铁离子有 6 个，这 6 个铁离子所围成的几何形状如图所示。由图可知 Fe 在晶体中占据空隙的几何形状为正八面体。

（5）晶体中 Fe—Fe 最短距离 $r=\dfrac{\sqrt{2}}{2}\times$ 晶胞棱长 $=3.03\times10^{-10}$ m。

【例 6-3】 某同学在学习等径球最密堆积（立方最密堆积 A_1 和六方最密堆积 A_3）后，提出了另一种最密堆积形式 A_x。如右图所示为 A_x 堆积的片层形式，然后第二层就堆积在第一层的空隙上。请根据 A_x 的堆积形式回答：

（1）计算在片层结构中（如图所示）球数、空隙数和切点数之比。

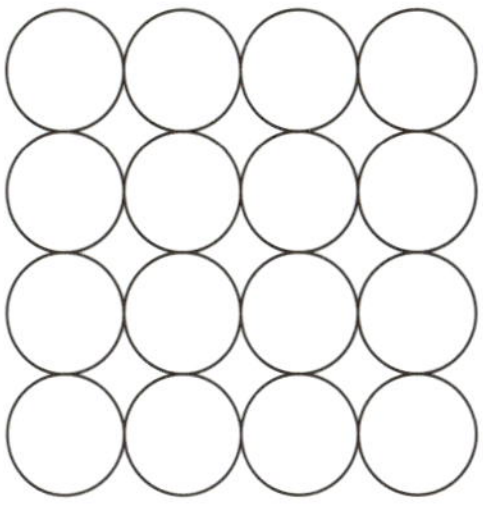

（2）在 A_x 堆积中将会形成正八面体空隙和正四面体空隙。请在片层图中画出正八面体空隙（用 • 表示）和正四面体空隙（用 × 表示）的投影，并确定球数、正八面体空隙数和正四面体空隙数之比。

（3）指出 A_x 堆积中小球的配位数。

（4）计算 A_x 堆积的原子空间利用率。

（5）计算正八面体和正四面体空隙半径（可填充小球的最大半径，设等径小球的半径为 r）。

（6）已知金属 Ni 晶体结构为 A_x 堆积形式，Ni 原子半径为 124.6 pm，计算金属 Ni 的密度（Ni 的原子量为 58.70）。

（7）如果 CuH 晶体中 Cu^{+} 的堆积形式为 A_x 型，H^{-} 填充在空隙中，且配位数是 4，则 H^{-} 填充的是哪一类空隙，占有率是多少？

（8）当该同学将这种 A_x 堆积形式告诉老师时，老师说 A_x 就是 A_1 或 A_3 的某一种。你认为是哪一种，为什么？

【解析】（1）一个球参与四个空隙，一个空隙由四个球围成；一个球参与四个切点，一个切点由两个球共用。则球数、空隙数、切点数之比为 1∶1∶2。

（2）在第一层上堆积第二层时，要形成最密堆积，必须把球放在第二层的空隙上，这样，仅有一半的三角空隙中放进了球，这一半的三角空隙就形成了四面体空隙；另一半的三角空隙仍然空着，但这样的三角空隙被六个球所包围，实际上形成了八面体空隙（如右图所示）。所以，片层中正八面体空隙（用•表示）和正四面体空隙（用 × 表示）的投影如右图所示。所以，球数、正八面体空隙数和正四面体空隙数之比为 1∶1∶2。

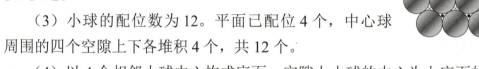

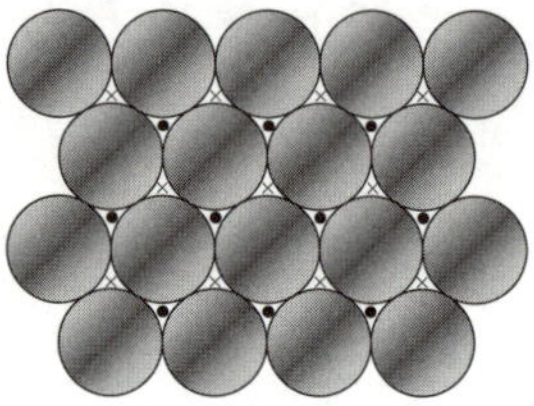

（3）小球的配位数为 12。平面已配位 4 个，中心球周围的四个空隙上下各堆积 4 个，共 12 个。

（4）以 4 个相邻小球中心构成底面，空隙上小球的中心为上底面的中心构成正四棱柱，设小球半径为 r，则正四棱柱边长为 $2r$，高为$\sqrt{2}r$，共包括 1 个小球（4 个 1/8，1 个 1/2），空间利用率为$\dfrac{4\pi r^3/3}{(2r)^2\times\sqrt{2}r}=74.05\%$。

（5）正八面体空隙为 $0.414r$，正四面体空隙为 $0.225r$。

（6）根据第（4）题，正四棱柱质量为 $(58.70/N_A)$ g，体积为 1.094×10^{-23} cm^3。因此 $\rho=8.91$ g • cm^{-3}。

（7）H^{-} 填充在正四面体空隙，占有率为 50% 正四面体为 4 配位，正八面体为 6 配位，且正四面体空隙数为小球数的 2 倍。

（8）A_x 就是 A_1，取一个中心小球周围的 4 个小球的中心为顶点构成正方形，然后上面再取两层，就是顶点面心的堆积形式。底面一层和第三层中心小球是面心，周围四小球是顶点，第二层四小球（四个空隙上）是侧面心，也可以以相邻四小球为正方形边的中点（顶点为正八面体空隙），再取两层，构成与上面同样大小的正方体，小球位于体心和棱心，实际上与顶点面心差 1/2 单位。

【典型赛题赏析】

【赛题 1】（1990 年安徽省赛题）决定晶体中阳离子配位数的因素很多，在许多场合下，半径比 r_+/r_- 往往起着重要的作用。试以氯化铯（图 1）、氯化钠（图 3）、硫化锌（图 5）三种晶体为例，计算 r_+/r_-，并总结晶体中离子半径比与配位数关系的规律。

（1）氯化铯从图 1 沿 AB 到 CD 作一切面，得图 2，设 $AB=CD=a=2r_-$。

（2）氯化钠从图 3 取一个平面，得图 4，设 $ab=bc=2(r_++r_-)$，$ac=4r_-$。

（3）将硫化锌（闪锌矿）正方体分成八块小正方体，取左下角一块（见图 6），内含一个四面体（见图 7），将图 6 沿 QL 和 QP 作一切面，得图 8，设 $OQ=LP=2r_-$。

（4）指出晶体中离子半径比 r_+/r_- 与配位数的关系，并加以说明。

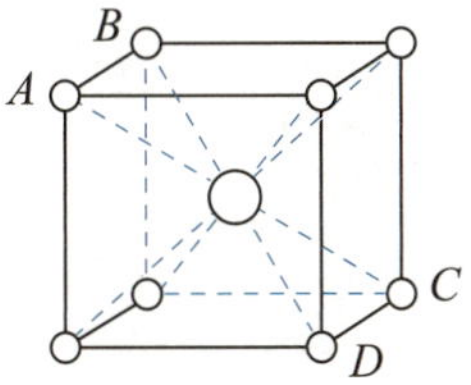

图 1

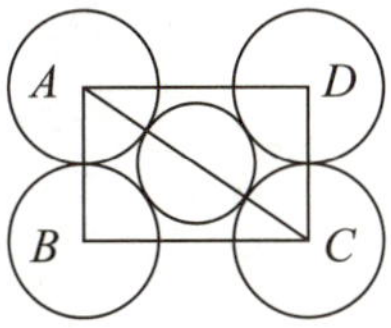

图 2

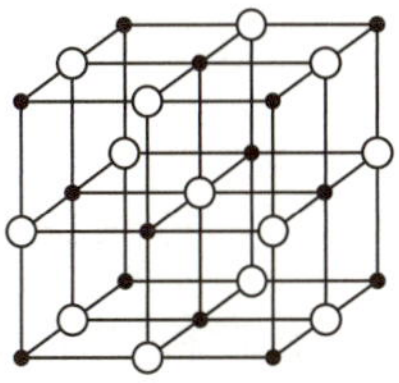
图 3

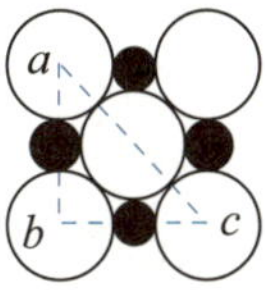

图 4

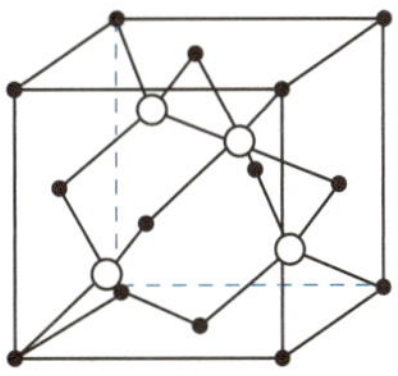
图 5

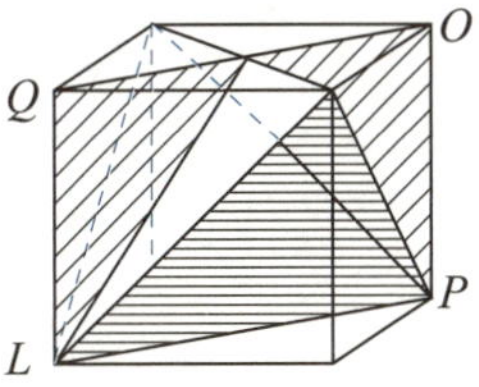

图 6

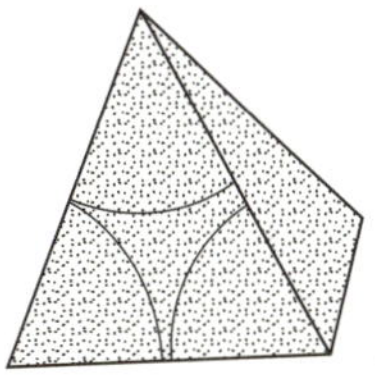
图 7

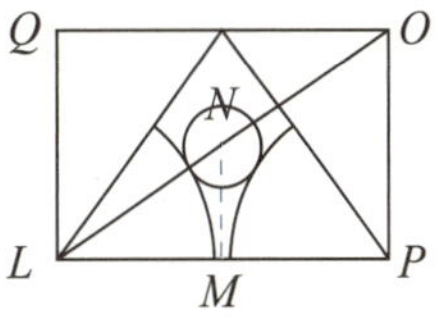

图 8

【解析】（1）因为 $AB=CD=a=2r_-$，所以 $AD^2=BC^2=a^2+a^2=2a^2$，由此得 $AC=\sqrt{AB^2+BC^2}=\sqrt{a^2+2a^2}=\sqrt{3}a=2r_++2r_-$。

因为 $a=2r_-$，所以 $r_+/r_-=\sqrt{3}-1=0.732$。

（2）由 $ab^2+bc^2=ac^2$ 得 $8(r_++r_-)^2=16r_-^2$，化简得 $r_++r_-=\sqrt{2}r_-$；所以 $r_+/r_-=\sqrt{2}-1=0.414$。

（3）$OP=QL=2r_-\sin45°=\sqrt{2}\,r_-$； $MN=\dfrac{\sqrt{2}}{2}r_-$， 由 $LM^2+MN^2=LN^2$ 有 $r_-^2+(\dfrac{\sqrt{2}}{2}r_-)^2=(r_++r_-)^2$，即 $LN=\dfrac{\sqrt{6}}{2}r_-=r_++r_-$，所以 $r_+=(\dfrac{\sqrt{6}}{2}-1)r_-$；$r_+/r_-=\dfrac{\sqrt{6}}{2}-1=0.225$。

（4）上述计算结果是在假设同性电荷离子紧靠情况下得出的。欲使晶体稳定，必然要考虑同性电荷离子排斥力平衡，如 NaCl 晶体中，$r_+/r_-=0.414$ 时，正、负离子直接接触，负离子也相互接触，当 $r_+/r_- > 0.414$ 时，负离子间接触不良，而正、负离子之间相互接触，吸引力较强。这种结构较为稳定，当 $r_+/r_- < 0.414$ 时，负离子之间相互接触，而正、负离子之间接触不良，离子间排斥作用较大，这种结构不易稳定存在，使晶体中离子的配位数降低。故离子半径比与配位数的规律如下：r_+/r_- 在 0.225~0.414 间，配位数为 4；在 0.414~0.732 间，配位数为 6；在 0.732 以上，配位数为 8（大于某数的配位数还可再增大）。

【赛题 2】（2015 年全国初赛题）有一类复合氧化物具有奇特的性质：受热密度不降反升。这类复合氧化物的理想结构属立方晶系，晶胞示意图如右。图中八面体中心是锆原子，位于晶胞的顶角和面心；四面体中心是钨原子，均在晶胞中。八面体和四面体之间通过共用顶点（氧原子）连接。锆和钨的氧化数分别等于它们在周期表里的族数。

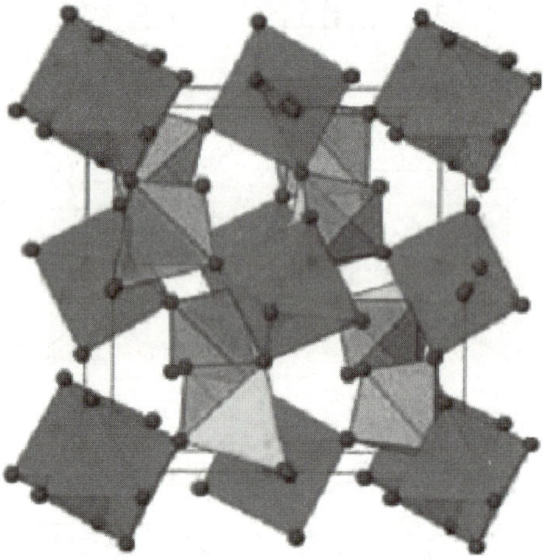

（1）写出晶胞中锆原子和钨原子的数目。

（2）写出这种复合氧化物的化学式。

（3）晶体中，氧原子的化学环境有几种？各是什么类型？在一个晶胞中各有多少？

（4）已知晶胞参数 $a=0.916$ nm，计算该晶体的密度（以 $g\cdot cm^{-3}$ 为单位）。

【解析】对于立方晶系而言：$a=b=c$，$\alpha=\beta=\gamma=90°$，即晶胞参数为 a。八面体中心是锆原子，位于晶胞的顶点和面心，很明显，八个顶点，六个面心，晶胞中应该有 14 个锆原子；四面体中心是钨原子，均在晶胞中，很明显，应该有 8 个这样的四面体，即晶胞中有八个钨原子。至于题中提到的八面体和四面体，读者可以从如下几个图像得到一点点启示：

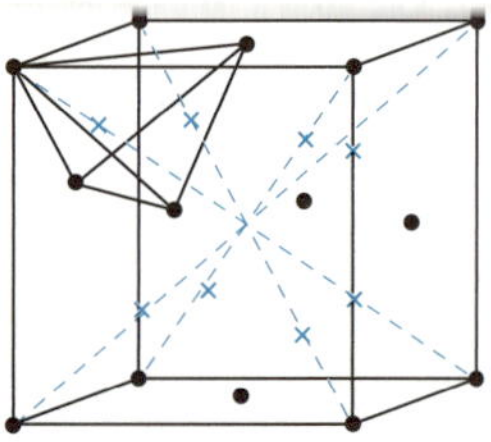

图 1

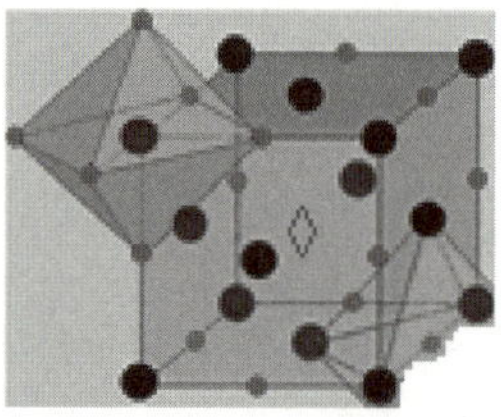

图 2

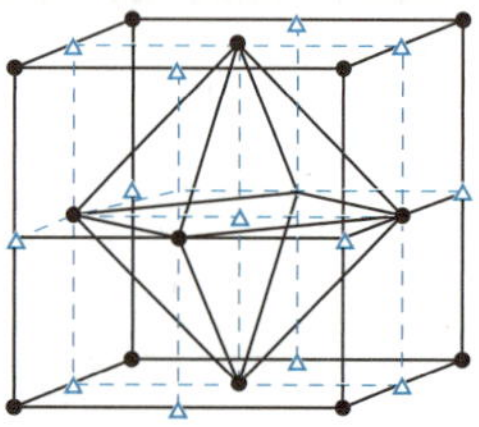

图 3

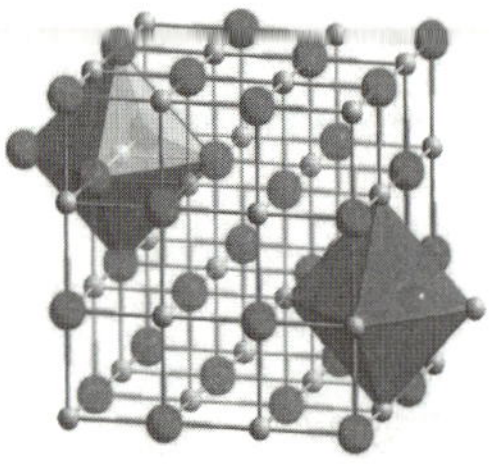

图 4

如图 1 所示，可以想象四面体空隙，晶胞体对角线的 1/4 点，恰好就是钨原子的位置，8 个这样的点，代表八个正四面体；八面体的想象图可以参考 NaCl 晶胞，图 2 所示的顶角就是八面体的中心；至于面心的八面体，则可参考图 3，将上图右中的八面体上下左右前后平衡，就正好形成 6 个面心的八面体，如图 4 所示。通过以上的想象过渡，应该不难想象出该复合氧化物中 O 原子的分布，氧原子有两种类型：桥氧和端氧，桥氧 24 个，端氧 8 个，这样，计算出晶胞中 Zr∶W∶O（原子个数比）=(8×1/8+6×1/2)∶8∶32=1∶2∶8，即该复合氧化物的化学式为 ZrW_2O_8。

（1）14 个锆原子，8 个钨原子。

（2）ZrW_2O_8。

（3）氧原子有两种类型：桥氧和端氧，桥氧 24 个，端氧 8 个。

（4）$\rho = zM/(V_cN_A) = [4\times(91.22+183.8\times2+16.00\times8)\ g\cdot mol^{-1}]/(V_cN_A)$

$= 4\times586.8\ g\cdot mol^{-1}/(0.9163\times10^{-21}\ cm^3\times6.022\times10^{23}\ mol^{-1})$

$= 5.07\ g\cdot cm^{-3}$。

【赛题 3】（2001 年全国初赛题）研究离子晶体，常考察以一个离子为中心，其周围不同距离的离子对它的吸引或排斥的静电作用力。设氯化钠晶体中钠离子跟离它最近的氯离子之间的距离为 d，以钠离子为中心，则：

（1）第二层离子有____个，离中心离子的距离为____d，它们是____离子。

（2）已知在晶体中 Na^+ 的半径为 116 pm，Cl^- 的半径为 167 pm，它们在晶体中是紧密接触的。求离子占据整个晶体空间的百分数。

（3）纳米材料的表面原子占总原子数的比例极大，这是它具有许多特殊性质的原因，假设某氯化钠纳米颗粒的大小和形状恰等于氯化钠晶胞的大小和形状，求这种纳米颗粒的表面原子占总原子数的百分比。

（4）假设某氯化钠颗粒形状为立方体，棱长为氯化钠晶胞棱长的 10 倍，试估算表面原子占总原子数的百分比。

【解析】首先要了解 NaCl 的晶胞（如下图）。

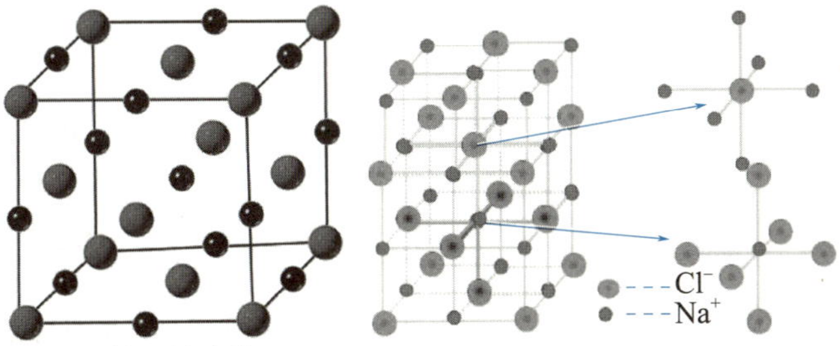

NaCl的三维点阵

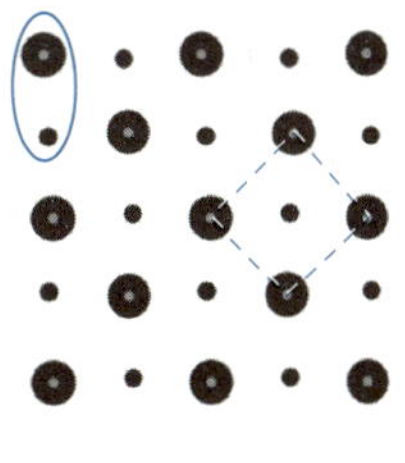
NaCl的二维点阵

这样可以清晰地看出，每个 Na^+ 周围均有 6 个等距的 Cl^-，组成正八面体，每个 Na^+ 周围均有 12 个等距的 Na^+，分别处在以 Na^+ 为中心的三个两两垂直的平面上，每个平面 4 个，组成 14 面体；同理，每个 Cl^- 周围均有 6 个等距的 Na^+，组成正八面体，每个 Cl^- 周围均有 12 个等距的 Cl^-，分别处在以 Cl^- 为中心的三个平面上，每个平面 4 个，组成 14 面体。

（1）以钠离子为中心，则第二层离子有 12 个，离中心离子的距离为 $\sqrt{2}d$，它们是 Na^+。

（2）很明显，晶胞体积 $V = [2 \times (116\ \text{pm} + 167\ \text{pm})]^3 = 181 \times 106\ \text{pm}^3$，每个晶胞中含有 4 个 Na^+，4 个 Cl^-，因此，晶胞中离子实际占有的体积 $V' = 4 \times (4/3)\pi \times (116\ \text{pm})^3 + 4 \times (4/3)\pi \times (167\ \text{pm})^3 = 104 \times 10^6\ \text{pm}^3$。所以，离子占据整个晶体空间的百分数 $= V'/V = 57.5\%$。

（3）以一个完整的 NaCl 晶胞为研究对象，表面原子为 8（顶角）+6（面心）+12（棱心）=26 个原子，总原子数为 8（顶角）+6（面心）+12（棱心）+1（体心）=27，因此，表面原子占总原子数的百分数 = 26/27 × 100% = 96%；

（4）氯化钠颗粒形状为立方体，观察后发现，晶胞中全部原子数为 $3^3 = 27$，为了便于分析，画出 NaCl 晶体的二维点阵图（如右图所示），以 A 为中心，若晶胞参数为 a，则原子数为 3^3；若棱长变为 $2a$（如图），原子总数为 5^3；若棱长变为 $3a$（如图），原子总数为 7^3；发现了点阵中的规律，题中要求“棱长为氯化钠晶胞边长的 10 倍”就不难分析计算了。

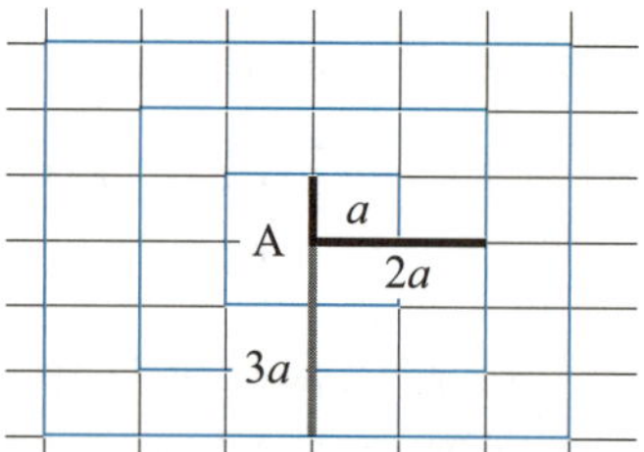

计算分两个步骤：

步骤一：计算表面原子数。可用 $n = 2$、3 的晶胞聚合体建立模型，得出计算公式，用以计算 $n = 10$。例如，计算公式为

$$8 + [(n-1) \times 12] + (n \times 12) + [(n-1)^2 \times 6] + (n^2 \times 6) + [(n-1) \times n \times 2 \times 6]$$

顶点　棱上棱交点　棱上棱心　面上棱交点　面上面心　　面上棱心

代入 $n = 10$，得表面原子总数为 2402。

步骤二：计算晶胞聚合体总原子数：

$n^3 \times 8 + 8 \times 7/8 + [(n-1) \times 12] \times 3/4 + (n \times 12) \times 3/4 + [(n-1)^2 \times 6]/2 + [n^2 \times 6]/2 + [(n-1) \times n \times 2 \times 6]/2 = 8000 + 7 + 81 + 90 + 243 + 300 + 540 = 9261$。表面原子占总原子数的百分数：(2402/9261) × 100% = 26%。

【赛题 4】（2003 年全国初赛题）2003 年 3 月日本筑波材料科学国家实验室一个研究小组发现首例带结晶水的晶体在 5 K 下呈现超导性。据报道，该

晶体的化学式为 $Na_{0.35}CoO_2 \cdot 1.3H_2O$，具有……-$CoO_2$-$H_2O$-Na-$H_2O$-$CoO_2$-$H_2O$-Na-$H_2O$-……层状结构；在以“$CoO_2$”为最简式表示的二维结构中，钴原子和氧原子呈周期性排列，钴原子被 4 个氧原子包围，Co—O 键等长。

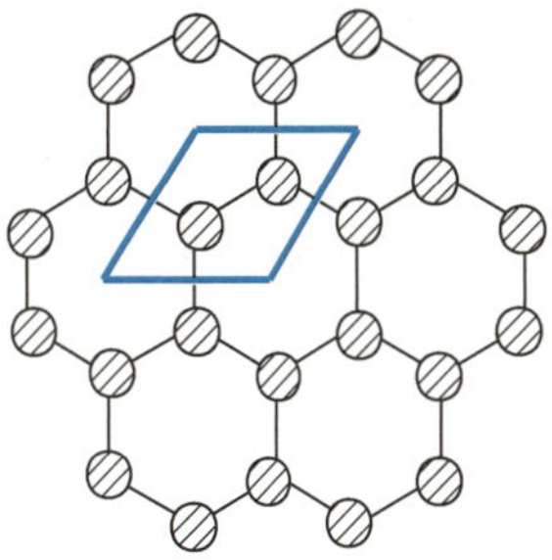

（1）钴原子的平均氧化态为____。

（2）以◎代表氧原子，以◎代表钴原子，画出 CoO_2 层的结构，用粗线画出两种二维晶胞。可供参考的范例：石墨的二维晶胞是图中用粗线围拢的平行四边形。

（3）据报道，该晶体是以 $Na_{0.7}CoO_2$ 为起始物，先跟溴反应，然后用水洗涤而得到的。写出起始物和溴的反应方程式。

【解析】（1）根据化学式为 $Na_{0.35}CoO_2 \cdot 1.3H_2O$，考虑 Na、O、H 的氧化态分别为 +1、−2、+1，可以求出 Co 的氧化态为 +3.65；

（2）$Na_{0.35}CoO_2 \cdot 1.3H_2O$ 具有……-CoO_2-H_2O-Na-H_2O-CoO_2-H_2O-Na-H_2O-……层状结构；显然，晶体的重复单元是“-CoO_2-H_2O-Na-H_2O-”，在以“CoO_2”为最简式表示的二维结构中，钴原子和氧原子呈周期性排列，钴原子被 4 个氧原子包围，Co—O 键等长。考虑到“晶胞具有平移性，而且必须符合化学式”，这样，可以画出 CoO_2 的二维点阵图如图 a 或图 b：

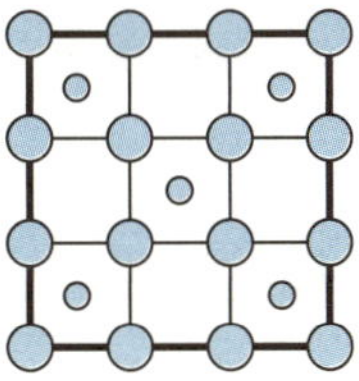

图 a

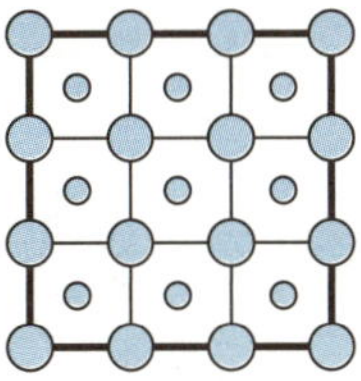

图 b

如果以图 a 为二维点阵，对应的二维晶胞可以为 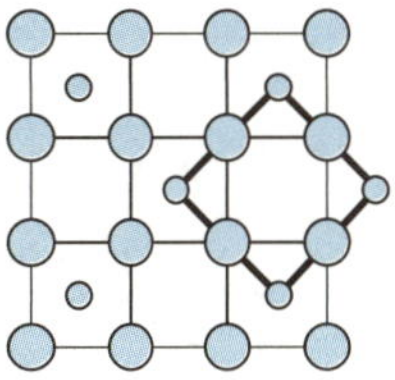、

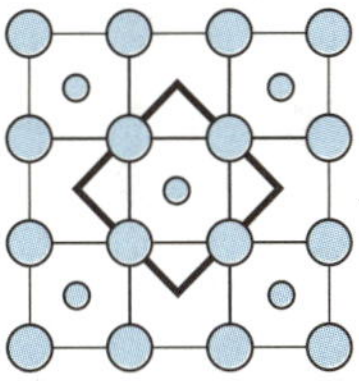、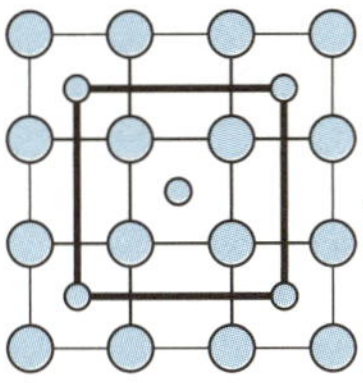、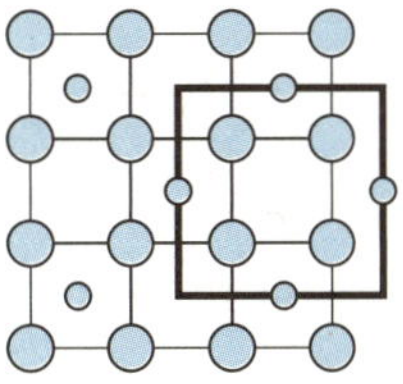，但若将二维晶胞画成

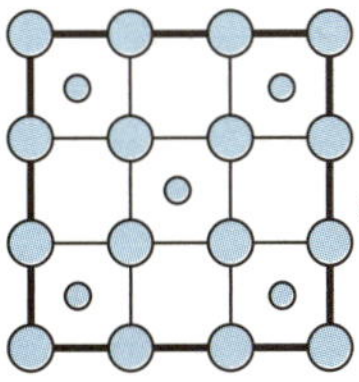，是不对的，因为不符合化学式 CoO_2；如果以图 b 为二维点阵，

无法画出对应的二维晶胞，如 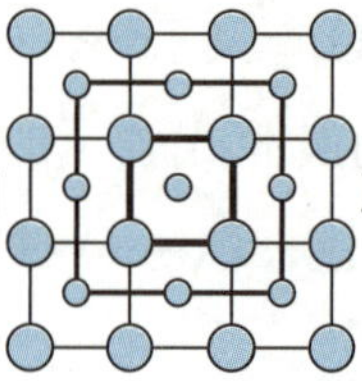 或 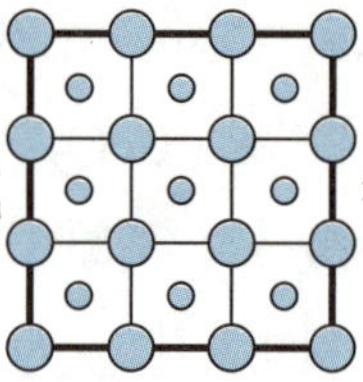 都不能符合化学式 CoO_2。

（3）$Na_{0.7}CoO_2 + 0.35/2Br_2 \xlongequal{} Na_{0.35}CoO_2 + 0.35NaBr$。

【赛题 5】（2019 年全国初赛题）某晶体属六方晶系，晶胞参数 $a=0.4780$ nm，$c=0.7800$ nm。晶胞沿不同方向投影图如下，其中深色小球代表 A 原子，浅色大球代表 B 原子（化学环境完全等同）。已知 A_2 原子的坐标参数为 (0.8300,0.1700,0.2500)，B_1 原子沿 c 方向原子参数 $z=0.0630$。

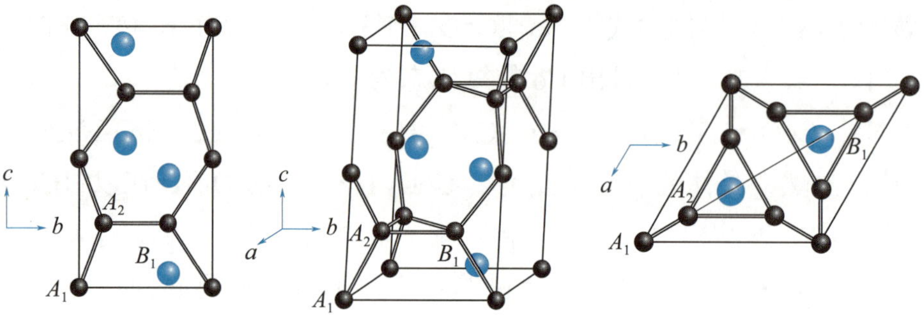

（1）写出该晶体的化学式。

（2）写出位于晶胞顶点和棱上的 A 原子的坐标参数；计算 A_1-A_2 的距离。

（3）写出所有 B 的晶胞参数。

（4）若将晶胞顶点和棱上的 A 被另一种原子 C 替换，写出所得晶体的化学式。

【解析】（1）首先看第二幅图，以整个晶胞为研究对象，发现 A 原子个数为体内（6 个）+ 顶点（$8\times1/8=1$）+ 棱上（$4\times1/4=1$）$=8$，而 B 原子个数为体内 4，所以，晶胞分子式为 A_8B_4，对应的化学式为 A_2B。

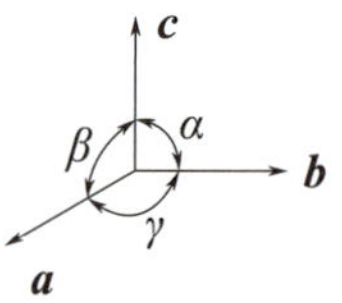

（2）根据题给的“六方晶系”信息和对应六方晶胞的结构特征，重点观察投影图，并将投影图与六方晶胞的晶胞参数对应起来。六方晶系中 $a=b\neq c$，$\alpha=\beta=90°$，$\gamma=120°$，即晶胞参数为 a、c，六方晶胞中的两条体对角线长度是不相等的，由此计算前后两处的 A_1-A_2 间的距离显然也不相等。而根据晶胞这两处的距离相等，所以，此处只能粗略计算。

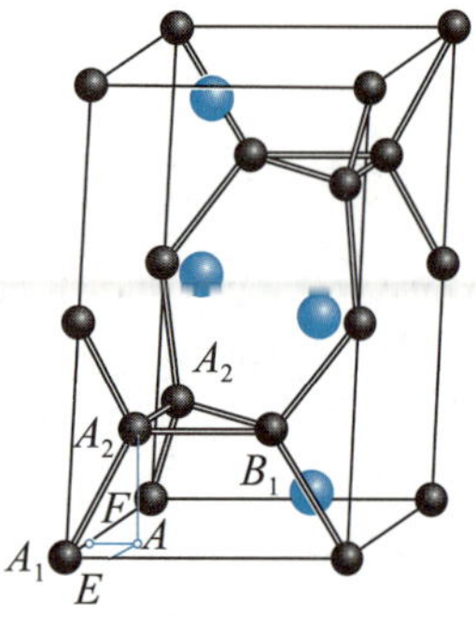

图 1

① 按长对角线来计算 A_1-A_2 间的距离：如图 1，A 是

A_2 在底面的投影，以 A 和 A_1 组成的菱形 A_1EAF，一组邻角分别为 120°和 60°。

根据 A_2 原子的坐标参数为 (0.8300,0.1700,0.2500)，可知：

$AA_2 = 0.25c$，$A_1E = 0.17a$，$A_1F = a-0.83a = 0.17a$，$a = 0.4780$ nm，$c = 0.7800$ nm。

边长 A_1E 等均为 0.17a。那么，可以通过余弦定理（如图 2 所示）$a^2=b^2+c^2-2bc\times\cos A$，$AA_1$ 之间的距离即对角线的长度$=\sqrt{(00.17a)^2+(00.17a)^2-2\times(00.17a)^2\cos120^\circ}=0.17\sqrt{3}\,a$。

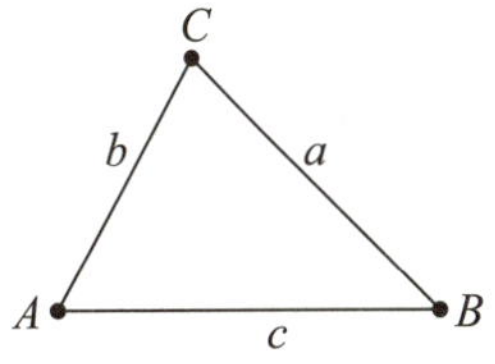

图 2

所以 A_1-A_2 间的距离 $=[(0.17\sqrt{3}\,a)^2+(0.25c)^2]^{1/2}$nm

$=[3\times(0.17\times0.4780)^2+(0.25\times0.7800)^2]^{1/2}$nm

$=0.2405$nm。

② 按短对角线来计算 A_1-A_2 间的距离：底面短对角线的长度为 0.17a，所以 A_1-A_2 间的距离 $=[(0.17a)^2+(0.25c)^2]^{1/2}=0.2113$ nm。

③ 若是四方晶系，A_1-A_2 间的距离 $=0.25(c^2+2a^2)^{1/2}=0.25\times(0.7800^2+2\times0.4780^2)^{1/2}$ nm $=0.2580$ nm。

显然，题中已经明确告知是六方晶系，不能按③计算，题干中第二幅图应该是长对角线，最好不要按②计算，所以，A 原子的坐标参数为 (0,0,0)；(0,0,1/2)；A_1-A_2 的距离为 0.2405 nm。

（3）如图 3，根据俯视图可知，B_1 处于后方且 B_1 和 B_2、B_3 和 B_4 分别处于同一与底面垂直的直线上。在 a、b 上的坐标不必说明。在 c 上的坐标：晶胞中 B_1 为 0.0630，B_4 为 (1−0.0630)；根据主视图可知，B_3 和 B_2 不在同一与底面平行的平面上，B_2 下降 0.0630 即 (0.5000−0.0630)，B_3 上提 0.0630 即 (0.5000＋0.0630)。因此，B 的坐标参数分别为 (1/3,2/3,0.0630)；(1/3,2/3,0.4370)；(2/3,1/3,0.5630)；(2/3,1/3,0.9370)。

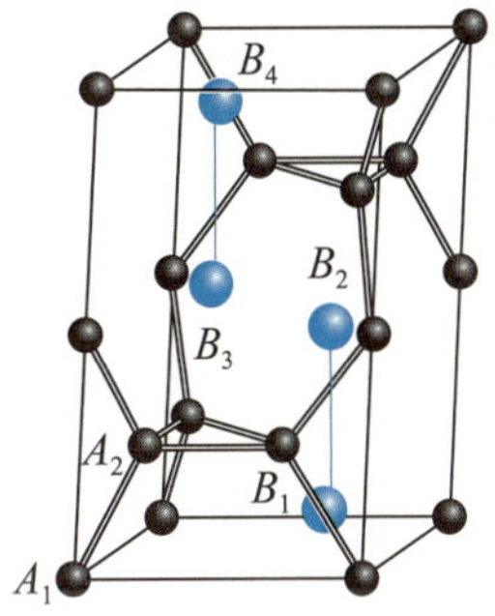

图 3

（4）晶胞中顶点和棱上 A 被 C 替换，则有 2 个 C 原子，体内有 6 个 A 原子和 4 个 B 原子，所以所得晶体的化学式为 A_3B_2C。

【赛题 6】（2009 年冬令营全国决赛题）金属 Li 在常温常压下与 N_2 反应生成红棕色的离子化合物 α-Li_3N，该晶体有良好的导电性，具有潜在应用价值。X- 射线衍射分析确定，α-Li_3N 晶体是由 Li_2N^- 平面层和非密置的 Li^+ 层交替叠加而成，其中 Li_2N^- 平面层中的 Li^+ 如同六方石墨层中的 C 原子，N^{3-} 处在六元环的中心，N-N 间的距离为 364.8 pm。非密置层中的 Li^+ 及上下 Li_2N^- 层中的 N^{3-} 呈直线相连，N-Li-N 长度为 387.5 pm。已知 N^{3-} 和 Li^+ 半径分别为 146 pm

和 59 pm。请回答下列问题。（原子量：Li 6.94；O 16.00；Ti 47.88）

（1）分别画出 Li_2N^- 层的结构，最小重复单位以及 α-Li_3N 的晶胞。

（2）确定该晶体的结构基元、点阵形式以及 N^{3-} 的 Li^+ 配位数。

（3）计算 Li_2N^- 层 Li-N 距离。

（4）通过计算说明 α-Li_3N 晶体导电的原因。假如 N^{3-} 作六方最密堆积 (hcp)，指出 Li^+ 占据空隙类型及占据百分数，回答该结构的 Li_3N 能否导电，简述理由。

（5）金属 Li 在高温下与 TiO_2 反应可生成多种晶型的 $LiTi_2O_4$，其中尖晶石型 $LiTi_2O_4$ 为面心立方结构，O^{2-} 作立方最密堆积 (ccp)，若 Li^+ 有序地占据四面体空隙，Ti^{4+} 和 Ti^{3+} 占据八面体空隙。已知晶胞参数 $a = 840.5$ pm，晶体密度 $D = 3.730\ g \cdot cm^{-3}$。请分别计算晶胞中所含原子数目和 O^{2-} 离子半径的最大可能值。若不计其他离子，给出以 Li^+ 为顶点的最小单位。

【解析】本题对考生的晶体结构的基本知识，空间想象能力，空间计算能力等进行了考查。

（1）图 1 画出了 Li_2N^- 层的平面结构、最小重复单位；图 2 为 α-Li_3N 的晶胞图（白色球代表 N^{3-}，黑色球代表 Li^+）。

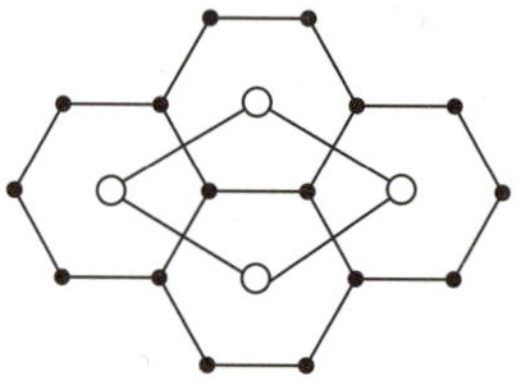

图 1

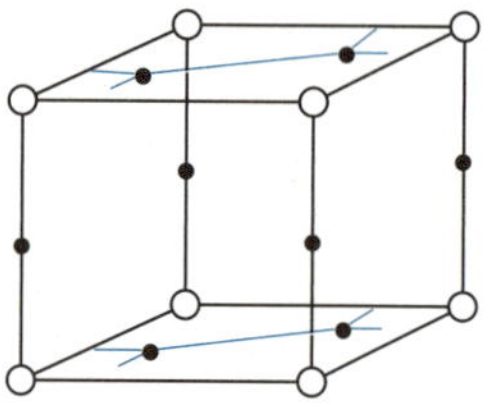

图 2

（2）结构基元为 1 个 α-Li_3N，点阵形式为简单六方点阵，N^{3-} 的 Li^+ 配位数为 8。

（3）由 Li_2N^- 平面层中原子分布和画出的结构可做如下计算：

$$\text{层中 Li-N 间距离} = \frac{\frac{1}{2}d_{N-H}}{\cos 30^\circ} = \frac{\frac{1}{2}\times 364.8\ \text{pm}}{\cos 30^\circ} = 210.6\ \text{pm}。$$

（4）能够使离子导电必须满足两个条件：①存在未填充的空隙；②离子可以在空隙间迁移。已知 N^{3-} 半径为 146 pm，N-N 间距离为 364.8 pm，显然 N-N 层间距离远大于 2 个 N^{3-} 半径之和（292 pm），因此 N^{3-} 的堆积是非密置的。由 N-N 层间距离和 N^{3-} 半径数据可计算出 Li_2N^- 层中 3 个 N^{3-} 组成的三角形的自由孔径为 $\frac{2}{3}\times d_{N-H}\times\sin 60^\circ - r_{N^{3-}} = \frac{2}{3}\times 364.8\ \text{pm}\times\sin 60^\circ - 146\ \text{pm} = 64.6\ \text{pm}$（或者利用前面计算得到的 Li-N 距离 210.6 pm，直接得出 210.6−146 = 64.6 pm）。此自由孔径大于 Li^+ 的半径，所以 Li^+ 可以出入此类空隙；另外，Li^+ 层是非密置的，其空隙更大，Li^+ 也可以在层间迁移。而对于 hcp 堆积结构，因为球数∶八面体空隙数∶四面体空隙数 = 1∶1∶2（并不要求推出此比值，直接给出此比值就好），

由化学式 Li_3N 可知，Li^+ 占据所有八面体与全部的四面体空隙，即占据百分数为 100%，所以 hcp 堆积的 Li_3N 不能导电。

（5）① 晶胞中 $LiTi_2O_4$ 的数目为 $Z=\dfrac{D\times V\times N}{M}=\dfrac{3.730\ g\cdot cm^{-3}\times(840.5\ pm)^3\times6.022\times10^{23}\ mol^{-1}}{(6.94+2\times47.88+4\times16.00)\ g\cdot mol^{-1}}\approx8$，晶胞中的原子数为 $7\times8=56$ [其中包括了 8 个 Li^+，16 个 $(Ti^{3+}+Ti^{4+})$，32 个 O^{2-}]。

② 假定面对角线上的 O^{2-} 处于接触状态（正离子填隙可能使 O^{2-} 处于撑开状态，实际不一定接触），设 O^{2-} 离子半径为 r，则存在 $8r=\sqrt{2}\,a$ 的关系，O^{2-} 最大可能半径为 $r=\sqrt{2}\times\dfrac{840.5\ pm}{8}=148.6\ pm$。

③ 由题意和晶胞中 O^{2-} 数目（32 个）可推知，该晶胞可以看成是由 8 个 ccp 堆积的立方单位并置而成。将 Li^+ 选为晶胞顶点，Li^+ 在晶胞中的位置与金刚石中的 C 相当。如图 3：

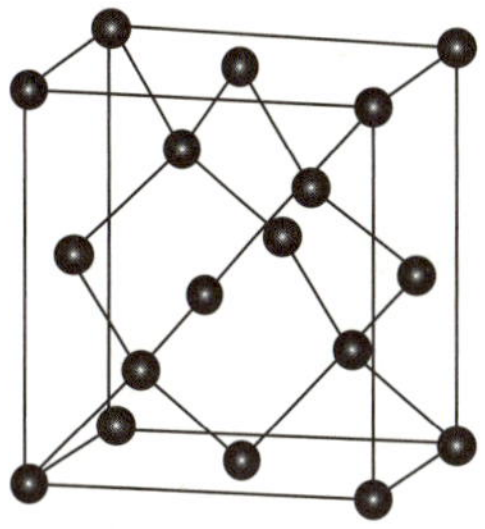
图 3

分数坐标为 (0，0，0)，(1/2，1/2，0)，(1/2，0，1/2)，(0，1/2，1/2)，(1/4，1/4，1/4)，(3/4，3/4，1/4)，(3/4，1/4，3/4)，(1/4，3/4，3/4)；

也可表示为 (0，0，0)，(1/2，1/2，0)，(1/2，0，1/2)，(0，1/2，1/2)，(3/4，3/4，3/4)，(1/4，1/4，3/4)，(1/4，3/4，1/4)，(3/4，1/4，1/4)。

【赛题 7】（1990 年全国冬令营决赛题变形）钼是我国丰产元素，储量居世界之首。钼有广泛的用途，例如白炽灯里支撑钨丝的就是钼丝；钼钢在高温下仍有高强度，用以制作火箭发动机、核反应堆等。钼是固氮酶活性中心元素，施钼肥可明显提高豆科植物产量，等等。

（1）钼的原子序数是 42，写出它的核外电子排布式：________________；并指明它在元素周期表中的位置：____________________________。

（2）钼金属的晶格类型为体心立方晶格，原子半径为 136 pm，原子量为 95.94。试计算该晶体钼的密度和空间利用率。$\rho=$______；$\eta=$____________。

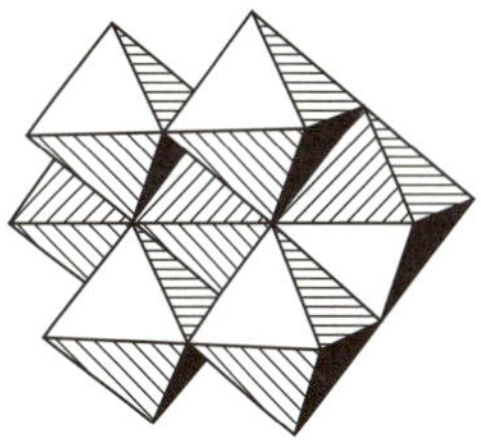
图 1

（3）钼有一种含氧酸根 $[Mo_xO_y]^{z-}$（如图 1 所示），式中 x、y、z 都是正整数。Mo 的氧化态为 +6，O 呈 −2 价，可按下面步骤来理解该含氧酸根的结构：

A．所有 Mo 原子的配位数都是 6，形成 $[MoO_6]^{n-}$，呈八面体，称为小八面体（图 2-A）；

B．6 个“小八面体”共棱连接可构成一个“超八面体”（图 2-B），化学式为 $[Mo_6O_{19}]^{z-}$；

C．2 个“超八面体”共用 2 个“小八面体”，可构成一个“孪超八面体”（图 2-C），化学式为 $[Mo_{10}O_{28}]^{4-}$；

D．从一个“孪超八面体”里取走 3 个“小八面体”，得到“缺角孪超八面体”（图 2-D），便是本题的 $[Mo_xO_y]^{z-}$（图中用虚线表示的小八面体是被取走的）。

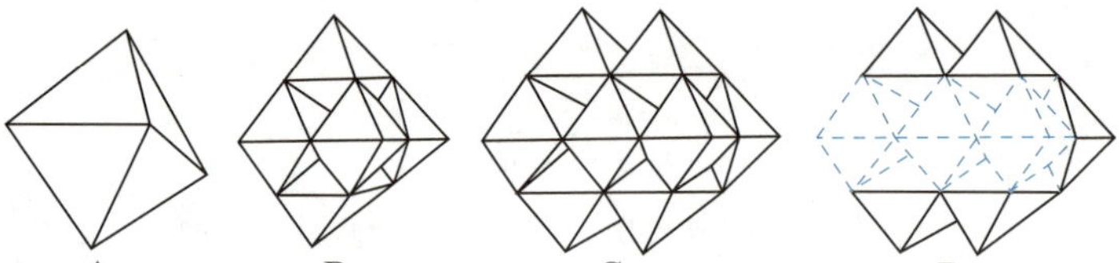

图 2

缺角孪超八面体的化学式是____________________。

（4）如图 3 所示为八钼酸的离子结构图，请写出它的化学式：____________________。

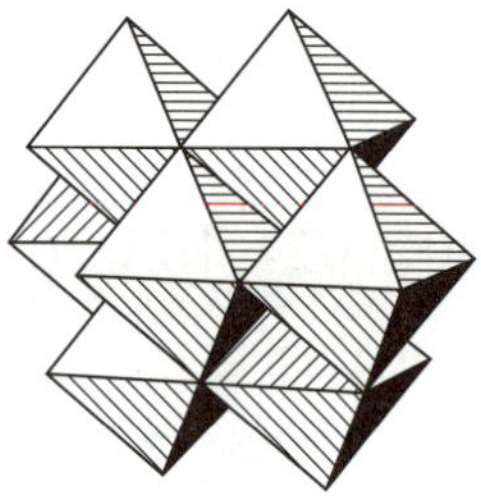

图 3

（5）钼能形成六核簇合物，如一种含卤离子 $[Mo_6Cl_8]^{4+}$，6 个 Mo 原子形成八面体骨架结构，氯原子以三桥基与 Mo 原子相连。则该离子中 8 个 Cl^- 的空间构型为__________________。

（6）辉钼矿（MoS_2）是最重要的钼矿，它在 130 ℃、202650 Pa 氧压下跟苛性碱溶液反应时，钼便以 MoO_4^{2-} 形态进入溶液。

① 在上述反应中硫也氧化而进入溶液。试写出上述反应配平的方程式。

② 在密闭容器里用硝酸来分解辉钼矿，氧化过程的条件为 150~250 ℃，1114575~1823850 Pa 氧压。反应结果钼以钼酸形态沉淀，而硝酸的实际消耗量很低（相当于催化剂的作用），为什么？试通过化学方程式（配平）来解释。

【解析】（1）钼的元素符号是 42，它的核外电子排布式为 $[Kr]4d^55s^1$；它在元素周期表中的位置为第五周期第ⅥB 族。

（2）晶体钼的密度为 $10.3\ g\cdot cm^{-3}$；空间利用率为 68.0%。

（3）显然“小八面体”（图 2-A）化学式为 $[MoO_6]^{6-}$；“超八面体”（图 2-B）

化学式为 $[Mo_6O_{(6+6\times\frac{4}{2}+\frac{6}{6}=19)}]^{2-}$；“孪超八面体”（图 2-C）化学式为 $[Mo_{(6+4=10)}O_{(19+2\times3+3=28)}]^{4+}$；目标物（图 2-D），化学式为 $[Mo_{(10-3=7)}O_{(28-4=24)}]^{6-}$。可以参考的投影图如图 4 的 A、B、C、D、E 所示。

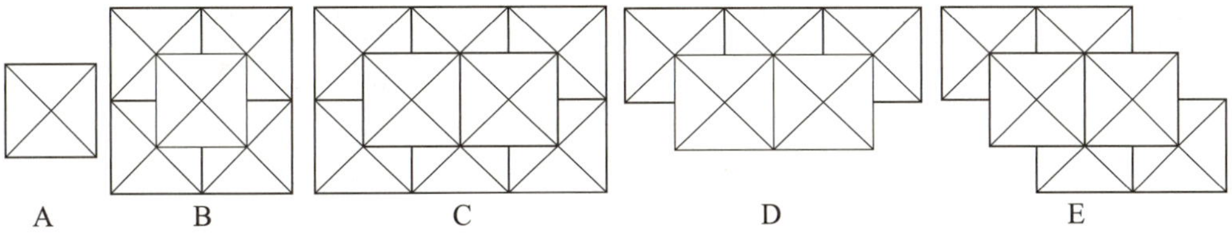

图 4

另一种可供参考的投影图如图 5 的 A、B、C、D、E 所示。

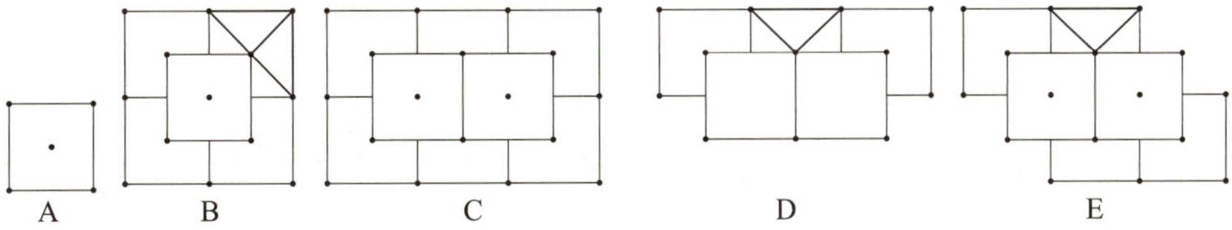

图 5

本题也可以按以下思维分析求解。比如“孪超八面体”各由 10 个小八面体构成（见图 6），则应有 10 个 Mo 原子，其八个顶点应各有 1 个 O 原子；两个小八面体共用顶点共有 14 个，应有 14 个 O 原子；三个小八面体共用的顶点有 4 个，有 4 个 O 原子；六个小八面体共用的顶点有 2 个，有 2 个 O 原子。故共有 10 个 Mo 原子，28 个 O 原子。同前面一样，可以画出如图 7 所示的图形。2 个“超八面体”共用 2 个“小八面体”，可构成一个“孪超八面体”(如图 2-C)。

（4）八钼酸的化学式为 $[Mo_{(10-2=8)}O_{(28-2=26)}]^{4-}$（参考投影图 4-E 或图 5-E）。

（5）钼的一种含卤离子 $[Mo_6C_{18}]^{4+}$ 的 8 个 Cl^- 的空间构型是正方体，如图 8 所示。

（6）$2MoS_2+9O_2+12OH^- = 2MoO_4^{2-}+4SO_4^{2-}+6H_2O$ ①

$MoS_2+6HNO_3 = H_2MoO_4+2H_2SO_4+6NO\uparrow$ ②

$2NO+O_2 = 2NO_2$ ③

$3NO_2+H_2O = 2HNO_3+NO$ ④

由①～④可得 $2MoS_2+9O_2+6H_2O = 2H_2MoO_4+4H_2SO_4$，因此该过程中硝酸可视为催化剂。

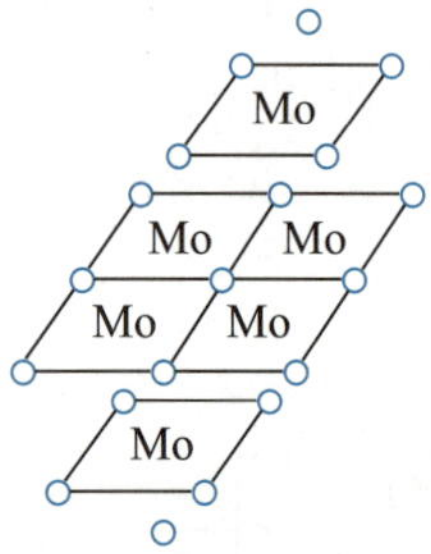

图 6

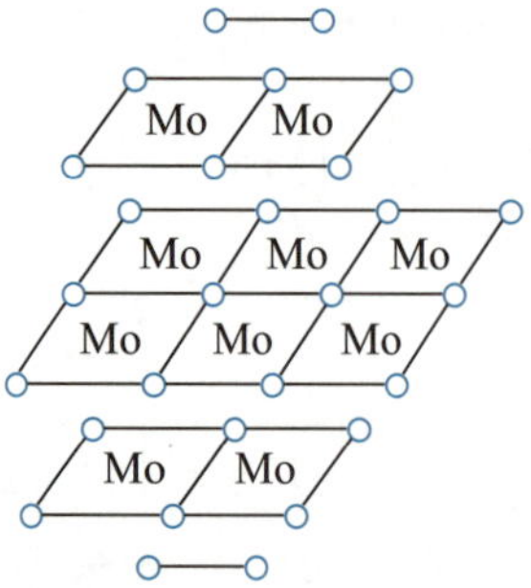

图 7

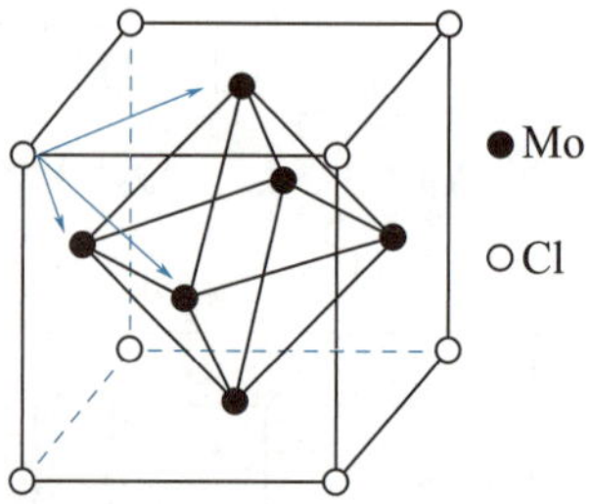

图 8

【赛题 8】（2002 年冬令营全国决赛题）

（1）石墨晶体由层状石墨"分子"按 ABAB 方式堆积而成，如图 1 所示，图 1 中用虚线标出了石墨的一个六方晶胞。

① 试确定该晶胞的碳原子个数。

② 写出晶胞内各碳的原子坐标。

③ 已知石墨的层间距为 334.8 pm，C－C 键长为 142 pm，计算石墨晶体的密度。

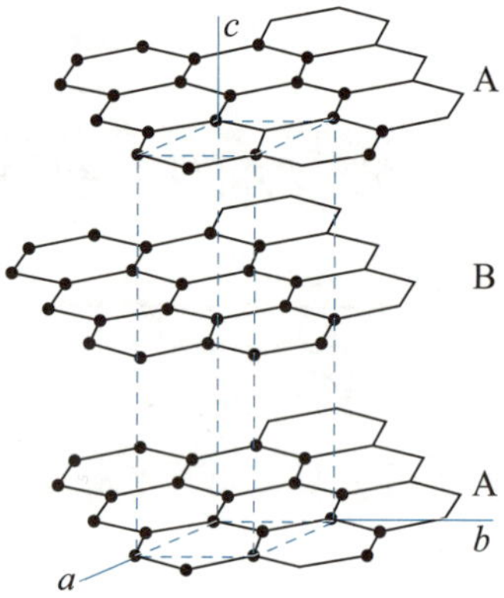

图 1

（2）石墨可用作锂离子电池的负极材料，充电时发生下述反应：$Li_{1-x}C_6 + xLi^+ + xe^- \rightarrow LiC_6$。其结果是，$Li^+$ 嵌入石墨的 A、B 层间，导致石墨的层堆积方式发生改变，形成化学式为 LiC_6 的嵌入化合物。

① 图 2 给出了一个 Li^+ 沿 *c* 轴投影在 A 层上的位置，试在图上标出与该离子临近的其他六个 Li^+ 的投影位置。

② 在 LiC_6 中，Li^+ 与相邻石墨六元环的作用力属何种键型？

③ 某石墨嵌入化合物每个六元环都对应一个 Li^+，写出它的化学式，画出它的晶胞（*c* 轴向上）。

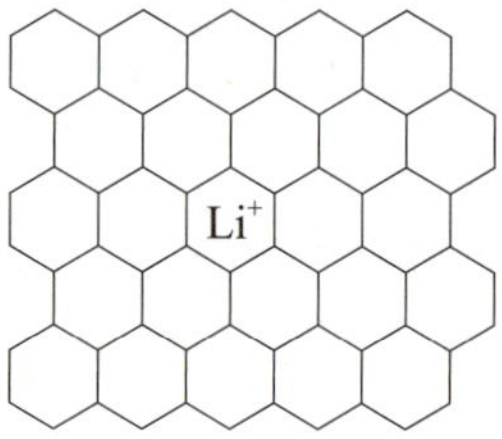

图 2

（3）锂离子电池的正极材料为层状结构的 $LiNiO_2$。已知 $LiNiO_2$ 中 Li^+ 和 Ni^{3+} 均处于氧离子组成的正八面体体心位置，但处于不同层中。

① 将等化学计量的 NiO 和 LiOH 在空气中加热到 700 ℃可得 $LiNiO_2$，试写出反应方程式。

② 写出 $LiNiO_2$ 正极的充电反应方程式。

③ 锂离子完全脱嵌时 $LiNiO_2$ 的层状结构会变得不稳定，用铝取代部分镍形成 $LiNi_{1-y}Al_yO_2$ 可防止锂离子完全脱嵌而起到稳定结构的作用，为什么？

【解析】(1) ①题中明确虚线为“六方晶胞”，结合石墨的层状结构及平面六边形特征，首先可以确定A层中晶胞的排列方式为图3；进一步分析应该不难确定“六方晶胞”的真实结构如图4所示。所以其中的碳原子数为 $8\times1/8+4\times1/4+2\times1/2+1=4$ 个。

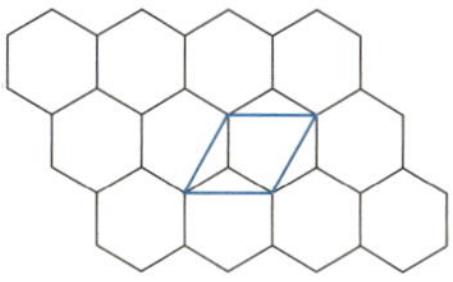

图 3

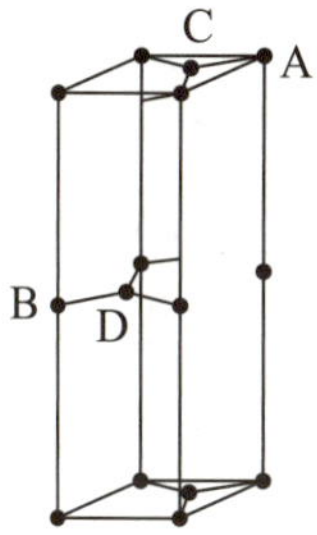

图 4

②晶胞内的碳原子有A、B、C、D四种，其晶胞坐标分别为A(0,0,0)，B(0,0,1/2)，C(1/3,2/3,0)，D(2/3,1/3,1/2)。

③已知石墨的层间距为334.8 pm，C—C键长为142 pm，可以认为晶胞的高为669.6 pm，接下来的关键就是求出晶胞的底面积。从图3不难看出，底面积就是石墨的六元环面积，正六边形环的边长是142 pm，内角为π/3，所以，对应的面积 $S=6\times1/2\times142\times142\sin(\pi/3)=52387.6\ \text{pm}^2$。那么晶胞所占有的体积 $V=Sh=52387.6\ \text{pm}^2\times669.6\ \text{pm}=3.508\times10^7\ \text{pm}^3=3.508\times10^{-23}\ \text{cm}^3$；晶胞的质量 $m=4Mc/N_A=4\times12.01/(6.023\times10^{23})\ \text{g}=7.976\times10^{-23}\ \text{g}$；所以石墨的密度 $\rho=m/V=7.976/3.508=2.274\ \text{g/cm}^3$。

(2) ①如图5所示。

②离子键或静电作用。

③ LiC_2，晶胞如图6所示。

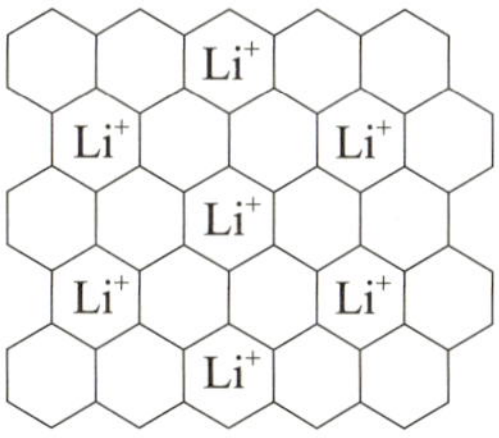

图 5

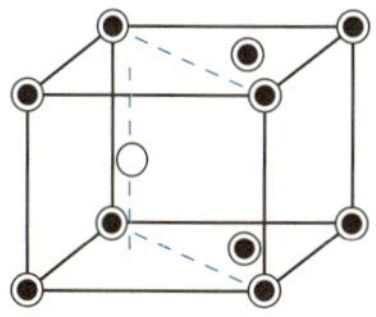

图 6

(3) ① $4NiO+4LiOH+O_2 \xlongequal{\quad} 4LiNiO_2+2H_2O$。

② $LiNiO_2 \xlongequal{\quad} Li_{1-x}NiO_2+xLi^++xe^-$。

③ Al^{3+} 无变价，因此与之对应的 Li^+ 不能脱嵌。

【赛题9】(2015年冬令营赛题) MAX (M代表过渡金属元素，A代表主族元素，X代表氮或氧) 相是一类备受关注的新型陶瓷材料。由于独特的层状晶体结构，其具有自润滑、高韧性、可导电等性能，可作为高温结构材料、电极材料和化学防腐材料。某MAX相材料含有钛、铝、氮3种原子，属六方晶系，钛原子的堆积方式为…BACBBCABBACBBCAB…，其中A、B、C都是密置单层。氮原子占据所有的正八面体空隙，而铝原子占据一半的三棱柱空隙。如果钛原子层上下同时接触氮和铝原子，则沿着晶胞 c 轴方向，铝和氮原子的投影重合。

(1) 写出该化合物的化学式，及每个正当晶胞中的原子种类和个数。

(2) 沿着晶胞 c 轴方向，画一条同时含有Al和N原子的直线，标出直线上的原子排列（无需考虑原子间距离，直线上总原子数不少于 10 个，Al、Ti、N 分别用○、△、□表示）。

（3）已知 Ti、N 原子之间的平均键长为 210.0 pm，Ti、Al 原子之间的平均键长为 281.8 pm，估算晶体的理论密度（原子量：Ti-47.87，Al-26.98，N-14.01，$N_A = 6.02 \times 10^{23}\ mol^{-1}$）。

（4）晶粒尺寸会影响上述材料的性质，所以高温制备时一般通过延长保温时间来增加晶粒尺寸。判断常温下此晶粒生长过程的熵变、焓变和自由能变化的正负，并从化学热力学角度判断常温下该晶粒生长过程是否自发。

（5）以上描述均针对完美晶体。一般情况下，晶粒中会出现缺陷。从热力学角度证明，对于足够大的晶体，出现缺陷是自发的。

【解析】（1）MAX 相陶瓷由钛、铝、氮 3 种原子组成，钛原子的堆积方式为…BACBBCABBACBBCAB…，可以看出钛原子的重复单元是 BACBBCAB，由结构知识可知：在两个不同的密堆积层（假设为 A、B）间，填隙层的排布形式和这两层相同（即为 A 或 B）的时候是占据四面体空隙，且与密堆积层的比例是 2∶1；如果填隙层和这两层均不同的时候则是八面体空隙（C 层），且与密堆积层比例是 1∶1。

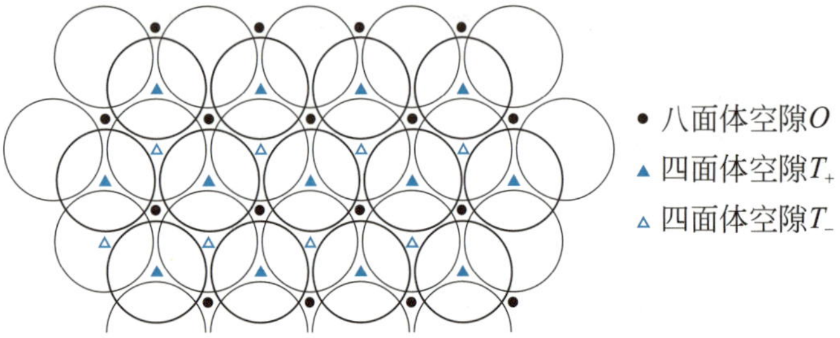

图 1

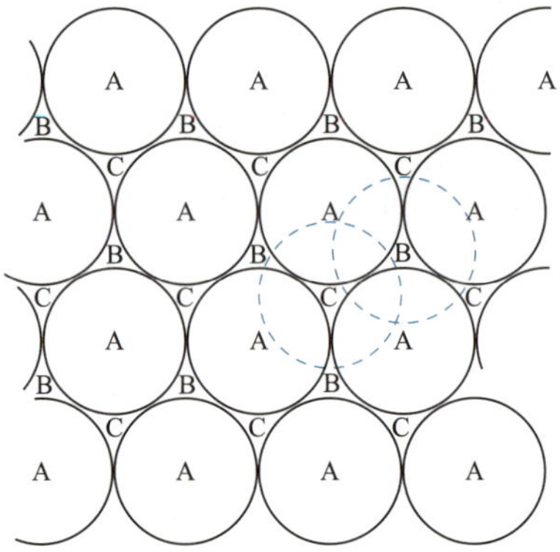

图 2

在此结构的一个重复单元 BACBBCAB 中，共有 6 组不同的密堆积层和 2 组相同的密堆积层。不同的密堆积层间有四面体空隙和八面体空隙（如图 1 所示），而相同的密堆积层间，由于原子的位置是相同的，形成的空隙是棱柱。在单一密堆积层中，3 个原子形成三角形，所以在一组相同的密堆积层（设为 A）中，形成的是三棱柱空隙。两层 A 之间的三棱柱空隙可以再区分为与 B 层或 C 层一致的空隙（如图 2 所示），所以三棱柱空隙的数量和密堆积层的比例是 2∶1。

根据上述分析，以及题目中给出的堆积方式，可以算得 N_{Ti} ∶ N_N ∶ N_{Al} = 8 ∶ (6×1) ∶ (2×2×0.5) = 4 ∶ 3 ∶ 1，所以得出晶体的组成为 Ti_4AlN_3。一个正当晶胞应包含一个重复单位 BACBBCAB，则应含有 8 个 Ti 原子，2 个 Al 原子和 6 个 N 原子。

（2）通过（1）的分析已经知道了 MAX 晶体的组成，但是 B 层与 B 层三棱柱空隙有 A、C 两种，仍然不知道 Al 的具体位置。但试题中还有一个重要信息，即沿着晶胞 *c* 轴方向，铝和氮原子的投影重合。由此可以想到 Al 原子占据的位置应与其上下两层的 N 原子一致。

先写出 Ti 和 N 的堆积形式：以大写字母表示 Ti 的堆积类型，希腊字母代表 N 的堆积类型，□表示 Al 的位置：

$\cdots B\gamma A\beta C\alpha B$ □ $B\ \alpha C\beta A\gamma B$ □ $B\gamma A\cdots$

则可以很清楚地看出 Al 应占据三棱柱空隙，以小写字母加下划线表示之：

$\cdots B\gamma A\beta C\alpha\ B\underline{a}\ B\alpha\ C\beta A\gamma BCB\gamma A\cdots$

不同的堆积中原子不会重叠，只要抽取 ABC 中任意一种密堆积层的原子作为一个序列即可完成第二问；若抽取 A 层，则为…—Ti—N—Al—N—Ti—…，抽象成符号即为

—△—□—○—□—△—△—□—○—□—△—

（3）晶体的密度计算如下：六方晶系晶胞体积 $V = a^2c\cos 60^\circ$。其中 *a* 相当于 Ti 形成的八面体的边长，其中两个 Ti—N 连接形成了八面体的对角线长度，所以 $a = \sqrt{2}r_{\text{Ti-N}} = 297.0\ \text{pm}$。

然后求 *c*。*c* 由 6 个八面体相对的三角形之间的间距和 2 个三棱柱的高组成。其中八面体和三棱柱中填隙原子和密堆积原子构成四面体，其高度 *h* 由勾股定理和基本的几何关系计算得 $2\sqrt{r_{\text{Ti-X}}^2 - \left(\dfrac{r_{\text{Ti-Ti}}}{\sqrt{3}}\right)^2}$。所以在相同的密堆积层中高度为 447.2 pm，不同的密堆积层中为 242.2 pm，$c = 6\times 242.2 + 2\times 447.2 = 2347.6\ \text{pm}$。代入密度计算公式算得密度：

$$\rho = \frac{ZM}{N_AV} = \frac{ZM}{N_Aa^2c\cos 60^\circ} = \frac{2\times(3\times 14.01 + 26.98 + 4\times 47.87)}{6.02\times 10^{23}\times 297.0^2\times 2347.6\times 10^{-30}\times\cos 60^\circ}\ \text{g}\cdot\text{cm}^{-3}$$

$$= 4.82\ \text{g}\cdot\text{cm}^{-3}。$$

（4）原子由气体变成固体，其排列由无序变得规则，所以无论是高温还是常温，体系的熵一定是减少的，即 $\Delta S<0$。高温下结晶过程是自发的，所以其

吉布斯自由能变（ΔG）小于 0，由 $\Delta G = \Delta H - T\Delta S$，则可知其焓变 ΔH 一定是小于 0 的，因此在温度降低的时候，反应依然自发。

（5）在完美晶体形成缺陷的过程中，由于原子间距变化，焓减小。但是由于混乱度增加，所以熵增加。因此缺陷的形成在焓变上是不利的，在熵变上是有利的。注意到题中所述“足够大”的晶体的缺陷的形成是自发的，也就是“熵效应占据主导”。随着晶体体积的增大，产生的缺陷的状态数增加，熵值也增加，所以，在大晶体中出现缺陷必然是自发的。

【赛题 10】(2006 年冬令营全国决赛题) 钨是我国丰产元素，是熔点最高的金属，广泛用于拉制灯泡的灯丝，有“光明使者”的美誉。

钨在自然界主要以钨 (Ⅵ) 酸盐的形式存在。有开采价值的钨矿石是白钨矿和黑钨矿。白钨矿的主要成分是钨酸钙 ($CaWO_4$)；黑钨矿的主要成分是铁和锰的钨酸盐，化学式常写成 $(Fe,Mn)WO_4$。黑钨矿传统冶炼工艺的第一阶段是碱熔法：

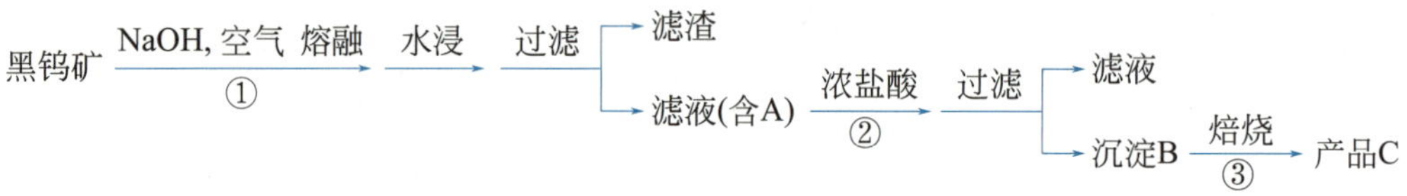

其中 A、B、C 都是钨的化合物。

（1）写出上述流程中 A、B、C 的化学式，以及步骤①、②、③中发生反应的化学方程式。

（2）钨冶炼工艺的第二阶段则是用碳、氢等还原剂把氧化钨还原为金属钨。对钨的纯度要求不高时，可用碳作还原剂。

① 写出用碳还原氧化钨制取金属钨的化学方程式。

② 用下表所给的 298.15 K 的数据计算上述反应的标准自由能变化，推出该反应在什么温度条件下能自发进行。（假设表中数据不随温度变化）

物质	$\Delta_f H_m^\ominus/(kJ \cdot mol^{-1})$	$S_m^\ominus/(J \cdot mol^{-1} \cdot K^{-1})$
W(s)	0	32.64
WO_3(s)	−842.87	75.90
C(s，石墨)	0	5.74
CO(g)	−110.52	197.56
CO_2(g)	−393.51	213.64
H_2(g)	0	130.57
H_2O(g)	−241.82	188.72
H_2O(l)	−285.31	69.90

（3）为了获得可以拉制灯丝的高纯度金属钨，不宜用碳而必须用氢气作还

原剂，为什么？写出用氢气还原氧化钨的化学方程式。

（4）在酸化钨酸盐的过程中，钨酸根 WO_4^{2-} 可能在不同程度上缩合形成多钨酸根。多钨酸根的组成常因溶液的酸度不同而不同，它们的结构都由含一个中心 W 原子和六个配位 O 原子的钨氧八面体 WO_6 通过共顶或共边的方式形成。在为数众多的多钨酸根中，性质和结构了解得比较清楚的是仲钨酸根 $[H_2W_{12}O_{42}]^{10-}$ 和偏钨酸根 $[H_2W_{12}O_{40}]^{6-}$。在下面三张结构图中，哪一张是仲钨酸根的结构？简述判断理由。

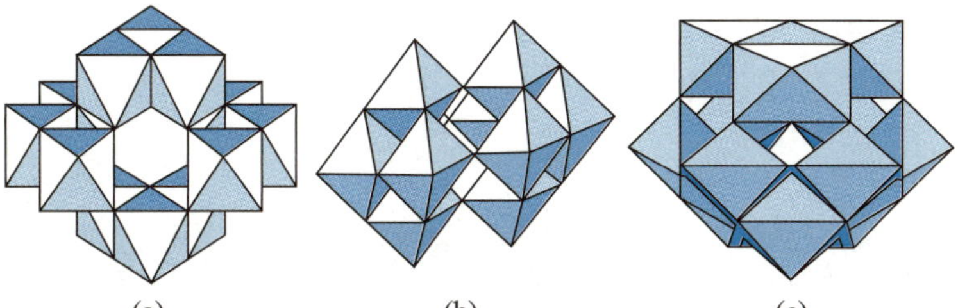

(a) (b) (c)

（5）仲钨酸的肼盐在热分解时会发生内在氧化还原反应，我国钨化学研究的奠基人顾翼东先生采用这一反应制得了蓝色的、非整比的钨氧化物 WO_{3-x}。这种蓝色氧化钨具有比表面大、易还原的优点，在制钨粉时温度容易控制，目前冶炼拉制钨丝的金属钨都用蓝色氧化钨为原料。经分析，得知蓝色氧化钨中钨的质量分数为 0.7985。

① 计算 WO_{3-x} 中的 x 值。

② 一般认为，蓝色氧化钨的颜色和非整比暗示了在化合物中存在五价和六价两种价态的钨。试计算蓝色氧化钨中这两种价态的钨原子数比。（原子量：W-183.84 O-16.00）

【解析】（1）根据题意可以推断出 A 为 Na_2WO_4，B 为 H_2WO_4 或 $WO_3 \cdot H_2O$，C 为 WO_3。

① $4FeWO_4(s) + 8NaOH(l) + O_2(g) = 4Na_2WO_4(l) + 2Fe_2O_3(s) + 4H_2O(g)$，

$2MnWO_4(s) + 4NaOH(l) + O_2(g) = 2Na_2WO_4(l) + 2MnO_2(s) + 2H_2O(g)$。

② $Na_2WO_4(aq) + 2HCl(aq) = H_2WO_4(s) + 2NaCl(aq)$。

③ $H_2WO_4(s) = WO_3(s) + H_2O(g)$。

（2）① $2WO_3(s) + 3C$(石墨，s) $= 2W(s) + 3CO_2(g)$。

②反应在 298.15 K 时的标准焓变、标准熵变和标准自由能变化分别为

$\Delta H^\ominus = \sum \nu \Delta_f H_m^\ominus = [2\times0+3\times(-393.51)-2\times(-842.87)-3\times0]kJ \cdot mol^{-1} = 505.21\ kJ \cdot mol^{-1}$，

$\Delta S^\ominus = \sum \nu S_m^\ominus = [2\times32.64+3\times213.64-2\times75.90-3\times5.74]kJ \cdot mol^{-1} = 537.18\ J \cdot mol^{-1} \cdot K^{-1}$，

$\Delta G^\ominus=\Delta H^\ominus-T\Delta S^\ominus=[505.21-298.15\times537.18/1000]\mathrm{kJ\cdot mol^{-1}}=345.05\ \mathrm{kJ\cdot mol^{-1}}$；

298.15 K 下反应的标准自由能变化是正值，说明此反应不能在该温度下自发进行。当温度 $T>[505.21\times1000/537.18]\mathrm{K}=940.49\ \mathrm{K}$ 时，反应才可能发生。（方程式产物为 CO 也可以）

（3）因为钨的熔点很高，不容易转变为液态。如果用碳做还原剂，混杂在金属中的碳不易除去，而且碳会在高温下和金属钨反应形成碳化钨（WC，W_2C），不容易获得纯的金属钨。用氢气作还原剂就不存在这些问题。方程式为 $2WO_3(s)+3H_2(g)=\!=\!=W(s)+H_2O(g)$。

（4）(a) 是仲钨酸根，化学式为 $[H_2W_{12}O_{42}]^{10-}$。

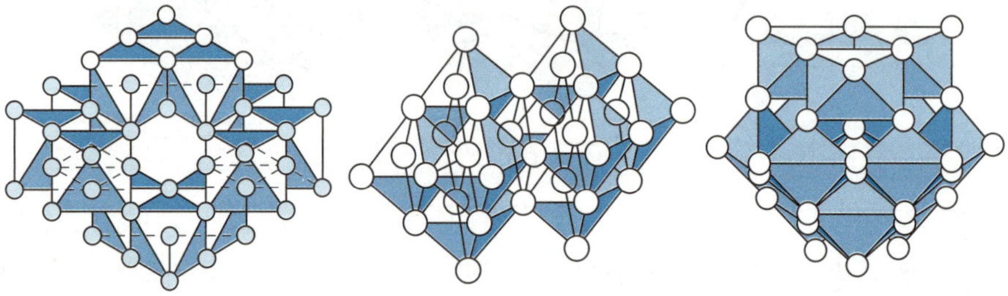

(a)　　(b)　　(c)

图 (a)：展现在画面上的 12 个钨氧八面体的氧原子通过共顶共边排成图中所示的 6∶15∶15∶6 四层结构。氧原子共有 6+15+15+6=42 个，所以图 (a) 是仲钨酸根 $[H_2W_{12}O_{42}]^{10-}$ 的结构。

图 (b)：结构应含 10 个钨氧八面体，它们的氧原子通过共顶共边排列成 1∶4∶9∶4∶9∶4∶1 的层状结构。氧原子共有 1+4+9+4+9+4+1=32 个，因钨氧八面体不足 12 个，图 (b) 不会是仲钨酸根的结构，而是十钨酸根 $[W_{10}O_{32}]^{4-}$ 的结构。

图 (c)：图中有 12 个钨氧八面体，形成了 4 个由 3 个八面体共顶和 3 条边构成的 W_3O_{13} 单元，每个 W_3O_{13} 单元的外侧面有 6 个氧原子，内侧面有 7 个氧原子。4 个 W_3O_{13} 单元又通过共用内侧或周边的氧原子形成四面体结构，四面体的每条边上共用 2 个氧原子，6 条边共用 12 个氧原子。所以氧原子总数为 $4\times13-12=40$ 个，图 (c) 应当是偏钨酸根 $[H_2W_{12}O_{40}]^{6-}$ 的结构。

（5）①已知蓝色氧化钨中钨的质量分数为 0.7985，氧的质量分数即为 $1-0.7985=0.2015$，1.000 g 该化合物中含钨原子和氧原子的量分别为

$n(\mathrm{W})=1\ \mathrm{g}\times(0.7985/183.84)\ \mathrm{g\cdot mol^{-1}}=4.343\times10^{-3}\ \mathrm{mol}$，

$n(\mathrm{O})=1\ \mathrm{g}\times(0.2015/16.00)\ \mathrm{g\cdot mol^{-1}}=1.259\times10^{-2}\ \mathrm{mol}$；

该化合物中钨和氧的计量比为

$n(\mathrm{W}):n(\mathrm{O})=4.343\times10^{-3}\ \mathrm{mol}:1.259\times10^{-2}\ \mathrm{mol}=1:2.90$。

即在化学式 WO_{3-x} 中，$3-x=2.90$，所以 $x=0.10$。

②把 +5 价的氧化物和 +6 价钨的氧化物的化学式分别写成 $WO_{2.5}$ 和 WO_3，设蓝色氧化钨的组成为

$xWO_{2.5}\cdot yWO_3=WO_{2.90}$，所以有 $x+y=1$，$2.5x+3y=2.90$，解上述联立方程得 $x=0.20$，$y=0.80$，所以蓝色氧化钨中五价和六价钨的原子数之比为 $n(W^{V})：n(W^{VI})=x：y=0.20：0.80=1：4=0.25$。

需要特别说明的是，观察八面体，最好是观察八面体的投影图（如图所示），这样会看得更清楚，想得更明白。

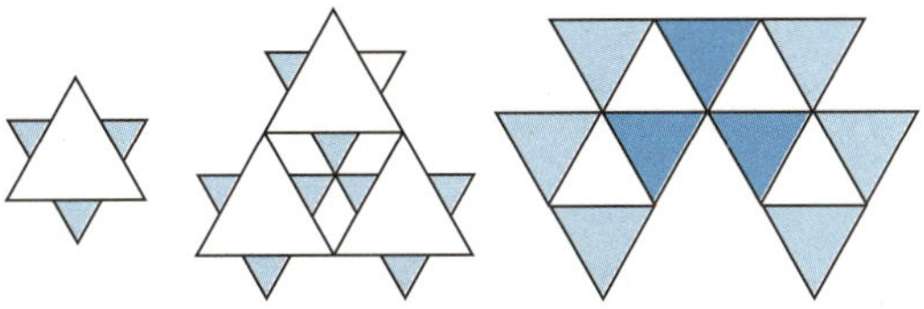

【赛题 11】（2006 年冬令营全国决赛题）轻质碳酸镁是广泛应用于橡胶、塑料、食品和医药工业的化工产品，它的生产以白云石（主要成分是碳酸镁钙）为原料。

（1）石灰石和卤水长期作用形成白云石，写出该反应的离子方程式。

（2）右图是省略了部分原子或离子的白云石晶胞。

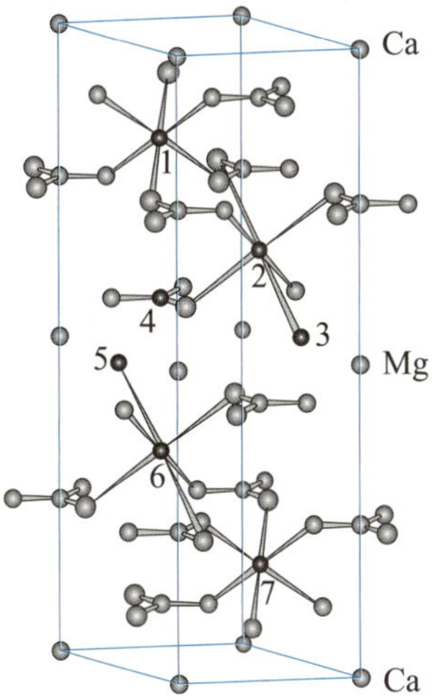

① 写出图中标有 1、2、3、4、5、6、7 的原子或离子的元素符号。

② 在答题纸的图中补上与 3、5 原子或离子相邻的其他原子或离子，再用连线表示它们与 Mg 的配位关系。

（3）白云石分解所得 CaO 和 MgO，加水制成 $Mg(OH)_2$ 和 $Ca(OH)_2$ 的悬浮液，通入适量 $CO_2(g)$，实现 Ca^{2+}、Mg^{2+} 的分离。已知：

$Mg(OH)_2$	$K_{sp}=5.61\times10^{-12}$
$Ca(OH)_2$	$K_{sp}=5.50\times10^{-6}$
$MgCO_3$	$K_{sp}=6.82\times10^{-6}$
$CaCO_3$	$K_{sp}=4.96\times10^{-9}$
H_2CO_3	$K_{a1}=4.30\times10^{-7}$，$K_{a2}=5.61\times10^{-11}$

计算下列反应的平衡常数 K。

$$Mg(OH)_2+Ca(OH)_2+3CO_2 = Mg^{2+}+2HCO_3^-+CaCO_3+H_2O$$

（4）25 ℃，100 kPa CO_2 在水中溶解度为 0.0343 mol · L^{-1}。将 100 mol MgO 和 100 mol CaO 加水制成 1000 L 悬浮液，通入 CO_2，使 Mg^{2+} 浓度达到 0.100 mol · L^{-1}，Ca^{2+} 浓度不超过 10^{-4} mol · L^{-1}，且不生成 $MgCO_3$ 沉淀。通过计算说明如何控制 CO_2 的压力（假设 CO_2 在水中溶解符合亨利定律）。

（5）$Mg(HCO_3)_2$ 溶液加热分解，得到产品轻质碳酸镁（实为碱式碳酸盐）。18.26 g 轻质碳酸镁纯样品经高温分解完全后得 8.06 g 固体，放出 3.36 L（折合成标准状况）二氧化碳，通过推算，写出轻质碳酸镁的化学式（提示：轻质碳酸镁化学式所含的离子或分子数目为简单整数）。（原子量：Mg-24.3　C-12.0　O-16.0　H-1.01）

【解析】（1）$2CaCO_3(s)+Mg^{2+}(aq) = CaMg(CO_3)_2(s)+Ca^{2+}(aq)$。

（2）① 1-Mg，2-Ca，3-O，4-C，5-O，6-Ca，7-Mg。

②连接关系如右图所示。

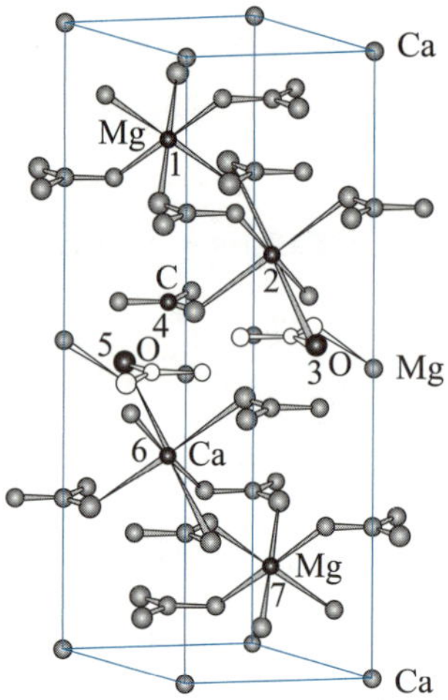

（3）$Mg(OH)_2+Ca(OH)_2+3CO_2 = Mg^{2+}+2HCO_3^-+CaCO_3+H_2O$，

$K=K_{sp}[Ca(OH)_2]\ K_{sp}[Mg(OH)_2]\ K_{a1}{}^3K_{a2}/[K_{sp}(CaCO_3)\times K_w{}^4]=2.77\times10^{18}$。

方法一：利用题中方程得：

$K=[Mg^{2+}][HCO_3^-]^2/[CO_2]^3$

$=[Mg^{2+}][OH^-]^4[H^+]^4[Ca^{2+}][CO_3^{2-}][HCO_3^-]^2/(K_{sp},CaCO_3\times[CO_2]^3\times K_w^4)$

$=K_{sp}[Ca(OH)_2]\ K_{sp}[Mg(OH)_2]\ K_{a1}^3K_{a2}/[K_{sp}(CaCO_3)\times K_w^4]$

方法二：将题中方程式分解成 2 个方程式。

化学方程式 1：$Mg(OH)_2+2CO_2 = Mg^{2+}+2HCO_3^-$，

平衡常数 $K_1=[Mg^{2+}][HCO_3^-]^2/[CO_2]^2=[Mg^{2+}][HCO_3^-]^2[OH^-]^2[H^+]^2/([CO_2]^2\times K_w^2)$

$=K_{sp}[Mg(OH)_2]\ K_{a1}^2/K_w^2$。

化学方程式 2：$Ca(OH)_2+CO_2 = CaCO_3+H_2O$，

平衡常数 $K_2=1/[CO_2]=[Ca^{2+}][CO_3^{2-}][OH^-]^2[H^+]^2/\{K_{sp}(CaCO_3)K_w^2[CO_2]\}=K_{sp}[Ca(OH)_2]\ K_{a1}\ K_{a2}/[K_{sp}(CaCO_3)\times K_w^2]$

总方程式是方程式 1 和方程式 2 的加和，所以：

$$K=K_1K_2=\frac{K_{sp}[Ca(OH)_2]\ K_{sp}[Mg(OH)_2]\ K_{a1}^3K_{a2}}{K_{sp}(CaCO_3)\times K_w^4}$$

（4）在溶液中二氧化碳与碳酸氢根和碳酸根存在的平衡关系是 $CO_3^{2-}+CO_2+H_2O \rightleftharpoons 2HCO_3^-$，

$K=[HCO_3^-]^2/\{[CO_2][CO_3^{2-}]=K_{a1}/K_{a2}$，

$[CO_3^{2-}]=[HCO_3^-]^2K_{a2}/\{[CO_2]K_{a1}\}$，

现有 $[Mg^{2+}]=0.5[HCO_3^-]=0.100\ mol\cdot L^{-1}$，要求不生成碳酸镁沉淀，则：

$[CO_3^{2-}]=[HCO_3^-]^2K_{a2}/\{[CO_2]K_{a1}\}\leqslant K_{sp}[Mg(OH)_2]/[Mg^{2+}]$，

所以 $[CO_2]\geqslant 7.65\times10^{-2}\ mol\cdot L^{-1}$，

$p(CO_2)\geqslant(7.65\times10^{-2}/0.0343\times100)kPa=223\ kPa$。

又要求 $[Ca^{2+}]$ 不大于 10^{-4}，则：

$[CO_3^{2-}]=[HCO_3^-]^2K_{a2}/\{[CO_2]K_{a1}\}\geqslant K_{sp}(CaCO_3)/[Ca^{2+}]$，

$[CO_2]\leqslant[Ca^{2+}][HCO_3^-]^2K_{a2}/\{K_{a1}\times K_{sp}(CaCO_3)\}=0.105\ mol\cdot L^{-1}$，

$p(CO_2)\leqslant 0.105/0.3043\times100\ kPa=306\ kPa$，

故二氧化碳的压力应控制在 $223\ kPa\leqslant p(CO_2)\leqslant 306\ kPa$。

（5）轻质碳酸镁的化学式：$3MgCO_3\cdot Mg(OH)_2\cdot 3H_2O$。

具体推导：样品高温分解后所得的 8.06 g 固体是氧化镁；

$n(MgO)=(8.06/40.3)\ mol=0.20\ mol$，$n(CO_2)=3.36/22.4=0.15\ mol$，

$n'(H_2O)=(18.26-8.06-0.15\times44)/18.0\ mol=0.20\ mol$，

$n(MgCO_3)=n(CO_2)=0.15\ mol$，

$n[Mg(OH)_2]=n(MgO)-n(CO_2)=0.05\ mol$，

$n(H_2O)=n'(H_2O)-n[Mg(OH)_2]=0.15\ mol$。

所以 $n(MgCO_3):n[Mg(OH)_2]:n(H_2O)=0.15:0.05:0.15=3:1:3$。

【赛题 12】（2006 年冬令营全国决赛题）沸石分子筛是重要的石油化工催化材料。图 1 是一种沸石晶体结构的一部分，其中多面体的每一个顶点均代表一个 T 原子（T 可为 Si 或 Al），每一条边代表一个氧桥（即连接两个 T 原子的氧原子）。该结构可以看成是由 6 个正方形和 8 个正六边形围成的凸多面体（称为 β 笼），通过六方柱笼与相邻的四个 β 笼相连形成的三维立体结构，如图 1 所示：

（1）完成下列问题：

① 若将每个 β 笼看作一个原子，六方柱笼看作原子之间的化学键，图 1 可以简化成什么结构？在答题纸的指定位置画出这种结构的图形。

② 该沸石属于十四种布拉维点阵类型中的哪一种？指出其晶胞内有几个 β 笼。

③ 假设该沸石骨架仅含有 Si 和 O 两种元素，写出其晶胞内每种元素的原子数。

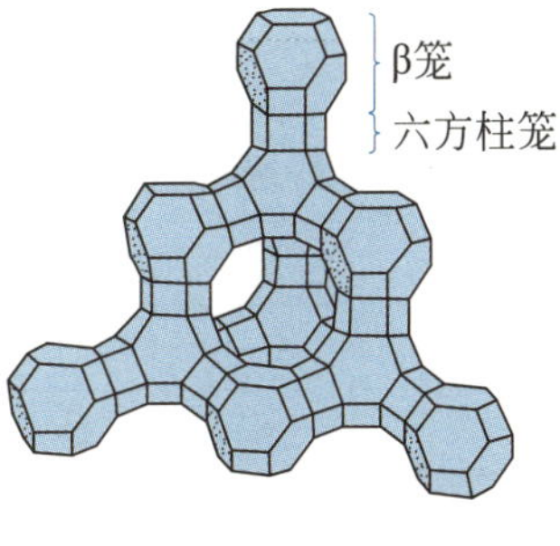

图 1

④ 已知该沸石的晶胞参数 $a = 2.34$ nm，试求该沸石的晶体密度。

（原子量：Si- 28.0 O- 16.0）

（2）方石英和上述假设的全硅沸石都由硅氧四面体构成，图 2 为方石英的晶胞示意图。

① 求方石英的晶体密度。

② 比较沸石和方石英的晶体密度来说明沸石晶体的结构特征。

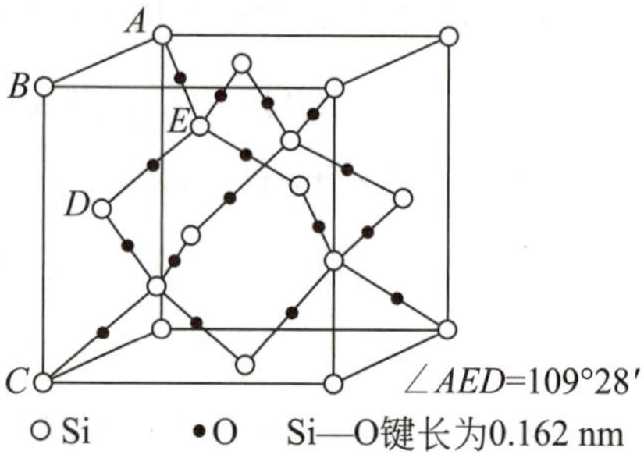

图 2

（3）一般沸石由负电性骨架和骨架外阳离子构成，利用骨架外阳离子的可交换性，沸石可以作为阳离子交换剂或质子酸催化剂使用。图 3 为沸石的负电性骨架示意图：

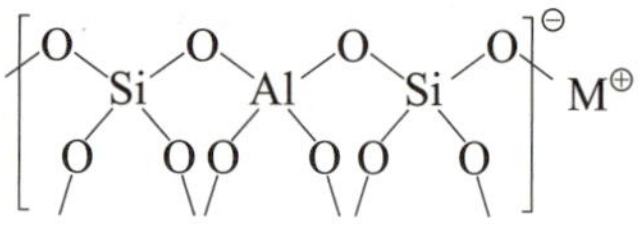

图 3

请在答题纸的图中画出图 3 所示负电性骨架结构的电子式（用“•”表示氧原子提供的电子，用“×”表示 T 原子提供的电子，用“*”表示所带负电荷提供的电子）。

（4）以甲醇为甲基化试剂的甲苯甲基化反应是石油化工中制备对二甲苯的重要方法之一，常用沸石分子筛为固体酸催化剂。该过程包含如图 4 所示的反应网络：

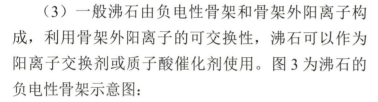

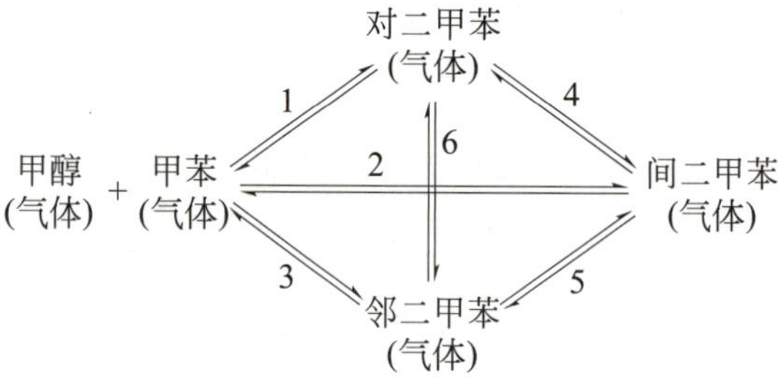

图 4

① 请回答其中有几个热力学上独立的化学反应。

② 若反应起始时体系中只有 1 mol 甲醇和 1 mol 甲苯，平衡时体系内对、间、邻二甲苯的含量分别为 x mol，y mol，z mol，请写出反应 1 的平衡常数 K_1 的表达式（以 x，y，z 表示）。

③ 各物种在 298.15 K 时的标准摩尔生成焓和标准摩尔熵列于下表：

物质	$\Delta_f H_m^\ominus/(kJ \cdot mol^{-1})$	$S_m^\ominus/(J \cdot mol^{-1} \cdot K^{-1})$
甲醇（气体）	−201.17	237.70
甲苯（气体）	50.00	319.74
水（气体）	−241.82	188.72
对二甲苯（气体）	17.95	352.42
间二甲苯（气体）	17.24	357.69
邻二甲苯（气体）	19.00	352.75

根据表中的热力学数据（假设表中数据不随温度变化），计算 500 K 下反应 1 的平衡常数。

（5）若使用有效孔径为 0.65 nm 的沸石分子筛为上述反应的催化剂，主要产物是什么？简述理由。

（设苯的最小和最大直径分别为 0.59 nm 和 0.68 nm，甲苯的最小和最大直径分别为 0.59 nm 和 0.78 nm。图 5 为该沸石分子筛的孔道结构示意图。）

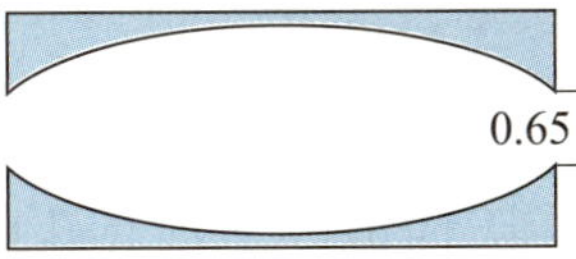

图 5

【解析】（1）① 是金刚石结构，结构如图 6 所示。

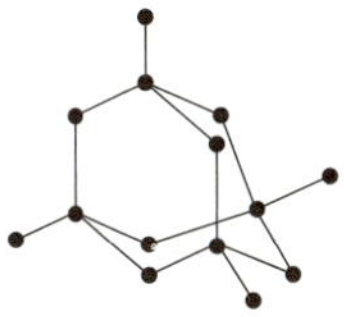
图 6

② 该沸石所属点阵类型为面心立方，晶胞内含 8 个 β 笼。

③ 因为每个晶胞内含 8 个 β 笼，每个 β 笼有 24 个硅原子和 48 个 O 原子，因此晶胞中原子数分别为 Si：192，O：384。

④ 晶体密度的计算：$\rho=m/V=[M(\mathrm{Si})\times192+M_0\times384]/a^3$，代入相关数据得 $\rho=1.49\ \mathrm{g\cdot cm^{-3}}$。

（2）① 此晶体原子数为 Si：$8\times1/8+6\times1/2+4=8$；O：$8\times2=16$，即此晶胞共含有 8 个二氧化硅。晶胞中二氧化硅的总质量：

$$m=\frac{(28.0+16.0\times2)\times8}{6.02\times10^{23}\times10^{3}}\ \mathrm{kg}=7.97\times10^{-25}\ \mathrm{kg},$$

晶胞的体积：$V=(AB)^3=(\frac{4}{\sqrt{3}}AE)^3=(2.31\times1.62\times10^{-10}\times2)^3\ \mathrm{m^3}=4.19\times10^{-28}\ \mathrm{m^3}$，

晶体密度：$\rho=\frac{m}{V}=\frac{7.97\times10^{-25}}{4.19\times10^{-28}}\ \mathrm{kg\cdot m^{-3}}=1.90\times10^{3}\ \mathrm{kg\cdot m^{-3}}=1.90\ \mathrm{g\cdot cm^{-3}}$。

② 沸石晶体的密度明显小于石英晶体的密度，说明沸石晶体具有多孔的结构特征。

（3）

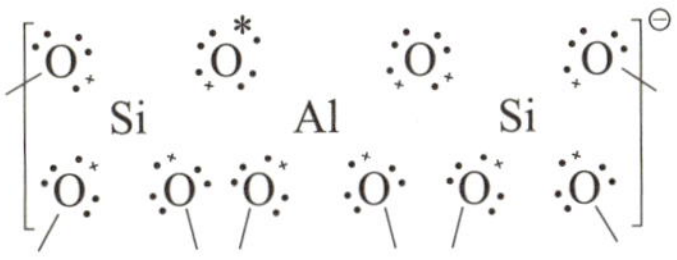

（4）① 反应网络中有 3 个热力学上相互独立的化学反应。

② 反应 1 平衡常数与对、间、邻二甲苯的含量 x、y、z 的关系式为

$$K_1=\frac{x(x+y+z)}{[1-(x+y+z)]^2}。$$

③ 反应平衡常数的具体计算公式：

$\Delta_r H^{\ominus}=\sum \nu\Delta_f H_m^{\ominus}=(17.95\ \mathrm{kJ\cdot mol^{-1}}-241.82\ \mathrm{kJ\cdot mol^{-1}})-(50.00\ \mathrm{kJ\cdot mol^{-1}}-201.17$

$kJ\cdot mol^{-1}) = -72.70\ kJ\cdot mol^{-1}$，

$\Delta_r S^{\ominus} = \sum \nu S_m^{\ominus} = (352.42\ kJ\cdot mol^{-1} + 188.72\ kJ\cdot mol^{-1}) - (237.70\ kJ\cdot mol^{-1} + 319.74\ kJ\cdot mol^{-1}) = -16.30\ J\cdot (mol\cdot K)^{-1}$，

$\Delta_r G^{\ominus} = \Delta_r H^{\ominus} - T\Delta_r S^{\ominus} = -72.70\ kJ\cdot mol^{-1} - 500\ K \times (-16.30)\ J\cdot (mol\cdot K)^{-1} = -64.55\ kJ\cdot mol^{-1}$，

$\Delta_r G^{\ominus} = -RT\ln K^{\ominus}$，$\ln K^{\ominus} = -(-64.55\times 10^3)/(8.314\times 500) = 15.528$，$K^{\ominus} = 5.54\times 10^6$。

（5）反应的主要产物是对二甲苯。因为只有对二甲苯最小直径小于沸石孔径，因而可以从沸石孔中脱出。而生成的间、邻二甲苯的最小直径大于沸石孔径，扩散困难，因而将在沸石笼中继续发生异构化反应，转变为对二甲苯。随着反应不断进行，二甲苯异构化反应平衡一直向生成对二甲苯的方向移动。

（根据苯和甲苯的构型数据可估计三种二甲苯的最小和最大直径分别为对二甲苯：0.59 nm 和 0.88 nm；邻二甲苯：0.68 nm 和 0.68 nm；间二甲苯：0.68 nm 和 0.76 nm。）

【赛题 13】（2004 年冬令营全国决赛题）氢是重要而洁净的能源。要利用氢气作能源，必须解决好安全有效地储存氢气问题。化学家研究出利用合金储存氢气，$LaNi_5$ 是一种储氢材料。$LaNi_5$ 的晶体结构已经测定，属六方晶系，晶胞参数 $a = 511$ pm，$c = 397$ pm，晶体结构如下图所示。

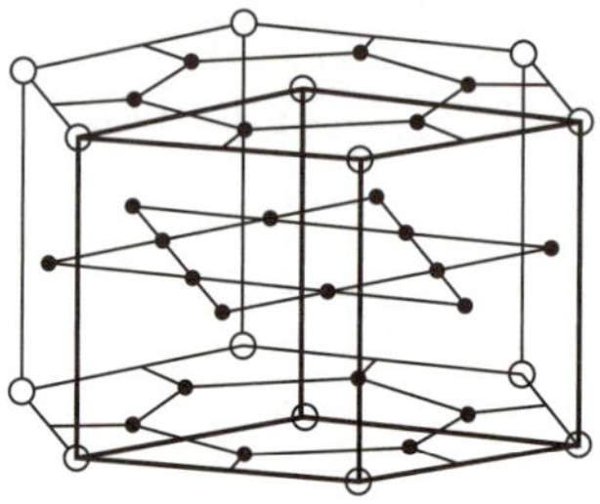

（1）从 $LaNi_5$ 晶体结构图中勾画出一个 $LaNi_5$ 晶胞。

（2）每个晶胞中含有多少个 La 原子和 Ni 原子？

（3）$LaNi_5$ 晶胞中含有 3 个八面体空隙和 6 个四面体空隙，若每个空隙填入 1 个 H 原子，计算该储氢材料吸氢后氢的密度，该密度是标准状态下氢气密度 $(8.987\times 10^{-5}\ g\cdot cm^{-3})$ 的多少倍？

（氢的原子量为 1.008；光速 c 为 $2.998\times 10^8\ m\cdot s^{-1}$；忽略吸氢前后晶胞的体积变化。）

【解析】（1）题中明确 $LaNi_5$ 晶体属于六方晶系，根据 14 种点阵形式及对应的晶格参数，在图 1 所示的坐标系中，应该有：① $a = b \neq c$；② $\alpha = \beta = 90^\circ$；$\gamma = 120^\circ$。

这样，不难得出晶胞结构如图 2 所示。

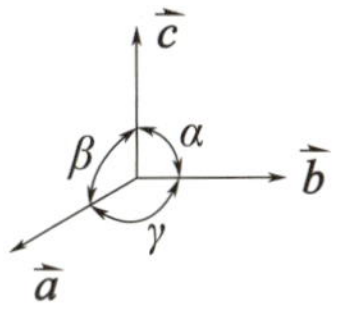

图 1

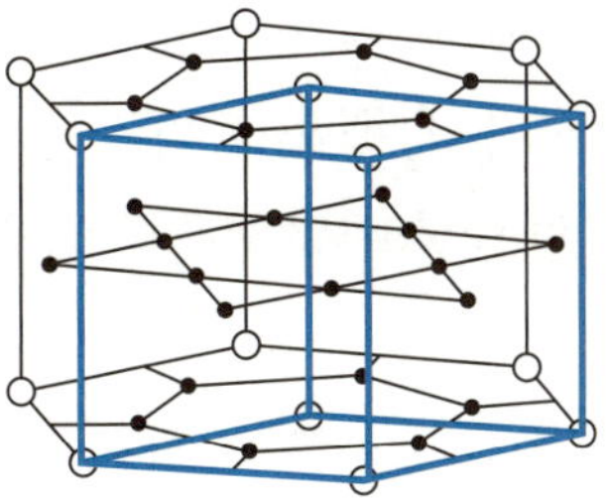

图 2　$LaNi_5$ 晶胞结构

（2）晶胞中含有 1 个 La 原子和 5 个 Ni 原子。

（3）计算过程如下。

六方晶胞体积：由（1）中描述可知 $a=b=511$ pm，$c=397$ pm；

所以晶胞体积 $V=a^2c\sin120° =[(5.11\times10^{-8})^2\times3.97\times10^{-8}\times3^{1/2}/2]\ \mathrm{cm^3}=89.7\times10^{-24}\ \mathrm{cm^3}$，

氢气密度：

$$\rho=\frac{m}{V}=\frac{\dfrac{9\times1.008}{6.022\times10^{23}}}{89.774\times10^{-24}}\mathrm{g\cdot cm^{-3}}=0.1678\ \mathrm{g\cdot cm^{-3}}。$$

$$\frac{0.1678}{8.987\times10^{-5}}=1.87\times10^3,$$

因此该储氢材料吸氢后氢的密度是氢气密度的 1.87×10^3 倍。

【赛题 14】（2005 年冬令营全国决赛题）目前商品化的锂离子电池正极几乎都是锂钴复合氧化物，其理想结构如图 1 所示。

（1）在图 1 上用粗线框出这种理想结构的锂钴复合氧化物晶体的一个晶胞。

（2）这种晶体的一个晶胞里有几个锂原子、几个钴原子和几个氧原子？

（3）给出这种理想结构的锂钴复合氧化物的化学式（最简式）。

（4）锂离子电池必须先长时间充电后才能使用。写出上述锂钴氧化物作为正极放电时的电极反应。

（5）锂锰复合氧化物是另一种锂离子电池正极材料。它的理想晶体中有两种多面体：LiO_4 四面体和 MnO_6 八面体，个数比 1∶2，LiO_4 四面体相互分离，MnO_6 八面体的所有氧原子全部取自 LiO_4 四面体。写出这种晶体的化学式。

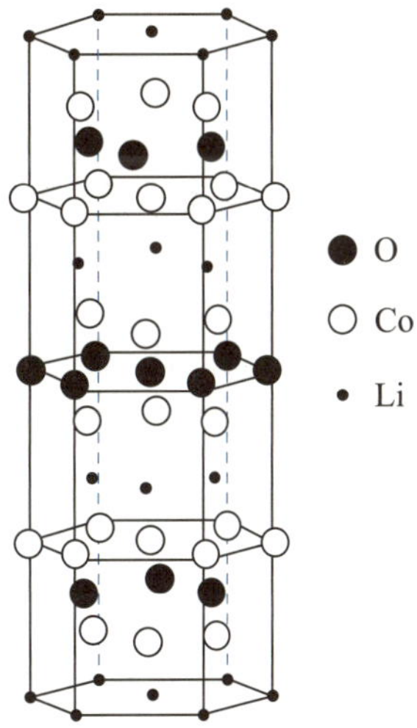

图 1　锂钴复合氧化物的理想结构示意图

（6）从图 2 获取信息，说明为什么锂锰氧化物正极材料在充电和放电时晶体中的锂离子可在晶体中移动，而且个数可变。并说明晶体中锂离子的增减对锰的氧化态有何影响。

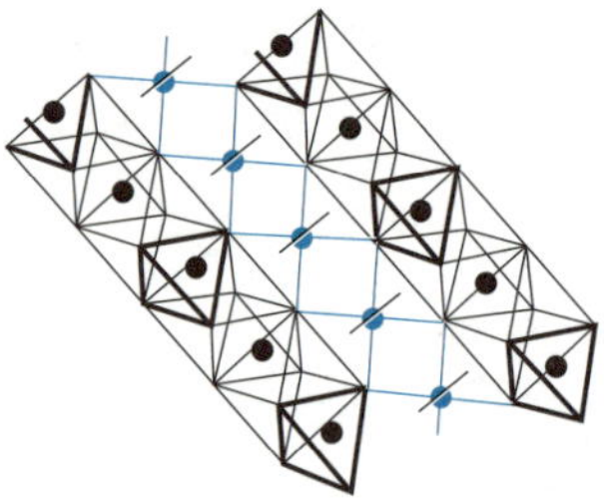

图 2　锂锰复合氧化物正极材料的理想晶体的结构示意图

【解析】（1）首先应该先找出晶胞，根据六方晶系晶胞选取规则（见本讲赛题 13 解析），不难得出晶胞如右图所示。

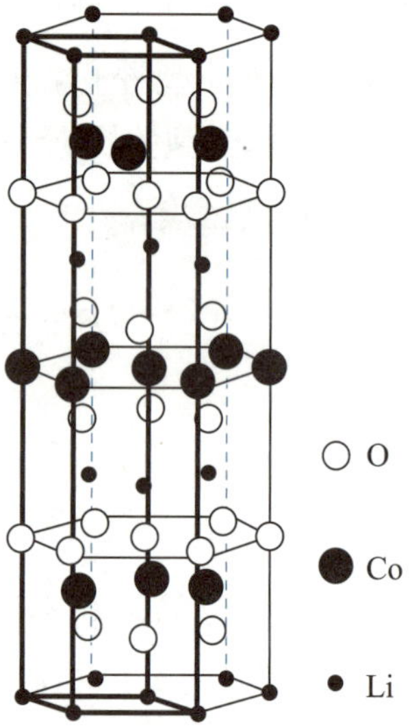

（2）该晶胞中，8 个顶点的 Li 合成一个 Li，4 个竖直棱上的 Co 合成一个 Co，4 个竖直棱上的 8 个 O 合成 2 个 O；另外，晶胞内还有 4 个 O，2 个 Li，2 个 Co，因此，共有 3 个锂原子，3 个钴原子和 6 个氧原子。

（3）化学式为 $LiCoO_2$。

（4）首先，应关注到（6）问中的这一段文字“锂锰氧化物正极材料在充电和放电时晶体中的锂离子可在晶体中移动，而且个数可变”。分析后可以确定阳极材料应为 Li_xCoO_2，但是，这里 x 的取值范围是否有限制？也就是说，是否可以 $x>1$？本问中已经明确指出“锂离子电池必须先长时间充电后才能使用”，所以，$LiCoO_2$ 充电后变为 Li_xCoO_2，这里的 x 应该小于 1。因此，电极反应方程式为 $Li_{1-x}CoO_2+xLi+xe^- \xrightarrow{放电} LiCoO_2$（理想）。

（5）由 LiO_4 四面体和 MnO_6 八面体个数比为 1∶2 可得 Li∶Mn＝1∶2，由 LiO_4 四面体相互分离，MnO_6 八面体的所有氧原子全部取自 LiO_4 四面体可得 Li∶O＝1∶4，由此，化学式为 $LiMn_2O_4$。

（6）从图中可以看出：相邻 Li^+ 之间有多个未填 Li^+ 的八面体及四面体空隙，在电场的作用下，形成“离子通道”。联想到第（4）问，可以得出结论：充电时，锂锰氧化物中部分 Li^+ 沿着“离子通道”移出晶体，晶体中 Li^+ 的个数减少，Mn 的氧化态升高。当放电时，Li^+ 沿着“Li^+ 通道”从电解质流回锂锰氧化物晶体，晶体中 Li^+ 的个数增加，Mn 的氧化态降低。

【赛题 15】（2017 年全国初赛题）随着科学的发展和大型实验装置（如同步辐射和中子源）的建成，高压技术在物质研究中发挥着越来越重要的作用。高压不仅会引发物质的相变，也会导致新类型化学键的形成。近年来就有多个关于超高压下新型晶体的形成与结构的研究报道。

（1）NaCl 晶体在 50 ～ 300 GPa 的高压下和 Na 或 Cl_2 反应，可以形成不同组成、不同结构的晶体。下图给出其中三种晶体的晶胞（大球为氯原子，小球为钠原子）。写出 A、B、C 的化学式。

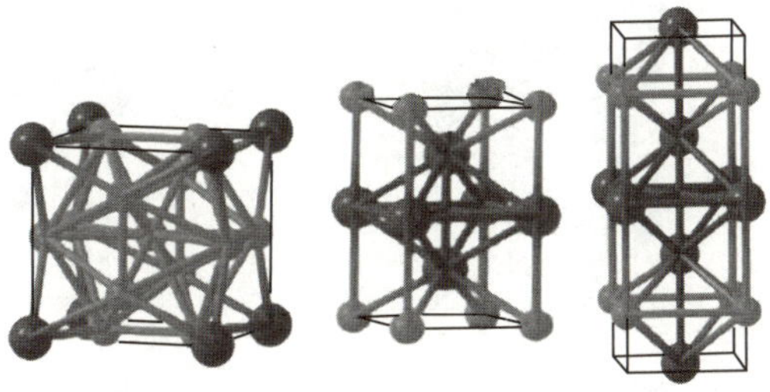

A　　B　　C

（2）在超高压 (300 GPa) 下，金属钠和氦可形成化合物。结构中，钠离子按简单立方排布，形成 Na_4 立方体空隙（如右图所示），电子对 ($2e^-$) 和氦原子交替分布填充在立方体的中心。

① 写出晶胞中的钠离子数。

② 写出体现该化合物结构特点的化学式。

③ 若将氦原子放在晶胞顶点，写出所有电子对 ($2e^-$) 在晶胞中的位置。

④ 晶胞边长 $a = 395$ pm。计算此结构中 Na-He 的间距 d 和晶体的密度 ρ(单位：$g \cdot cm^{-3}$)。

【解析】（1）题中明确“大球为钠原子，小球为氯原子”，对于 A，钠原子数为 $8 \times 1/8 = 1$，氯原子数需要通过看图分析。氯原子的分布有两种情况，其一是处于面上，每个面上均有两个氯原子；其二是体心，有一个氯原子，所以氯原子数为 $12 \times 1/2 + 1 = 7$，所以 A 的化学式为 $NaCl_7$（需要说明的是，可能原题的 A 图有误，体心的占据原子应该是钠原子，如此，A 的化学式就为 $NaCl_3$）。

同理，对于晶体 B，钠原子数为 $4 \times 1/4 + 2 = 3$，氯原子数为 $8 \times 1/8 = 1$，所以，B 的化学式为 Na_3Cl；对于晶体 C，钠原子数为 $4 \times 1/4 + 2 + 2 \times 1/2 = 4$，氯原子数为 $8 \times 1/4 = 2$，所以，C 的化学式为 Na_2Cl。

（2）根据简单立方的点阵特征，Na_4 的立方体空隙应该是图 1 中的相应位置，很明显，Na_4 的立方体空隙恰好就是立方体的中心（如图 1 所示），分析图 2，发现以下特征。

特征 1：图 2 中共有 27 个 Na_8 立方体，共有 64 个 Na^+，其中顶点 8 个，面上 24 个，体内 8 个，棱上 24 个；

特征 2：把图 2 中阴影标出的 Na_8 立方体看成是一个质点，图 2 就可以看成面心立方，其中心的 Na_8 立方体是问题的关键。

特征 3：如果要理解图 2 对应的晶胞，不如只看 e_2 和 He，由 e_2 和 He 组成的晶胞肯定是 NaCl 型（如图 3）；

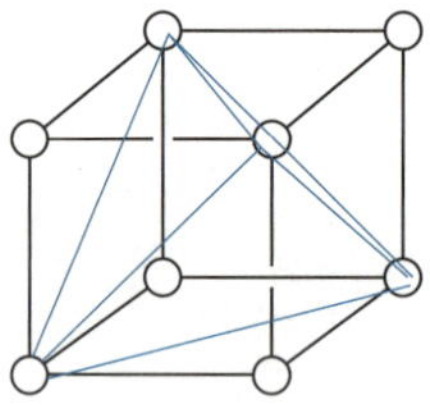

图 1

图 2

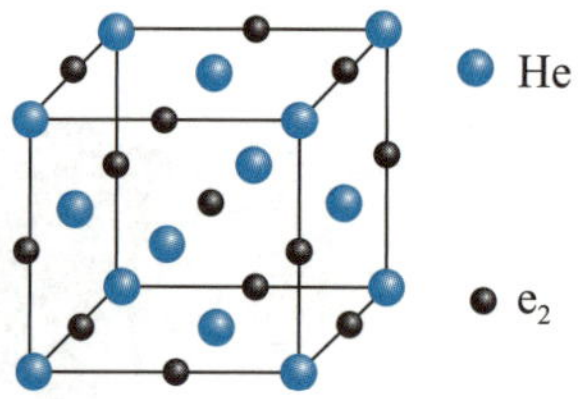

图 3

① 图 3 所谓的晶胞中有 4 个 He 和 4 个 e_2，考虑到每 1 个 He 和每 1 个 e_2 均需要 1 个 Na^+，所以，晶胞中的 Na^+ 数目为 8 个；

② 根据题意“电子对 ($2e^-$) 和氦原子交替分布填充在立方体的中心”，即 He 数∶e_2 数 = 1∶1（e_2 代表电子对），27 个 Na_8 立方体有一半中心是 He 原子，另一半是 e_2，故 Na^+ 数∶e_2 数∶He 数 = 27∶13.5∶13.5 = 2∶1∶1，所以体现该化合物结构特点的化学式为 $Na_2(e_2)He$。

③ 体心、棱心。

④ $\rho = zM/(N_AV) = 4\times(2\times22.99+4.00)\ \text{g}\cdot\text{mol}^{-1}/[6.02\times10^{23}\ \text{mol}^{-1}\times(3.95\times10^{-8}\ \text{cm})^3$

$= 5.39\ \text{g}\cdot\text{cm}^{-3}$；$d=\sqrt{3}a/4 = 171$ pm。

【赛题 16】（2016 年全国初赛题）固体电解质以其在电池、传感器等装置中的广泛应用而备受关注。现有一种由正离子 A^{n+}、B^{m+} 和负离子 X^- 组成的无机固体电解质，该物质 50.7 ℃以上形成无序结构（高温相），50.7 ℃以下变为有序结构（低温相），二者结构示意见图 1。图 1 中，浅色球为负离子，高温相中的深色球为正离子或空位，低温相中的大深色球为 A^{n+}，小深色球为 B^{m+}。

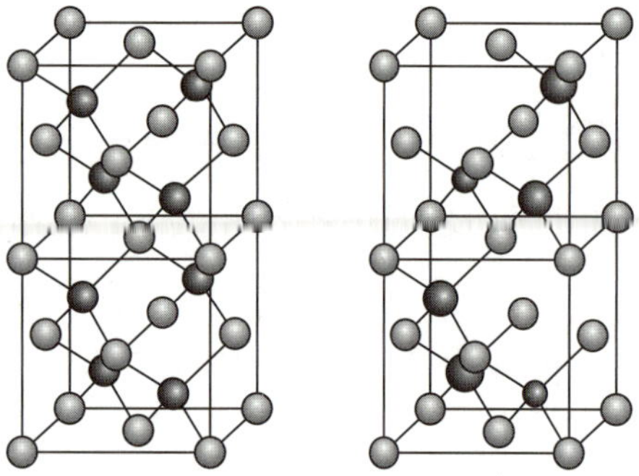

高温相　　低温相

图 1

（1）推出这种电解质的化学式，写出 n 和 m 的值。

（2）温度变化会导致晶体在立方晶系和四方晶系之间转换，上述哪种晶相属于立方晶系？

（3）写出负离子的堆积方式及形成的空隙类型。指出正离子占据的空隙类型及占有率。

（4）高温相具有良好的离子导电性，这源于哪种离子的迁移？简述导电性与结构的关系。

【解析】（1）由于高温相中包含位置不确定的空位，化学式只能从有序的低温相求出。从晶胞图可见，晶体的组成为 4 个 A^{n+}，2 个 B^{m+}，$1/8\times8+1/2\times10+1/4\times4+1=8$ 个 X^-。化学式：A_2BX_4，$n=1$，$m=2$（化学式中 A 和 B 的先后次序不要求）。

（2）高温相。无序结构中，两种正离子无法区分，也与空位无法区分，只能从统计意义上视为等同，属于立方晶系。（有序的低温相属于四方晶系。）

（3）负离子呈立方最密堆积，堆积形成正八面体以及正四面体两种空隙，正离子占据的是正四面体空隙。低温相的四方晶胞中有 16 个正四面体空隙，其中 6 个被正离子占据，正离子在四面体空隙的占有率为 $6/16=3/8$。

（4）源于 A^{n+} 的迁移；高温相的导电性与大量的四面体空位有关，它们为正离子的流动提供了运动通道。

参考文献

[1] 宋天佑，程鹏，徐家宁. 无机化学上册 [M]. 北京：高等教育出版社，2015：249.
[2] 宋天佑，程鹏，徐家宁. 无机化学上册 [M]. 北京：高等教育出版社，2015：55.

第七讲 溶液中的平衡

在讨论反应平衡时，主要是涉及分子的过程，但平衡概念对理解有关离子的反应，尤其是水溶液中的离子反应，也是很重要的。本讲是将平衡理论应用于电解质的水溶液体系。

一、酸碱质子理论（Bronsted 理论）

1．早期人们对酸和碱的认识

最初阶段人们从性质上认识酸碱。酸能使石蕊变红，有酸味；碱能使石蕊变蓝，有涩味。当酸碱相混合时，性质消失。阿伦尼乌斯 (Arrhenius) 的电离学说，使人们对酸碱的认识发生了一个飞跃。该学说认为酸电离出的正离子全部是 H^+，碱电离出的负离子全部是 OH^-，进一步从平衡角度找到了比较酸碱强弱的标准，即电离常数 K_a、K_b。阿伦尼乌斯理论在水溶液中是成功的，但其在非水体系中的适用性却受到了挑战。例如溶剂自身的电离和液氨中进行的中和反应，都无法用阿伦尼乌斯的理论去讨论，因为这些体系中根本找不到符合定义的酸和碱。

2．酸碱质子理论简介

为了弥补阿伦尼乌斯理论的不足，丹麦化学家布朗斯特（Bronsted）和英国化学家劳里 (Lowry) 于 1923 年分别提出了酸碱质子理论。酸碱质子理论认为：凡能给出质子 (H^+) 的物质都是酸，凡能接受质子的物质都是碱。如 HCl，NH_4^+，$H_2PO_4^-$ 等都是酸，因为它们能给出质子；CN^-，NH_3，HSO_3^-，SO_4^{2-} 都是碱，因为它们都能接受质子。为区别于阿伦尼乌斯酸碱，也可专称质子理论的酸碱为布朗斯特酸碱。由如上的例子可见，酸碱质子理论中的酸碱不限于电中性的分子，也可以是带电的离子。若某物质既能给出质子，又能接受质子，就既是酸又是碱，可称为酸碱两性物质，如 HCO_3^- 等。

（1）酸碱的共轭关系

质子酸碱不是孤立的，它们通过质子相互联系，质子酸释放质子转化为它的共轭碱，质子碱得到质子转化为它的共轭酸，这种关系称为酸碱共轭关系。

可用通式表示为酸 $\rightleftharpoons$ 碱 + 质子，此式中的酸和碱称为共轭酸碱对。例如 NH_3 是 NH_4^+ 的共轭碱，反之，NH_4^+ 是 NH_3 的共轭酸。

（2）酸和碱的反应

跟阿伦尼乌斯酸碱反应不同，布朗斯特酸碱的酸碱反应是两对共轭酸碱对之间传递质子的反应，通式为酸 $_1$ + 碱 $_2$ $\rightleftharpoons$ 碱 $_1$ + 酸 $_2$。

例如 $HCl + NH_3 \rightleftharpoons Cl^- + NH_4^+$，$H_2O + NH_3 \rightleftharpoons OH^- + NH_4^+$，

$H_2O + S^{2-} \rightleftharpoons OH^- + HS^-$，$H_2O + HS^- \rightleftharpoons OH^- + H_2S$。

这就是说，单独一对共轭酸碱本身是不能发生酸碱反应的，因而也可以把通式：酸 $\rightleftharpoons$ 碱 +H^+ 称为酸碱半反应，酸碱质子反应是两对共轭酸碱对交换质子的反应。显然，在酸碱质子理论中根本没有“盐”的内涵。

二、弱电解质的电离平衡常数

电解质溶液（或熔体）的导电是由于离子的迁移，形成闭合回路。如向 $Cu(MnO_4)_2$ 溶液中通以电流，蓝色的 Cu^{2+} 向电源负极迁移，紫色的 MnO_4^- 向电源正极迁移，这证明了在溶液中带有相反电荷的离子是独立存在的。一般认为，表观电离度大于 30% 的电解质，称为强电解质，而弱电解质的电离度小于 3%。（均指 $0.1\ mol \cdot L^{-1}$ 的溶液）。对于同一种电解质，其浓度越小，电离度越大。$5 \times 10^{-6}\ mol \cdot L^{-1}$ 的醋酸溶液的电离度可达 82%。

1. 水的电离平衡与水的离子积常数（K_w）

$$H_2O(l) \rightleftharpoons H^+(aq) + OH^-(aq),\ K_w = [H^+][OH^-] \qquad (7\text{-}1)$$

由于水的电离是吸热反应，所以，温度升高时，K_w 值变大。

表 7-1　不同温度下水的离子积常数 K_w

温度 / K	273	295	373
K_w	0.13×10^{-14}	1.0×10^{-14}	74×10^{-14}

常温下，$[H^+] = 1 \times 10^{-7}$，$pH = -lg[H^+] = 7$ 表示中性，因为这时 $K_w = 1.0 \times 10^{-14}$；任何温度时，溶液的中性只能是指 $[H^+] = [OH^-]$。

2. 弱酸和弱碱的电离平衡

（1）一元弱酸和弱碱的电离平衡

醋酸的电离平衡可以表示成 $CH_3COOH \rightleftharpoons H^+ + CH_3COO^-$，用 $K_a^\ominus$ 表示酸式电离的电离平衡常数，经常简写作 K_a，且 $K_a = \dfrac{[CH_3COO^-][H^+]}{[CH_3COOH]}$。

一水合氨 $NH_3 \cdot H_2O$ 是典型的弱碱，其电离平衡可表示为 $NH_3 \cdot H_2O \rightleftharpoons$

NH_4^++OH^-，用$K_b^\ominus$（简写成K_b）表示碱式电离的电离平衡常数，则有$K_b=\dfrac{[NH_4^+][OH^-]}{[NH_3\cdot H_2O]}$。

（2）多元弱酸的电离平衡

多元弱酸的电离是分步进行的，对应每一步电离，各有其电离常数。以H_2S（20 ℃）为例：

第一步　$H_2S \rightleftharpoons H^+ + HS^-$　　$K_{a1}=\dfrac{[H^+][HS^-]}{[H_2S]}=1.3\times10^{-7}$

第二步　$HS^- \rightleftharpoons H^+ + S^{2-}$　　$K_{a2}=\dfrac{[H^+][S^{2-}]}{[HS^-]}=7.1\times10^{-15}$

显然，$K_{a1}\gg K_{a2}$，说明多元弱酸的电离以第一步电离为主。将第一步和第二步的两个方程式相加，则平衡常数相乘，得$K=\dfrac{[H^+]^2[S^{2-}]}{[H_2S]}=K_1K_2=9.2\times10^{-22}$。

平衡常数表示处于平衡状态的几种物质的浓度关系，确切地说是活度的关系。但是在计算中，近似地认为活度系数$f=1$，即用浓度代替活度。K_a、K_b的大小可以表示弱酸和弱碱的电离程度，K_a或K_b的值越大，则弱酸或弱碱的电离程度越大。

【例 7-1】 常温常压下，在H_2S气体中的饱和溶液中，H_2S浓度约为$0.10\ mol\cdot L^{-1}$，试计算该溶液中的$[H^+]$、$[HS^-]$和$[S^{2-}]$。（已知H_2S的$K_{a1}=1.0\times10^{-7}$，$K_{a2}=1.0\times10^{-12}$）

【解析】 H_2S是二元弱酸，但由于$K_{a1}\gg K_{a2}$，所以，计算$[H^+]$时可当一元弱酸处理，并且$[HS^-]$近似等于$[H^+]$。又因为$c/K_a>400$，所以可采用近似公式$[H^+]=\sqrt{K_{a1}c}$计算其氢离子浓度。

$[H^+]=\sqrt{K_{a1}c}=\sqrt{1.0\times10^{-7}\times0.1}\ mol\cdot L^{-1}=1.0\times10^{-4}\ mol\cdot L^{-1}$，

$[HS^-]\approx[H^+]=1.0\times10^{-4}\ mol\cdot L^{-1}$。

由第二步电离$HS^- \rightleftharpoons H^+ + S^{2-}$，得

$K_{a2}=\dfrac{[H^+][S^{2-}]}{[HS^-]}$，$[S^{2-}]\approx K_{a2}=1.1\times10^{-12}\ mol\cdot L^{-1}$。

【例 7-2】 某温度下，3% 的甲酸的密度$\rho=1.0049\ g\cdot cm^{-3}$，其$pH=1.97$，请问在该温度下稀释多少倍后，甲酸的电离度增大为稀释前的 10 倍？

【解析】 由甲酸的密度和溶质质量分数可求出甲酸的物质的量的浓度；由 pH 可求出$[H^+]$，再由物质的量浓度和$[H^+]$，就可求出甲酸稀释前的电离度α_1。稀释后的电离度为$10\alpha_1$，但浓度变化不影响电离常数，则可由稀释前后不同浓度数值所表达的电离常数，求出稀释前后浓度的比值，即为所要稀释的倍数。

设稀释前甲酸的物质的量的浓度为 c_1，稀释后为 c_2。

$c_1 = \dfrac{1000 \times 1.0049 \times 3\%}{46.03}$ mol • L^{-1} = 6.55×10^{-1} mol • L^{-1},

pH = 1.97，即 $[H^+] = 1.0715 \times 10^{-2}$ mol • L^{-1},

所以 $\alpha_1 = \dfrac{[H^+]}{c_1} = 0.01636$，即 1.636%。

当 $\alpha_2 = 10\alpha_1$ 时，浓度 c_2 和 c_1 必符合下列关系：

$$K_a = \frac{c_1\alpha_1 \times c_1\alpha_1}{c_1(1-\alpha_1)} = \frac{c_1\alpha_2^2}{1-\alpha_1} \quad ①$$

$$K_a = \frac{c_2\alpha_2^2}{1-\alpha_2} = \frac{c_2(10\alpha_1)^2}{1-10\alpha_1} \quad ②$$

①式除以②式得 $\dfrac{c_1}{c_2} = \dfrac{100(1-\alpha_1)}{1-10\alpha_1} = \dfrac{100(1-0.01636)}{1-0.1636} = 117.6$，即在该温度下稀释 117.6 倍后电离度增加为原来的 10 倍。

三、缓冲溶液

1. 同离子效应

$CH_3COOH \rightleftharpoons H^+ + CH_3COO^-$ 达到平衡时，向溶液中加入固体 CH_3COONa，由于 CH_3COO^- 的引入，破坏了已建立的弱电解质的电离平衡，使平衡左移，导致 CH_3COOH 的电离度减小。这种在弱电解质的溶液中，加入能电离出与其相同离子的强电解质，使电离平衡移动，同时导致弱电解质的电离度降低的现象称为同离子效应。

2. 缓冲溶液

能够抵抗外来少量酸或碱的影响和较多水的稀释的影响，保持体系 pH 基本不变的溶液，称为缓冲溶液。如向 1 L 0.10 mol • L^{-1} HCN 和 0.10 mol • L^{-1} NaCN 的混合溶液中 (pH = 9.40)，加入 0.010 mol HCl 时，pH 变为 9.31；加入 0.010 mol NaOH 时，pH 变为 9.49；用水稀释，体积扩大到原来的 10 倍时，pH 基本不变。很明显，0.10 mol • L^{-1} HCN 和 0.10 mol • L^{-1} NaCN 的混合溶液就是典型的缓冲溶液。

缓冲溶液之所以具有缓冲作用是因为溶液中含有一定量的抗酸成分和抗碱成分。当外加少量酸（或碱）时，则它与抗酸（或抗碱）成分作用，使 $c_{弱酸}/c_{弱酸盐}$（或 $c_{弱碱}/c_{弱碱盐}$）比值基本不变，从而使溶液 pH 基本不变。加入适量水稀释时，由于弱酸与弱酸盐（或弱碱与弱碱盐）以同等倍数被稀释，其浓度比值亦不变。缓冲溶液一般是由弱酸及其盐（如 HAc 与 NaAc）或弱碱及其盐（如 NH_3 与 NH_4^+ 盐）以及多元弱酸及其次级酸式盐或酸式盐及其次级盐（如 H_2CO_3 与 $NaHCO_3$，$NaHCO_3$ 与 Na_2CO_3）作为溶质。这类缓冲溶液的 pH 计算可概括为如下两种形式：

① 弱酸及其盐：$[H^+]=K_a\cdot\frac{c_{酸}}{c_{盐}}$，$pH=pK_a+\lg\frac{c_{盐}}{c_{酸}}$ （7-2）

② 弱碱及其盐：$[OH^-]=K_b\cdot\frac{c_{碱}}{c_{盐}}$，$pOH=pK_b+\lg\frac{c_{盐}}{c_{碱}}$ （7-3）

缓冲溶液中的弱酸及其盐（或弱碱及其盐）称为缓冲对。缓冲对的浓度愈大，则它抵抗外加酸碱影响的作用愈强，通常称缓冲容量愈大。缓冲对浓度比也是影响缓冲容量的重要因素，浓度比为 1 时，缓冲容量最大。一般缓冲对的浓度比在 10 到 0.1 之间，因此缓冲溶液的 pH（或 pOH）在 pK_a（或 pK_b）±1 范围内。配制缓冲溶液时，首先选择缓冲对的 pK_a（或 pK_b）最靠近欲达到的溶液 pH（或 pOH），然后调整缓冲对的浓度比，使其达到所需的 pH 或 pOH。

【例 7-3】用蒸馏法可以测定 N 的含量。若已知生成 2 mmol 的 NH_3，被 60 mL 2%(*W*/*V*)H_3BO_3 溶液所吸收，试求：

（1）吸收后溶液的 pH 是多少？

（2）若用 $0.05\ mol\cdot L^{-1}$ HCl 滴定，试计算终点时溶液的 pH，并确定该选用何种指示剂。

【解析】（1）吸收后溶液组成为 $H_3BO_3 + NH_3$，属于“弱酸 + 弱碱”体系，可按两性物质的 $[H^+]$ 计算式计算。

$$c(H_3BO_3)=\frac{m}{MV}=\frac{1}{M}\cdot\frac{m}{V}=\frac{2}{61.83\times0.1}mol\cdot L^{-1}=0.32\ mol\cdot L^{-1},$$

$$c(NH_3)=\frac{n}{V}=\frac{2\ mmol}{60\ mL}=0.033\ mol\cdot L^{-1},$$

质子条件为 $[H^+]+[NH_4^+]=[H_2BO_3^-]+[OH^-]$，

$$[H^+]+\frac{[NH_3][H^+]}{K_a(NH_4^+)}=\frac{K_a(H_3BO_3)[H_3BO_3]}{[H^+]}+\frac{K_w}{[H^+]}$$

$$[H^+]=\sqrt{\frac{K_a(H_3BO_3)[H_3BO_3]+K_w}{1+[NH_3]/K_a(NH_4^+)}}$$

$K_a(H_3BO_3)c(H_3BO_3)=10^{-9.24}\times0.32>20K_w$，$c(NH_3)/K_a(NH_4^+)=0.033/10^{-9.25}>20$，可忽略分子中的 K_w 和分母中的 1，$[H^+]=\sqrt{\frac{[H_3BO_3]}{[NH_3]}\cdot K_a(H_3BO_3)K_a(NH_4^+)}$，解

二次方程得 pH = 8.25。

（2）HCl 滴定至化学计量点时生成 $NH_4Cl + H_3BO_3$（“弱酸 + 弱酸”体系）。

$V_{HCl} = c(NH_3)V(NH_3)/c(HCl) = 0.33 \times 60/0.05\ mL = 40\ mL$，

$V_{终点} = V(HCl) + V(NH_3) = 100\ mL$，

$c(NH_4^+) = 2\ mmol/100\ mL = 0.020\ mol \cdot L^{-1}$，

$c(H_3BO_3) = 0.32 \times 60/100\ mol \cdot L^{-1} = 0.19\ mol \cdot L^{-1}$，

质子条件为 $[H^+] = [OH^-] + [NH_3] + [H_2BO_3^-]$（酸性溶液 $[OH^-]$ 可忽略），

$[H^+] = c(NH_4^+) \cdot \dfrac{K_a(NH_4^+)}{K_a(NH_4^+) + [H^+]} + c(H_3BO_3) \cdot \dfrac{K_a(H_3BO_3)}{K_a(H_3BO_3) + [H^+]}$ [分母中的 $K_a(NH_4^+)$ 和 $K_a(H_3BO_3)$ 可忽略]

$\approx \sqrt{c(NH_4^+)K_a(NH_4^+) + c(H_3BO_3)K_a(H_3BO_3)}$

$= \sqrt{0.020 \times 10^{-9.25} + 0.19 \times 10^{-9.24}} = 1.1 \times 10^{-5}$，pH = 4.96，可选甲基红作指示剂。

四、酸碱指示剂

1. 指示剂的变色原理

能通过颜色变化指示溶液的酸碱性的物质，如石蕊、酚酞、甲基橙等，称为酸碱指示剂。酸碱指示剂一般是弱的有机酸。现以甲基橙为例，说明指示剂的变色原理。甲基橙的电离平衡表示如下：

$HIn \rightleftharpoons In^- + H^+$，20 ℃时，$K_a = 4 \times 10^{-4}$。

分子态 HIn 显红色，而酸根离子 In^- 显黄色。当体系中 H^+ 的浓度大时，平衡左移，以分子态形式居多时，显红色；当体系中 OH^- 的浓度大时，平衡右移，以离子态形式居多时，显黄色。很明显，指示剂的颜色变化与弱酸 HIn 的电离平衡常数 K_a 的大小有关。

2. 变色点和变色范围

以甲基橙为例，$HIn \rightleftharpoons In^- + H^+$，20 ℃时，$K_a = 4 \times 10^{-4}$；当 $[In^-] = [HIn]$ 时，$[H^+] = K_a = 4 \times 10^{-4}$，$pH = pK_a = 3.4$，显橙色，介于红色和黄色之间。

当 pH < 3.4，HIn 占优势时，红色成分大；

当 pH > 3.4，In^- 占优势时，黄色成分大。

故 $pH = pK_a$ 称为指示剂的理论变色点。甲基橙的理论变色点为 pH = 3.4，酚酞的理论变色点为 pH = 9.1。距离理论变色点很近时，显色并不明显，因为一种物质的优势还不够大。当 $[HIn] = 10[In^-]$ 时，显红色，当 $[In^-] = 10[HIn]$

时，显黄色。因此，可以把 $pH = pK_a \pm 1$ 称为指示剂的变色范围。各种颜色互相掩盖的能力并不相同。红色易显色，对甲基橙，当 [HIn] = 2 [In^-] 时，即可显红色；而当 [In^-] = 10 [HIn] 时，才显黄色。故甲基橙的实际变色范围为 pH 在 3.1 和 4.4 之间。

【例 7-4】 称取含 NaOH 和 Na_2CO_3 的样品 0.700 g（杂质不与 HCl 反应）溶解后稀释至 100 mL。取 20 mL 该溶液，用甲基橙作指示剂，用 $0.110\ mol \cdot L^{-1}$ HCl 滴定，终点时用去 26.00 mL；另取 20 mL 上述溶液，加入过量 $BaCl_2$ 溶液，过滤，滤液中加入酚酞作指示剂，滴定达终点时，用去上述 HCl 溶液 20 mL。试求样品中 NaOH 和 Na_2CO_3 质量分数。

【解析】 首先考虑 HCl 和 Na_2CO_3 的反应，由于选用甲基橙作指示剂，所以反应物为 CO_2，其次注意当过量的 $BaCl_2$ 与 Na_2CO_3 反应并过滤后，溶液中还有未反应的 NaOH，用 HCl 滴定 NaOH 时，选用甲基橙或酚酞均可。由题中第二个实验可知，样品中含 NaOH 的质量为 $\frac{100}{20} \times 0.110 \times 20.00 \times 10^{-3} \times 40\ g = 0.14\ g$，所以样品中 NaOH 质量分数为 $\frac{0.144}{0.700} \times 100\% = 62.9\%$。

由题中第一个实验可知，样品中含 Na_2CO_3 的质量为 $\frac{100\ mL}{20\ mL} \times 0.110\ mol \cdot L^{-1} \times (26.00 - 20.00) \times 10^{-3}\ L \times 106\ g \cdot mol^{-1} \times \frac{1}{2}\ g = 0.175\ g$，所以样品中 Na_2CO_3 百分含量为 $\frac{0.175\ g}{0.700\ g} \times 100\% = 25\%$。

五、盐类的水解

盐电离出来的离子与 H_2O 电离出的 H^+ 或 OH^- 结合成弱电解质的过程叫作盐类的水解。

1. 盐类水解的几种情况

（1）弱酸强碱盐

NaAc 是强电解质，在溶液中完全电离，产生 Na^+ 和 Ac^-，Ac^- 会与 H_2O 电离出的 H^+ 结合为弱电解质 HAc，使水的电离平衡 $HO_2 \rightleftharpoons H^+ + OH^-$ 向右移动，即：

$$Ac^- + H_2O \rightleftharpoons HAc + OH^-,\ K_h = K_w / K_a \tag{7-4}$$

K_h 是水解平衡常数，一般都很小。Ac^- 的 $K_h = 1.0 \times 10^{-14} / (1.8 \times 10^{-5}) = 5.6 \times 10^{-10}$，计算中常采用近似法处理。即当 $cK_h \geqslant 20K_w$，$c/K_h > 500$ 时，

$$[OH^-]=\sqrt{K_h c} \tag{7-5}$$

盐类水解程度常用水解度 h 表示：

$$h=\frac{[OH^-]}{c}=\sqrt{K_h/c} \tag{7-6}$$

（2）强酸弱碱盐

对于 NH_4Cl 溶液而言：$NH_4^+ + H_2O \rightleftharpoons NH_3 + H_3O^+$，$K_h = K_w/K_b$ （7-7）

$$[H_3O^+]=\sqrt{K_h c} \tag{7-8}$$

$$h=\frac{[H_3O^+]}{c}=\sqrt{K_h/c} \tag{7-9}$$

（3）弱酸弱碱盐

对于 NH_4Ac 溶液，$NH_4^+ + Ac^- \rightleftharpoons NH_3 + HAc$，设 $NH_4Ac(aq)$ 的原始浓度为 $c\ mol \cdot L^{-1}$，

根据电荷守恒，得$[NH_4^+]+[H^+]=[Ac^-]+[OH^-]$ ①

根据物料守恒，得$c=[NH_4^+]+[NH_3]=[Ac^-]+[HAc]$ ②

①式－②式：$[H^+]-[NH_3]=[OH^-]-[HAc]$，所以$[H^+]=[NH_3]+[OH^-]-[HAc]$ ③

由$\overline{K_a}=[NH_3][H^+]/[NH_4^+]$，得$[NH_3]=\overline{K_a}[NH_4^+]/[H^+]$ ④

由$K_a=[H^+][Ac^-]/[HAc]$，得$[HAc]=[H^+][Ac^-]/K_a$ ⑤

由 $K_w=[H^+][OH^-]$，得 $[OH^-]=K_w/[H^+]$ ⑥

把④、⑤和⑥式代入 ③式，得$[H^+]=\overline{K_a}\frac{[NH_4^+]}{[H^+]}+\frac{K_w}{[H^+]}-\frac{[H^+][Ac^-]}{K_a}$，则：

$[H^+]^2(1+\frac{[Ac^-]}{K_a})=\overline{K_a}[NH_4^+]+K_w$，所以$[H^+]=\sqrt{\frac{K_a(\overline{K_a}[NH_4^+]+K_w)}{K_a+[Ac^-]}}$

由于$\overline{K_a}$、$\overline{K_b}\ll 1$，所以$[NH_4^+]$和$[Ac^-]$改变很小，可以看作$[NH_4^+]=[Ac^-]\approx c$，

所以$[H^+]=\sqrt{\frac{K_a(\overline{K_a}c+K_w)}{K_a+c}}$，若$\overline{K_a}c\gg K_w$，则$\overline{K_a}c+K_w\approx\overline{K_a}c$，所以$[H^+]\approx\sqrt{\frac{K_a\overline{K_a}c}{K_a+c}}$；

若 $c\gg K_a$，则 $c+K_a\approx c$，所以$[H^+]\approx\sqrt{K_a\overline{K_a}}$ （7-10）

（4）多元弱酸强碱盐

多元弱酸有正盐、酸式盐之分。正盐以 Na_2CO_3 为例，酸式盐以 $NaHCO_3$ 为例讨论。

对于 Na_2CO_3 而言，水解是分步进行的，每步各有相应的水解常数。

第一步：$CO_3^{2-}+H_2O \rightleftharpoons HCO_3^-+OH^-$，

$$K_{h1}=K_w/K_{a2} \tag{7-11}$$

第二步：$HCO_3^-+H_2O \rightleftharpoons H_2CO_3+OH^-$，

$$K_{h2}=K_w/K_{a1} \tag{7-12}$$

由于 $K_{a2} \ll K_{a1}$，所以 $K_{h1} \gg K_{h2}$。多元弱酸盐水解以第一步水解为主。计算溶液 pH 时，主要考虑第一步水解。由于 $cK_{h1} \gg 20K_w$，$c/K_{h1}>500$，故：

$$[OH^-]=\sqrt{K_{h1}c} \tag{7-13}$$

$NaHCO_3$ 溶液中，HCO_3^- 有两种变化：

$HCO_3^- \rightleftharpoons H^++CO_3^{2-}$　　　　K_{a2}

$HCO_3^-+H_2O \rightleftharpoons H_2CO_3+OH^-$　$K_{h2}=K_w/K_{a1}$

$K_{h2}=1.0\times10^{-14}/(4.3\times10^{-7})=2.3\times10^{-8} \gg K_{a2}=5.6\times10^{-11}$，故 $[OH^-]>[H^+]$，溶液显碱性。

根据电荷守衡，有 $[Na^+]+[H^+]=[HCO_3^-]+[OH^-]+2[CO_3^{2-}]$。

$[Na^+]$ 应等于 $NaHCO_3$ 的原始浓度 c，$c+[H^+]=[HCO_3^-]+[OH^-]+2[CO_3^{2-}]$　①

根据物料平衡，有 $c=[H_2CO_3]+[HCO_3^{2-}]+2[CO_3^{2-}]$　②

把②式代入①式，有 $[H^+]=[CO_3^{2-}]+[OH^-]-[H_2CO_3]$　③

把③式右边各项以 $[H^+]$、$[HCO_3^-]$ 及相应电离常数表示：

$[CO_3^{2-}]=K_{a2}[HCO_3^-]/[H^+]$，$[OH^-]=K_w/[H^+]$，$[H_2CO_3]=[H^+][HCO_3^-]/K_{a1}$

代入③式后，得到 $[H^+]=\dfrac{K_{a2}[HCO_3^-]}{[H^+]}+\dfrac{K_w}{[H^+]}-\dfrac{[H^+][HCO_3^-]}{K_{a1}}$，整理后，得到

$$[H^+]=\sqrt{\frac{K_{a1}(K_{a2}[HCO_3^-]+K_w)}{K_{a1}+[HCO_3^-]}} \tag{7-14}$$

由于 K_{a2}、K_{h2} 都很小，HCO_3^- 发生电离和水解的部分都很少，故 $[HCO_3^-]\approx c$，代入后有：

$$[H^+]=\sqrt{\frac{K_{a1}(K_{a2}c+K_w)}{K_{a1}+c}} \tag{7-15}$$

通常 $cK_{a2} \gg K_w$，$c \gg K_{a1}$，则式（7-15）变为 $[H^+]=\sqrt{K_{a1}K_{a2}}$　（7-16）

式（7-16）是求算多元酸的酸式盐溶液 $[H^+]$ 的近似公式。此式在 c 不是非常小，$c/K_{a1}>10$，且水的电离可以忽略的情况下应用。

2. 影响水解平衡的因素

（1）温度的影响

盐类水解反应吸热，$\Delta H > 0$，T 增高时，K_h 增大，故升高温度有利于水解反应的进行。例如 Fe^{3+} 的水解：$Fe^{3+} + 3H_2O \rightleftharpoons Fe(OH)_3 + 3H^+$，加热时溶液颜色逐渐加深，最后得到深棕色的 $Fe(OH)_3$ 沉淀。

（2）浓度的影响

由上述水解反应式可以看出，加水稀释时，除弱酸弱碱盐外，水解平衡向右移动，使水解度增大，这点也可以从水解度公式 $h = \sqrt{K_h / c}$ 看出，当 c 减小时，h 增大。这说明加水稀释时，对水解产物浓度缩小的影响较大。如 Na_2SiO_3 溶液稀释时可得 H_2SiO_3 沉淀。

（3）酸度的影响

水解的产物中，肯定有 H^+ 或 OH^-，故改变体系的 pH 会使平衡移动。例如 $SnCl_2 + H_2O \rightleftharpoons Sn(OH)Cl + HCl$，为了抑制 $SnCl_2$ 的水解以及 Sn(OH)Cl 的生成，可以用盐酸来配制 $SnCl_2$ 溶液。

【例 7-5】 计算下列各溶液的 pH：

（1）$0.500\ mol \cdot L^{-1}$ NH_4Cl 溶液；　（2）$0.040\ mol \cdot L^{-1}$ NaF 溶液。

【解析】 此题实质上要求计算盐溶液的 pH。对于一元弱碱强酸盐有 $[H^+] = \sqrt{K_h c_{盐}} = \sqrt{\dfrac{K_w}{K_b} \cdot c_{盐}}$；对于一元弱酸强碱盐有 $[OH^-] = \sqrt{K_h c_{盐}} = \sqrt{\dfrac{K_w}{K_a} \cdot c_{盐}}$。

（1）$NH_4^+ + H_2O \rightleftharpoons NH_3 \cdot H_2O + H^+$

$$[H^+] = \sqrt{\frac{K_w}{K_b} \cdot c(NH_4^+)} = \sqrt{\frac{10^{-14}}{1.8 \times 10^{-5}} \times 0.500\ mol \cdot L^{-1}} = 1.667 \times 10^{-5}\ mol \cdot L^{-1},$$

$pH = -lg[H^+] = 4.8$。

（2）$F^- + H_2O \rightleftharpoons HF + OH^-$

$$[OH^-] = \sqrt{\frac{10^{-14}}{3.53 \times 10^{-4}} \times 0.0400\ mol \cdot L^{-1}} = 1.065 \times 10^{-6}\ mol \cdot L^{-1},$$

$pH = 14 + lg[OH^-] = 14 + lg(1.065 \times 10^{-6}) = 8.0$。

【典型赛题欣赏】

【赛题 1】（2013 年广东省赛题）某研究小组为从一含锌废渣（质量百分组成为 40.5% ZnO、19.8% CuO、5.7% FeO、7.3% Fe_2O_3、3.5% MnO，其余为 SiO_2 等灰分）中回收锌和铜，设计出以工业废酸（含 15% 的 H_2SO_4）为酸浸液的方案，其工艺流程如下图所示（部分条件略）：

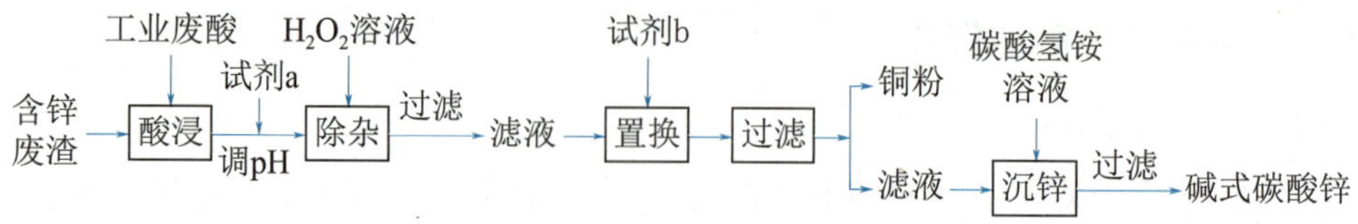

已知部分离子以氢氧化物形式开始沉淀及完全沉淀时的 pH 如下表所示。

离子	Fe^{2+}	Fe^{3+}	Cu^{2+}	Mn^{2+}
开始沉淀时的 pH（离子初始浓度 1.0 mol·L^{-1}）	6.5	1.5	4.2	7.8
完全沉淀时的 pH（离子残余浓度 1.0×10^{-5} mol·L^{-1}）	9.7	3.2	6.7	10.4

请回答下列问题：

（1）在 1.0 mol·L^{-1} $ZnSO_4$ 溶液中，锌各形态浓度（以 Zn^{2+} 计）的对数 $\{\lg[c/(mol\cdot L^{-1})]\}$ 随溶液 pH 变化的关系如下图所示。请根据图中数据计算 $Zn(OH)_2$ 的溶度积 K_{sp}。

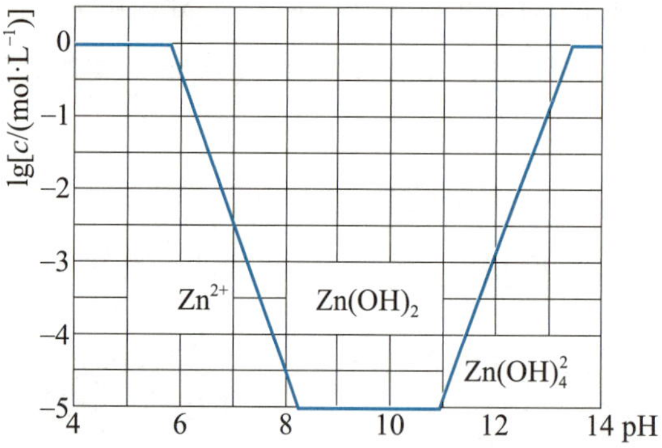

（2）流程图中试剂 a 和 b 的化学式分别为____________________。

（3）若酸浸后溶液中 $c(Zn^{2+})=1.0$ mol·L^{-1}，则“调 pH”时，应将溶液的 pH 控制在 5.0 ～ 5.5，为什么？

（4）“沉锌”步骤中，要控制溶液的 pH 不能超过 7。写出该步骤中所发生反应的离子方程式；其后“过滤”所得溶液中的主要溶质是什么？写出其化学式。

（5）将碱式碳酸锌加热分解可制备具有良好催化性能的活性氧化锌，可用于催化尿素与甲醇合成碳酸二甲酯（DMC）的反应。

① 分解温度对氧化锌催化活性影响的结果见下表：

分解温度 /℃	400	600	800
DMC 产率 /%	1.74	8.09	3.80

请分析说明分解温度为 800 ℃时所制氧化锌催化活性下降的原因。

② 在一定条件下，实验测试不同反应时间对合成 DMC 的影响见下表：

反应时间 /h	6	8	10	12
DMC 产率 /%	6.02	10.89	9.85	6.53

请分析说明反应时间对合成 DMC 的影响规律及其原因。

【解析】（1）由图可知，pH = 7.0 时，$\lg[c/(\text{mol}\cdot\text{L}^{-1})] = -2.5$，则平衡时：$c(OH^-) = 1.0\times10^{-7}\ \text{mol}\cdot\text{L}^{-1}$，$c(Zn^{2+}) = 10^{-2.5}\ \text{mol}\cdot\text{L}^{-1} = 3.16\times10^{-3}\ \text{mol}\cdot\text{L}^{-1}$；$K_{sp} = c(Zn^{2+})c^2(OH^-) = 3.16\times10^{-17}$（或 3.2×10^{-17}）$(\text{mol}\cdot\text{L}^{-1})^3$。

（2）ZnO、Zn。

（3）pH 太低，不利于以 $Fe(OH)_3$ 和 MnO_2 形式除铁、锰杂质；pH 太高，会有 $Zn(OH)_2$ 沉淀生成。

（4）$2Zn^{2+} + 4HCO_3^- \rightleftharpoons Zn(OH)_2\cdot ZnCO_3\downarrow + 3CO_2\uparrow + H_2O$，$(NH_4)_2SO_4$。

（5）①分解温度过高，改变了氧化锌的晶型或使其颗粒变大，催化活性降低。

② 反应时间过短，因反应未达到平衡，碳酸二甲酯产率也较低，故 DMC 产率随反应时间增加而增加；当反应时间超过 9 h，因 DMC 的甲基化等副反应明显，消耗碳酸二甲酯，造成 DMC 产率随反应时间增加而下降。

【赛题 2】（安徽省化学竞赛试题）某一元弱酸 HA，用适当方法称此酸 6.6666 g，配成 1 L 溶液，此溶液 pH = 2.853。将此溶液部分移入 250 mL 的锥形瓶中，用未知浓度的烧碱溶液进行滴定，当滴入 3.77 mL 的烧碱溶液时，溶液的 pH = 4.000，继续滴入烧碱溶液至 16.00 mL 时，溶液 pH = 5.000。试求：

（1）此一元弱酸 HA 的 K_a。

（2）HA 的摩尔质量（取三位有效数字）。

【解析】（1）方法一：令 $c(HA)\gg[H^+]$，很明显，滴入烧碱溶液后形成缓冲溶液，此时 $[H^+] = K_a\times\dfrac{c(HA)V(HA)-c(NaOH)V(NaOH)}{c(NaOH)V(NaOH)}$；当滴入 3.77 mL 的烧碱溶液时，溶液的 pH = 4.000，即：$K_a\times\dfrac{c(HA)V(HA)-3.77V(NaOH)}{3.77V(NaOH)} = 10^{-4}$；

当继续滴入烧碱溶液至 16.00 mL 时，溶液 pH = 5.000，即 $K_a\dfrac{c(HA)V(HA)-16.00V(NaOH)}{16.00V(NaOH)} = 10^{-5}$；两式相除，得 $\dfrac{c(HA)V(HA)-3.77V(NaOH)}{c(HA)V(HA)-16.00V(NaOH)}\times\dfrac{16.00}{3.77} = 10$，解得 $c(HA)V(HA) = 25.02c(NaOH)$，

代入上面两个式子中的任何一个，求得 $K_a = 1.77 \times 10^{-5}$。

方法二：令 $c(HA) \gg [H^+]$，此时 $[Na^+] = [A^-]$，这是由于 HA 浓度很大，抑制了 A^- 的水解的缘故。根据平衡常数的表达式可得 $\dfrac{c(NaOH)V(NaOH)}{V(HA)+V(NaOH)} = \dfrac{c(HA)V(HA)}{V(HA)+V(NaOH)} \times \dfrac{K_a}{[H^+]+K_a}$；$c(NaOH)V(NaOH) = \dfrac{K_a}{[H^+]+K_a} \times c(HA)V(HA)$；

当滴入 3.77 mL 的烧碱溶液时，溶液的 pH = 4.000，即 $3.77c(NaOH) = \dfrac{K_a}{10^{-4}+K_a} \times c(HA)V(HA)$；

当继续滴入烧碱溶液至 16.00 mL 时，溶液 pH = 5.000，即 $16.00c(NaOH) = \dfrac{K_a}{10^{-5}+K_a} \times c(HA)V(HA)$；

两式相除，得 $\dfrac{10^{-5}+K_a}{10^{-4}+K_a} = \dfrac{3.77}{16.00}$，解得 $K_a = 1.77 \times 10^{-5}$。

（2）$[H^+] = \sqrt{K_a c(HA)}$，$c(HA) = [H^+]^2/K_a = [(10^{-2.853})^2/(1.77 \times 10^{-5})]\ mol \cdot L^{-1} = 0.1112\ mol \cdot L^{-1}$；所以，该酸的摩尔质量 $=(6.6666/0.1112)\ g \cdot mol^{-1} = 59.95\ g \cdot mol^{-1} \approx 60\ g \cdot mol^{-1}$。

【赛题 3】（2009 年冬令营全国决赛题）复方阿司匹林片是常用的解热镇痛药，其主要成分为乙酰水杨酸。我国药典采用酸碱滴定法对其含量进行测定。

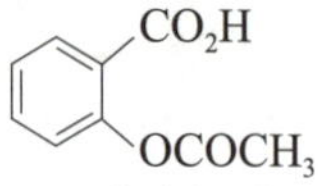

乙酰水杨酸

虽然乙酰水杨酸（分子量 180.2）含有羧基，可用 NaOH 溶液直接滴定，但片剂中往往加入少量酒石酸或柠檬酸稳定剂，制剂工艺过程中也可能产生水解产物（水杨酸、醋酸），因此宜采用两步滴定法。即先用 NaOH 溶液滴定样品中共存的酸（此时乙酰水杨酸也生成钠盐），然后加入过量 NaOH 溶液使乙酰水杨酸钠在碱性条件下定量水解，再用 H_2SO_4 溶液返滴定过量碱。

（1）写出定量水解和滴定过程的反应方程式。

（2）定量水解后，若水解产物和过量碱浓度均约为 $0.10\ mol \cdot L^{-1}$，H_2SO_4 溶液浓度为 $0.1000\ mol \cdot L^{-1}$，则第二步滴定的化学计量点 pH 是多少？应选用什么指示剂？滴定终点颜色是什么？若以甲基红作指示剂，滴定终点 pH 为 4.4，则至少会有多大滴定误差？（已知水杨酸的电离常数为 $pK_{a1} = 3.0$，$pK_{a2} = 13.1$；醋酸的电离常数为 $K_a = 1.8 \times 10^{-5}$。）

（3）取 10 片复方阿司匹林片，质量为 m(g)。研细后准确称取粉末 m_1(g)，加 20 mL 水，（加少量乙醇助剂），振荡溶解，用浓度为 c_1(mol/L) 的 NaOH 溶液滴定，消耗 V_1(mL)，然后加入浓度为 c_1 的 NaOH 溶液 V_2(mL)；再用浓度为 c_2(mol • L^{-1}) 的 H_2SO_4 溶液滴定，消耗 V_3(mL)，试计算片剂中乙酰水杨酸的含量 (mg/ 片)。

【解析】（1）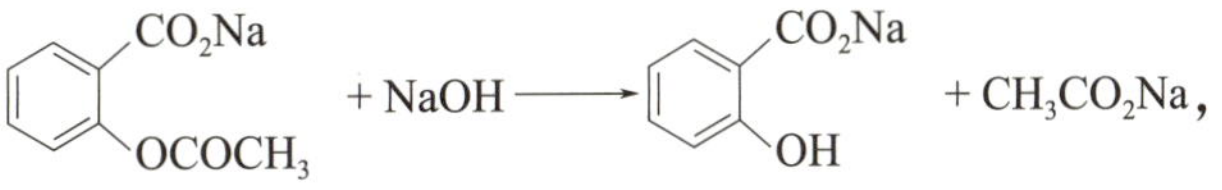

$2NaOH + H_2SO_4 \xlongequal{\quad} Na_2SO_4 + 2H_2O$。

（2）化学计量点：$c(CH_3COO^-) = 0.10 \times 2/3\ \text{mol} \cdot \text{L}^{-1} = 0.067\ \text{mol} \cdot \text{L}^{-1}$，

$$[OH^-] = \sqrt{K_b c} = \sqrt{\frac{10^{-14}}{1.8 \times 10^{-5}} \times 0.067}\ \text{mol} \cdot \text{L}^{-1} = 6.1 \times 10^{-5}\ \text{mol} \cdot \text{L}^{-1},$$

pOH = 5.2 换算成 pH = 8.8，或按混合碱处理：$[OH^-] = \sqrt{K_{b1}c_{b1} + K_{b2}c_{b2}} = \sqrt{(K_{b1} + K_{b2}) \times c_{b2}} = \sqrt{\left(\frac{10^{-14}}{10^{-3}} + \frac{10^{-14}}{1.8 \times 10^{-5}}\right) \times 0.067}\ \text{mol} \cdot \text{L}^{-1} = 6.2 \times 10^{-5}\ \text{mol} \cdot \text{L}^{-1}$。

pOH = 5.2 换算成 pH = 8.8，应选酚酞为指示剂，滴定至红色刚好消失即为终点。

若使用甲基红指示剂，终点 pH = 4.4，$[H^+] = 4.0 \times 10^{-5}\ \text{mol} \cdot \text{L}^{-1}$，

$$CH_3COOH：\delta = \frac{[H^+]}{[H^+] + K_a} = \frac{4.0 \times 10^{-5}}{4.0 \times 10^{-5} + 1.8 \times 10^{-5}} = 0.69,$$

$$\text{水杨酸：}\delta = \frac{[H^+]}{[H^+] + K_a} = \frac{4.0 \times 10^{-5}}{4.0 \times 10^{-5} + 10^{-3}} = 0.038,$$

TE% = (0.69 + 0.038) × 100% = 73%，即造成乙酰水杨酸含量测定误差为 −73%。

（3）乙酰水杨酸含量：$(c_1V_2 - 2c_2V_3) \times 180.2 \times m/10m_1$ (mg/ 片)。

【赛题 4】（第 31 届 Icho 国际赛题）

（1）二元酸 H_2A 的电离过程如下：$H_2A \rightleftharpoons HA^- + H^+$，$K_{a1} = 4.5 \times 10^{-7}$；$HA^- \rightleftharpoons A^{2-} + H^+$，$K_{a2} = 4.7 \times 10^{-11}$。用 0.300 mol • L^{-1} 的 HCl 溶液滴定含有 Na_2A 和 NaHA 的一份 20.00 mL 的溶液，滴定进程用玻璃电极计跟踪，滴定曲线上的两个点对应的数据如下：当加入盐酸 1.00 mL 时，pH = 10.33；加入盐酸 10.00 mL 时，pH = 8.34。

① 加入 1.00 mL 盐酸时首先与 HCl 反应的物种是什么？产物是什么？

② ①中生成的产物有多少 mmol ？

③ 写出①中生成的产物与溶剂反应的主要平衡式。

④ 起始溶液中存在的 Na_2A 和 NaHA 的量各有多少 mmol？

⑤ 计算为达到第二个等当点所需要盐酸的总体积？

（2）溶液Ⅰ、Ⅱ和Ⅲ都含有指示剂 HIn [$K_a(HIn) = 4.19\times10^{-4}$]，所含其他试剂如下表所示。各溶液在 400 nm 的吸光度是在同一个样品池测定的。这些数据也示于下表。此外，已知乙酸的 $K_a = 1.75\times10^{-5}$。

溶液	Ⅰ	Ⅱ	Ⅲ
指示剂 HIn 的总体积	1.00×10^{-5} M	1.00×10^{-5} M	1.00×10^{-5} M
其他试剂	1.00 M	0.100 M	1.00 M
	HCl	NaOH	CH_3COOH
在 400 nm 的吸光度	0.000	0.300	?

① 计算溶液Ⅲ在 400 nm 的吸光度。

② 将溶液Ⅱ和Ⅲ 以 1∶1 的体积比混合，写出所得溶液中除 H_2O、H^+ 和 OH^- 外存在的所有化学物种。

③ ②中的溶液在 400 nm 的吸光度是多少？

④ ②中的溶液在 400 nm 的透射率是多少？

【解析】（1）①由于 $K_{a1} = 4.5\times10^{-7} \gg K_{a2} = 4.7\times10^{-11}$，即 A^{2-} 的水解能力远强于 HA^-，所以用 0.300 mol·L^{-1} 的 HCl 溶液滴定含有 Na_2A 和 NaHA 的一份 20.00 mL 的混合溶液时，首先起反应的是 A^{2-}，产物为 HA^-。

② Na_2A+HCl ══ $NaHA+H_2O$，即①反应中得到的产物 NaHA 为 0.300 mol·$L^{-1}\times1.00\times10^{-3}$ L $= 0.300\times10^{-3}$ mol $= 0.300$ mmol。

③ ①所得溶液主要是 NaHA，而 HA^- 的电离常数 $K_{a2} = 4.7\times10^{-11}$，水解常数 $K_h = 10^{-14}/4.5\times10^{-7} = 2.22\times10^{-8}$，即 HA^- 水解程度大于电离程度，所以①中的主要平衡式为 $HA^- + H_2O \rightleftharpoons H_2A + OH^-$。

④ 在 pH = 8.34 时，该值与 $(pK_{a1} + pK_{a2})/2$ 相当接近，所有的 A^{2-} 均已质子化为 HA^-，所以初始溶液中 A^{2-} 的量为 3.00 mmol。在 pH = 10.33 时为缓冲体系，$c(A^{2-})/c(HA^-) = 1$，所以初始溶液中 HA^- 的量为 2.40 mmol。

⑤ 达到第二个等当点时，可以理解为完全反应，即：

$Na_2A + 2HCl$ ══ $H_2A + 2NaCl$

$NaHA + HCl$ ══ $NaCl + H_2A$

所以，0.300 mol·$L^{-1}\times V$ mL $\times10^{-3}$ L·$mL^{-1} = 3.00\times10^{-3}$ mol $\times2+2.40\times10^{-3}$ mol，解得 $V = 28.00$。

（2）Lambert-Beer 定律是说明物质对单色光吸收的强弱与吸光物质的浓度 (c) 和液层厚度 (b) 间的关系的定律，是光吸收的基本定律，是紫外 - 可见光度法定量的基础。具体的表达式为 $A=\varepsilon bc$（其中，A 为吸光度，ε 为吸光系数，b 为液层厚度，c 为浓度），由此可知：当一束平行的单色光通过溶液时，溶液的吸光度 (A) 与溶液的浓度 (c) 和光程 (b) 的乘积成正比。因此，测定吸光度时，首先应该通过题给条件绘制出 $A\sim c$ 曲线（如右图），然后再通过 c 求 A。

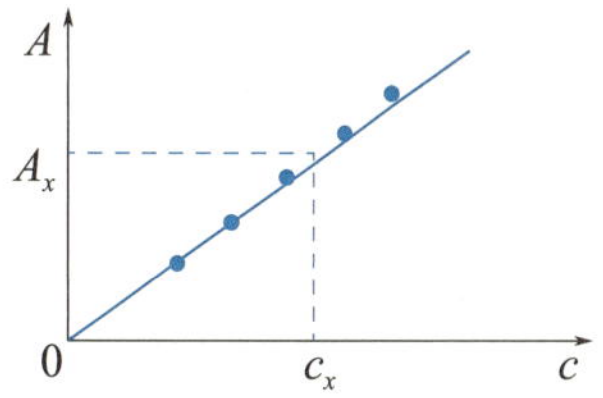

通过溶液Ⅰ的数据，$c(H^+)=1.0\ mol\cdot L^{-1}$，$K_a(HIn)=4.19\times10^{-4}=c(H^+)c(In^-)/c(HIn)$，代入可得 $c(In^-)/c(HIn)=4.19\times10^{-4}$，同时有 $c(In^-)+c(HIn)=1.0\times10^{-5}$，联解可得 $c(In^-)=4.19\times10^{-9}\ mol\cdot L^{-1}$；溶液Ⅰ的吸光度为 0.00。通过溶液Ⅱ的数据，$c(H^+)=10^{-13}\ mol\cdot L^{-1}$，$K_a(HIn)=4.19\times10^{-4}=c(H^+)c(In^-)/c(HIn)$，代入可得 $c(In^-)/c(HIn)=4.19\times10^{9}$，同时有 $c(In^-)+c(HIn)=1.0\times10^{-5}$，联解可得 $c(In^-)=1.0\times10^{-5}\ mol\cdot L^{-1}$；溶液Ⅱ的吸光度为 0.30。根据数学两点式，可得 $A\sim c$ 曲线的函数关系为 $A=3\times10^4c$。

① 溶液Ⅲ的 $c(H^+)=\sqrt{1.75\times10^{-5}}\ mol\cdot L^{-1}=4.18\times10^{-3}\ mol\cdot L^{-1}$，$K_a(HIn)=4.19\times10^{-4}=c(H^+)c(In^-)/c(HIn)$，代入可得 $c(In^-)/c(HIn)=0.100$，同时有 $c(In^-)+c(HIn)=1.0\times10^{-5}$，联解可得 $c(In^-)=0.091\times10^{-5}\ mol\cdot L^{-1}$；溶液Ⅲ的吸光度为 0.027。

② 将溶液Ⅱ和Ⅲ以 1∶1 的体积比混合，可以看成发生反应：$CH_3COOH+NaOH=\!=\!=CH_3COONa+H_2O$，考虑到 $c(CH_3COOH)=1.0\ mol\cdot L^{-1}$，$c(NaOH)=0.1\ mol\cdot L^{-1}$，所以 CH_3COOH 剩余，因此，所得溶液中除 H_2O、H^+ 和 OH^- 外存在的所有化学物种有 CH_3COOH、CH_3COO^-、HIn、In^-、Na^+。

③ 混合溶液的 $c(H^+)=15.75\times10^{-5}\ mol\cdot L^{-1}$，$K_a(HIn)=4.19\times10^{-4}=c(H^+)c(In^-)/c(HIn)$，代入可得 $c(In^-)/c(HIn)=2.650$，所以 $c(In^-)=0.726\times10^{-5}\ mol\cdot L^{-1}$；溶液Ⅲ的吸光度为 0.218。

④ 将溶液Ⅱ和Ⅲ 以 1∶1 的体积比混合，$c(H^+)=\sqrt{0.45\times1.75\times10^{-5}}\ mol\cdot L^{-1}=2.81\times10^{-3}\ mol\cdot L^{-1}$，$K_a(HIn)=4.19\times10^{-4}=c(H^+)c(In^-)/c(HIn)$，代入可得 $c(In^-)/c(HIn)=1.49\times10^{-1}$，同时有 $c(In^-)+c(HIn)=1.0\times10^{-5}\ mol\cdot L^{-1}$，联解可得 $c(In^-)=8.70\times10^{-6}\ mol\cdot L^{-1}$；溶液Ⅲ的吸光度为 0.218。由 $A=-\lg T$（T 为透射率），代入得 $0.218=-\lg T$。即 $T=10^{-0.261}=0.605$，即溶液的透射率为 0.605 或 60.5%。

【赛题 5】（第 38 届 Icho 国际赛题）

（1）计算在 $1.0\times10^{-7}\ mol\cdot L^{-1}$ 的硫酸溶液中的 $[H^+]$、$[OH^-]$、$[HSO_4^-]$ 和 $[SO_4^{2-}]$。（在 25 ℃，$K_w=1.0\times10^{-14}$，$K_{a2}=1.2\times10^{-2}$）。运算过程中，可以采用质量守恒和电荷守恒方程（保留 2 位有效数字）。

（2）为制备 pH=7.4 的缓冲液，将 0.80 mol·L⁻¹ NaOH 溶液加入 250 mL 含有 3.48 mL 浓磷酸的水溶液中，计算需加入的 NaOH 溶液的体积（保留 3 位有效数字）。[H₃PO₄(aq)，纯度=85%（质量分数），密度=1.69 g·mL⁻¹，分子量=98.00，（pK_{a1}=2.15，pK_{a2}=7.20，pK_{a3}=12.44）。]

（3）药物的功效极大地依赖于被血流吸收的能力。酸 - 碱化学在药物吸收中起着重要的作用。

$$\underset{pH=2.0}{\underset{胃}{H^+ + A^- \rightleftharpoons HA}} \quad \underset{}{\underset{膜}{|}} \quad \underset{pH=7.4}{\underset{血液}{HA \rightleftharpoons H^+ + A^-}}$$

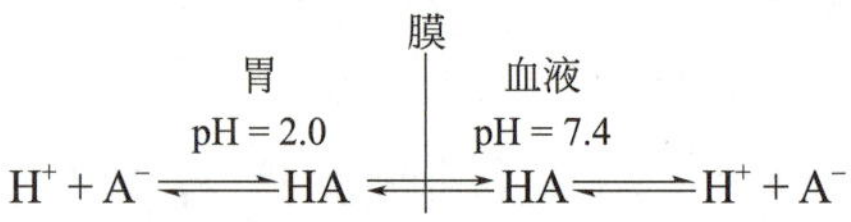

假定某弱酸性药物的离子的形式 (A^-) 不能穿透过膜，而中性形式 (HA) 可以自由地穿透过膜。又假设平衡建立后，HA 的浓度在膜的两边是相同的。计算阿司匹林（乙酰水杨酸，pK_a=3.52）在血液中的总浓度 ([HA]+[A⁻]) 与它在胃中的总浓度 ([HA]+[A⁻]) 之比。

【解析】（1）$H_2SO_4 \rightleftharpoons H^+ + HSO_4^-$，所以 $[H_2SO_4]=0$，

但 $HSO_4^- \rightleftharpoons H^+ + SO_4^{2-}$，$[H^+][SO_4^{2-}]/[HSO_4^-]=K_{a2}=1.2×10^{-2}$　　①

物料守恒：$[H_2SO_4]+[HSO_4^-]+[SO_4^{2-}]=1.0×10^{-7}$ mol·L⁻¹　　②

质子条件：$[H^+]=[HSO_4^-]+2[SO_4^{2-}]+[OH^-]$　　③

把 $[H_2SO_4]=0$，$[H^+](H_2SO_4)=2×10^{-7}$ mol·L⁻¹ 代入①得 $[SO_4^{2-}]/[HSO_4^-]=6×10^4$，代入②得 $[SO_4^{2-}]=1.0×10^{-7}$ mol·L⁻¹，代入③得 $[H^+]=(2×10^{-7})+10^{-14}/[H^+]$，解得 $[H^+]=2.4×10^{-7}$ mol·L⁻¹ (pH=6.6)，

$[OH^-]=[10^{-14}/(2.4×10^{-7})]$mol·L⁻¹=$4.1×10^{-8}$ mol·L⁻¹。

代入①，$[HSO_4^-]=[H^+][SO_4^{2-}]/K_{a2}=(2.4×10^{-7})×(1.0×10^{-7})/(1.2×10^{-2})$ mol·L⁻¹=$2.0×10^{-12}$ mol·L⁻¹。

需要说明的是，应该对以上假设后的计算结果进行验证：

$2.4×10^{-7} ≈ (2.0×10^{-12})+2(1.0×10^{-7})+(4.1×10^{-8})$，（质子条件正确）

$0+2.0×10^{-12}+1.0×10^{-7} ≈ 1.0×10^{-7}$。（物料守恒正确）

（2）3.48 mL 浓磷酸中 H₃PO₄ 的物质的量 (mmol)=$0.85×3.48$ mL× $\dfrac{1.69 \text{ g·mL}^{-1}}{98.00 \text{ g}}×1000=51.0$ mmol；如果将 $H_2PO_4^-$ 和 HPO_4^{2-} 按 1：1 混合，溶液的 pH=pK_{a2}=7.20；要求溶液的 pH 达到 7.4，所需要的 pH 高于 pK_{a2}。显然，HPO_4^{2-} 要多于 $H_2PO_4^-$，应该向浓磷酸或 $H_2PO_4^-$ 溶液中加入多少 NaOH，才能使溶液中的 $H_2PO_4^-$ 和 HPO_4^{2-} 达到合适的比例呢？根据反应方程式：

$$H_3PO_4 + OH^- \longrightarrow H_2PO_4^- + H_2O$$
$$H_2PO_4^- + OH^- \longrightarrow HPO_4^{2-} + H_2O$$

显然，NaOH 首先应该把 H_3PO_4 全部转化为 NaH_2PO_4，然后再加入一部分 NaOH 将大部分 $H_2PO_4^-$ 转化为 HPO_4^{2-}，并达到合适的比例，才可使溶液的 pH=7.4。

把 H_3PO_4 全部转化为 NaH_2PO_4 所需的 NaOH 溶液体积为 51.0 mmol / (0.80 mol·L^{-1}) = 63.75 mL。设还需加入的 OH^- 的物质的量为 x mmol。

	$H_2PO_4^-$	$+ OH^-$	$\longrightarrow HPO_4^{2-}$
起始 (mmol)	51.0	x	0
最后 (mmol)	$51.0-x$	0	x

$pH = pK_2 + \lg [HPO_4^{2-}] / [H_2PO_4^-]$

即：$7.40 = 7.20 + \lg \{x / (51.0 - x)\}$；$x = 31.27$ mmol，

转换成对应的 NaOH 溶液的体积为 31.27 mmol / (0.80 mol·L^{-1}) = 39.09 mL。

所需要的 NaOH 溶液总体积 = 63.75 mL + 39.09 mL = 102.84 mL≈103 mL。

（3）已知水杨酸的 pK_a=3.52，而 $pH=pK_a+\lg([A^-]/[HA])$，即 $[A^-]/[HA]=10^{(pH-pK_a)}$

在人体血液中，pH = 7.40，所以 $[A^-]/[HA] = 10^{7.40-3.52} = 7586$，$[HA] + [A^-] = 7586 + 1 = 7587$；

在人体胃液中，pH = 2.00，$[A^-]/[HA] = 10^{2.00-3.52} = 3.02 \times 10^{-2}$，$[HA] + [A^-] = 1 + 3.02 \times 10^{-2} = 1.03$；

所以，阿司匹林在血液中的总浓度 ($[HA] + [A^-]$) 与它在胃中的总浓度 ($[HA] + [A^-]$) 之比 = 7587/1.03 = 7400。

参考文献

[1] 宋天佑，程鹏，徐家宁. 无机化学上册 [M]. 北京：高等教育出版社，2015：279.
[2] 张灿久，杨慧仙. 中学化学奥林匹克 [M]. 长沙：湖南教育出版社，1998：125.
[3] 施华，洪辰明. 高中化学竞赛教程 [M]. 上海：华东师范大学出版社，2016：166.

第八讲 难溶电解质的溶解平衡

一、沉淀溶解平衡

1．溶度积常数

在一定温度和一定量水中，存在平衡 $AgCl(s) \rightleftharpoons Ag^+(aq) + Cl^-(aq)$，当 $v_{沉淀} = v_{溶解}$ 时，沉淀和溶解达到平衡，这是异相平衡，$K = \dfrac{[Ag^+][Cl^-]}{[AgCl]}$，所以 $[Ag^+][Cl^-] = K\,[AgCl]$，把 $K\,[AgCl]$ 记作 K_{sp}，则 $[Ag^+][Cl^-] = K_{sp}$，K_{sp} 称为溶度积常数。

通式：$A_nB_m\,(s) \rightleftharpoons nA^{m+}(aq) + mB^{n-}(aq)$，$[A^{m+}]^n[B^{n-}]^m = K_{sp}$。

对于相同类型的物质，K_{sp} 的大小反映了难溶电解质在溶剂中溶解能力的大小，也反映了该物质在溶液中沉淀的难易。与平衡常数一样，K_{sp} 与温度有关。不过温度改变不大时，K_{sp} 变化也不大，常温下的计算可不考虑温度的影响。不同类型的难溶电解质，溶解度的大小不能用 K_{sp} 作简单比较，只能通过计算来说明。

难溶电解质的离子的浓度与其溶解度往往不是等同的。这是由于除了水溶液中的多相平衡之外，经常还存在着一些其他的重要因素，如水解、配位、同离子效应等。例如 Ag_3PO_4 的溶解度为 s_0，在饱和 Ag_3PO_4 溶液中，若不考虑 Ag^+ 水解，则 $[Ag^+] = 3\,s_0$；若考虑PO_4^{3-}水解，则$[PO_4^{3-}] \neq s_0$，而是存在下列关系：

$$s_0 = [PO_4^{3-}] + [HPO_4^{2-}] + [H_2PO_4^-] + [H_3PO_4] = [PO_4^{3-}]\{1 + \frac{[H^+]}{K_{a3}} + \frac{[H^+]^2}{K_{a2}K_{a3}} + \frac{[H^+]^3}{K_{a1}K_{a2}K_{a3}}\}$$

2．溶度积规则

比较 K_{sp} 和 Q_{sp} 的大小，可以判断反应进行的方向。例如对于溶解平衡 $AgCl(s) \rightleftharpoons Ag^+(aq) + Cl^-(aq)$，某时刻有 $Q_{sp} = [Ag^+][Cl^-]$，Q_{sp} 在这里又称为离子积。

① $Q_{sp} > K_{sp}$ 时，平衡左移，生成沉淀；

② $Q_{sp} = K_{sp}$ 时，平衡状态，溶液饱和；

③ $Q_{sp} < K_{sp}$ 时，平衡右移，沉淀溶解。

【例 8-1】 在 $0.1\ mol \cdot L^{-1}$ $ZnCl_2$ 溶液中通入 H_2S 气体至饱和，如果加入盐

酸以控制溶液的 pH，试计算开始析出 ZnS 沉淀和 Zn^{2+} 沉淀完全时溶液的 pH。已知 $K_{sp}^{\ominus}(ZnS)=2.5\times10^{-22}$，$K_{a1}^{\ominus}(H_2S)=1.3\times10^{-7}$，$K_{a2}^{\ominus}(H_2S)=7.1\times10^{-15}$。

【解析】ZnS 开始沉淀时 S^{2-} 的浓度为 $c(S^{2-})/c^{\ominus}=\dfrac{K_{sp}^{\ominus}(ZnS)}{0.1}=\dfrac{2.5\times10^{-22}}{0.1}=$ 2.5×10^{-21}，

$$K=K_{a1}^{\ominus}K_{a2}^{\ominus}=\frac{\left[c(H^+)/c^{\ominus}\right]^2\left[c(S^{2-})/c^{\ominus}\right]}{c(H_2S)/c^{\ominus}},$$

$$c(H^+)/c^{\ominus}=\sqrt{\frac{\left[c(H_2S)/c^{\ominus}\right]K_{a1}^{\ominus}K_{a2}^{\ominus}}{c(S^{2-})/c^{\ominus}}}=\sqrt{\frac{0.1\times1.3\times10^{-7}\times7.1\times10^{-15}}{2.5\times10^{-21}}}=1.9\times10^{-1},$$

pH = 0.72。

Zn^{2+} 完全沉淀时 S^{2-} 的浓度为 $c(S^{2-})/c^{\ominus}=\dfrac{K_{sp}^{\ominus}(ZnS)}{1\times10^{-5}}=\dfrac{2.5\times10^{-22}}{1\times10^{-5}}=2.5\times10^{-17}$，

$$K_{a1}^{\ominus}K_{a2}^{\ominus}=\frac{\left[c(H^+)/c^{\ominus}\right]^2\times\left[c(S^{2-})/c^{\ominus}\right]}{c(H_2S)/c^{\ominus}},$$

$$c(H^+)/c^{\ominus}=\sqrt{\frac{\left[c(H_2S)/c^{\ominus}\right]K_{a1}^{\ominus}K_{a2}^{\ominus}}{c(S^{2-})/c^{\ominus}}}=\sqrt{\frac{0.1\times1.3\times10^{-7}\times7.1\times10^{-15}}{2.5\times10^{-17}}}=1.9\times10^{-3},$$

pH = 2.72。

【例 8-2】在某一溶液中，含有 Zn^{2+}、Pb^{2+} 的浓度分别为 0.2 mol·L^{-1}，在室温下通入 H_2S 气体，使之饱和，然后加入盐酸，控制离子浓度，请问 pH 调到何值时，才能有 PbS 沉淀生成而 Zn^{2+} 不会成为 ZnS 沉淀？

已知：$K_{sp}(PbS)=4.0\times10^{-26}$，$K_{sp}(ZnS)=1.0\times10^{-20}$。

【解析】已知 $[Zn^{2+}]=[Pb^{2+}]=0.2$ mol·L^{-1}

要使 PbS 沉淀，则 $[S^{2-}]\geqslant K_{sp(PbS)}/[Pb^{2+}]$，所以 $[S^{2-}]\geqslant2.0\times10^{-25}$ mol·L^{-1}；

要使 ZnS 不沉淀，则 $[S^{2-}]\leqslant K_{sp(PbS)}/[Zn^{2+}]$，所以 $[S^{2-}]\leqslant5.0\times10^{-20}$ mol·L^{-1}；

以 $[S^{2-}]=5.0\times10^{-20}$ mol·L^{-1} 代入 $K_{a1}K_{a2}=\dfrac{[H^+]^2[S^{2-}]}{[H_2S]}$ 的式中，得

$[H^+]\geqslant\sqrt{\dfrac{1.1\times10^{-7}\times1.0\times10^{-14}\times0.1}{5.0\times10^{-20}}}$ mol·L^{-1} = 0.0469 mol·L^{-1}，故 pH ≤ 1.33 时，Zn^{2+} 不会形成 ZnS 沉淀。

以 $[S^{2-}]=2.0\times10^{-25}$ mol·L^{-1} 代入 $K_{a1}K_{a2}=\dfrac{[H^+]^2[S^{2-}]}{[H_2S]}$ 式中，得 $[H^+]\leqslant\sqrt{\dfrac{1.1\times10^{-22}}{2.0\times10^{-25}}}$ mol·L^{-1} = 23.45 mol·L^{-1}，

两项综合，只要上述溶液的 pH 调到 ≤ 1.33，就能只生成 PbS 沉淀而无 ZnS 沉淀。这是因为再浓的盐酸也达不到 23.45 mol • L^{-1}。换言之，要溶解 PbS 沉淀必须加氧化性酸，使之氧化溶解。

3. 沉淀溶解平衡的移动

根据溶度积规则，当 $Q_{sp} > K_{sp}$ 时，将有沉淀生成。但是在配制溶液和进行化学反应过程中，有时 $Q_{sp} > K_{sp}$ 时，却没有观察到沉淀物生成。其原因有三个方面：

（1）盐效应的影响

事实证明，在 AgCl 饱和溶液中加入 KNO_3 溶液，会使 AgCl 的溶解度增大，且加入的 KNO_3 溶液浓度越大，AgCl 的溶解度增大越多。这种因加入易溶强电解质而使难溶电解质溶解度增大的现象称为盐效应。盐效应可用平衡移动观点定性解释：

$$AgCl(s) \rightleftharpoons Ag^{+}(aq) + Cl^{-}(aq)$$

KNO_3 溶液加入后，并不起任何化学反应，但溶液中增加了 K^+ 和 NO_3^-，它们与溶液中的 Ag^+ 和 Cl^- 有相互“牵制”作用，使 Ag^+ 和 Cl^- 的自由运动受到阻碍，于是它们回到固体表面的速率减少了，即沉淀速率 < 溶解速率，平衡向右移动，AgCl 的溶解度增大。

（2）过饱和现象

虽然 $[Ag^+][Cl^-]$ 略大于 K_{sp}，但是由于体系内无结晶中心（即晶核）的存在，沉淀亦不能生成，而将形成过饱和溶液，故观察不到沉淀物。若向过饱和溶液中加入晶种（非常微小的晶体，甚至小于灰尘微粒），或用玻璃棒摩擦容器壁，立刻析出晶体。

（3）沉淀的量太小

前两种情况中，并没有生成沉淀。实际上即使有沉淀生成，若其量过小，也可能观察不到。凭借正常的视力，当沉淀的量达到 10^{-5} g • mL^{-1} 时，才可以看出溶液浑浊。

根据溶度积规则，使沉淀溶解的必要条件是 $Q_{sp} < K_{sp}$，因此创造条件使溶液中有关离子的浓度降低，就能达到此目的。降低溶液中离子的浓度有如下几种途径：

① 使相关离子生成弱电解质：要使 ZnS 溶解，可以加 HCl，这是我们熟知的。H^+ 和 ZnS 中溶解下来的 S^{2-} 相结合形成弱电解质 HS^- 和 H_2S，于是 ZnS 继续溶解。所以只要 HCl 的量能满足需要，ZnS 就能不断溶解。

【例 8-3】计算 0.01 mol 的 ZnS 溶于 1.0 L 盐酸中，所需的盐酸的最低浓度。已知：$K_{sp}(ZnS)=2.0\times10^{-24}$；$K_{a1}(H_2S)=1.3\times10^{-7}$；$K_{a2}(H_2S)=1.3\times10^{-15}$。

【解析】溶液中存在下列平衡：

$ZnS(s) \rightleftharpoons Zn^{2+}(aq)+S^{2-}(aq)$　　$K_{sp}(ZnS)$

$H^++S^{2-} \rightleftharpoons HS^-$　　$1/K_{a2}(H_2S)$

$H^++HS^- \rightleftharpoons H_2S$　　$1/K_{a1}(H_2S)$

总反应：　　$ZnS(s)+2H^+ \rightleftharpoons Zn^{2+}+H_2S$

平衡浓度 /($mol\cdot L^{-1}$)　　x　　0.010　0.010

$$\frac{K_{sp}(ZnS)}{K_{a1}(H_2S)K_{a2}(H_2S)}=\frac{0.010^2}{x^2}，即\frac{2.0\times10^{-24}}{1.3\times10^{-7}\times7.1\times10^{-15}}=\frac{0.010^2}{x^2}，解得 x=0.21。$$

即平衡时的 H^+ 浓度最低应为 $0.21\ mol\cdot L^{-1}$。考虑到使 ZnS 全部溶解，尚需消耗 $[H^+]=0.020\ mol\cdot L^{-1}$，因此所需 HCl 最低浓度为 $0.21\ mol\cdot L^{-1}+0.020\ mol\cdot L^{-1}=0.23\ mol\cdot L^{-1}$。

上述解题过程是假定溶解 ZnS 产生的 S^{2-} 全部转变成 H_2S。实际上应是：

$[H_2S]+[HS^-]+[S^{2-}]=0.010\ mol\cdot L^{-1}$

当维持酸度 $[H^+]=0.21\ mol\cdot L^{-1}$ 时，$[HS^-]$、$[S^{2-}]$ 与 $[H_2S]$ 相比，可以忽略不计，$[H_2S]\approx0.010\ mol\cdot L^{-1}$ 的近似处理是合理的。

同理，可以求出 0.01 mol 的 CuS 溶于 1.0 L 盐酸中，所需的盐酸的最低浓度约是 $1.0\times10^9\ mol\cdot L^{-1}$。这种盐酸浓度过大，根本不可能存在。所以，CuS 不能溶于盐酸。这点也可以从反应 $CuS+2H^+ \rightleftharpoons Cu^{2+}+H_2S$ 的平衡常数数值看出。

$$K=\frac{K_{sp}(CuS)}{K_{a1}(H_2S)K_{a2}(H_2S)}=\frac{8.5\times10^{-45}}{1.3\times10^{-7}\times7.1\times10^{-15}}=9.2\times10^{-24}，平衡常数过小，$$

反应几乎不能发生。

② 使相关离子被氧化：使相关离子生成弱电解质的方法，即用盐酸作为溶剂的方法，不能使 CuS 溶解。反应的平衡常数过小。实验事实表明，CuS 在 HNO_3 中可以溶解。原因是 S^{2-} 被氧化，使得平衡 $CuS(s) \rightleftharpoons Cu^{2+}(aq)+S^{2-}(aq)$ 右移，CuS 溶解。反应的方程式为 $3CuS+2HNO_3+6H^+ = 3Cu^{2+}+2NO\uparrow+3S+4H_2O$。

③ 使相关离子生成配合物：AgCl 沉淀可以溶于氨水，原因是 Ag^+ 被 NH_3 配合生成 $Ag(NH_3)_2^+$，使平衡 $AgCl(s) \rightleftharpoons Ag^+(aq)+Cl^-(aq)$ 右移，AgCl 溶解。反应的方程式为 $AgCl+2NH_3 = Ag(NH_3)_2^++Cl^-$。

二、沉淀溶解平衡的应用

1．分步沉淀

若一种沉淀剂可使溶液中多种离子产生沉淀时，则可以控制条件，使这些离子先后分别沉淀，这种现象称为分步沉淀。

【例 8-4】 某混合溶液中 CrO_4^{2-} 和 Cl^- 浓度均为 0.010 mol·L^{-1}，当慢慢向其中滴入 $AgNO_3$ 溶液时，何种离子先生成沉淀？当第二种离子刚刚开始沉淀时，第一种离子的浓度为多少？[已知室温时：$K_{sp}(AgCl)=1.77\times10^{-10}$，$K_{sp}(Ag_2CrO_4)=1.12\times10^{-12}$]

【解析】 随着 $AgNO_3$ 溶液的滴入，Ag^+ 浓度逐渐增大，Q_{sp} 亦逐渐增大，Q_{sp} 先达到哪种沉淀的 K_{sp}，则哪种沉淀先生成。由此可知

Cl^- 开始沉淀时：$[Ag^+]=(1.77\times10^{-10}/0.010)\ mol\cdot L^{-1}=1.8\times10^{-8}\ mol\cdot L^{-1}$，

CrO_4^{2-} 开始沉淀时：$[Ag^+]=\sqrt{1.12\times10^{-12}/0.010}\ mol\cdot L^{-1}=1.1\times10^{-5}\ mol\cdot L^{-1}$。

可见沉淀 Cl^- 所需 $[Ag^+]$ 低得多，于是先生成 AgCl 沉淀。继续滴加 $AgNO_3$ 溶液，AgCl 不断析出，使 $[Cl^-]$ 不断降低。当 Ag^+ 浓度增大到 1.1×10^{-5} mol·L^{-1} 时，开始析出 Ag_2CrO_4 沉淀。此时溶液中同时存在两种沉淀溶解平衡，$[Ag^+]$ 同时满足两种平衡的要求。因而，此时 $[Cl^-]=1.77\times10^{-10}/(1.1\times10^{-5})$ mol·L$^{-1}=1.6\times10^{-5}$ mol·L^{-1}，即 CrO_4^{2-} 开始沉淀时，$[Cl^-]$ 已很小了。通常把溶液中剩余的离子浓度 $\leqslant 10^{-5}$ mol·L^{-1}，视为该离子沉淀已经“完全”了。

2．沉淀的转化

（1）溶解度大的沉淀转化成溶解度小的沉淀

如 $K_{sp}(BaCO_3)=8.0\times10^{-9}$，$K_{sp}(BaCrO_4)=2.4\times10^{-10}$，往盛有 $BaCO_3$ 白色粉末的试管中，加入黄色的 K_2CrO_4 溶液，搅拌后溶液呈无色，沉淀变成淡黄色。

$$BaCO_3(s) \rightleftharpoons Ba^{2+}(aq) + CO_3^{2-}(aq)$$
$$+$$
$$K_2CrO_4(aq) = CrO_4^{2-}(aq) + 2K^+(aq)$$
$$\downarrow\uparrow$$
$$BaCrO_4\downarrow(\text{黄色})$$

即 $BaCO_3(s)+CrO_4^{2-}(aq) \rightleftharpoons BaCrO_3(s) + CO_3^{2-}(aq)$。

此方程式表示的就是白色的 $BaCO_3$ 转化成黄色的 $BaCrO_4$ 的反应。其平衡常数为

$$K_3=\frac{[CO_3^{2-}]}{[CrO_4^{2-}]}=\frac{K_{sp}(BaCO_3)}{K_{sp}(BaCrO_4)}=\frac{2.58\times10^{-9}}{1.6\times10^{-10}}=16。$$

再如分析化学中常将难溶的强酸盐（如 $BaSO_4$）转化为难溶的弱酸盐（如 $BaCO_3$），然后再用酸溶解使正离子 (Ba^{2+}) 进入溶液。$BaSO_4$ 沉淀转化为 $BaCO_3$ 沉淀的反应为

$$BaSO_4(s) + CO_3^{2-}(aq) \longrightarrow BaCO_3(s) + SO_4^{2-}(aq)$$

$$K = \frac{[SO_4^{2-}]}{[CO_3^{2-}]} = \frac{K_{sp}(BaSO_4)}{K_{sp}(BaCO_3)} = \frac{1.07\times10^{-10}}{2.58\times10^{-9}} = \frac{1}{24}。$$

虽然平衡常数小，转化不彻底，但只要 $[CO_3^{2-}]$ 比 $[SO_4^{2-}]$ 大 24 倍以上，经多次转化，即能将 $BaSO_4$ 转化为 $BaCO_3$。

（2）溶解度小的沉淀转化为溶解度大的沉淀

两种同类难溶强电解质的 K_{sp} 相差不大时，通过控制离子浓度，K_{sp} 小的沉淀也可以向 K_{sp} 大的沉淀转化。例如某溶液中，既有 $BaCO_3$ 沉淀，又有 $BaCrO_4$ 沉淀时，则 $[Ba^{2+}] = \frac{K_{sp}(BaCO_3)}{[CO_3^{2-}]} = \frac{K_{sp}(BaCrO_4)}{[CrO_4^{2-}]}$，

$$\frac{[CrO_4^{2-}]}{[CO_3^{2-}]} = \frac{K_{sp}(BaCrO_4)}{K_{sp}(BaCO_3)} = \frac{2.4\times10^{-10}}{8.0\times10^{-9}} = 0.03,$$

即 $[CO_3^{2-}] > 33.33[CrO_4^{2-}]$ 时，$BaCrO_4$ 沉淀可以转化为 $BaCO_3$ 沉淀。

总之，沉淀溶解平衡是暂时的、有条件的，只要改变条件，沉淀和溶解这对矛盾可以相互转化。

【例 8-5】 用 Na_2CO_3 溶液处理 0.01 mol AgI 沉淀，使之转化为 Ag_2CO_3 沉淀，这一反应的标准平衡常数为多少？如果在 1 L Na_2CO_3 溶液中要溶解 0.01 molAgI，Na_2CO_3 的最初浓度至少应为多少？这种转化能否实现？

[已知 $K_{sp}^{\ominus}(AgI) = 8.52\times10^{-17}$，$K_{sp}^{\ominus}(Ag_2CO_3) = 8.46\times10^{-12}$]

【解析】 $2AgI(s) + CO_3^{2-}(aq) \longrightarrow Ag_2CO_3(s) + 2I^-(aq)$

$$K^{\ominus} = \frac{\left[c(I^-)/c^{\ominus}\right]^2}{c(CO_3^{2-})/c^{\ominus}} = \frac{\left[c(I^-)/c^{\ominus}\right]^2\times[c(Ag^+)/c^{\ominus}]^2}{c(CO_3^{2-})/c^{\ominus}\times[c(Ag^+)/c^{\ominus}]^2} = \frac{\left[K_{sp}^{\ominus}(AgI)\right]^2}{K_{sp}^{\ominus}(Ag_2CO_3)}$$

$$= \frac{(8.52\times10^{-17})^2}{8.46\times10^{-12}} = 8.58\times10^{-22},$$

若 AgI 完全溶解，则平衡时 $c(I^-) = 0.01\ mol\cdot L^{-1}$，

$$c(CO_3^{2-})/c^{\ominus} = \frac{[c(I^-)/c^{\ominus}]^2}{K^{\ominus}} = \frac{0.01^2}{8.5\times10^{-22}} = 1.2\times10^{17}。$$

如果在 1 L Na_2CO_3 溶液中要溶解 0.01 mol AgI，Na_2CO_3 的最初浓度应为 $1.2\times10^{17}\ mol\cdot L^{-1}$，这是不可能的，所以，这种转化是不可能实现的。

【例 8-6】如果用 $Ca(OH)_2$ 溶液来处理 $MgCO_3$ 沉淀，使之转化为 $Mg(OH)_2$ 沉淀，这一反应的标准平衡常数是多少？若在 1.0 L $Ca(OH)_2$ 溶液中溶解 0.0045 mol $MgCO_3$，则 $Ca(OH)_2$ 的最初浓度应为多少？

【解析】依题意，当用 $Ca(OH)_2$ 溶液来处理 $MgCO_3$ 沉淀，使之转化为 $Mg(OH)_2$ 沉淀，这一反应可表示为

$$Ca^{2+}(aq)+MgCO_3(s)+2OH^-(aq)\rightleftharpoons CaCO_3(s)+Mg(OH)_2(s)$$

平衡时 $c(B)/c^\ominus$：$x-0.0045$　　　$2(x-0.0045)$

该反应的标准平衡常数 $K^\ominus=\dfrac{1}{\left[\dfrac{c(Ca^{2+})}{c^\ominus}\right]\left[\dfrac{c(OH^-)}{c^\ominus}\right]^2}$

$$=\frac{1}{\left[\dfrac{c(Ca^{2+})}{c^\ominus}\right]\left[\dfrac{c(OH^-)}{c^\ominus}\right]^2}\times\frac{\left[\dfrac{c(Mg^{2+})}{c^\ominus}\right]\left[\dfrac{c(CO_3^{2-})}{c^\ominus}\right]}{\left[\dfrac{c(Mg^{2+})}{c^\ominus}\right]\left[\dfrac{c(CO_3^{2-})}{c^\ominus}\right]}$$

$$=\frac{K_{sp}^\ominus(MgCO_3)}{K_{sp}^\ominus(CaCO_3)K_{sp}^\ominus[Mg(OH)_2]}=\frac{6.8\times10^{-6}}{4.9\times10^{-9}\times5.1\times10^{-12}}=2.7\times10^{14},$$

因此：$2.7\times10^{14}=\dfrac{1}{\left(\dfrac{c_{Ca^{2+}}}{c^\ominus}\right)\times\left(\dfrac{c_{OH^-}}{c^\ominus}\right)^2}=\dfrac{1}{(x-0.0045)\times\left[2(x-0.0045)\right]^2}$,

$x-0.0045=9.7\times10^{-6}$，所以 $x=0.0045$，即 $Ca(OH)_2$ 的最初浓度至少应为 0.0045 $mol\cdot L^{-1}$，饱和 $Ca(OH)_2$ 溶液的浓度为 $\sqrt[3]{4.6\times10^{-6}/4}$ $mol\cdot L^{-1}$= 0.010 $mol\cdot L^{-1}$，这一数值已经远远超过了 0.0045 $mol\cdot L^{-1}$ 的极限要求，所以，完全可行。

【典型赛题欣赏】

【赛题 1】（安徽竞赛试题）0.040 $mol\cdot L^{-1}$ 的 H_3A 溶液与 0.040 $mol\cdot L^{-1}$ 的 NaH_2A 溶液等体积混合。取 100 mL 此混合溶液与 100 mL 的 0.002 $mol\cdot L^{-1}$ $AgNO_3$ 溶液混合后有什么现象发生？要求以计算结果说明。

[已知：$K_{a1}(H_3A)=10^{-4}$，$K_{a2}(H_3A)=10^{-8}$，$K_{a3}(H_3A)=10^{-11}$，$K_{sp}(Ag_3A)=10^{-22}$，$K_{sp}(Ag_2HA)=10^{-11}$。]

【解析】本题是难溶物的 K_{sp} 问题。两种溶液混合后可能产生沉淀，也可能是溶液状态。

两次等体积混合后，溶液中 $c(H_3A) = 0.010\ mol \cdot L^{-1} = c(NaH_2A)$，$c(Ag^+) = 0.0010\ mol \cdot dm^{-3}$；溶液中的 $c(H^+)$ 主要取决于一级电离，可用缓冲溶液计算式求得：$c(H^+) = K_{a1}c(H_3A)/c(H_2A^-) = 10^{-4}\ mol \cdot L^{-1}$。

根据分步系数得

$$c(HA^{2-}) = \frac{K_{a1}K_{a2}c(H^+)[c(H_3A)+c(H_2A^-)]}{c(H^+)^3 + K_{a1}c(H^+)^2 + K_{a1}K_{a2}c(H^+) + K_{a1}K_{a2}K_{a3}}$$

$$= \frac{10^{-4} \times 10^{-8} \times 10^{-4} \times (0.01+0.01)}{10^{-12} + 10^{-12} + 10^{-15} + 10^{-23}}\ mol \cdot L^{-1} = 10^{-6} mol \cdot L^{-1},$$

$c(A^{3-}) = K_{a1}K_{a2}K_{a3}[c(H_3A) + c(H_2A^-)]/(2 \times 10^{-12}) = 10^{-13}\ mol \cdot L^{-1}$。

所以，$c(Ag^+)^2c(HA^{2-}) = (10^{-3})^2 \times 10^{-6} = 10^{-12} < K_{sp}(Ag_2HA)$，不会产生 Ag_2HA 沉淀。

$c(Ag^+)^3c(A^{3-}) = (10^{-3})^3 \times 10^{-13} = 10^{-22} = K_{sp}(Ag_3A)$，恰好形成 Ag_3A 的饱和溶液，也没有产生 Ag_3A 沉淀。即混合后溶液中没有明显现象。

【赛题 2】（第 24 届 Icho 国际赛题）当流向 Chesapeake 海湾的淡水河在春季大雨后洪水泛滥时，海湾中淡水的增加引起海蛎生长地带盐分的减少。海蛎正常生长所需最低的氯离子浓度是 8 ppm（亦可近似表示为 $8\ mg \cdot L^{-1}$）。

（1）一周大雨之后，对海湾的水进行分析。向 50.00 mL 海湾水样中加几滴 K_2CrO_4 指示剂，用 16.16 mL 浓度为 $0.00164\ mol \cdot L^{-1}$ 的 $AgNO_3$ 溶液滴定，终点时形成明显的砖红色沉淀。已知：$K_{sp}(AgCl) = 1.78 \times 10^{-10}$，$K_{sp}(Ag_2CrO_4) = 1.00 \times 10^{-12}$。

① 样品中氯离子的物质的量浓度是多少？

② 水中是否含有足够的氯离子以供海蛎正常生长？写出计算过程。

③ 写出滴定剂和样品反应的配平的化学方程式。

④ 写出滴定终点颜色变化的配平的离子方程式。圈出反应式中砖红色化合物的分子式。

⑤ 在滴定终点，铬酸根离子的浓度是 $0.020\ mol \cdot L^{-1}$。计算当砖红色沉淀出现时溶液中 Cl^- 的浓度。

⑥ 为使滴定更有效，被滴定溶液必须呈中性或弱碱性。写出用来描述在酸性介质中所发生的竞争反应的配平的方程式（这个反应影响滴定终点的观察）。

（2）如果开始滴定时样品溶液是酸性的，通常向被滴溶液加入缓冲溶液以控制 pH。假定海湾水的 pH 为 5.10，则由于酸性太强而不能进行准确分析。

① 从列出的体系中选择一个缓冲剂，此缓冲剂能使你建立并维持 pH = 7.20 的水溶液介质。圈出你所选择的缓冲溶液的号码（假定缓冲剂不与样品和滴定剂发生反应）。

缓冲体系	弱酸的 K_a(25 ℃)
1 号：0.1 mol • L^{-1} 乳酸 /0.1 mol • L^{-1} 乳酸钠	1.4×10^{-4}
2 号：0.1 mol • L^{-1} 醋酸 /0.1 mol • L^{-1} 醋酸钠	1.8×10^{-5}
3 号：0.1 mol • $L^{-1}$$NaH_2PO_4$/0.1 mol • $L^{-1}$$Na_2HPO_4$	6.2×10^{-8}
4 号：0.1 mol • $L^{-1}$$NH_4NO_3$/0.1 mol • L^{-1} 氨水	5.6×10^{-10}

写出使你做出这种选择的计算过程。

② 用从①中选出的缓冲体系，计算溶解在蒸馏水中以配制 500 mL pH = 7.20 的缓冲溶液所需的弱酸及其共轭碱的质量。

（3）在另一个 50.00 mL 海湾水样中的氯离子的浓度由佛尔哈德 (Volhard) 法测定。将过量的 $AgNO_3$ 加到样品中，过量的 Ag^+ 用标准 KSCN 溶液滴定，生成 AgSCN 沉淀。若加入 50.00 mL 浓度为 0.00129 mol • L^{-1} $AgNO_3$ 溶液到水样后引起的过量 Ag^+ 需要 27.46 mL 1.41×10^{-3} mol • L^{-1} 的 KSCN 溶液来滴定，计算海湾水中氯离子的浓度。

（4）在具有更高氯离子浓度的天然水中，Cl^- 可以通过沉淀为 AgCl 的重量法来测定。此方法的缺点之一是 AgCl 易发生分解反应：$AgCl(s) \xrightarrow{h\nu} Ag(s) + \frac{1}{2}Cl_2(g)$，如果这一光解反应在过量 Ag^+ 存在下发生，则伴随另一反应：$3Cl_2(g) + 2H_2O(l) + 5Ag^+(aq) \longrightarrow 5AgCl(s) + ClO_3^-(aq) + 6H^+(aq)$。如果 3.000 g AgCl 样品（这些样品同含有 Ag^+ 的溶液接触）中有 0.0100 g 发生了光解反应（如上述方程式所示），请计算由这些反应所产生的固体的最后的总质量。

【解析】（1）①$c(Cl^-) = \dfrac{c(Ag^+)V(Ag^+)}{V(Cl^-)} = \dfrac{0.001\,64\times16.16}{50.00} = 0.000\,530\ mol \cdot L^{-1}$。

② 海蛎生长所需最低 Cl^- 浓度：$c_0(Cl^-) = \dfrac{8\times10^{-3}}{35.45}\ mol \cdot L^{-1} = 0.0002\ mol \cdot L^{-1}$，小于 $c(Cl^-)$，所以有足够的氯离子以供海蛎正常生长。

③ $Ag^+(aq) + Cl^-(aq) = AgCl(s)$。

④ $2Ag^+(aq) + CrO_4^{2-}(aq) = Ag_2CrO_4(s)$。砖红色化合物为 Ag_2CrO_4。

⑤ $[Ag^+] = \left\{\dfrac{K_{sp}(Ag_2CrO_4)}{[CrO_4^{2-}]}\right\}^{\frac{1}{2}} = \left(\dfrac{1.00\times10^{-12}}{0.020}\right)^{\frac{1}{2}}\ mol \cdot L^{-1} = 7.1\times10^{-6}\ mol \cdot L^{-1}$，

$[Cl^-] = \dfrac{K_{sp}(AgCl)}{[Ag^+]} = \left(\dfrac{1.78\times10^{-10}}{7.1\times10^{-6}}\right) mol \cdot L^{-1} = 2.5\times10^{-5}\ mol \cdot L^{-1}$。

⑥ $2CrO_4^{2-} + 2H^+ = Cr_2O_7^{2-} + H_2O$。

（2）① 0.1 mol • L^{-1} NaH_2PO_4/0.1 mol • L^{-1} Na_2HPO_4

$$K_a=\frac{[H^+][A^-]}{[HA]},\ [H^+]=K_a\frac{[HA]}{[A^-]}$$

当 $[HA]=[A^-]$ 时，缓冲容量最大。所以，K_a 和要求的 $[H^+]$ 越接近，缓冲效果越好。3 号的 $pK_a=7.208$，与 $pH=7.200$ 最接近。

② $w(NaH_2PO_4)=M(NaH_2PO_4)cV=120\times0.1\times0.500\ g=6.0\ g$，

$w(Na_2HPO_4)=M(Na_2HPO_4)cV=142\times0.1\times0.500\ g=7.1\ g$。

（3）$c(Cl^-)=\frac{c(Ag^+)V(Ag^+)-c(SCN^-)V(SCN^-)}{V(Cl^-)}=$

$\frac{0.00129\times50.00-1.41\times10^{-3}\times27.46}{50.00}\ mol\cdot L^{-1}=5.16\times10^{-4}\ mol\cdot L^{-1}$。

（4）0.0100 g AgCl 分解所产生的 Ag 的质量

$$w(Ag)=\frac{M(Ag)}{M(AgCl)}\times0.0100\ g=\frac{107.9}{143.4}\times0.0100\ g=0.007\ 52\ g。$$

0.0100 gAg Cl 分解产生的 Cl 又有 5/6 重新转化为 AgCl，质量为 0.0100 g × 5/6 = 0.00833 g。所以固体的最后总质量：$w=(3.000\ g-0.0100\ g)+0.00752\ g+0.00833\ g=3.006\ g$。

【赛题 3】（第 20 届 Icho 国际赛题）

（1）溶液中的氯离子浓度可以通过用硝酸银溶液使其沉淀的方法测定。不过所得的沉淀见光时迅速分解成单质银和氯。而氯又可在水溶液中歧化成氯酸根和氯离子。而这样形成的氯离子又与剩余的银离子作用而沉淀。氯酸根离子不能被银离子沉淀。

① 写出上述各反应的配平方程式。

② 氯离子的重量法测定是在银离子过量下进行的。所生成的沉淀中有 12%（按重量计）被光照分解。指出由于分解造成的误差的正负和大小。

（2）设一溶液含两种弱酸，HA 和 HL。HA 和 HL 的浓度分别为 $0.020\ mol\cdot L^{-1}$ 和 $0.010\ mol\cdot L^{-1}$。

① 画出浓度对数图（lg c 对 pH），在图上确定溶液的 pH。

② 计算溶液的 pH（HA 及 HL 的电离常数分别为 1.0×10^{-4} 及 1.0×10^{-7}）。

（3）金属离子 M 与酸 H_2L 形成一种配合物 ML，该配合物的形成常数为 K_1

$$M+L\rightleftharpoons ML\quad K_1=\frac{[ML]}{[M][L]}。$$

溶液中还含有另一金属子 N，它与酸 H_2L 生成配合物 NHL。

配合物 ML 的条件形成常数 K'_1 有下列关系：

$$K'_1=\frac{[ML]}{[M'][L']}$$

其中 [M′] = 未结合成 ML 的含 M 型体的总浓度，[L′] = 未结合成 ML 的含 L 型体的总浓度。推导出 K'_1 用 $[H^+]$ 和有关 K 值表示的关系式。K 值中除 ML 的形成常数外，还知道 H_2L 的电离常数 K_{a1} 和 K_{a2} 以及配合物 NHL 的形成常数 (K_{NHL})：

$$N + L + H^+ \rightleftharpoons NHL, K_{NHL} = \frac{[NHL]}{[N][L][H^+]}$$

还可假定平衡浓度 $[H^+]$ 和 [N] 为已知值。（为简单起见略去 H^+ 以外各型体的电荷）

【解析】（1）① $Ag^+(aq) + Cl^-(aq) \longrightarrow AgCl(s)$

$2AgCl(s) \xrightarrow{h\nu} 2Ag(s) + Cl_2(g)$

$3Cl_2(g) + 3H_2O \longrightarrow ClO_3^-(aq) + 5Cl^-(aq) + 6H^+(aq)$

即 $3Cl_2(g) + 5Ag^+(aq) + 3H_2O \longrightarrow ClO_3^-(aq) + 5AgCl(s) + 6H^+(aq)$。

② 设有 100 g AgCl 沉淀，其中 12% 发生分解，即 12 g AgCl 分解。12 g AgCl 的物质的量：$n(AgCl) = (12/143.3)\ mol = 0.0837\ mol$，沉淀中银的质量：$m(Ag) = 0.0837\ mol \times 107.9\ g \cdot mol^{-1} = 9.03\ g$，释出 Cl_2 的物质的量：$n(Cl_2) = n(Ag)/2 = 0.0419\ mol$。

$3Cl_2(g) + 5Ag^+(aq) + 3H_2O \longrightarrow ClO_3^-(aq) + 5AgCl(s) + 6H^+(aq)$

反应生成 AgCl 的质量：

$$m(AgCl) = \frac{5}{3}n(Cl_2)M(AgCl) = \frac{5}{3} \times 0.0419\ mol \times 143.4\ g \cdot mol^{-1} = 10.01\ g,$$

最终沉淀质量：$m_{总} = 88\ g + 9.03\ g + 10.01\ g = 107.03\ g$，

相对误差：$[(107.3-100)/100] \times 100\% = +7.03\%$。

（2）① HA：$c(HA) = 0.020\ mol \cdot L^{-1}$，则

$\lg[c(HA)] = -1.70$，$K_a(HA) = 1 \times 10^{-4}\ mol \cdot L^{-1}$，即

$pK_a(HA) = 4.0$；

HL：$c(HL) = 0.010\ mol \cdot L^{-1}$，则

$\lg[c(HL)] = -2.0$，$K_a(HL) = 1 \times 10^{-7}\ mol \cdot L^{-1}$，即 $pK_a(HL) = 7.0$。

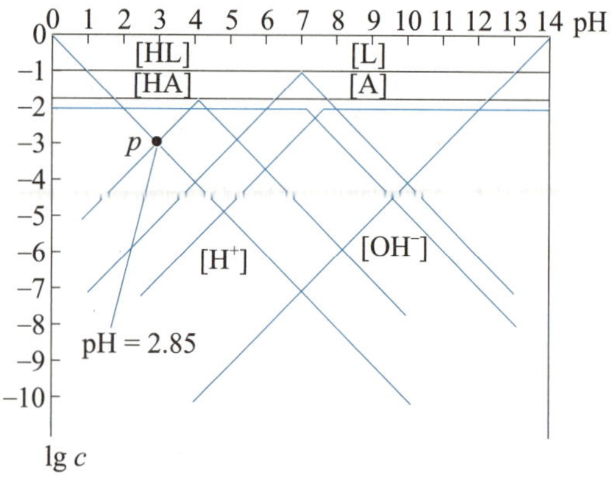

$[H^+] = [A^-] + [L^-] + [OH^-]$

$HA \longrightarrow A^-$，$HL \longrightarrow L^-$，

$H_3O^+ \longleftarrow H_2O \longrightarrow OH^-$

图中 p 处：$[H^+] = [A^-]$，pH = 2.85。

② $HA \rightleftharpoons H^+ + A^-$，$K_a(HA) = [H^+]$

$[A^-]/[HA]=10^{-4}\ mol\cdot L^{-1}$。

$HL \rightleftharpoons H^+ + L^-$，$K_a(HL)=[H^+][L^-]/[HL]=10^{-7}\ mol\cdot L^{-1}$，

$K_a(HA)\gg K_a(HL)$，所以计算 pH 时可忽略 HL 的电离。

$HA \rightleftharpoons H^+ + A^-$

$c-x \qquad x \qquad x$

$\dfrac{x^2}{c-x}=10^{-4}$，解得 $x=1.365\times10^{-3}\ mol\cdot L^{-1}$，pH = 2.86。

（3）由 $M+L \rightleftharpoons ML$、$N+H^+ + L \rightleftharpoons NHL$ 得 $K_1=[ML]/([M][L])$，$K_{NHL}=[NHL]/([N][H^+][L])$，$K'_1=[ML]/([M'][L'])$；

由 $H_2L \rightleftharpoons H^+ + HL$ 得 $K_{a1}=[H^+][HL]/[H_2L]$；

由 $HL \rightleftharpoons H^+ + L$ 得 $K_{a_2}=\dfrac{[H^+][L]}{[HL]}$；

令 $\alpha(M)=[M']/[M]$、$\alpha(L)=[L']/[L]$，则 $K'_1=K_1/[\alpha(M)\alpha(L)]$；

再令 $[M]=[M']$，即 $\alpha(M)=1$，此时 $K'_1=K_1/\alpha(L)$，

$$[L']=[L]+[HL]+[H_2L]+[NHL]=[L]+\frac{[L][H^+]}{K_{a2}}+\frac{[H^+]^2[L]}{K_{a1}K_{a2}}+K_{NHL}[N][H^+][L]$$

$$=[L]\left\{1+\frac{[H^+]}{K_{a2}}+\frac{[H^+]^2}{K_{a1}K_{a2}}+K_{NHL}[N][H^+]\right\},$$

$$\alpha(L)=1+\frac{[H^+]}{K_{a2}}+\frac{[H^+]^2}{K_{a1}K_{a2}}+K_{NHL}[N][H^+],$$

$$则K'=\frac{K_1}{1+\dfrac{[H^+]}{K_{a2}}+\dfrac{[H^+]^2}{K_{a1}K_{a2}}+K_{NHL}[N][H^+]}。$$

【赛题 4】(2016 年全国初赛题) 化学式为 MO_xCl_y 的物质有氧化性，M 为过渡金属元素，x 和 y 均为正整数。将 2.905 g 样品溶于水，定容至 100 mL。移取 20.00 mL 溶液，加入稀硝酸和足量 $AgNO_3$，分离得到白色沉淀 1.436 g。移取溶液 20.00 mL，加入适量硫酸，以 *N*- 邻苯基氨基苯甲酸作指示剂，用标准硫酸亚铁铵溶液滴至终点，消耗 3.350 mmol。已知其中阳离子以 MO_x^{y+} 存在，推出该物质的化学式，指出 M 是哪种元素。写出硫酸亚铁铵溶液滴定 MO_x^{y+} 的离子反应方程式。

【解析】 1.436 g AgCl 沉淀，相应的 Cl^- 的物质的量为 $n(Cl^-)=1.436\ g/(107.9+35.45)\ g\cdot mol^{-1}=0.01002\ mol=10.02\ mmol$，$MO_x^{y+}$ 与 Fe^{2+} 反应，$Fe^{2+}\longrightarrow Fe^{3+}$，消耗 Fe^{2+} 的物质的量为 $n(Fe^{2+})=3.350\ mmol$，若设反应为 $MO_x^{y+}+Fe^{2+}\longrightarrow MO_p^{q+}+Fe^{3+}$，即溶液中 MO_x^{y+} 的物质的量也是 M 的物质的量：$n(M)=n(MO_x^{y+})=3.350\ mmol$，

$n(Cl^-)$ 和 $n(MO_x^{y+})$ 的物质的量之比为 $n(Cl^-)/n(MO_x^{y+}) = 10.02\ mmol/3.350\ mmol = 2.991 \approx 3$, 则 $y = 3$；

MO_xCl_3 的摩尔质量为 $2.905\ g/(5 \times 3.350 \times 10^{-3}\ mol) = 173.4\ g \cdot mol^{-1}$，

MO_x^{3+} 的摩尔质量为 $173.4 - 3 \times 35.45 = 67.1\ g \cdot mol^{-1}$，

若设 $x = 1$, 则 M 的原子量 $= 67.1 - 16.00 = 51.1$，与钒的原子量相近，故认为 M 为 V。氧化性物质的化学式：$VOCl_3$。

滴定反应式：$VO^{3+} + Fe^{2+} \longrightarrow VO^{2+} + Fe^{3+}$ 。

补充说明：本题目采用分析与合理推测相结合的方法推出结果。推测中，其他可能出现的过程举例如下。

（1）若认为 M 可能为 Cr，氧化性物质为 $CrOCl_3$，则在和 Fe^{2+} 反应时 Cr(Ⅴ) → Cr(Ⅲ), 需要 2 倍的 Fe^{2+}，与假设相矛盾，不成立。

（2）若设 MO_x^{3+} 中 $x = 2$，则 M 的原子量 $= 67.1 - 16.00 \times 2 = 35.1$，与氯相近，不符合。

（3）若设反应为 $MO_x^{y+} + 2Fe^{2+} \rightarrow MO_p^{q+} + 2Fe^{3+}$，则 $n(M) = n(MO_x^{y+}) = (3.350/2)\ mmol$，可得 $y = 6$, 此时 x 只能取 1，相应地，MO_xCl_y 的摩尔质量为 $2.905g/[5 \times (3.350/2) \times 10^{-3}mol] = 346.8\ g\ mol^{-1}$。M 的原子量为 $346.8 - 35.45 \times 6 - 16.00 = 118.1$，与锡、锑相近，均不符合要求。

另外，由于 x 和 y 均为正整数，不可能发生 $2MO_x^{y+} + Fe^{2+} \rightarrow 2MO_p^{q+} + Fe^{3+}$ 的反应。

【赛题 5】（2009 年冬令营全国决赛题）液氨是一种广泛使用的类水溶剂。

（1）作为溶剂，NH_3 分子也能发生类似于 H_2O 分子的缔合作用，说明发生这种缔合的原因并比较这种缔合作用相对于水的大小。

（2）液氨作为溶剂最引起化学家兴趣的是它能够溶解一些金属，如电极电势小于 −2.5 V 的碱金属、部分碱土金属及镧系元素可溶于液氨，形成蓝色的具有异乎寻常性质的亚稳定态溶液，这种溶液具有顺磁性和高导电性，溶液的密度比纯溶剂的密度小。碱金属的液氨溶液是可供选择使用的强还原剂，广泛应用于合成一些非正常氧化态的金属配合物和其他化合物。研究发现在金属 Na 的液氨溶液中存在着以下反应：

$$Na(s) \xrightleftharpoons{NH_3} Na(NH_3) \text{ 或 } Na(s) + NH_3 \rightleftharpoons Na(NH_3)$$

$$2Na(NH_3) \rightleftharpoons Na_2(NH_3) + NH_3;\ K^\ominus \approx 5 \times 10^3$$

$$Na(NH_3) + NH_3 \rightleftharpoons Na^+(NH_3) + e^-(NH_3)\ ;\ K^\ominus \approx 10^{-2}$$

$$Na^-(NH_3) + NH_3 \rightleftharpoons Na(NH_3) + e^-(NH_3)\ ;\ K^\ominus \approx 10^{-3}$$

$$2e^-(NH_3) \rightleftharpoons e_2^{2-}(NH_3) + NH_3$$

金属 Na 在液 NH_3 溶剂中生成氨合金属 $Na(NH_3)$、$Na_2(NH_3)$，氨合阳离子 $Na^+(NH_3)$，氨合阴离子 $Na^-(NH_3)$ 及氨合电子 $e^-(NH_3)$、$e_2^{2-}(NH_3)$ 等物种。试根据以上信息解释碱金属液氨溶液的高导电性和顺磁性。写出 $[Pt(NH_3)_4]Br_2$ 与 K 在液氨中的反应方程式。

（3）溶剂 NH_3 分子自动电离形成铵根离子和氨基离子：$2NH_3 \rightleftharpoons NH_4^+ + NH_2^-$；$K^\ominus = [NH_4^+][NH_2^-] = 10^{-27}$。其离子积常数 $K^\ominus$ 虽然比 H_2O 的 $K_w^\ominus$ 小得多，但同样可以建立类似于水体系中的 pH 标度。试建立这种标度，确定酸性、中性和碱性溶液的 pH。

（4）在液氨中的许多反应都类似于水中的反应，试写出 $TiCl_4$、Zn^{2+} 和 Li_3N 在液氨中反应的方程式。

（5）在水体系中以标准氢电极为基准建立了标准电极电势系统，在液氨体系中同样也以标准氢电极建立类似于水体系的液氨体系中的标准电极电势系统。试写出标准氢电极的半反应方程式及标准电极电势。

（6）在液氨体系中某些金属的标准电极电势跟这些金属在水溶液的标准电极电势十分相近。已知在液氨体系中，$6NH_4^+ + N_2 + 6e^- \rightleftharpoons 8NH_3$ 的 $E^\ominus = 0.04\ V$。试设计一个在液氨中实施用氢固氮的反应，并预计其反应条件，简述理由。

（7）液氨作为溶剂在化学分析中广泛用于非水滴定，试述哪些不宜于在水溶液中滴定的酸碱体系可以在液氨中进行。

【解析】（1）缔合作用来源于 N…H—N 的氢键作用，但由于 N…H—N 比 O…H—O 弱，缔合程度比水小。

（2）由于溶液中存在很多带电物种，使溶液具有导电性，且导电性主要由溶剂化电子承担，$e^-(NH_3)$ 有很高的迁移率，所以碱金属的液氨溶液具有很高的导电性。未成对的溶剂化的电子使溶液呈现顺磁性。

$[Pt(NH_3)_4]Br_2 + 2K \longrightarrow Pt(NH_3)_4 + 2KBr$。

（3）直接写出 $pH = -\lg[NH_4^+]$ 或者分步写出：$pH = 0$ ($1\ mol \cdot L^{-1}\ NH_4^+$)，$pH = 13.5$ ($[NH_4^+] = [NH_2^-]$)，$pH = 27$ ($1\ mol \cdot L^{-1}\ NH_2^-$)，则溶液的 pH 小于 13.5 即为酸性，大于 13.5 为碱性，等于 13.5 为中性。

（4）① $TiCl_4 + 6NH_3 \longrightarrow Ti(NH_2)_3Cl + 3NH_4Cl$。

② $Zn^{2+} + 2NH_2^- \longrightarrow Zn(NH_2)_2 \downarrow$ 和 $Zn(NH_2)_2 + 2NH_2^- \longrightarrow [Zn(NH_2)_4]^{2-}$。

③ $Li_3N + 2NH_3 \longrightarrow 3LiNH_2$。

（5）$2NH_4^+ + 2e^- \longrightarrow H_2 + 2NH_3$，$E^\ominus(NH_4^+/H_2) = 0\ V$。

（6）将 $2NH_4^+ + 2e^- \longrightarrow H_2 + 2NH_3$，与 $6NH_4^+ + N_2 + 6e^- \longrightarrow 8NH_3$ 两个

半反应设计成原电池，其标准电动势为0.04 V，标准自由能小于零[$\Delta_r G = -nFE = -6\times96.485\times(0.04-0)\text{kJ}\cdot\text{mol}^{-1} = -23\ \text{kJ}\cdot\text{mol}^{-1}$]，反应能在标准状态下自发向右进行。电池反应为$N_2+3H_2 = 2NH_3$，即可以采用$H_2$作还原剂的方法将$N_2$还原为$NH_3$。该反应为熵减小（气体分子数减少）的反应，故宜控制高压、低温的反应条件，并加催化剂以提升反应速率。

（7）①在水溶液中电离平衡常数特别小的弱酸；②在水溶液中因拉平效应不能分步滴定，而在液氨中有可能分步滴定的混合强碱。

【赛题6】（第37届Icho国际赛题）水接受H^+的能力称为碱度(alkalinity)。碱度在水处理和天然水中的化学和生物是重要的。通常，在水中呈现碱度的碱性物质有HCO_3^-，CO_3^{2-}和OH^-。在pH低于7时，在水中H^+显著降低碱度。因此，在仅有HCO_3^-，CO_3^{2-}和OH^-提供碱度的介质，碱度可以表示为碱度$=[HCO_3^-]+2[CO_3^{2-}]+[OH^-]-[H^+]$；不同物质提供碱度的程度依据pH而改变。有关的化学方程式和平衡常数（在298 K）如下：

$CO_2(g) \rightleftharpoons CO_2(aq)$，$K(CO_2)=3.44\times10^{-2}$；

$CO_2(aq)+H_2O \rightleftharpoons H_2CO_3$，$K(H_2CO_3)=2.00\times10^{-3}$；

$H_2CO_3 \rightleftharpoons HCO_3^- + H^+$，$K_{a1}=2.23\times10^{-4}$；

$HCO_3^- \rightleftharpoons CO_3^{2-} + H^+$，$K_{a2}=4.69\times10^{-11}$；

$CaCO_3(s) \rightleftharpoons Ca^{2+}+CO_3^{2-}$，$K_{sp}=4.50\times10^{-9}$；

$H_2O \rightleftharpoons H^+ + OH^-$，$K_w=1.00\times10^{-14}$。

（1）天然水体（河川水或湖水）通常含有溶解的CO_2。天然水在pH 7.00时，$[H_2CO_3]:[HCO_3^-]:[CO_3^{2-}]$比例是$a:1.00:b$。计算$a$和$b$。

（2）大气中的气体CO_2可以视为与空气平衡时水中碱度的一个提供源。在1.01×10^5 Pa，298 K无污染空气含0.0360%（体积比）的CO_2，计算与无污染空气平衡的纯水中$CO_2(aq)$的浓度$(\text{mol}\cdot\text{L}^{-1})$。（假设标准压力$=1.01\times10^5$ Pa）[如果你无法解答上题，可以假设$CO_2(aq)$浓度$=1.11\times10^{-5}\ \text{mol}\cdot\text{L}^{-1}$，继续以下的计算]

（3）计算大气CO_2在纯水中的溶解度$(\text{mol}\cdot\text{L}^{-1})$。忽略水的电离。

（4）计算大气CO_2在起初含$1.00\times10^{-3}\ \text{mol}\cdot\text{L}^{-1}$ NaOH的水中的溶解度$(\text{mol}\cdot\text{L}^{-1})$。

（5）计算上列方程式的平衡常数。（如果你无法解答上题，可以假设平衡常数为$K_{eq}=5.00\times10^{-5}$，继续以下的计算）

（6）计算饱和$CaCO_3$天然水与大气CO_2平衡时，Ca^{2+}的浓度$(\text{mg}\cdot\text{L}^{-1})$。[如果你无法解答上题，可以假设$Ca^{2+}(aq)$浓度$=40.1\ \text{mg}\cdot\text{L}^{-1}$，继续以下的计算]

（7）计算上题的碱度 (mol • L^{-1})。

（8）在一个饱和 $CaCO_3$ 的地下湖，水中含大量的 CO_2。湖水 Ca^{2+} 浓度高达 100 mg • L^{-1}。假设湖和其上方的空气是一个密闭系统，计算与此含 Ca^{2+} 水平衡的空气中 CO_2 之有效分压 (Pa)。

【解析】（1）$[H^+]=1.00\times10^{-7}$ mol • L^{-1}，$K_{a1}=[HCO_3^-][H^+]/[H_2CO_3]=2.23\times10^{-4}$，$[HCO_3^-]/[H_2CO_3]=2.23\times10^3$；$K_{a2}=[CO_3^{2-}][H^+]/[HCO_3^-]=4.69\times10^{-11}$，$[CO_3^{2-}]/[HCO_3^-]=4.69\times10^{-4}$，

所以 $[H_2CO_3]:[HCO_3^-]:[CO_3^{2-}]=4.48\times10^{-4}:1.00:4.69\times10^{-4}$，即 $a=4.48\times10^{-4}$，$b=4.69\times10^{-4}$。

（2）CO_2 在水中的溶解度 (S) 可以定义为 $S=[CO_2(aq)]+[H_2CO_3]+[HCO_3^-]+[CO_3^{2-}]$。水和 298 K，$1.01\times10^5$Pa 无污染空气的大气中的 CO_2 平衡，水中溶解度会随碱度改变。

$p(CO_2)=(1.01\times10^5\ Pa)\times3.60\times10^{-4}=36.36\ Pa$；

$[CO_2(aq)]=K(CO_2)\times p(CO_2)=0.0344\times[36.36\ Pa/(1.01\times10^5\ Pa)]$ mol • $L^{-1}=1.24\times10^{-5}$ mol • L^{-1}

（3）方法一：溶解度 $=[CO_2(aq)]+[H_2CO_3]+[HCO_3^-]+[CO_3^{2-}]\approx[CO_2(aq)]+[HCO_3^-]$，

($[H_2CO_3]=[CO_2(aq)]K(H_2CO_3)=2.48\times10^{-8}$ mol • L^{-1}、$[CO_3^{2-}]=K_{a2}/([H^+]/[HCO_3^-])=K_{a2}=4.69\times10^{-11}$ mol • L^{-1}，皆可忽略)。

$[H^+][HCO_3^-]/[CO_2(aq)]=K_{a1}K(H_2CO_3)=(2.23\times10^{-4})\times(2.00\times10^{-3})=4.46\times10^{-7}$，

由（2），$[CO_2(aq)]=1.24\times10^{-5}$ mol • L^{-1}，$[H^+]=[HCO_3^-]=2.35\times10^{-6}$ mol • L^{-1}，

所以溶解度 $=[CO_2(aq)]+[HCO_3^-]=1.24\times10^{-5}$ mol•$L^{-1}+2.35\times10^{-6}$ mol•$L^{-1}=1.48\times10^{-5}$ mol • L^{-1}。

方法二：使用 $[CO_2(aq)]=1.11\times10^{-5}$ mol • L^{-1} 来计算，结果同方法一。

（4）在 298 K，1.01×10^5 Pa 无污染空气与饱和 $CaCO_3$ 天然水平衡。存在的主要平衡如下。

$CaCO_3(s)+CO_2(aq)+H_2O \rightleftharpoons Ca^{2+}+2HCO_3^-$

方法一：使用 $[CO_2(aq)]=1.24\times10^{-5}$ mol • L^{-1} 来计算。

由下式可知，在 1.00×10^{-3} mol • L^{-1} 氢氧化钠溶液中，二氧化碳的溶解度较高：

① $CO_2(aq)+2OH^- \rightleftharpoons CO_3^{2-}+H_2O$，$K=K(H_2CO_3)K_{a1}K_{a2}/(1.00\times10^{-14})^2=2.09\times10^{11}$；

② $CO_2(aq)+CO_3^{2-}+H_2O \rightleftharpoons 2HCO_3^-$　$K=K(H_2CO_3)K_{a1}/K_{a2}=9.37\times10^3$；

结合①和②得 $CO_2(aq) + OH^-(aq) \rightleftharpoons HCO_3^-$ $K = 4.43 \times 10^7$。

此反应具有很大的 K 值，所有 OH^- 最后几乎都会转化成碳酸氢根离子，所以 $[HCO_3^-] \approx 1.00 \times 10^{-3}\ mol \cdot L^{-1}$，$[OH^-] = 1.82 \times 10^{-6}\ mol \cdot L^{-1}$，$[H^+] = 5.49 \times 10^{-9}\ mol \cdot L^{-1}$，$[CO_3^{2-}] = 8.54 \times 10^{-6}\ mol \cdot L^{-1}$，

所以溶解度 $= [CO_2(aq)] + [H_2CO_3^-] + [HCO_3^-] + [CO_3^{2-}] \approx [CO_2(aq)] + [HCO_3^-] + [CO_3^{2-}]$

$= (1.24 \times 10^{-5} + 1.00 \times 10^{-3} + 8.54 \times 10^{-6})mol \cdot L^{-1} = 1.02 \times 10^{-3}\ mol \cdot L^{-1}$。

方法二：使用 $[CO_2(aq)] = 1.11 \times 10^{-5}\ mol \cdot L^{-1}$ 来计算，结果同方法一。

（5）$K_{eq} = K_{sp}K(H_2CO_3)K_{a1}/K_{a2} = (4.50 \times 10^{-9}) \times (2.00 \times 10^{-3}) \times (2.23 \times 10^{-4})/(4.69 \times 10^{-11}) = 4.28 \times 10^{-5}$。

（6）方法一：使用 $K_{eq} = 4.28 \times 10^{-5}$、$[CO_2(aq)] = 1.24 \times 10^{-5}\ mol \cdot L^{-1}$ 来计算。

质量守衡：$[HCO_3^-] = 2[Ca^{2+}]$，由（5），$K = 4.28 \times 10^{-5} = [Ca^{2+}][HCO_3^-]^2/[CO_2(aq)] = [Ca^{2+}](2[Ca^{2+}])^2/[CO_2(aq)]$

由（2），$[CO_2(aq)] = 1.24 \times 10^{-5}\ mol \cdot L^{-1}$，所以 $[Ca^{2+}] = 0.510 \times 10^{-3}\ mol \cdot L^{-1} = 20.5\ mol \cdot L^{-1}$。

方法二：使用 $K_{eq} = 5.00 \times 10^{-5}$、$[CO_2(aq)] = 1.11 \times 10^{-5}\ mol \cdot L^{-1}$ 来计算，得 $[Ca^{2+}] = 20.75\ mg \cdot L^{-1}$。

方法三：使用 $K_{eq} = 5.00 \times 10^{-5}$、$[CO_2(aq)] = 1.24 \times 10^{-5}\ mol \cdot L^{-1}$ 来计算，得 $[Ca^{2+}] = 21.53\ mg \cdot L^{-1}$。

方法四：使用 $K_{eq} = 4.28 \times 10^{-5}$、$[CO_2(aq)] = 1.11 \times 10^{-5}\ mol \cdot L^{-1}$ 来计算，得 $[Ca^{2+}] = 19.70\ mg \cdot L^{-1}$。

（7）HCO_3^-（碳酸氢根）是溶液中主要的物质，此溶液的 pH 可估计为 $pH = (pK_{a1} + pK_{a2})/2 = (3.65 + 10.33)/2 = 6.99 \approx 7.00$，$K_{a1}$ 和 K_{a2} 是碳酸 (H_2CO_3) 的电离常数，当 $pH = 7.00$ 时，$[OH^-]$ 和 $[H^+]$ 皆可被忽略。此外，$[CO_3^{2-}] \ll [HCO_3^-]$［由（1）］碱度 $= [HCO_3^-] + 2[CO_3^{2-}] + [OH^-] - [H^+] \approx [HCO_3^-]$，由（6），物料守恒，$[HCO_3^-] = 2[Ca^{2+}] =$ (a) $1.02 \times 10^{-3}\ mol \cdot L^{-1}$【使用（6）方法一所得 $[Ca^{2+}](aq)$】

(b) $1.035 \times 10^{-3}\ mol \cdot L^{-1}$【使用（6）方法二所得 $[Ca^{2+}](aq)$】

(c) $1.0744 \times 10^{-3}\ mol \cdot L^{-1}$【使用（6）方法三所得 $[Ca^{2+}](aq)$】

(d) $0.9831 \times 10^{-3}\ mol \cdot L^{-1}$【使用（6）方法四所得 $[Ca^{2+}](aq)$】

(e) $2.00 \times 10^{-3}\ mol \cdot L^{-1}$【假设 $[Ca^{2+}](aq) = 40.1\ mg/L$】

所以碱度 = (a) 或 (b) 或 (c) 或 (d) 或 (e)。

（8）方法一：使用 $K_{eq} = 4.28 \times 10^{-5}$ 来计算。

质量守衡：$[HCO_3^-] = 2[Ca^{2+}]$，$[Ca^{2+}] = 100\ mg \cdot L^{-1} = 2.50 \times 10^{-3}\ mol \cdot L^{-1}$，

代入 $K_{eq} = 4.28 \times 10^{-5} = [Ca^{2+}][HCO_3^-]^2/[CO_2(aq)] = 4[Ca^{2+}]^3/[CO_2(aq)]$，

$[CO_2(aq)] = 1.46 \times 10^{-3}\ mol \cdot L^{-1}$。

$p(CO_2) = [CO_2(aq)]/K(CO_2) \times 1.01 \times 10^5$ Pa $= 4.28 \times 10^3$ Pa。

方法二：使用 $K_{eq} = 5.00 \times 10^{-5}$ 来计算，得 $p(CO_2) = 3.67 \times 10^3$ Pa。

【赛题 7】（2001 年冬令营全国决赛题）由银（74%）、铅（25%）、锑（1%）等制成的合金是一种优良的电镀新材料。对其中的银的分析，可采用配合滴定法，具体分析步骤概括如下：

试样 $\xrightarrow{\text{I}}$ 沉淀（A）$\xrightarrow{\text{II}}$ 溶液（B）$\xrightarrow{\text{III}}$ 溶液（C）$\xrightarrow{\text{IV}}$ 溶液（D）

其中（Ⅰ）加入 HNO_3（1∶1），煮沸，再加入 HCl（1∶9），煮沸，过滤，依次用 HCl（1∶9）和水洗涤沉淀；（Ⅱ）加入浓氨水，过滤，用 5% 氨水洗涤沉淀；（Ⅲ）加入氨水 - 氯化铵缓冲溶液（pH = 10），再加入一定量的镍氰化钾固体；（Ⅳ）加入紫脲酸铵指示剂（简记为 In），用乙二胺四乙酸二钠（简写为 Na_2H_2Y）标准溶液滴定至近终点时，加入氨水 10 mL（为了使其终点明显），继续滴定至溶液颜色由黄色变为紫红色为终点。已知有关数据如下：

配合物	$[AgY]^{3-}$	$[NiY]^{2-}$	$[Ag(CN)_2]^-$	$[Ni(CN)_4]^{2-}$	$[Ag(NH_3)_2]^+$	$[Ni(NH_3)_6]^{2+}$
$\lg K_稳$	7.32	18.62	21.1	31.3	7.05	8.74

酸	H_4Y	H_3Y^-	H_2Y^{2-}	HY^{3-}
$\lg K_a$	−2.0	−2.67	−6.16	−10.26

（1）写出 A 和 D 中 Ag 存在型体的化学式。

（2）写出第Ⅲ步骤的主反应方程式和第Ⅳ步骤滴定终点时的反应方程式。

（3）试样加 HNO_3 溶解后，为什么要煮沸？加入 HCl（1∶9）后为什么还要煮沸？

（4）假定溶液 C 中 Ag（Ⅰ）的总浓度为 0.010 mol·L^{-1}，游离 NH_3 浓度为 2 mol·L^{-1}，要求滴定误差控制在 0.2% 以内，试计算溶液 C 中 Ni（Ⅱ）总浓度至少为多少？

【解析】（1）A：AgCl，D：$[Ag(CN)_2]^-$，$[Ag(NH_3)_2]^+$。

（2）$2[Ag(NH_3)_2]^+ + [Ni(CN)_4]^{2-} + 2NH_3 = 2[Ag(CN)_2]^- + [Ni(NH_3)_6]^{2+}$，

$NiIn + HY^{3-} = NiY^{3-} + HIn$。

（3）加 HNO_3 后继续煮沸是为了除去氮的氧化物；加入 HCl（1∶9）后，再煮沸是为了使 AgCl 胶状沉淀凝聚，便于过滤和洗涤。

（4）根据滴定误差要求，未被置换的 $Ag(NH_3)_2^+$ 平衡浓度为 $[Ag(NH_3)_2^+] \leqslant 0.010 \times 0.2\% = 2 \times 10^{-5}$ mol·L^{-1}。

$$2[Ag(NH_3)_2]^+ + [Ni(CN)_4]^{2-} + 2NH_3 \longrightarrow 2[Ag(CN)_2]^- + [Ni(NH_3)_6]^{2+}$$

起始浓度 /(mol • L^{-1})	0.010	c		0	0
反应浓度 /(mol • L^{-1})	−0.010	−0.0050		+0.010	+0.0050
平衡浓度 /(mol • L^{-1})	2×10^{-5}	$c-0.0050$	2	0.010	0.0050

根据多重平衡原理：$K=\dfrac{(10^{21.1})^2\times(10^{8.74})}{(10^{7.05})\times(10^{31.3})}=10^{5.5}=\dfrac{(0.010)^2\times(0.0050)}{(2\times10^{-5})^2\times(c-0.0050)\times(2)^2}$，

解得 $c=6\times10^{-3}$ mol • L^{-1}。即溶液 C 中 Ni(Ⅱ) 总浓度≥ 6×10^{-3} mol • L^{-1}。

参考文献

[1] 宋天佑，程鹏，徐家宁. 无机化学上册 [M]. 北京：高等教育出版社，2015：301.

[2] 张灿久，杨慧仙. 中学化学奥林匹克 [M]. 长沙：湖南教育出版社，1998：140.

[3] 万长江，张恒. 高中化学竞赛教程 [M]. 上海：华东师范大学出版社，2016：38.

第九讲 电化学基础

一、氧化还原反应

1. 氧化数

氧化还原反应是一大类反应，判断氧化还原反应和配平氧化还原反应方程式的一项重要经验性指标就是氧化数（氧化态）。氧化数是指化合物中，各元素的原子按一定的规则指定的一种数值，用来表征在化合状态的形式（表观）电荷数。其数值常用罗马数字，如Ⅰ、Ⅱ、Ⅲ、Ⅳ、Ⅴ…等来表示，符号用“+”“−”表示，如－Ⅱ、+Ⅳ等，“+”可以省略不写，为了方便，通常也可用阿拉伯数字表示，如 −2，+4 等。

氧化数的规则：

① 在单原子离子，即简单离子中，元素的氧化数等于离子所带的电荷数。

② 在共价化合物和复杂化合物中，按下列习惯规定来计算元素的氧化数。

a．在单质中，元素的氧化数为零。

b．除在过氧化物（如 H_2O_2、Na_2O_2、BaO_2）中氧的氧化数为－Ⅰ；在 OF_2 和 O_2F_2 中，氧的氧化数分别为+Ⅱ和 +Ⅰ外，其余化合物中，氧的氧化数皆为－Ⅱ。

c．在大多数化合物中，氢的氧化数为+Ⅰ，只有在活泼金属的氢化物（如 NaH、CaH_2）中，氢的氧化数为－Ⅰ。

d．ⅠA 族元素的氧化数为+Ⅰ，ⅡA 族元素氧化数为+Ⅱ，氟为－Ⅰ。

e．分子或离子的总电荷数等于各元素氧化数的代数和。

显然，氧化数是一个有一定人为因素的经验性概念，有时会出现矛盾（如 HOF 中 O 的氧化数可能为 0），但并不影响其适用价值，另外，同一种分子中，同种元素的氧化数也不一定相同，根据分子式求出的是平均氧化数（如 $H_2S_2O_3$ 中 S 的平均氧化数为+Ⅱ）。氧化数与化合价是有区别的，这里不作表述。

2. 氧化还原电对

在反应过程中，某元素的氧化数发生了改变，这就是氧化还原反应。元素氧化数升高的物质是还原剂，这个过程叫被氧化，得到氧化产物；元素氧化数降低的物质是氧化剂，这个过程叫被还原，得到还原产物。因此，一个完整的氧化还原反应实际上是由还原剂被氧化和氧化剂被还原两个半反应所组成的。例如：

$$Zn(s) + Cu^{2+}(aq) \rightleftharpoons Zn^{2+}(aq) + Cu(s)$$

是由半反应 $Zn(s) \rightleftharpoons Zn^{2+}(aq) + 2e^-$ 和 $Cu^{2+}(aq) + 2e^- \rightleftharpoons Cu(s)$ 所组成。

在半反应中，同一元素的两个不同氧化数的物种组成了电对，其中，氧化数较大的物种称为氧化型，氧化数较小的物种称为还原型。通常电对表示成“氧化型 / 还原型”。

氧化还原反应是由两个电对构成的反应系统，可以表示如下。

$$\text{还原型(1)} + \text{氧化型(2)} \rightleftharpoons \text{氧化型(1)} + \text{还原型(2)}$$

3．氧化还原反应方程式的配平

配平氧化还原反应方程式的常用方法有“氧化数法”和“离子 - 电子法”。“氧化数法”实际上就是中学化学中的得失电子守恒法，这里不再重复。重点介绍一下离子 - 电子法。

（1）基本依据

在离子方程式两边，原子个数与离子电荷数都必须相等。

（2）具体步骤

以 $H^+ + NO_3^- + Cu_2O \longrightarrow Cu^{2+} + NO + H_2O$ 为例。

a．先将反应物和产物以离子形式列出（难溶物、弱电解质和气体均以分子式表示）。

b．将反应式分成两个半反应（即两个独立的电对），一个是氧化反应，另一个是还原反应。

$$Cu_2O \longrightarrow Cu^{2+}、NO_3^- \longrightarrow NO$$

c．加一定数目的电子和介质（酸性条件下：H^+-H_2O；碱性条件下：OH^--H_2O），使半反应两边的原子个数和电荷数相等，这是关键步骤。

$$Cu_2O + 2H^+ \longrightarrow 2Cu^{2+} + H_2O + 2e^- \quad ①$$

$$NO_3^- + 4H^+ \longrightarrow NO + 2H_2O - 3e^- \quad ②$$

d．根据氧化还原反应中得失电子必须相等，将两个半反应乘相应的系数，合并成一个配平的离子方程式。

①×3＋②×2 得 $3Cu_2O + 2NO_3^- + 14H^+ = 6Cu^{2+} + 2NO + 7H_2O$。

（3）离子 - 电子法配平的关键

① 每个半反应两边的电荷数与电子数的代数和相等，原子数相等。

② 正确添加介质：在酸性介质中，去氧加 H^+，添氧加 H_2O；在碱性介质中，去氧加 H_2O，添氧加 OH^-。

③ 根据弱电解质存在的形式，可以判断离子反应是在酸性还是在碱性介质中进行。

当然还有一些其他的配平方法，但氧化数法和离子 - 电子法是最基本的。

（4）有机物的氧化还原反应的配平方法

如 $C_2H_5OH + O_2 \longrightarrow CH_3CHO + H_2O$

从 $C_2H_5OH \longrightarrow CH_3CHO$，右边比左边少两个氢原子，相当于多一个氧原子。可看作氧化数变化为 2，而 $O_2 \longrightarrow H_2O$，氧化数变化为 4。所以配平后的结果为

$2C_2H_5OH + O_2 = 2CH_3CHO + 2H_2O$。

再如 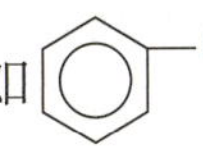 $CH_2CH(CH_3)_2 + KMnO_4 + H_2SO_4 \longrightarrow$  $COOH + (CH_3)_2C{=}O +$ $MnSO_4 + K_2SO_4 + H_2O$

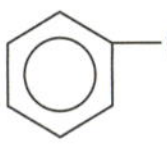 $CH_2CH(CH_3)_2$ 与  $COOH$、$(CH_3)_2C{=}O$ 相比较，前者比后两者少 3 个 O 原子、多两个 H 原子，相当于少 4 个 O 原子，就相当于 8 个电子，而 $Mn^{7+} \xrightarrow{+5e} Mn^{2+}$。所以配平后的结果为 5  $CH_2CH(CH_3)_2 + 8KMnO_4 + 12H_2SO_4 \longrightarrow 5$  $COOH +$ $5(CH_3)_2C{=}O + 8MnSO_4 + 4K_2SO_4 + 17H_2O$

【例 9-1】 配平酸性溶液中的反应：$KMnO_4 + K_2SO_3 \longrightarrow K_2SO_4 + MnSO_4$。

【解析】 具体配平步骤如下。

（1）写出主要反应物和产物的离子式：$MnO_4^- + SO_3^{2-} \longrightarrow Mn^{2+} + SO_4^{2-}$。

（2）分别写出两个半反应中的电对：$MnO_4^- \longrightarrow Mn^{2+}$、$SO_3^{2-} \longrightarrow SO_4^{2-}$。

（3）分别配平两个半反应。这是离子 - 电子法的关键步骤，所以离子 - 电子法也叫半反应法。先根据溶液的酸碱性配平两边各元素的原子。

$$MnO_4^- + 8H^+ \longrightarrow Mn^{2+} + 4H_2O - 5e^- \quad ①$$

$$SO_3^{2-} + H_2O - 2e^- \longrightarrow SO_4^{2-} + 2H^+ \quad ②$$

（4）根据两个半反应得失电子的最小公倍数，将两个半反应分别乘相应的系数后，消去电子，得到配平的离子方程式。①式 × 2 + ②式 × 5 得

$$\begin{array}{l} 2MnO_4^- + 16H^+ + 10e^- = 2Mn^{2+} + 8H_2O \\ +)\ 5SO_3^{2-} + 5H_2O = 5SO_4^{2-} + 10H^+ + 10e^- \\ \hline 2MnO_4^- + 5SO_3^{2-} + 6H^+ = 2Mn^{2+} + 5SO_4^{2-} + 3H_2O \end{array}$$

之后核对等式两边各元素原子个数和电荷数是否相等。

（5）根据题目要求，加入不参与反应的阳离子或阴离子，将离子方程式改写为分子（或化学）方程式。引入的酸根离子以不引入其他杂质，不参与氧化还原反应为原则。此反应中加入的是稀硫酸。最终结果为

$2KMnO_4+5K_2SO_3+3H_2SO_4 = 2MnSO_4+5K_2SO_4+H_2O$。

【例 9-2】 配平：a. $ClO_3^-+As_2S_3 \longrightarrow H_2AsO_4^-+SO_4^{2-}+Cl^-$；

b. $ClO^-+Cr(OH)_4^- \longrightarrow Cl^-+CrO_4^{2-}$。

【解析】 对于反应 a，$ClO_3^-+As_2S_3 \longrightarrow H_2AsO_4^-+SO_4^{2-}+Cl^-$ 的两个半反应分别为

$$ClO_3^-+6H^+ \longrightarrow Cl^-+3H_2O-6e^- \quad ①$$

$$As_2S_3+20H_2O \longrightarrow 2H_2AsO_4^-+3SO_4^{2-}+36H^++28e^- \quad ②$$

①×14 +②×3 得 $14ClO_3^-+3As_2S_3+18H_2O = 14Cl^-+6H_2AsO_4^-+9SO_4^{2-}+24H^+$。

对于反应 b，$ClO^-+Cr(OH)_4^- \longrightarrow Cl^-+CrO_4^{2-}$ 的两个半反应分别为

$$ClO^-+H_2O \longrightarrow Cl^-+2OH^--2e^- \quad ①$$

$$Cr(OH)_4^-+4OH^- \longrightarrow CrO_4^{2-}+4H_2O+3e^- \quad ②$$

①×3 +②×2 得 $3ClO^-+2Cr(OH)_4^-+2OH^- = 3Cl^-+2CrO_4^{2-}+5H_2O$。

二、原电池与电极电势

1. 原电池的组成

（1）原电池的实例

将锌片插入硫酸铜溶液中会自发地发生氧化还原反应：

$Zn(s)+Cu^{2+}(aq) \rightleftharpoons Zn^{2+}(aq)+Cu(s)$；$\Delta_r H_m^\ominus(298\ K)=-281.66\ kJ \cdot mol^{-1}$。

按图 9-1 设计的原电池（丹尼尔电池）能产生电流，其中锌片为负极，发生氧化反应：$Zn(s) \rightleftharpoons Zn^{2+}+2e^-$；铜片为正极，发生还原反应：$Cu^{2+}+2e^- \rightleftharpoons Cu(s)$。

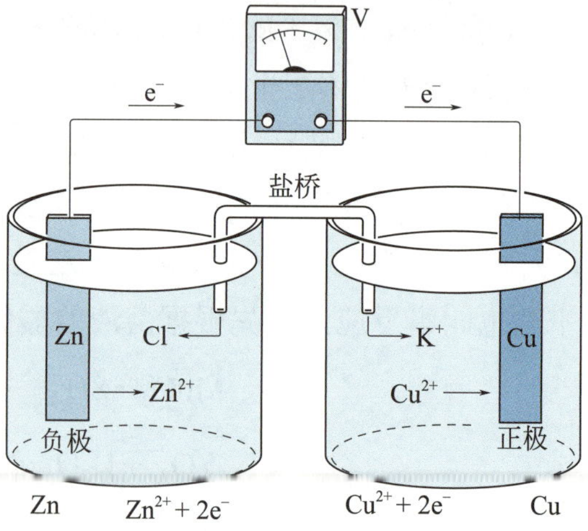

图 9-1　丹尼尔电池

氧化和还原反应分别在两处进行，还原剂失去电子经外电路转移给氧化剂形成了电子的有规则定向流动，产生了电流。这种借助于自发的氧化还原反应产生电流的装置，称为原电池。

（2）电极反应、电池反应和电池符号

在原电池中，两个半电池中发生的反应称为半电池反应或电极反应。总的氧化还原反应叫作电池反应。铜 - 锌原电池的电池反应为 $Zn(s)+Cu^{2+}(aq) \rightleftharpoons Zn^{2+}(aq)+Cu(s)$。

原电池可以用简单的符号表示，称为电池符号（或电池图示）。在电池符号中，将负极写在左边，正极写在右边，用单竖线表示相与相间的界面，用双竖线表示盐桥。例如铜 - 锌原电池的符号为

$$Zn(s) \mid ZnSO_4(c_1) \| CuSO_4(c_2) \mid Cu(s)。$$

有些原电池需要用铂片或石墨作电极。例如实验室的一些电池如下。

$(-)\ Pb \mid PbSO_4 \mid SO_4^{2-}(0.0500\ mol \cdot L^{-1}) \| Cl^-(1.00\ mol \cdot L^{-1}) \mid AgCl \mid Ag\ (+)$

$(-)\ Zn \mid ZnS \mid S^{2-}\ (0.010\ mol \cdot L^{-1}) \| H^+(1.0\ mol \cdot L^{-1}) \mid H_2\ (1.013 \times 10^5\ Pa) \mid Pt\ (+)$

$(-)$ 合金 $\mid C_2H_5OH(l) \mid CO_2(g)+H^+(1.0\ mol \cdot L^{-1}) \| H^+(1.0\ mol \cdot L^{-1}) \mid O_2 \mid Ni\ (+)$

2. 电极电势

（1）电极电势的产生

把任何一种金属片 (M) 插入水中，由于极性很大的水分子与构成晶格的金属离子相吸引而发生水合作用，结果一部分金属离子与金属中的其他金属离子之间的键力减弱，甚至可以离开金属而进入与金属表面接近的水层之中。金属因失去金属离子而带负电荷，溶液因进入了金属离子而带正电荷，这两种相反电荷彼此又相互吸引，以致大多数金属离子聚集在金属片附近的水层中，对金属离子有排斥作用，阻碍金属的继续溶解。当 $v_{溶解}=v_{沉淀}$ 时，达到一种动态平衡，这样在金属与溶液之间，由于电荷的不均等，便产生了电位差。金属不仅浸在纯水中产生电位差，即使浸入含有该金属盐溶液中，也发生相同的作用。由于溶液中已经存在该金属的离子，所以离子从溶液中析出，即沉积到金属上的过程加快，因而使金属在另一电势下建立平衡。如果金属离子很容易进入溶液，则金属在溶液中仍带负电荷，只是比纯水中时所带的负电荷要少，如图 9-2(a) 所示；如果金属离子不易进入溶液，溶液中已经存在的正离子起初向金属沉积速度可能超过正离子由金属进入溶液的速度，因而可使金属带正电荷，如图 9-2(b) 所示。

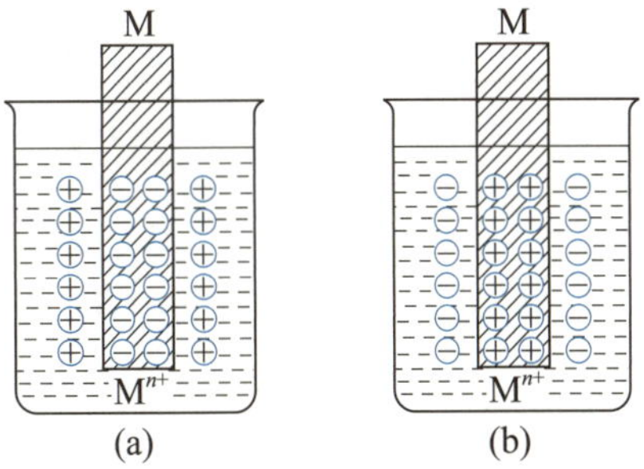

图 9-2　金属的电极电位

（2）电极电势的计算

金属的电极电势 $\varphi=V_{金属}$（金属表面的电

势）$-V_{溶液}$（溶液本身的电势）。

（3）影响金属电极电势的因素：

① 金属的种类。

② 原本存在于溶液中的金属离子浓度。

③ 温度。

3．标准还原电势

（1）标准还原电势的定义

在 25 ℃时，金属同该金属离子浓度为 1 mol · L^{-1} 的溶液接触的电势，称为金属的标准还原电势（实际上用离子活度代替浓度）。若有气体参加的电极反应，该气体的压力为 1.013×10^5 Pa($p^\ominus$)。

（2）标准氢电极

将覆有一层海绵状铂黑的铂片（或镀有铂黑的铂片）置于氢离子浓度（严格地说应为活度 a）为 1 mol · L^{-1} 的硫酸溶液中，然后不断地通入压强为 1.013×10^5 Pa 的纯氢气，使铂黑吸附 H_2 达到饱和，形成一个氢电极（如图 9-3 所示）。在这个电极的周围存在如下平衡：$H_2(p^\ominus) \longrightarrow 2H^+(1.0\ mol \cdot L^{-1}) + 2e^-$。这时产生在标准氢电极和硫酸溶液之间的电势，称为氢的标准电极电势。将它作为电极电势的相对标准，令其为零。即：$\varphi^\ominus(H^+/H_2) = 0.00$ V。在任何温度下都规定标准氢电极的电极电势为零（实际上电极电势同温度有关）。

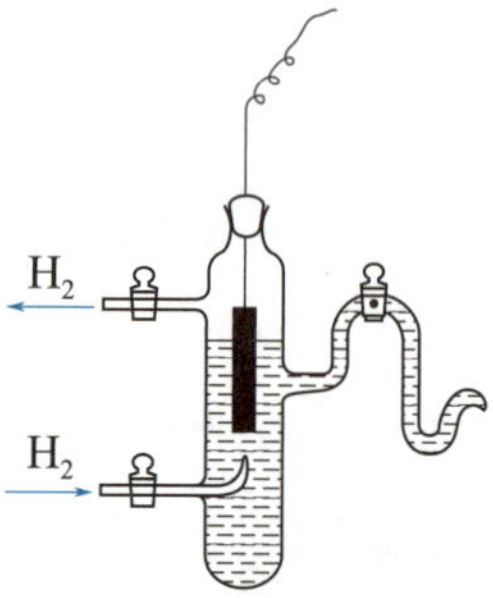

图 9-3　标准氢电极

（3）甘汞电极

实际应用中常常使用甘汞电极作参比电极。甘汞电极的电极反应为 $Hg_2Cl_2(s) + 2e^- \rightleftharpoons 2Hg(l) + 2Cl^-(aq)$。饱和甘汞电极的电极电势为 0.2415 V。

（4）标准还原电势的计算

① 用标准氢电极与其他各种标准状态下的电极组成原电池，测得这些电极与标准氢电极之间的电动势，从而计算各种电极的标准还原电势（又称为标准还原电位）。例如：

锌 - 氢原电池中锌电极反应为 $Zn^{2+} + 2e^- \longrightarrow Zn$

(−) Zn|$ZnSO_4$ (1.0 mol · dm^{-3}) ||H^+(1.0 mol · L^{-1}) | H_2 ($p^\ominus$) | Pt (+)

$E^\ominus_{MF} = \varphi^\ominus(H^+/H_2) - \varphi^\ominus(Zn^{2+}/Zn) = 0.763$ V，所以 $\varphi^\ominus(Zn^{2+}/Zn) = -0.763$ V。

铜 - 氢原电池：(−) Pt|H_2 ($p^\ominus$) |HCl (1 mol · L^{-1}) ||$CuSO_4$ (1 mol · L^{-1})| Cu (+)

$E_{MF}^{\ominus} = \varphi^{\ominus}(Cu^{2+}/Cu) - \varphi^{\ominus}(H^+/H_2) = 0.34\ V$，所以 $\varphi^{\ominus}(Cu^{2+}/Cu) = +0.34\ V$。

这样就可以测得一系列金属的标准还原电位。

② 标准电极电势的几点说明

a．标准电极电位依代数值递增的顺序排列，称为电极电位顺序表，简称电位序。标准电极电位的数值与很多因素有关，特别是 pH，因此，查表时要注意溶液的 pH。pH = 0 时，查酸性介质表；pH = 14 时，查碱性介质表；还有一种生物化学中的电极表是 pH = 7 的电极电位数据。

b．在 $M^{n+} + ne^- \rightleftharpoons M$ 的电极反应中，M^{n+} 为物质的氧化 (Ox) 型，M 为物质的还原 (Red) 型，即 $Ox + ne^- \rightleftharpoons Red$。所以用 Ox / Red 来表示电对，$\varphi^{\ominus}(Ox / Red)$ 称为标准还原电位。

c．$\varphi^{\ominus}$ 的代数值的大小表示电对中氧化型物质得电子能力（或还原型物质失电子能力）的难易，$\varphi^{\ominus}$ 越正，氧化型物质得电子能力越强；$\varphi^{\ominus}$ 越负，还原型物质失电子能力越强。

d．$\varphi^{\ominus}$ 的代数值与半反应的书写无关，即与得失电子数多少无关。例如 $2H^+ + 2e^- \longrightarrow H_2$ 或 $H^+ + e^- \longrightarrow \frac{1}{2}H_2$，其 $\varphi^{\ominus}(H^+/H_2)$ 都是 0.00 V。

【例 9-3】 纳米尺寸的金属簇合物的性质与大颗粒的物质不同。为研究银纳米簇合物的电化学性质，设计了如下原电池（式中右边的半电池的电势较高）：

① Ag(s)|AgCl（饱和溶液）‖Ag^+(aq，c=0.01 mol·L^{-1})|Ag(s)　φ_1=0.170 V

② Pt|Ag_n（s，纳米簇），Ag^+(aq，c=0.01 mol·L^{-1})‖AgCl（饱和溶液）|Ag(s)

(a) 对 Ag_{10} 纳米簇，φ_2 = 0.43 V　　(b) 对 Ag_5 纳米簇，φ_3 = 1.030 V

（1）计算 AgCl 的溶度积。（Ag_5 和 Ag_{10} 纳米簇由银组成，其电势不同于大颗粒银）

（2）计算 Ag_5 和 Ag_{10} 纳米簇的标准电极电势。

（3）为什么银的电极电势与银的颗粒大小有关？

（4）将上列原电池作如下改变，将发生什么变化？

① 使第二个实验中的 Ag_{10} 纳米簇和 Ag_5 纳米簇电池的电解质的 pH = 13。

② 使第二个实验中的 Ag_{10} 纳米簇和 Ag_5 纳米簇电池的电解质的 pH = 5。

③ 使第二个实验中的 Ag_{10} 纳米簇和 Ag_5 纳米簇电池的电解质的组成改为 pH = 7，$c(Cu^{2+})$ = 0.001 mol·L^{-1}，$c(Ag^+)$ = 1·10^{-10} mol·L^{-1}。通过计算说明反应不断进行，将发生什么变化（定性说明）。

已知：$\varphi^{\ominus}(Ag^+/Ag)$ = +0.800 V，$\varphi^{\ominus}(Cu^{2+}/Cu)$ = +0.345 V（T = 298.15 K）。

【解析】(1) 对于（+）：$Ag^+ + e^- \longequal Ag$，$\varphi(Ag^+/Ag) = \varphi^\ominus(Ag^+/Ag) + 0.0592\ lg[Ag^+] = 0.682\ V$；

对 于（−）：$Ag + Cl^- \longequal AgCl + e^-$，$\varphi(Ag^+/Ag) = \varphi^\ominus(Ag^+/Ag) + 0.0592\ lg[K_{sp}(AgCl)]^{1/2} = 0.800 + 0.0296\ lgK_{sp}$。根据 $\varphi_1 = 0.170\ V$ 得 $0.682\ V - (0.800 + 0.0296\ lgK_{sp})\ V = 0.170\ V$，解得 $K_{sp}(AgCl) = 1.81 \times 10^{-10}$。

(2) 结合（1）的计算思路，对于（−）：$10Ag^+ + 10e^- \longequal Ag_{10}$，

$\varphi(Ag^+/Ag_{10}) = \varphi^\ominus(Ag^+/Ag_{10}) + \dfrac{0.0592}{10} lg[Ag^+]^{10} = \varphi^\ominus(Ag^+/Ag_{10}) - 0.118\ V$；

对于（+）：$Ag + Cl^- \longequal AgCl + e^-$，

$\varphi(Ag^+/Ag) = \varphi^\ominus(Ag^+/Ag) + 0.0592\ lg[K_{sp}(AgCl)]^{1/2} = 0.800\ V + 0.0296\ lg(1.81 \times 10^{-10})V = 0.512\ V$。

对 Ag_{10} 纳米簇，$\varphi_2 = 0.43\ V$，即 $0.512\ V - [\varphi^\ominus(Ag^+/Ag_{10}) - 0.118\ V] = 0.43\ V$，解得 $\varphi^\ominus(Ag^+/Ag_{10}) = +0.200\ V$，同理可得 $\varphi^\ominus(Ag^+/Ag_5) = -0.400\ V$。

(3) 因为原子化能直接影响 $\varphi^\ominus$ 的大小，对于 $Ag_n(s) \longrightarrow nAg(s)$ 而言，n 越小，即颗粒越小，需要的原子化能越小，所以 $\varphi^\ominus$ 越小，即 $\varphi^\ominus(Ag^+/Ag_5) < \varphi^\ominus(Ag^+/Ag_{10}) < \varphi^\ominus(Ag^+/Ag)$。

(4) ① Ag_{10}、Ag_5 都不能溶于 $pH = 13$ 的溶液中，即无反应发生。

从定量来看，在 Ag_{10} 中 $[Ag^+] = 4.12 \times 10^{-17}\ mol \cdot L^{-1}$。对于 Ag_5 而言，$[Ag^+]$ 可达 $5.62 \times 10^{-7}\ mol \cdot L^{-1}$，由于 $5.62 \times 10^{-7} \times 10^{-1} > 2.0 \times 10^{-8} = K_{sp}(AgOH)$，所以对于 Ag_5 电极而言，有少量 AgOH 沉淀，$[Ag^+] = 2 \times 10^{-7}\ mol \cdot L^{-1}$。

② $Ag_5 + 5H^+ \longequal 5Ag^+ + \dfrac{5}{2}H_2\uparrow$，而 Ag_{10} 不与 $pH = 5$ 的溶液反应，定量来看，对于 Ag_{10}，$[Ag^+] = 4.18 \times 10^{-9}\ mol \cdot L^{-1}$。

③ 首先 Ag_5 与 Cu^{2+} 反应：$2Ag_5 + 5Cu^{2+} \longequal 10Ag^+ + 5Cu$，

然后 Ag_{10} 与 Cu^{2+} 反应：$Ag_{10} + 5Cu^{2+} \longequal 10Ag^+ + 5Cu$，

当纳米银溶解后，$[Ag^+]$ 增大，$[Cu^{2+}]$ 减小，则 $\varphi^\ominus(Ag^+/Ag) > \varphi^\ominus(Cu^{2+}/Cu)$，则又会发生 $2Ag^+ + Cu \longequal Ag(s)$（块状）$+ Cu$。

三、电极电势的应用

1．电池电动势（ε）与电池化学反应的自由能变化（$\Delta_r G_m$）之间的关系

原电池的两极用导线连接时有电流通过，说明两极之间存在着电势差。用电位计测定正极与负极间的电势差，用 E_{MF} 表示原电池的电动势，其值等于正极的电极电势与负极的电极电势之差：$E_{MF} = E_{(+)} - E_{(-)}$；当原电池中的各物

质均处于标准态时，测得的原电池的电动势称为标准电动势，用 $E^{\ominus}_{MF}$ 表示：$E^{\ominus}_{MF}=E^{\ominus}_{(+)}-E^{\ominus}_{(-)}$。

在等温、等压条件下，电池的化学反应的 $(\Delta_r G_m)_{T,p}$ 只做电功时：

$(\Delta_r G_m)_{T,p}=-W_{ele}=-N$（电功率）$\times t$（时间）$=-IVt=-QV$，

$V=E_{MF}$，$Q=nF$，所以 $(\Delta_r G_m)_{T,p}=-nFE_{MF}$

在标准状况下：$\Delta_r G^{\ominus}_m=-nFE^{\ominus}_{MF}$

【例 9-4】 对于反应：$2Br^-(aq)+F_2(g) \longrightarrow Br_2(l)+2F^-(aq)$，计算标准自由能变化 $\Delta_r G^{\ominus}_m$。

【解析】 查表得，$\varphi^{\ominus}[F_2(g)/F^-]=+2.87\ V$，$\varphi^{\ominus}[Br_2(l)/Br^-]=+1.06\ V$，

所以 $E^{\ominus}_{MF}=\varphi^{\ominus}[F_2(g)/F^-]-\varphi^{\ominus}[Br_2(l)/Br^-]=2.87\ V-1.06\ V=1.81\ V$。

所以 $\Delta_r G^{\ominus}_m=-nFE^{\ominus}_{MF}=-2\times96500\times1.81\ J\cdot mol^{-1}=-3.49\times10^5\ J\cdot mol^{-1}=-349\ kJ\cdot mol^{-1}$。

2．能斯特（Nernst）方程式及其应用

（1）电极反应的 Nernst 方程式

对于电极反应：氧化型 $+ze^- \rightleftharpoons$ 还原型，

标准状态时 $\Delta_r G^{\ominus}_m(T)=-zFE^{\ominus}$，非标准状态时 $\Delta_r G_m(T)=-zFE$，

代入等温方程式得 $\Delta_r G_m(T)=\Delta_r G^{\ominus}_m(T)+RT\ln Q$（$Q$ 为电极反应的反应商）

即 $-zFE=-zFE^{\ominus}+RT\ln Q$

化简得 $E=E^{\ominus}-RT\ln Q/zF$，即 $E=E^{\ominus}-\dfrac{RT}{zF}\ln\dfrac{c(\text{还原型})}{c(\text{氧化型})}=E^{\ominus}+\dfrac{RT}{zF}\ln\dfrac{c(\text{氧化型})}{c(\text{还原型})}$

298.15 K 时：$E(298.15\ K)=E^{\ominus}(298.15\ K)+\dfrac{0.0592}{z}\lg\dfrac{c(\text{氧化型})}{c(\text{还原型})}$。

利用此式，可以计算 298.15 K 时非标准态时的电极电势。应该注意，z 为电极反应转移电子数。c(氧化型) 包括电极反应中氧化型一侧各物种的浓度幂，c(还原型) 包括电极反应中还原型一侧各物种的浓度幂。由电极反应的 Nernst 方程式可以看出：c(氧化型) 增大，电极电势升高；c(还原型) 增大，电极电势降低。

（2）沉淀和配合物的影响

生成沉淀或配合物对电极电势将会产生很大的影响。在电极反应中，加入沉淀试剂或配位试剂时，由于生成沉淀或配合物，会使离子的浓度改变，结果导致电极电势发生变化。

【例 9-5】 查表可得 298.15 K 时，$E^{\ominus}(Ag^+/Ag)=0.799\ V$。若加入 NaCl，查表得 $K^{\ominus}_{sp}(AgCl)=1.8\times10^{-10}$，当溶液中 $c(Cl^-)=1.0\ mol\cdot L^{-1}$ 时，Ag^+/Ag 电对的电极电位变成了多少？

【解析】 Ag^+/Ag 电对的电极反应为 $Ag^+(aq)+e^- \rightleftharpoons Ag(s)$，其 Nernst 方程为

$$E(Ag^+/Ag)=E^\ominus(Ag^+/Ag)+0.0592\ \ln[c(Ag^+)/c^\ominus]$$

若加入 NaCl，生成 AgCl 沉淀。$K_{sp}^\ominus(AgCl)=1.8\times10^{-10}$，$c(Ag^+)/c^\ominus=K_{sp}^\ominus(AgCl)/[c(Cl^-)/c^\ominus]$，

代入上述 Nernst 方程：$E(Ag^+/Ag)=E^\ominus(Ag^+/Ag)+0.0592\ \lg\dfrac{K_{sp}^\ominus}{c(Cl^-)/c^\ominus}$

$=[0.799+\ 0.0592\ \lg(1.8\times10^{-10})]V=0.222\ V$。

由此可见，当氧化型生成沉淀时，使氧化型离子浓度减小，电极电势会降低。当还原型生成沉淀时，由于还原型离子浓度减小，电极电势将升高。当氧化型和还原型都生成沉淀时，若 $K_{sp}^\ominus$（氧化型）$<K_{sp}^\ominus$（还原型），则电极电势降低。反之，则电极电势升高。

需要提醒读者的是，这里计算所得 $E(Ag^+/Ag)$ 值，实际上是电对 AgCl/Ag 的标准电极电势，因为当 $c(Cl^-)=1.0\ mol\cdot L^{-1}$ 时，电极反应：$AgCl(s)+e^- \rightleftharpoons Ag(s)+Cl^-(aq)$ 正好处于标准状态。由此可以得出下列关系式：$E^\ominus(AgCl/Ag)=E^\ominus(Ag^+/Ag)+0.0592\ \lg[K_{sp}^\ominus(AgCl)]$。

【例 9-6】 查表可得 298.15 K 时，$E^\ominus(Cu^{2+}/Cu)=+0.340\ V$，若加入过量氨水时，生成 $[Cu(NH_3)_4]^{2+}$，查表得 $K_{稳}^\ominus[(Cu(NH_3)_4^{2+}]=2.30\times10^{12}$，当 $c[(Cu(NH_3)_4^{2+}]=c(NH_3)=1.0\ mol\cdot L^{-1}$ 时，Cu^{2+}/Cu 电对的电极电势变成了多少？

【解析】 Cu^{2+}/Cu 电对的电极反应为 $Cu^{2+}(aq)+2e^- \rightleftharpoons Cu(s)$，$E^\ominus(Cu^{2+}/Cu)=+0.340V$，若加入过量氨水时，生成 $[Cu(NH_3)_4]^{2+}$，当 $c[Cu(NH_3)_4^{2+}]=c(NH_3)=1.0\ mol\cdot L^{-1}$ 时，根据反应 $Cu^{2+}(aq)+4NH_3(aq) \rightleftharpoons Cu(NH_3)_4^{2+}$，可得 $c(Cu^{2+})/c^\ominus=\dfrac{c[Cu(NH_3)_4^{2+}]/c^\ominus}{[c(NH_3)/c^\ominus]^4\times K_{稳}^\ominus[Cu(NH_3)_4^{2+}]}=\dfrac{1}{K_{稳}^\ominus[Cu(NH_3)_4^{2+}]}$，代入 Nernst 方程得 $E(Cu^{2+}/Cu)=E^\ominus(Cu^{2+}/Cu)+\dfrac{0.0592}{z}\times\lg\dfrac{1}{K_{稳}^\ominus[Cu(NH_3)_4^{2+}]}$

$$=0.340\ V+\frac{0.0592\ V}{2}\lg\frac{1}{2.30\times10^{12}}=-0.392\ V。$$

同上例，此时求得的电极电势实际上就是 $E^\ominus[Cu(NH_3)_4{}^{2+}/Cu]=-0.392\ V$。

当电对的氧化型生成配合物时，使氧化型离子的浓度减小，则电极电势降低。当电对的还原型生成配合物时，使还原型离子的浓度减小，则电极电势升高。当氧化型和还原型都生成配合物时，若 $K_{稳}^\ominus$[氧化型]$>K_{稳}^\ominus$[还原型]，则电极电势降低；反之，则电极电势升高。

【例 9-7】 289 K 时，在 Fe^{3+}、Fe^{2+} 的混合溶液中加入 NaOH 溶液时，有

$Fe(OH)_3$、$Fe(OH)_2$ 沉淀生成（假设无其他反应发生）。当沉淀反应达到平衡时，保持 $c(OH^-)=1.0\ mol\cdot L^{-1}$。求 $E(Fe^{3+}/Fe^{2+})$ 为多少。

【解析】 $Fe^{3+}(aq)+e^- \rightleftharpoons Fe^{2+}(aq)$

在 Fe^{3+}、Fe^{2+} 混合溶液中，加入 NaOH 溶液后，发生如下反应：

$$Fe^{3+}(aq)+3OH^-(aq) \rightleftharpoons Fe(OH)_3(s) \qquad ①$$

$$K_1^\ominus=\frac{1}{K_{sp}^\ominus[Fe(OH)_3]}=\frac{1}{[c(Fe^{3+})/c^\ominus][c(OH^-)/c^\ominus]^3};$$

$$Fe^{2+}(aq)+2OH^-(aq) \rightleftharpoons Fe(OH)_2(s) \qquad ②$$

$$K_2^\ominus=\frac{1}{K_{sp}^\ominus[Fe(OH)_2]}=\frac{1}{[c(Fe^{2+})/c^\ominus][c(OH^-)/c^\ominus]^2}。$$

平衡时，$c(OH^-)=1.0\ mol\cdot L^{-1}$，则：

$$\frac{c(Fe^{3+})}{c^\ominus}=\frac{K_{sp}^\ominus[Fe(OH)_3]}{[c(OH^-)/c^\ominus]^3}=K_{sp}^\ominus[Fe(OH)_3],\quad \frac{c(Fe^{2+})}{c^\ominus}=\frac{K_{sp}^\ominus[Fe(OH)_2]}{[c(OH^-)/c^\ominus]^2}=K_{sp}^\ominus[Fe(OH)_2],$$

所以 $E(Fe^{3+}/Fe^{2+})=E^\ominus(Fe^{3+}/Fe^{2+})+\frac{0.0592}{z}\times\lg\frac{[c(Fe^{3+})/c^\ominus]}{[c(Fe^{2+})/c^\ominus]}=E^\ominus(Fe^{3+}/Fe^{2+})+$ $\frac{0.0592}{z}\times\lg\frac{K_{sp}^\ominus[Fe(OH)_3]}{K_{sp}^\ominus[Fe(OH)_2]}=0.769\ V+\frac{0.0592\ V}{1}\times\lg\frac{2.8\times10^{-39}}{4.86\times10^{-17}}=-0.55\ V$。

根据此例，可以得出如下结论：如果电对的氧化型生成难溶化合物，使 c(氧化型)变小，则电极电势降低。如果还原型生成难溶化合物，使 c(还原型)变小，则电极电势升高。当氧化型和还原型同时生成沉淀时，若 $K_{sp}^\ominus$(氧化型)$<K_{sp}^\ominus$(还原型)，则电极电势降低；反之，则升高。

3．利用原电池测定各种平衡常数

（1）测定难溶物的 K_{sp}

【例 9-8】 已知 $Ag_2S+2e^-\longrightarrow 2Ag+S^{2-}$ 的 $\varphi^\ominus$ 为 −0.69 V，试计算 Ag_2S 的 $K_{sp}^\ominus$。

【解析】 查表得 $\varphi^\ominus(Ag^+/Ag)=+0.799\ V$，$\varphi^\ominus(Ag_2S/Ag)=-0.69\ V$，显然

$\varphi^\ominus(Ag_2S/Ag)=\varphi(Ag^+/Ag)=\varphi^\ominus(Ag^+/Ag)+0.0592\lg[Ag^+]$

对于 $\varphi^\ominus(Ag_2S/Ag)$ 而言，$[S^{2-}]=1\ mol\cdot L^{-1}$，$K_{sp}^\ominus=[Ag^+]^2[S^{2-}]$，则

$[Ag^+]=\sqrt{K_{sp}^\ominus}$，$\varphi^\ominus(Ag_2S/Ag)=\varphi^\ominus(Ag^+/Ag)+0.0592\lg\sqrt{K_{sp}^\ominus}$，

$$\lg K_{sp}^{\ominus}=\frac{2}{0.0592}\times[\varphi^{\ominus}(Ag_2S/Ag)-\varphi^{\ominus}(Ag^+/Ag)]=\frac{2}{0.0592}\times(-0.69-0.799)，K_{sp}^{\ominus}=4.97\times10^{-51}$$。

（2）测定 K_a

【例 9-9】有一原电池：(−) Pt | H_2 ($p^{\ominus}$) | HA (0.5 mol · L^{-1}) ‖ NaCl (1.0 mol · L^{-1}) | AgCl(s) | Ag (+)，若该电池电动势为 +0.568 V，求此一元酸 HA 的电离常数 K_a。

【解析】$\varphi^{\ominus}(AgCl/Ag)=\varphi^{\ominus}(Ag^+/Ag)+0.05921\lg[Ag^+]=\varphi^{\ominus}(Ag^+/Ag)+0.05921\lg K_{sp}(AgCl)$

$=[+0.799+0.05921\lg(1.6\times10^{-10})]V=+0.219\ V$，

$\varphi(H^+/H_2)=\varphi^{\ominus}(H^+/H_2)+0.05921\lg[c(H^+)/p^{1/2}(H_2)]$。

因为 $p(H_2)$ 为标准大气压，

所以 $\varphi(H^+/H_2)=0.00+0.0592\lg[H^+]=0.0592\lg[H^+]$，

$\varepsilon=\varphi_+-\varphi_-=\{+0.219-0.0591\lg[H^+]\}V=0.568\ V$，

所以 $[H^+]=1.27\times10^{-6}\ mol\cdot L^{-1}$，

所以 $K_a=\frac{[H^+][A^-]}{[HA]}=\frac{[H^+]^2}{[HA]}=\frac{(1.27\times10^{-6})^2}{0.5-1.27\times10^{-6}}=3.23\times10^{-12}$。

4. 电极电势的其他应用

（1）判断氧化剂、还原剂的相对强弱

根据标准电极电势的大小，可以判断氧化剂、还原剂的相对强弱。E 愈大，电对中氧化型的氧化能力愈强；E 愈小，电对中还原型的还原能力愈强。

（2）判断氧化还原反应的方向

化学反应自发进行方向的判据是 Δ_rG_m。对于氧化还原反应而言，由于 $\Delta_rG_m=-nFE_{MF}$，所以可以用 E_{MF} 代替 Δ_rG_m 判断反应的方向。

$E_{MF}>0$，反应正向进行，$\Delta_rG_m<0$；

$E_{MF}<0$，反应逆向进行，$\Delta_rG_m>0$；

$E_{MF}=0$，反应处于平衡状态，$\Delta_rG_m=0$。

又由于 $E_{MF}=E_{(+)}-E_{(-)}=E$(氧化剂)$-E$(还原剂)，若使 $E>0$，则必须 $E_{(+)}>E_{(-)}$，即氧化剂电对的电极电势高于还原剂电对的电极电势。E 大的电对的氧化型作氧化剂，E 小的电对的还原型作还原剂，两者的反应自发地进行。氧化还原反应的方向可以表示为：

强氧化型 (1) + 强还原型 (2) ═══ 弱还原型 (1) + 弱氧化型 (2)

$E_{MF}^{\ominus}>0.2\ V$，反应正向进行；

$E_{MF}^{\ominus}<-0.2\ V$，反应逆向进行；

若 $-0.2\ V < E^{\ominus}_{MF} < 0.2\ V$，因为浓度的影响，反应可能正向进行也可能逆向进行，所以必须计算出该情况下 E_{MF} 的数值，用以判断某时刻反应的方向。

（3）确定氧化还原反应的限度

氧化还原反应的限度即为平衡状态，可以用其标准平衡常数来表明。氧化还原反应的标准平衡常数与标准电池电动势有关，即与相关的电对的标准电极电势有关。根据 $\Delta_r G^{\ominus}_m = -RT\ln K^{\ominus}$ 和 $\Delta_r G^{\ominus}_m = -zF\ E^{\ominus}$ 可得 $\ln K^{\ominus} = zFE^{\ominus}/RT$，298.15 K 时：$\lg K^{\ominus} = zE^{\ominus}/0.0592$。很明显，通过 $E^{\ominus}$ 代入上式即可计算氧化还原反应的标准平衡常数。$K^{\ominus}$ 愈大，反应正向进行的程度愈大。

【例如】试估计反应：$Zn(s) + Cu^{2+}(aq) \rightleftharpoons Zn^{2+}(aq) + Cu(s)$ 在 298 K 下进行的限度。

$E^{\ominus}_{AF} = E^{\ominus}(Cu^{2+}/Cu) - E^{\ominus}_{MF} = E^{\ominus}(Cu^{2+}/Cu) - E^{\ominus}(Zn^{2+}/Zn) = 0.3394\ V - (-0.7621\ V) = 1.1015\ V$，

$\lg K^{\ominus} = zE^{\ominus}_{MF}/0.0592 = 2 \times 1.1015/0.0592 = 37.2128$，$K^{\ominus} = 1.63 \times 10^{37}$。

$K^{\ominus}$ 值很大，说明反应正向进行得很完全。

【例 9-10】用电位测定法以 $0.1\ mol \cdot L^{-1}\ AgNO_3$ 溶液滴定含有 $Na_2C_2O_4$ 和 NaI 的混合物样品，以银电极为指示电极，加入 10 mL $AgNO_3$ 溶液后，达第一终点；加入 20 mL $AgNO_3$ 溶液后。达第二终点。然后，再取一份与第一份完全相同的混合物样品，向其中加入 $8 \times 10^{-2}\ mol \cdot L^{-1}\ KMnO_4$ 溶液 10 mL，$0.66\ mol \cdot L^{-1}\ H_2SO_4$ 10 mL，稀释至 100 mL，插入铂电极和饱和甘汞电极(SCE)。

（1）计算在两个终点处银电极的电极电位。

（2）计算由铂电极和饱和甘汞电极组成的电池的电动势。

[已知 $Ag_2C_2O_4$、AgI 的溶度积 K_{sp} 分别为 10^{-11}、10^{-16}；电极的标准电位：$E^{\ominus}(Ag^+/Ag) = 0.799\ V$，$E^{\ominus}(MnO_4^-/Mn^{2+}) = 1.51\ V$，$E_{SCE} = 0.248\ V$。]

【解析】沉淀 I^- 和 $C_2O_4^{2-}$ 所需 Ag^+ 少的为第一终点。加入 $KMnO_4$ 和 H_2SO_4 后用反应后剩余的 MnO_4^- 和 H^+ 浓度计算电极电位。

（1）第一终点对应于碘化物被沉淀：

$[Ag^+] = [I^-] = \sqrt{K_{sp}(AgI)} = \sqrt{10^{-16}}\ mol \cdot L^{-1} = 10^{-8}\ mol \cdot L^{-1}$。

根据能斯特方程：$E = E^{\ominus}(Ag^+/Ag) + 0.0592\lg[Ag^+] = 0.799\ V + 0.0592\ V \times \lg 10^{-8} = 0.327\ V$。

第二终点对应于 $C_2O_4^{2-}$ 被沉淀：$Ag_2C_2O_4 \rightleftharpoons 2Ag^+ + C_2O_4^{2-}$，

设 $[C_2O_4^{2-}] = x$，则 $[Ag^+] = 2x$，

$K_{sp}(Ag_2C_2O_4)=[Ag^+]^2[C_2O_4^{2-}]=(2x)^2\cdot x=10^{-11}$，$x=\left(\frac{10^{-11}}{4}\right)^{\frac{1}{3}}$ mol·L^{-1}=1.357×10^{-4} mol·L^{-1}，

$[Ag^+]=2x=2.714\times10^{-4}$ mol·L^{-1}。

$E=E^{\ominus}(Ag^+/Ag)+0.0591\lg[Ag^+]=0.799\text{ V}+0.0519\text{ V}\times\lg(2.714\times10^{-4})=0.589\text{ V}$。

（2）混合溶液未反应前：

$n(I^-)=0.1\times10\times10^{-3}$ mol=10^{-3} mol，

$n(C_2O_4^{2-})=\frac{1}{2}\times(0.1\times10\times10^{-3})$ mol=5×10^{-4} mol，

$n(MnO_4^-)=8\times10^{-2}\times10\times10^{-3}$ mol=8×10^{-4} mol，

$n(H^+)=0.66\times2\times10\times10^{-3}$ mol=1.32×10^{-2} mol。

$$5I^-+MnO_4^-+8H^+ = \frac{5}{2}I_2+Mn^{2+}+4H_2O$$

此反应中 10^{-3} mol I^- 需消耗 2×10^{-4} mol MnO_4^- 和 1.6×10^{-3} mol H^+，有 2×10^{-4} mol Mn^{2+} 生成。

$$5C_2O_4^{2-}+2MnO_4^-+16H^+ = 10CO_2+2Mn^{2+}+8H_2O$$

此反应中 5×10^{-4} mol $C_2O_4^{2-}$ 需消耗 2×10^{-4} mol MnO_4^- 和 1.6×10^{-3} mol H^+，有 2×10^{-4} mol Mn^{2+} 生成。

以上两反应共消耗 4×10^{-4} mol MnO_4^- 和 3.2×10^{-3} mol H^+，共有 4×10^{-4} mol Mn^{2+} 生成，因此反应后剩余的 MnO_4^- 的物质的量为 8×10^{-4} mol−4×10^{-4} mol=4×10^{-4} mol，剩余 H^+ 的物质的量为 1.32×10^{-2} mol−3.2×10^{-3} mol=1×10^{-2} mol。

反应完成后：

$[MnO_4^-]=[Mn^{2+}]=\frac{4\times10^{-4}}{100\times10^{-3}}$ mol·L^{-1}=4×10^{-3} mol·L^{-1}，

$[H^+]=\frac{1\times10^{-2}}{100\times10^{-3}}$ mol·L^{-1}=0.1 mol·L^{-1}，

$E=E^{\ominus}(MnO_4^-/Mn^{2+})+\frac{0.0591}{5}\lg(0.1^8)=1.416\text{ V}$，

$E_{MF}=E-E_{SCE}=1.416\text{ V}-0.248\text{ V}=1.168\text{ V}$。

【例 9-11】 判断 H_2O_2 与 Fe^{2+} 混合时能否发生氧化还原反应？若能反应，写出反应的产物。

【解析】 H_2O_2 与 Fe^{2+} 在一定条件下都是既可作氧化剂，又可作还原剂的物质。本题可分别从它们作氧化剂或作还原剂的 $E^{\ominus}$ 分析，便可得出结论。

H_2O_2 作为还原剂时，$H_2O_2-2e^- = 2H^++O_2$；

H_2O_2 作为氧化剂时，$H_2O_2 + 2H^+ + 2e^- \longrightarrow 2H_2O$；

Fe^{2+} 亦可做还原剂，本身变为 Fe^{3+}，也可作氧化剂，本身变为 Fe。

假定 H_2O_2 作还原剂，Fe^{2+} 作氧化剂，应按下式进行反应：

$$H_2O_2 + Fe^{2+} \longrightarrow Fe + 2H^+ + O_2$$

从 $E^\ominus$ 值分析：

$2H^+ + O_2 + 2e^- \rightleftharpoons H_2O_2$　　$E^\ominus(O_2/H_2O_2) = +0.682\ V$

$Fe^{2+} + 2e^- \rightleftharpoons Fe$　　$E^\ominus(Fe^{2+}/Fe) = -0.44\ V$

显然 $E^\ominus$(氧)<$E^\ominus$(还)，上述反应不能进行。

再假定 H_2O_2 作氧化剂，Fe^{2+} 作还原剂，反应按下式进行：

$$2Fe^{2+} + H_2O_2 + 2H^+ \longrightarrow Fe^{3+} + 2H_2O$$

$Fe^{3+} + e^- \rightleftharpoons Fe^{2+}$　　$E^\ominus(Fe^{3+}/Fe^{2+}) = +0.771\ V$

$2H^+ + H_2O_2 + 2\ e^- \rightleftharpoons 2H_2O$　　$E^\ominus(H_2O_2/H_2O) = +1.77\ V$

显然 $E^\ominus$(氧)>$E^\ominus$(还)，上述反应能自发进行。反应物是 Fe^{3+} 和 H_2O。

【例 9-12】 已知反应：$AsO_4^{3-} + I^- \longrightarrow AsO_3^{3-} + I_2 + H_2O$（未配平），现设计成如图的实验装置，进行下述操作：

Ⅰ. 向 B 烧杯中逐滴加入浓盐酸发现检流计指针偏转；

Ⅱ. 若改向 B 烧杯中滴加 40%NaOH 溶液，发现检流计指针向相反的方向偏转。

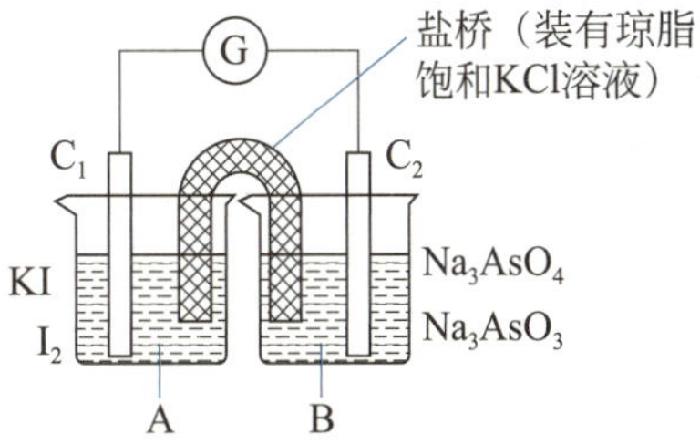

试回答下列问题：

（1）两次操作过程中指针为什么会发生偏转？________________。

（2）两次操作过程中指针偏转方向为什么相反？试用化学平衡移动的原理加以解释________________。

（3）Ⅰ 操作中 C_1 上发生的反应为________________，C_2 上发生的反应为________________。

（4）Ⅱ 操作中 C_1 上发生的反应为________________，C_2 上发生的反应为________________。

【解析】（1）指针发生偏转表示有电流通过，说明形成了原电池，将化学能转化为电能。

（2）在原电池中检流计指针向负极一边偏转，两种操作指针偏转方向相反，说明总反应是一个可逆反应。加 HCl 与加 NaOH 时，发生的反应刚好相反即为可逆反应。从题给反应来看，加盐酸时，增大反应物 H^+ 浓度，平衡向正反应方向移动；加氢氧化钠时中和 H^+，减小反应物 H^+ 的浓度，平衡向逆反应方向移动，两种操作刚好使得电子转移方向相反，故检流计的指针偏转方向相反。

（3）加盐酸时，总反应向右进行，故 C_1 上 I^- 失电子生成 I_2，C_2 上 AsO_4^{3-} 得电子生成 AsO_3^{3-}。即 C_1：$2I^- - 2e^- = I_2$；C_2：$AsO_4^{3-} + 2e^- + 2H^+ = AsO_3^{3-} + H_2O$。

（4）加氢氧化钠时，总反应向左进行，故 I_2 得电子生成 I^-，AsO_3^{3-} 失电子生成 AsO_4^{3-}。即 C_1：$I_2 + 2e^- = 2I^-$；C_2：$AsO_3^{3-} - 2e^- + H_2O = AsO_4^{3-} + 2H^+$。

四、元素电势图、还原电位 -pH 图及其应用

1．元素电势图

许多元素具有多种氧化值，不同氧化值的物种可以组成电对。将某种元素不同氧化值的物种从左到右按氧化值由高到低的顺序排成一行，每两个物种间用直线连接表示一个电对，并在直线上标明此电对的标准电极电势的数值。这种图称为元素电势图，又叫拉提默 (Latimer) 图。例如酸性溶液中氧元素的电势图如下：

$$E_A^\ominus/V \qquad O_2 \xrightarrow{0.6945} H_2O_2 \xrightarrow{1.763} H_2O$$
$$(O_2 \text{ — } H_2O: 1.229)$$

碱性溶液中氧的元素电势图为

$$E_A^\ominus/V \qquad O_2 \xrightarrow{0.6945} HO_2^- \xrightarrow{1.763} OH^-$$
$$(O_2 \text{ — } OH^-: 1.229)$$

2．元素电势图的应用

（1）判断氧化还原反应能否发生

某元素中间氧化值的物种发生自身氧化还原反应，生成高氧化值物种和低氧化值物种，这样的反应叫歧化反应。例如 $2H_2O_2 \rightleftharpoons 2H_2O + O_2$；相反，由同一元素的高氧化值物种和低氧化值物种生成中间氧化值物种的反应叫归中反应（又叫反歧化反应）。例如 $Hg^{2+} + Hg \rightleftharpoons Hg_2^{2+}$；在标准状态下，歧化反应能否发生可用元素电势图来判断。

【例 9-13】根据铜元素在酸性溶液中的有关电对的标准电极电势，画出它的电势图，并推测在酸性溶液中 Cu^+ 能否发生歧化反应。

【解析】在酸性溶液中，铜元素的电势图为$Cu^{2+} \xrightarrow{0.1607\ V} Cu^+ \xrightarrow{0.5180\ V} Cu$，

铜的电势图所对应的电极反应为

$$Cu^{2+}(aq) + e^- \rightleftharpoons Cu^+(aq) \qquad E^\ominus = 0.1607\ V \qquad ①$$

$$Cu^{+}(aq)+e^{-} \rightleftharpoons Cu(s) \qquad E^{\ominus}=0.5180\ V \qquad ②$$

由此可得 $2Cu^{+}(aq) \rightleftharpoons Cu^{2+}(aq)+Cu(s)$ ③

$E^{\ominus}_{MF}=E^{\ominus}(Cu^{+}/Cu)-E^{\ominus}(Cu^{2+}/Cu)=0.5180\ V-0.1607\ V=0.3573\ V$。

$E^{\ominus}_{MF}>0$，反应③能从左向右进行，说明 Cu^{+} 在酸性溶液中不稳定，能够发生歧化反应。

推广到一般情况，如某元素的电势图如下：$A \xrightarrow{E^{\ominus}_{左}} B \xrightarrow{E^{\ominus}_{右}} C$，

如果 $E^{\ominus}_{右}>E^{\ominus}_{左}$，即 $E^{\ominus}(B/C)>E^{\ominus}(A/B)$，则较强的氧化剂和较强的还原剂都是 B，所以 B 会发生歧化反应。相反，如果 $E^{\ominus}_{右}<E^{\ominus}_{左}$，则标准状态下 B 不会发生歧化反应，而是 A 与 C 发生归中反应生成 B。

（2）计算某些未知的标准电极电势

在一些元素电势图上，常常不是标出所有电对的标准电极电势，但是利用已经给出的某些电对的标准电极电势可以很简便地计算出某些电对的未知标准电极电势。如果某元素的电势图为

$$\underbrace{A \xrightarrow[z_1]{E^{\ominus}_1} B \xrightarrow[z_2]{E^{\ominus}_2} C \xrightarrow[z_3]{E^{\ominus}_3} D}_{E^{\ominus}_x\ (z_x)}$$

相应的各电极反应及 $\Delta_r G^{\ominus}_m$ 与 $E^{\ominus}$ 的关系为：

$A+z_1e^{-} \rightleftharpoons B \qquad \Delta_r G^{\ominus}_m(1)=-z_1FE^{\ominus}_1$

$B+z_2e^{-} \rightleftharpoons C \qquad \Delta_r G^{\ominus}_m(2)=-z_2FE^{\ominus}_2$

$C+z_3e^{-} \rightleftharpoons D \qquad \Delta_r G^{\ominus}_m(3)=-z_3FE^{\ominus}_3$

由于 $\Delta_r G^{\ominus}_m(x)=\Delta_r G^{\ominus}_m(1)+\Delta_r G^{\ominus}_m(2)+\Delta_r G^{\ominus}_m(3)$，

即 $-z_xFE^{\ominus}_x=-z_1FE^{\ominus}_1-z_2FE^{\ominus}_2-z_3FE^{\ominus}_3$，

所以 $E^{\ominus}_x=(z_1E^{\ominus}_1+z_2E^{\ominus}_2+z_3E^{\ominus}_3)/z_x$；根据此式，可以由元素电势图上的相关 $E^{\ominus}$ 数据计算出所需要的未知标准电极电势。应该注意，这里 $z_x=z_1+z_2+z_3$。

【例 9-14】在碱性溶液中，溴的电势图如下：

$$BrO_3^{-} \xrightarrow{0.54V} \underbrace{BrO^{-} \xrightarrow{0.45V} 1/2Br_2 \xrightarrow{1.07V} Br^{-}}_{0.76V}$$

请问哪些离子能发生歧化反应？并写出有关的电极反应和歧化反应的离子反应方程式。

【解析】从电势图可看出 Br_2 能歧化为 Br^{-} 与 BrO^{-}：$Br_2+2OH^{-} = Br^{-}+BrO^{-}+H_2O$；$Br_2$ 作氧化剂的电极反应：$Br_2+2e^{-} = 2Br^{-}$；Br_2 作还原剂的电

极反应：$Br_2 + 4OH^- =\!=\!= 2BrO^- + 2H_2O + 2e^-$；

Br_2 歧化为 Br^- 与 BrO_3^-：$3Br_2 + 6OH^- =\!=\!= 5Br^- + BrO_3^- + 3H_2O$；$Br_2$ 作氧化剂的电极反应：$Br_2 + 2e^- =\!=\!= 2Br^-$；$Br_2$ 作还原剂的电极反应：$Br_2 + 12OH^- = 2BrO_3^- + 6H_2O + 10e^-$。

BrO^- 也能发生歧化反应：$3BrO^- =\!=\!= 2Br^- + BrO_3^-$；$BrO^-$ 作氧化剂的电极反应：$BrO^- + H_2O + 2e^- =\!=\!= Br^- + 2OH^-$；$BrO^-$ 作还原剂的电极反应：$BrO^- + 4OH^- =\!=\!= BrO_3^- + 2H_2O + 4e^-$。

3．还原电位 -pH 图及其应用

① 以 pH 为横坐标，还原电位 φ 为纵坐标，绘出 φ 随 pH 变化的关系图，这种关系图称为还原电位 -pH 图。

② 水本身既具有氧化性，又具有还原性，水的还原电位 -pH 图如图 9-4 所示。

在酸性介质中：$H_2O - 2e^- \longrightarrow 2H^+ + 1/2O_2$，$2H^+ + 2e^- \longrightarrow H_2$；

在碱性介质中：$2OH^- - 2e^- \longrightarrow H_2O + 1/2O_2$，$2H_2O + 2e^- \longrightarrow H_2 + 2OH^-$。

pH = 0 时，$\varphi^{\ominus}(H^+/H_2) = 0.00\ V$，$\varphi^{\ominus}(O_2/H_2O) = +1.23\ V$，

若 $p(H_2) = p(O_2) = p^{\ominus}$ 时，$\varphi^{\ominus}(H^+/H_2) = 0.0592\ lg[H^+] = -0.0592\ pH$，

当 pH = 14 时，$\varphi^{\ominus}(OH^-/H_2) = \varphi^{\ominus}(H^+/H_2) + \dfrac{0.0592}{2}lg\dfrac{[H^+]^2}{p(H_2)} = 0.00 + 0.0592 \times lg[H^+] = 0.0592 \times (-14)V = -0.829\ V$。

$$\varphi^{\ominus}(O_2/OH^-) = \varphi^{\ominus}(O_2/H_2O) + \frac{0.0592}{4}lg[p(O_2) \times c(H^+)^4]$$

$$= +1.23\ V + 0.0592 \times (-14)V = +0.403\ V。$$

③ 从理论上讲，任何一种氧化剂在某 pH 的电极电位高于图 9-4 中的 b 线，则该氧化剂就会把水氧化，放出氧气；任何一种还原剂在某 pH 的电极电位低于 a 线，则该还原剂就会把水还原，放出氢气；若电极电位在两线之间，那么水既不被氧化剂氧化，也不被还原剂还原，所以实线之内是水的稳定区。对于 $MnO_4^- + 8H^+ + 5e^- =\!=\!= Mn^{2+} + 4H_2O$，$\varphi^{\ominus}(MnO_4^-/Mn^{2+}) = +1.5V > \varphi^{\ominus}(O_2/H_2O) = +1.23\ V$。从理论上讲，$MnO_4^-$ 在水中不能稳定存在，这样 $KMnO_4$ 似乎在水溶液中不能作为氧化剂而加以利用，但实际上情况并非如此，这说明理论与实际作用线是有差别的，实验证明，实际作用线为各自从理论值伸展约 0.5 V，即在图中以虚线表示出来 c 线和 d 线，它们之间的区域为水的稳定区。

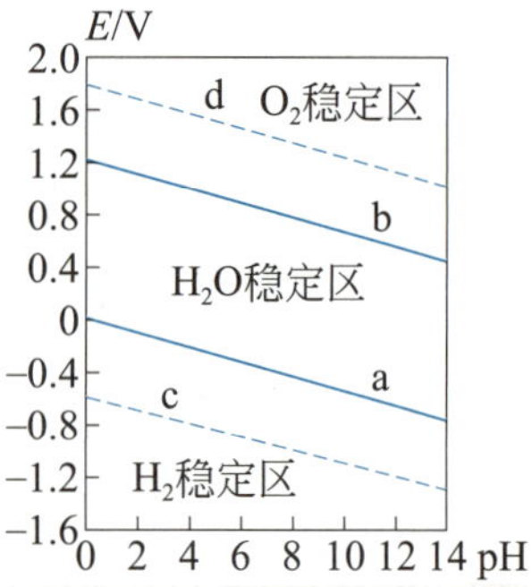

图 9-4　水的实际稳定区

五、化学电源

1．锌锰干电池与纽扣电池

锌锰干电池是最常见的化学电源。干电池的外壳（锌）是负极，中间的碳棒是正极，在碳棒的周围是细密的石墨和去极化剂 MnO_2 的混合物，在混合物周围再装入以 NH_4Cl 溶液浸润的 $ZnCl_2$、NH_4Cl 和淀粉或其他填充物（制成糊状物）。为了避免水的蒸发，干电池需要用蜡封好。干电池在使用时的电极反应如下。

碳极：

$$2NH_4^+ + 2e^- = 2NH_3 + H_2$$

$$+)\ H_2 + 2MnO_2 = 2MnO(OH)$$

$$2NH_4^+ + 2MnO_2 + 2e^- = 2NH_3 + 2MnO(OH)$$

锌极：$Zn - 2e^- = Zn^{2+}$

总反应：$Zn + 2MnO_2 + 2NH_4^+ = 2MnO(OH) + 2NH_3 + Zn^{2+}$

从反应式看出，加 MnO_2 是因为碳极上 NH_4^+ 获得电子产生 H_2，妨碍碳棒与 NH_4^+ 的接触，使电池的内阻增大，即产生“极化作用”。添加 MnO_2 就能与 H_2 反应生成 MnO(OH)，这样就能消除电极上氢气的集积，使电池畅通。所以 MnO_2 起到消除极化的作用，叫去极剂。

此外，普通碱性干电池，也是用 Zn 和 MnO_2 或 HgO 作反应物，但在 KOH 碱性条件下工作。例如汞电池是最早应用的微型电池，由 Zn（负极）和 HgO（正极）组成，电解质为 KOH 浓溶液，电极反应为

负极：$Zn(s) + 2OH^- \rightleftharpoons Zn(s) + H_2O + 2e^-$

正极：$HgO(s) + H_2O + 2e^- \rightleftharpoons Hg(l) + 2OH^-$

总反应：$Zn(s) + HgO(s) \rightleftharpoons ZnO(s) + Hg(l)$

电动势为 1.35 V，特点是在有效使用期内电势稳定。另有一种氧化银电池由 Zn 和 Ag_2O 组成，电解质为碱性溶液，电动势为 1.5 V。

此外，目前新型纽扣电池多数属于锂化学体系，以金属锂为阳极，铬酸银为阴极，电解质为高氯酸锂，电动势为 3.2 V，它广泛用于电子表、照相机和计算器等。

2．铅蓄电池

蓄电池和干电池不同，它可以通过数百次的充电和放电，反复作用。所谓充电，是使直流电通过蓄电池，使蓄电池内发生化学反应，把电能转化为化学能并积蓄起来的过程。充完电的蓄电池，在使用时蓄电池内发生与充电时方向

相反的电极反应，使化学能转变为电能，这一过程称为放电。

铅蓄电池是一种常用的蓄电池，其电极是用铅锑合金制成的栅状极片，正极的极片上填充着 PbO_2，负极的极片上填充着灰铅。这两组极片交替地排列在蓄电池中，并浸泡在 30% 的 H_2SO_4（密度为 1.2 kg・L^{-1}）溶液中。

蓄电池放电时（即使用时），正极上的 PbO_2 被还原为 Pb^{2+}，负极上的 Pb 被氧化成 Pb^{2+}。Pb^{2+} 与溶液中的 SO_4^{2-} 作用在正负极片上生成沉淀。反应为

负极：　$Pb(s)+SO_4^{2-} \longrightarrow PbSO_4(s)+2e^-$

正极：　$PbO_2(s)+4H^++SO_4^{2-}+2e^- \longrightarrow PbSO_4(s)+2H_2O$

随着蓄电池放电，H_2SO_4 的浓度逐渐降低，这是因为每 1 mol Pb 参加反应，要消耗 2 mol H_2SO_4，生成 2 mol H_2O。当溶液的密度降低到 1.05 kg・L^{-1} 时蓄电池应该充电。

蓄电池充电时，外加电流使极片上的反应逆向进行。

阳极：　$PbSO_4(s)+2H_2O \longrightarrow PbO_2(s)+4H^++SO_4^{2-}+2e^-$

阴极：　$PbSO_4(s)+2e^- \longrightarrow Pb(s)+SO_4^{2-}$

蓄电池经过充电，恢复原状，可再次使用。

3. 氢氧燃料电池

燃料电池和其他电池中的氧化还原反应一样都是一种自发的化学反应。目前氢氧燃料电池已应用于宇宙飞船和潜艇中。它的基本反应是 $H_2(g)+\frac{1}{2}O_2(g) = H_2O(l)$。

从原则上说，燃烧 1 mol H_2 可以转换成 237 kJ 的电能。如果通过加热蒸汽间接得到电能，则所产生的电能最多不超过 237 kJ × 40% = 95 kJ。若将它设计成一个电池，一般可以得到 200 kJ 左右的电能，电能的利用率较一般发电方式增加了一倍。在氢氧燃料电池中用多孔隔膜把电池分成三部分。电池的中间部分装有 75% 的 KOH 溶液，左侧通入燃料 H_2，右侧通入氧化剂 O_2，气体通过隔膜，缓慢扩散到 KOH 溶液中并发生以下反应。

正极：$\frac{1}{2}O_2(g)+H_2O+2e^- = 2OH^-$

负极：$H_2(g)+2OH^- = 2H_2O+2e^-$

总反应：$H_2(g)+\frac{1}{2}O_2(g) = H_2O$

燃料电池的突出优点是把化学能直接转变为电能而不经过热能这一中间形式，因此化学能的利用率很高而且减少了环境污染。

【例 9-15】 实验室制备氯气的方法之一是用 MnO_2 和浓度为 12 mol·L^{-1} 的浓 HCl 反应，为什么不用 MnO_2 和浓度为 1 mol·L^{-1} 的稀 HCl 反应？请用电极电位说明理由。

【解析】 不仅酸、碱、盐之间进行离子互换反应是有条件的，同样地，氧化剂与还原剂之间的反应也是有条件的。条件是

① $\varphi_{氧}-\varphi_{还}>0$，反应向右进行；

② $\varphi_{氧}-\varphi_{还}<0$，反应向左进行；

③ $\varphi_{氧}-\varphi_{还}=0$，反应达到平衡。

若氧化剂与还原剂的电位相差较大（一般大于 0.2 V）的情况下，可以用标准电极电位直接来判断；但是如果氧化剂与还原剂的电位相差较小（一般小于 0.2 V）时，由于溶液的浓度或酸度改变，均可引起电位的变化，从而可使反应方向改变。在这种情况下，必须算出非标准情况下的电位，然后才能判断。MnO_2 与 HCl 的反应为 $MnO_2 + 4HCl \xlongequal{} MnCl_2 + Cl_2\uparrow + 2H_2O$，当 HCl 浓度为 1 mol·$L^{-1}$ 时，按标准电极电位判断反应方向：

$$MnO_2 + 4H^+ + 2e^- \rightleftharpoons Mn^{2+} + 2H_2O \quad \varphi^\ominus = 1.23V$$

$$Cl_2 + 2e^- \rightleftharpoons 2Cl^- \qquad \varphi^\ominus = 1.36 V$$

因为 $E^\ominus = \varphi^\ominus(MnO_2/Mn^{2+}) - \varphi^\ominus(Cl_2/Cl^-) = 1.23\ V - 1.36\ V = -0.13\ V<0$，故 MnO_2 与 1mol·L^{-1} 的稀 HCl 不会发生反应。

当 HCl 浓度为 12 mol·L^{-1} 时，$[H^+]=12$ mol·L^{-1}。若 $[Mn^{2+}]=1$ mol·L^{-1}，此时氧化剂的电位为

$$\varphi(MnO_2/Mn^{2+}) = \varphi^\ominus(MnO_2/Mn^{2+}) + \frac{0.0591}{2}\lg\frac{[H^+]^4}{[Mn^{2+}]} = 1.23\ V + \frac{0.0591}{2}\ V \times$$

$\lg(12^4) = 1.38$ V，

若 $p(Cl_2) = 101.3$ kPa，此时 $[Cl^-] = 12$ mol·L^{-1}，还原剂的电位为 $\varphi(Cl_2/Cl^-) = \varphi^\ominus(Cl_2/Cl^-) + \frac{0.0591}{2}\lg\frac{p(Cl_2)}{[Cl^-]^2} = 1.36\ V + \frac{0.0591}{2}V\lg\frac{1}{122} = 1.296$ V。

因为 $E = \varphi(MnO_2/Mn^{2+}) - \varphi(Cl_2/Cl^-) = 1.38\ V - 1.296\ V = 0.084\ V>0$，所以 MnO_2 与浓度为 12 mol·L^{-1} 的 HCl 反应可以发生。

注意：①只有当两个电对的 $E^\ominus$ 值相差较小时，才能比较容易地通过改变溶液的酸度来改变反应的方向。受溶解度的限制，酸度的变化也是有限制的，不能认为酸度改变时一定能使原来不能发生的反应变得可以发生。

②当用 MnO_2 与 12 mol·L^{-1} 浓盐酸反应时，不能利用标准电极电位来直接判断反应进行的方向，否则会得出相反的结论。用 $E^\ominus$ 判断结果与实际

反应方向发生矛盾的原因在于：盐酸不是 1 mol·L^{-1}，Cl_2 分压也不一定是 101.3 kPa，加热也会改变电极电势的数值。由于化学反应常在非标准状态下进行，所以就应算出非标准状态下的电极电位，然后才能判断。

六、电解

1．原电池与电解池

电解是在外电源的作用下，通过电流促进氧化还原反应进行的过程，此时电能转变为化学能。从热力学的角度来看，原电池是自发进行的，而电解池是强迫进行的。在电解池中，与外电路正极相连的电极是阳极，该电极发生的反应是氧化反应；与外电路负极相连的电极是阴极，阴极上发生的是还原反应。电流经阳极通过电解池流向阴极。

例如氧化还原反应 $Ni+Cl_2 = Ni^{2+}+2Cl^-$，当处于标准态时，组成原电池，该原电池的电动势为

$$E^\ominus = E^\ominus_{(+)} - E^\ominus_{(-)} = E^\ominus(Cl_2/Cl^-) - E^\ominus(Ni^{2+}/Ni) = 1.36\ V - (-0.25\ V) = 1.61\ V,$$

氯电极为正极，发生的反应是 $Cl_2+2e^- = 2Cl^-$，还原反应；镍电极为负极，发生的反应是 $Ni-2e^- = Ni^{2+}$，氧化反应。如果要使反应逆向进行，即 $Ni^{2+}+2Cl^- = Ni+Cl_2$，则必须在外电路中加入一个与原电池的电动势相反的电势，该电势必须大于 1.61 V，才能抵消原电池的电动势，使电流经氯电极流向镍电极，此时镍电极是阴极，发生的是还原反应，即 $Ni^{2+}+2e^- = Ni$，整个氧化还原反应向着逆方向进行。加在电解池上的最小外电压是用来克服原电池的电动势的，称为理论分解电压。原电池和电解池的差别如表 9-1 所示。

表 9-1　原电池与电解池的差别

装置类型	原电池	电解池
总反应	总反应肯定是自发进行的，一般是氧化还原反应	总反应可能是非自发的，一定是氧化还原反应
电极反应	正极上发生的反应是还原反应	阳极上发生的反应是氧化反应
	负极上发生的反应是氧化反应	阴极上发生的反应是还原反应
电流方向	电流由正极经外电路到负极	电流由阳极经电解池流向阴极
关键数据	关键数据是电池电动势	关键数据是理论分解电压

2．法拉第电解定律

第一个系统研究电解的是英国化学家戴维 (Davy)，而对电解进行定量研究的是他的学生和助手法拉第 (Faraday)。戴维在科学上的功绩十分伟大（发现了

金属钠、钾等)，但是比那些更有价值的是他从书铺的工人中发现并培养了伟大的科学家法拉第。

(1) 法拉第电解定律

电解时，在电极上产生物质的质量与通过电解池的电量成正比。

(2) 电子数与电荷数的关系

1 mol 电子为 6.022×10^{23} 个电子，1 个电子的电量为 1.602×10^{-19} C，则 1 mol 电子所带的电量为 $6.022\times10^{23}\times1.602\times10^{-19}$ C = 96472 C ≈ 96500 C。所以在电解过程中，如果发生了 n mol 电子的转移，消耗的电量为 $Q=I$ (A) $\times t$ (s) $=nF$。F 为单位物质的量的电子所带电量的绝对值，称为法拉第常数。

在电解生产中，法拉第常数 (96500 C • mol^{-1}) 是一个很重要的数据，因为它提供了一个有效利用电能的极限数值。在实际生产中，不可能得到理论上相应量的电解产物，因为同时有副反应存在。通常把实际产量与理论产量之比称为电流效率，即电流效率 = 实际产量 / 理论产量 × 100%。

【例 9-16】 100.0 g 无水氢氧化钾溶于 100.0 g 水，在 T ℃温度下电解该溶液，电流强度 I = 6.00 A，电解时间 10.00 h，电解结束温度重新调至 T ℃，分离析出 KOH • $2H_2O$ 固体后，测得剩余溶液的总质量为 164.8 g。已知不同温度下每 100 g 饱和溶液中无水氢氧化钾的质量如下表所示:

温度 /℃	0	10	20	30
KOH/g	49.2	50.8	52.8	55.8

求温度 T，请给出计算过程，最后计算结果只要求两位有效数字。

【解析】 解题的第一个突破口是电解 KOH 溶液本质就是电解水，有多少水被分解了呢？这需要计算总共消耗了多少电量。10.00 h 6.00 A 总共提供电量 $Q=It=2.16\times10^5$ C，相当于 $(2.16\times10^5/96500)$ mol = 2.24 mol 电子；每电解 1 mol 水需 2 mol 电子，故有 1.12 mol 水，即 20.1 g 水被电解。

从剩余溶液的总质量 (200 g−164.8 g) 知，有 35.2 g 物质离开溶液，其中有 20.1 g 水被电解，由此可得出结晶的 KOH • $2H_2O$ 的质量为 15.1 g。结晶的 KOH 的质量为 (15.1/92.10) × 56 g = 9.2 g，结晶水的质量为 (15.1 g/92.10 g • mol^{-1}) × $2M(H_2O)$ = 5.9 g。剩余的溶液的质量分数浓度为 m(KOH)/[$m(H_2O)+m$(KOH)] = 55.1%（多保留 1 位有效数字）。

试题的最终要求是计算电解槽的温度。根据上面的计算结果，每 100 g 溶液里有 55.1 g KOH，利用表中给出的数据，得知 T ℃应在 20~30 ℃之间，这是不是就是答案呢？应该说，能够得到这个温度范围就可以给分。但本题问的是温度而不是温度范围，因此只有求出温度才完全符合要求，求算的方法是，设此区间溶解度与温度呈线性关系，则 $T=[273+20+(55.1-52.8)/(55.8-52.8)\times 10]$ K = 301 K（答：28 ℃）。

【典型赛题欣赏】

【赛题 1】（2018 年全国初赛题）

（1）利用双离子交换膜电解法可以从含硝酸铵的工业废水中生产硝酸和氨。

① 阳极室得到的是哪种物质？写出阳极半反应方程式。

② 阴极室得到的是哪种物质？写出阴极半反应及获得相应物质的方程式。

（2）电解乙酸钠水溶液，在阳极收集到 X 和 Y 的混合气体。气体通过新制的澄清石灰水，X 被完全吸收，得到白色沉淀。纯净的气体 Y 冷却到 90.23 K，析出无色晶体，X- 射线衍射表明，该晶体属于立方晶系，体心立方点阵，晶胞参数 $a=530.4$ pm，$Z=2$，密度 $\rho=0.669\ g\cdot cm^{-3}$。继续冷却，晶体转化为单斜晶系，晶胞参数 $a=422.6$ pm，$b=562.3$ pm，$c=584.5$ pm，$\beta=90.41°$。

① 写出 X 的化学式；写出 X 和石灰水反应的方程式。

② 通过计算推出 Y 的化学式（Y 分子中存在三次旋转轴）。

③ 写出电解乙酸钠水溶液时阳极半反应的方程式。

④ 写出单斜晶系的晶胞中 Y 分子的数目。

⑤ 降温过程中晶体转化为对称性较低的单斜晶体，简述原因。

【解析】（1）双膜电解在工业上用途很广，技术最成熟的应该是双膜电解饱和 Na_2SO_4 溶液，得到 H_2、O_2、NaOH、H_2SO_4 等各种产品，装置图如下：

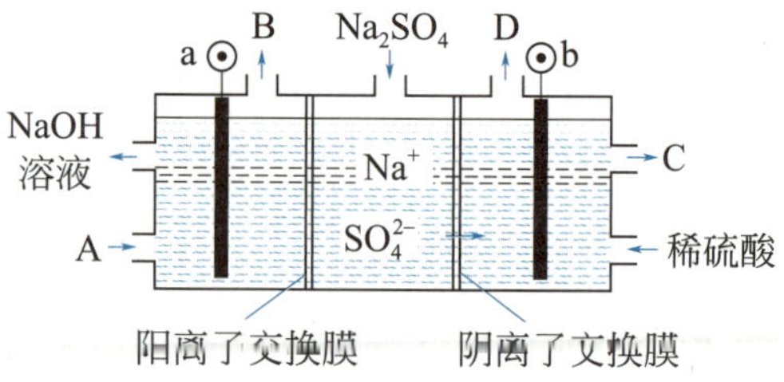

对应的电极反应分别为

$2H_2O+2e^- = H_2+2OH^-$，

（阴极，如图 a 极，对应的膜为阳离子交换膜，形成 NaOH。）

$2H_2O-4e^- = O_2+4H^+$。

（阳极，如图 b 极，对应的膜为阴离子交换膜，形成 H_2SO_4。）

首先要注意从含硝酸铵的工业废水中生产硝酸和氨。NH_4^+ 与 OH^- 结合形成氨。所以电解的其实是水。

① 阳极发生失电子的氧化反应，所以，半反应是水失电子产生 H^+ 和 O_2，即 $2H_2O-4e^- = 4H^++O_2\uparrow$，$H^+$ 再与 NO_3^- 结合形成硝酸。

② 阴极发生得电子的还原反应，注意这里得电子的仍然是水而不是 H^+，因为 H^+ 在阳极产生，而阳极和阴极之间隔着离子交换膜，所以阴极仍然是水失电子产生氢气和 OH^-，OH^- 再与 NH_4^+结合形成氨。即 $2H_2O+2e^- = H_2\uparrow + 2OH^-$，$NH_4^+ + OH^- = NH_3+H_2O$。

（2）① X 为 CO_2，$CO_2+Ca(OH)_2 = CaCO_3\downarrow+H_2O$。

② 通过计算推出 Y 的化学式（Y 分子中存在三次旋转轴）。

$$\rho=\frac{m}{V}=\frac{nM}{a^3}=\frac{ZM}{N_A a^3}\Rightarrow M=\frac{\rho N_A a^3}{Z}$$

$$=\frac{0669\ g\cdot cm^{-3}\times 6.02\times10^{23}\ mol^{-1}\times(530.4\times10^{-10}\ cm)^3}{2}=30.05\ g\cdot mol^{-1}。$$

所以，Y 的化学式为 C_2H_6。

③ 结合①和②的结论可知阳极反应式为 $2CH_3COO^- -2e^- = 2CO_2\uparrow + C_2H_6\uparrow$。

④ 依照题意，继续冷却，晶体转化为单斜晶系，根据本书第六讲知识，对于单斜晶系，其晶胞参数为 a、b、c、β，$a\neq b\neq c$，$\alpha=\gamma=90°$，$\beta\neq 90°$，考虑到该晶体原本是体心立方结构，冷却后转化为单斜晶系，显然应该是底心单斜，所以，晶胞中 Y 分子的数目仍然为 2，即 $Z=2$。

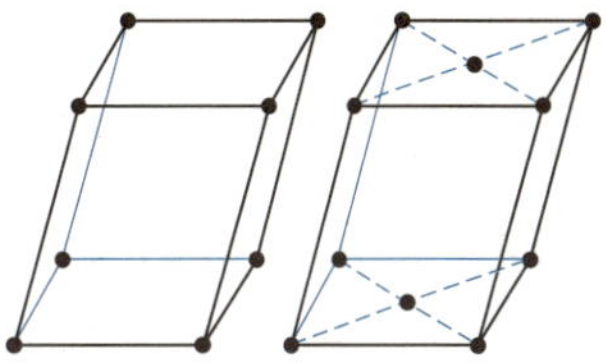

简单单斜　　底心单斜

⑤ 根据热胀冷缩，降温之后分子间距变小，分子不再是交叉式构象，所以对称性降低。

【赛题 2】（2015 年全国初赛题）最近报道了一种新型可逆电池。该电池的负极为金属铝；正极为 $(C_n[AlCl_4])$，式中 C_n 表示石墨；电解质为烃基取代咪唑阳离子 (R^+) 和 $AlCl_4^-$ 阴离子组成的离子液体。电池放电时，在负极附近形成双核配合物。充放电过程中离子液体中的阳离子始终不变。

（1）写出电池放电时，正极、负极以及电池反应方程式。

（2）该电池所用石墨按如下方法制得：甲烷在大量氢气存在下热解，所得碳沉积在泡沫状镍模板表面。写出甲烷热解反应的方程式。采用泡沫状镍的作用何在？简述理由。

（3）写出除去制得石墨后的镍的反应方程式。

（4）该电池的电解质是将无水三氯化铝溶入烃代咪唑氯化物离子液体中制得，写出方程式。

【解析】（1）题中明确指出“充放电过程中离子液体中的阳离子始终不变”，

因此，所谓的“双核配合物”就是 $Al_2Cl_7^-$（有同学认为是 Al_2Cl_6，这是错误的，违反了电荷守恒原则），即负极反应为 $Al + 7AlCl_4^- \longrightarrow 4Al_2Cl_7^- + 3e^-$；正极反应为 $C_n[AlCl_4] + e^- \longrightarrow AlCl_4^- + C_n$；电池反应为 $Al + 3C_n[AlCl_4] + 4AlCl_4^- \longrightarrow 4Al_2Cl_7^- + 3C_n$。

（2）镍是一种常用的催化剂，即 $CH_4 \xrightarrow{Ni} C + 2H_2$，由于碳沉积在泡沫状镍模板表面，所以生成的石墨电极肯定具有多孔特性；但由于电化学嵌脱层的可逆性以及充放电过程中电极的体积变化可能很难考虑到。CH_4 热解后产生的石墨沉积在泡沫状镍的表面，有序化程度肯定不高，因此，具有良好的循环性能，所以，镍除了作为催化剂之外，还可以使生成的石墨具有多孔特性，同时还可以保持电池的可逆性并减少放电过程中正极材料的体积变化。

（3）镍的金属活性强于锡，容易与酸反应产生氢气，所以可以用酸除去制得石墨后的镍，对应的反应方程式为 $Ni + 2H^+ \longrightarrow Ni^{2+} + H_2$。

（4）题中明确了电池的电解质是 $R^+AlCl_4^-$，所以对应的反应方程式为 $AlCl_3 + R^+Cl^- \longrightarrow R^+AlCl_4^-$。

【赛题 3】（2002 年全国初赛题）镅 (Am) 是一种用途广泛的锕系元素。^{241}Am 的放射性强度是镭的 3 倍，在我国各地商场里常常可见到 ^{241}Am 骨密度测定仪，检测人体是否缺钙；用 ^{241}Am 制作的烟雾监测元件已广泛用于我国各地建筑物的火警报警器（制作火警报警器的 1 片 ^{241}Am 我国批发价仅 10 元左右）。镅在酸性水溶液里的氧化态和标准电极电势 ($E^\ominus$/V) 如下，图中 2.62 是 Am^{4+}/Am^{3+} 的标准电极电势，−2.07 是 Am^{3+}/Am 的标准电极电势，等等。一般而言，发生自发的氧化还原反应的条件是氧化剂的标准电极电势大于还原剂的标准电极电势。

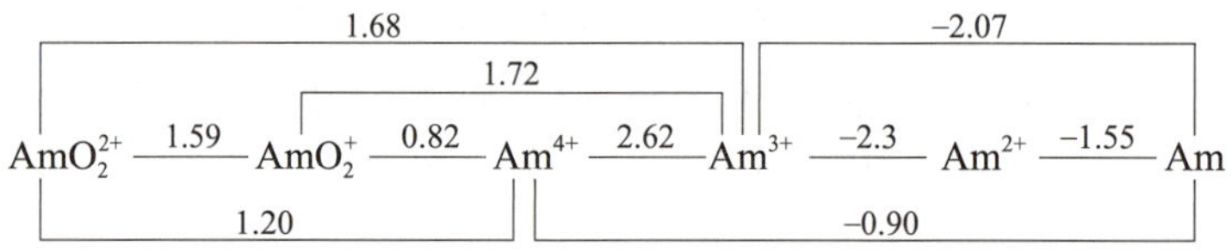

试判断金属镅溶于过量稀盐酸溶液后将以什么离子形态存在。简述理由。

附：$E^\ominus(H^+/H_2) = 0$ V；$E^\ominus(Cl_2/Cl^-) = 1.36$ V；$E^\ominus(O_2/H_2O) = 1.23$ V。

【解析】 要点 1：$E^\ominus(Am^{n+}/Am) < 0$，因此 Am 可与稀盐酸反应放出氢气转化为 Am^{n+}，$n = 2,3,4$；但 $E^\ominus(Am^{3+}/Am^{2+}) < 0$，$Am^{2+}$ 一旦生成可继续与 H^+ 反应转化为 Am^{3+}。[或答：$E^\ominus(Am^{3+}/Am) < 0$，$n = 3$]

要点 2：$E^\ominus(Am^{4+}/Am^{3+}) > E^\ominus(AmO_2^+/Am^{4+})$，因此一旦生成 Am^{4+}，会自发歧化为 AmO_2^+ 和 Am^{3+}。

要点 3：AmO_2^+ 是强氧化剂，一旦生成足以将水氧化为 O_2，或将 Cl^- 氧化为

Cl_2，转化为 Am^{3+}，也不能稳定存在。相反，AmO_2^+是弱还原剂，在此条件下不能被氧化为 AmO_2^{2+}。

要点 4：Am^{3+} 不会发生歧化（原理同上），可稳定存在。

结论：镅溶于稀盐酸得到的稳定形态为 Am^{3+}。

【赛题 4】（2002 年全国初赛题）某远洋船只的船壳浸水面积为 4500 m^2，与锌块相连来保护，额定电流密度为 150 $mA \cdot m^{-2}$，预定保护期限 2 年，可选择的锌块有两种，每块的质量分别为 15.7 kg 和 25.9 kg，通过每块锌块的电流强度分别为 0.92 A 和 1.2 A。计算说明，为达到上述保护船体的目的，最少各需几块锌块？用哪种锌块更合理？为什么？

【解析】首先算出通过体系的总电量：

$2 \times 365\ d \times 24\ h \cdot d^{-1} \times 60\ min \cdot h^{-1} \times 60\ s \cdot min^{-1} = 6.307 \times 10^7\ s$，

$0.0150\ A \cdot m^{-2} \times 4500\ m^2 = 67.5\ A$，

$67.5\ A \times 6.307 \times 10^7\ s = 4.257 \times 10^9\ C$。

其次计算总共需要多少锌，电子的量为：

$4.257 \times 10^9\ C / 9.65 \times 10^4\ C \cdot mol^{-1} = 4.411 \times 10^4\ mol$

所需锌的质量：$\dfrac{4.411 \times 10^4\ mol \times 65.4\ g/mol}{2 \times 10^{-3}\ kg/g} = 1443\ kg = 1.44 \times 10^3\ kg$，

需质量为 15.7 kg/ 块的锌块数为$\dfrac{1.44 \times 10^3\ kg}{15.7\ kg/块} = 91.7$ 块≈ 92 块，

92 块 × 0.92 A/ 块 = 85 A > 67.5 A，电流强度可以达到要求。

若使用 25.9 kg/ 块的锌块：$\dfrac{1.44 \times 10^3\ kg}{25.9\ kg/块} = 55.6$ 块 ≈56 块。

56 块 × 1.2 A/ 块 = 67.2 A < 67.5 A，电流强度达不到要求，应当加 1 块，则

57 块 × 1.2 A/ 块 = 68.4 A，电流强度才能达到要求。

选用较重的锌块更合理，因其电流强度较小，理论上可以保证 2 年保护期限，而用较轻的锌块因其电流强度太大，不到 2 年就会消耗光。

【赛题 5】（2000 年冬令营全国决赛题）已知：原电池 $H_2(g) | NaOH(aq) \| HgO(s), Hg(l)$ 在 298.15 K 下的标准电动势 $E^{\ominus} = 0.926\ V$，反应 $H_2(g) + \frac{1}{2} O_2(g) = H_2O(l)$ $\Delta_r G_m^{\ominus}(298\ K) = -237.2\ kJ \cdot mol^{-1}$。

物质	Hg(l)	HgO(s)	$O_2(g)$
$S_m^{\ominus}(298\ K)/(J \cdot mol^{-1} \cdot K^{-1})$	77.1	73.2	205.0

（1）写出上述原电池的电池反应与电极反应（半反应）。

（2）计算反应 $HgO(s) = Hg(l) + \frac{1}{2}O_2(g)$ 在 298.15 K 下的平衡分压 $p(O_2)$ 和 $\Delta_r H_m^\ominus(298.15\ K)$。

（3）设反应的焓变与熵变不随温度而变，求 HgO 固体在空气中的分解温度。

【解析】（1）负极反应：$H_2(g) + 2OH^- = 2H_2O(l) + 2e^-$；

正极反应：$HgO(s) + H_2O(l) + 2e^- = OH^- + Hg(l)$；

电池反应：$H_2(g) + HgO(s) = H_2O(l) + Hg(l)$。

（2）$\Delta_r G_m^\ominus = nFE^\ominus = -2 \times 96500\ C \cdot mol^{-1} \times 0.926\ V = -178.7 \times 10^3\ J \cdot mol^{-1}$。

$H_2(g) + \frac{1}{2}O_2(g) = H_2O(l) \qquad \Delta_r G_m^\ominus(2) = -237.2\ kJ \cdot mol^{-1}$

$H_2(g) + HgO(s) = H_2O(l) + Hg(l) \qquad \Delta_r G_m^\ominus(1) = -178.7\ kJ \cdot mol^{-1}$

$HgO(s) = Hg(l) + \frac{1}{2}O_2(g) \qquad \Delta_r G_m^\ominus(3) = \Delta_r G_m^\ominus(1) - \Delta_r G_m^\ominus(2) = +58.46\ kJ \cdot mol^{-1}$

$\ln K_p^\ominus = -(\Delta G^\ominus/RT) = -(58.46 \times 10^3\ J \cdot mol^{-1})/[(8.314\ J \cdot mol^{-1} \cdot K^{-1}) \times (298.15\ K)] = -23.60$，$K_p^\ominus = 5.632 \times 10^{-11}$。

$K_p^\ominus = [p(O_2)/p^\ominus]^{1/2}$，$p(O_2) = (K_p^\ominus)^2 p^\ominus = 3.17 \times 10^{-21} \times 101.3\ kPa = 3.21 \times 10^{-19} KPa$，

$\Delta H^\ominus = \Delta G^\ominus + T\Delta S^\ominus = 58.46 \times 10^3\ kJ \cdot mol^{-1} + 298.15\ K \times 106.4\ J \cdot mol^{-1} \cdot K^{-1} = +90.78\ kJ \cdot mol^{-1}$

（3）HgO(s) 稳定存在，$p(O_2) \leqslant 0.21 \times 101.3\ kPa$。

设室温为 T_1，HgO 的分解温度为 T_2，则 $\ln(K_2^\ominus/K_1^\ominus) = \ln(p_2^{1/2}/p_1^{1/2}) = 1/2\ \ln(p_2/p_1) = \Delta H^\ominus/[R(1/T_1 - 1/T_2]$

$1/T_2 = 1/T_1 - \{[R\ln(p_2/p_1)]/(2\Delta H^\ominus)\} = (1/298.15)\ K - [8.314\ J \cdot mol^{-1} \cdot K^{-1} \ln(0.21/3.17 \times 10^{-21})]/(2 \times 90.78\ J \cdot mol^{-1}) = 0.00125\ K^{-1}$，$T_2 = 797.6\ K$。

【赛题 6】（第 38 届 Icho 国际赛题）水是非常稳定的分子，在地球上很丰富，并且是生命的要素。同样，水长期被认为是化学元素。在 1800 年电池被发明以后不久，尼柯尔森 (Nicolson) 和卡莱尔 (Carlyle) 用电解方法将水分解成氢和氧。

（1）水被认为是由氢被氧氧化后得到的。这样，利用硫酸钠水溶液，在与电池的负极接触的铂电极上，水被还原就能恢复到氢，电极附近的溶液变成碱性。写出水还原的平衡半反应式。

（2）水同样被认为是由氧被氢还原后得到的。这样，在与电池的正极接触的铂电极上，水被氧化就能恢复到氧。写出水氧化的平衡半反应式。

（3）当铜同时被用作 2 个电极，在电解最初阶段只有一个电极能产生气体。写出在不产生气体的电极上发生的半反应式。

在溶液中能被还原的另一物种是钠离子。钠离子还原成金属钠不会在水

溶液中发生，因为水首先被还原。然而，如 1807 年汉弗莱·戴维 (Humphrey Davy) 发现，电解熔融的氯化钠能制得钠。

（4）根据这些观察，将下列半反应与其标准还原电势（单位：V）连线。

Cu^{2+} 的还原　　+0.340

氧的还原　　−2.710

水的还原　　−0.830

Na^{+} 的还原　　0.000

氢离子的还原　　+1.230

电极电势会受电极附近发生的其他反应的影响。在 0.100 mol·L^{-1} 的 Cu^{2+} 溶液中的 Cu^{2+}/Cu 电极电势会因 $Cu(OH)_2$ 沉淀而改变。回答下面的问题（保留 3 位有效数字）（温度是 25 ℃。注意：在 25 ℃时 $K_w = 1.00 \times 10^{-14}$）。

（5）$Cu(OH)_2$ 在 pH = 4.84 时开始沉淀。计算 $Cu(OH)_2$ 的溶度积。

（6）计算反应 $Cu(OH)_2(s) + 2e^- \xlongequal{} Cu(s) + 2OH^-$ 的标准还原电势。

（7）计算 pH = 1.00 时的电极电势。

钴酸锂和特种碳分别是可充式锂电池正负极的活性成分。在充放电的循环中，发生如下的可逆半反应：$LiCoO_2 \rightleftharpoons Li_{1-x}CoO_2 + xLi^+ + xe^-$、$C + xLi^+ + xe^- \rightleftharpoons CLi_x$。电池能储藏能量的总量是用毫安时 (mAh) 作为单位来表示的。一个额定为 1500 mAh 的电池能提供一个用电 100 mA 的设备运行 15 h。

（8）石墨的层状结构之间有嵌入锂的位置。假设最大的嵌入化学计量比是碳比锂为 6∶1，计算 1.00 g 石墨理论上嵌入锂的能力。答案用每克毫安小时 (mAh·g^{-1}) 为单位，保留 3 位有效数字。

【解析】 书写电极反应的方法很多，常用的主要是“电对分析法”，使用这种方法时要注意电对的情况，绝大多数电对是熟悉的粒子，这时应该先考虑电荷守恒，后考虑元素守恒。

（1）$4H_2O + 4e^- \longrightarrow 2H_2(g) + 4OH^-$ [或 $2H_2O + 2e^- \longrightarrow H_2(g) + 2OH^-$]。

（2）$2H_2O \longrightarrow O_2 + 4H^+ + 4e^-$ (或 $H_2O \longrightarrow \frac{1}{2} O_2 + 2H^+ + 2e^-$)

（3）阴、阳两极都是 Cu，于是阳极的半反应几乎可以肯定是 $Cu \longrightarrow Cu^{2+} + 2e^-$，即阳极不会产生气体，题中说“在电解最初阶段只有一个电极能产生气体”，显然，这个电极只能是阴极，产生的气体极有可能是 H_2。

（4）标准还原电势越小，对应氧化型粒子的氧化性就越弱，还原型粒子的还原性越强。对比几个还原电势的数值，+1.23 > +0.34 > 0.00 > −8.30 > −2.71，而几种粒子的氧化性关系为 $O_2 > Cu^{2+} > H^+ > H_2O > Na^+$，所以，$Na^+$ 标准还原

电势应为 -2.710 V；H_2O 的标准还原电势应为 -0.830 V；O_2 的标准还原电势应为 $+1.23$ V；H^+ 的标准还原电势应为 0.000 V；Cu^{2+} 的标准还原电势应为 $+0.34$ V；即连线关系如下。

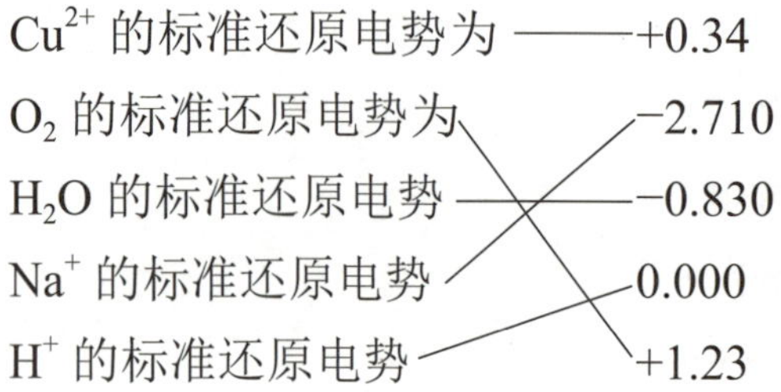

（5）$pOH = 14.00-4.84 = 9.16$，$[OH^-] = 6.92\times10^{-10}\ mol\cdot L^{-1}$

$K_{sp} = [Cu^{2+}][OH^-]^2 = 0.100\times(6.92\times10^{-10})^2 = 4.79\times10^{-20}$。

（6）$E = E^{\ominus}(Cu^{2+}/Cu) + (0.0592/2)\lg[Cu^{2+}]$

$= +0.340 + (0.0592/2)\lg[Cu^{2+}] = +0.340 + (0.0592/2)\lg(K_{sp}/[OH^-]^2)$

$= +0.340 + (0.0592/2)\lg(K_{sp}) - (0.0592/2)\lg[OH^-]^2$

$= +0.340 + (0.0592/2)\lg(K_{sp}) - 0.0592\lg[OH^-]$

根据定义，当 $[OH^-] = 1.00\ mol\cdot L^{-1}$ 时，就是电极反应 $Cu(OH)_2(s) + 2e^- \xlongequal{} Cu(s) + 2OH^-$ 的标准还原电势。所以，

$E = E^{\ominus}[Cu(OH)_2/Cu] = +0.340 + (0.0592/2)\lg(K_{sp})$

$= +0.340\ V + (0.0592/2)\ V\lg(4.79\times10^{-20}) = +0.340\ V - 0.572\ V = -0.232\ V$。

（7）pH=1，即 $[H^+]=0.1\ mol\cdot L^{-1}$ 时，$Q_{sp}[Cu(OH)_2]<K_{sp}[Cu(OH)_2]$，所以此时 $[Cu^{2+}]=0.1\ mol\cdot L^{-1}$，电极反应：$Cu(OH)_2(s)+2e^- \xlongequal{} Cu(s)+2OH^-$ 的还原电势实际就是 $Cu^{2+}(aq)+2e^- \xlongequal{} Cu(s)$ 的电极电势。$E=E^{\ominus}[Cu^{2+}/Cu]=+0.340\ V+(0.0592/2\ V)\lg[Cu^{2+}]=+0.340\ V+(0.0592/2\ V)\lg 0.100=+0.340\ V-0.0296\ V=+0.310\ V$。

（8）1 g 石墨 = 0.0833 mol，按照最大的嵌入化学计量比是碳比锂为 6∶1，可以计算出锂为 0.0139 mol；如果嵌入 1 mol 锂，理论上可以产生 96487 C 的电量。因此，1 g 锂可以产生的电量 $= 96487\ C\cdot mol^{-1}\times0.0139\ mol = 1340\ C$。

根据题意：一个额定为 $1500\ mA\cdot h$ 的电池能提供一个用电 100 mA 的设备运行 15 h。即 1g 石墨理论上嵌入锂的能力为 $1340\times1000\times\frac{1}{3600}\ mAh\cdot g^{-1}=372\ mAh\cdot g^{-1}$。

【赛题 7】（1999 年冬令营全国决赛题）东晋葛洪所著《抱朴子》中记载有“以曾青涂铁，铁赤色如铜”。“曾青”即硫酸铜。这是人类有关金属置换反应的最早的明确记载。铁置换铜的反应节能、无污染，但因所得的镀层疏松、不坚固，通常只用于铜的回收，不用于铁器镀铜。能否把铁置换铜的反应开发成镀铜工艺呢？

从化学手册上查到如下数据：

电极电势：

$Fe^{2+}+2e^-$ ══ Fe $\varphi^\ominus=-0.440$ V；$Fe^{3+}+e^-$ ══ Fe^{2+} $\varphi^\ominus=-0.771$ V；

$Cu^{2+}+2e^-$ ══ Cu $\varphi^\ominus=0.342$ V；$Cu^{2+}+e^-$ ══ Cu^+ $\varphi^\ominus=0.160$ V。

平衡常数：$K_w^\ominus=1.0\times10^{-14}$；$K_{sp}^\ominus(CuOH)=1.0\times10^{-14}$；$K_{sp}^\ominus[Cu(OH)_2]=2.6\times10^{-19}$；$K_{sp}^\ominus[Fe(OH)_2]=8.0\times10^{-16}$；$K_{sp}^\ominus[Fe(OH)_3]=4.0\times10^{-38}$。

回答如下问题。

（1）造成镀层疏松的原因之一可能是夹杂固体杂质。为证实这一设想，设计了如下实验：向硫酸铜溶液加入表面光洁的纯铁块。请写出四种可能被夹杂的固体杂质的生成反应方程式（不必写反应条件）。

（2）设镀层夹杂物为 CuOH(s)，实验镀槽的 pH=4，$CuSO_4$ 的浓度为 0.040 mol·L^{-1}，温度为 298 K，请通过电化学计算说明在该实验条件下 CuOH 能否生成。

（3）提出三种以上抑制副反应发生的（化学的）技术途径，不必考虑实施细节，说明理由。

【解析】（1）① CuO 或 $Cu(OH)_2$　$Cu^{2+}+2H_2O$ ══ $Cu(OH)_2\downarrow+2H^+$

② Cu_2O 或 CuOH　Cu^++H_2O ══ $CuOH\downarrow+H^+$

③ FeO 或 $Fe(OH)_2$　$Fe^{2+}+2H_2O$ ══ $Fe(OH)_2\downarrow+2H^+$

④ Fe_2O_3 或 $Fe(OH)_3$　$4Fe(OH)_2+O_2+H_2O$ ══ $2Fe(OH)_3\downarrow$

（2）① $Cu^{2+}+Cu+2H_2O$ ══ $2CuOH\downarrow+2H^+$，

由 $Cu^{2+}+2e^-$ ══ Cu，$\phi^\ominus=0.342$ V；$Cu^{2+}+e^-$ ══ Cu^+，$\phi^\ominus=0.160$ V 可以求得 Cu^++e^- ══ Cu，$\phi^\ominus=0.524$ V；所以有：$Cu^{2+}+Cu$ ══ $2Cu^+$，$E=0.160\text{ V}-0.524\text{ V}=-0.364$ V；

② $CuOH+H^++e^-$ ══ $Cu+H_2O$　$\varphi_-=0.287$ V，

$Cu^{2+}+H_2O+e^-$ ══ $CuOH+H^+$　$\varphi_+=0.314$ V，

$E=0.027\text{ V}>0$，正方向自发，因此能生成 CuOH。

或 $E=E^\ominus-\dfrac{0.0592}{1}\lg\dfrac{[H^+]^2}{[Cu^{2+}]}=-0.364-0.0592\lg\dfrac{10^{-8}}{0.040}=0.027$ V。

（3）①缓冲剂，控制酸度，抑制 H_2 的释放，水解，沉淀等。

②配合剂，降低 $[Cu^{2+}]$（即电位下降），阻止与新生态 Cu 反应。

③抗氧剂，抑制氧化反应。

④稳定剂，防止累积的 Fe^{2+} 对铜的沉积产生不良影响和减缓 Fe^{2+} 氧化为 Fe^{3+}。

【赛题 8】（2003 年全国冬令营决赛题）太阳能发电和阳光分解水制氢，是清洁能源研究的主攻方向，研究工作之一集中在 n 型半导体光电化学电池方面。

下图是 n 型半导体光电化学电池光解水制氢的基本原理示意图，图中的半导体导带（未充填电子的分子轨道构成的能级最低的能带）与价带（已充填价电子的分子轨道构成的能级最高的能带）之间的能量差 ΔE（$=E_c-E_v$）称为带隙，图中的 e^- 为电子、h^+ 为空穴。

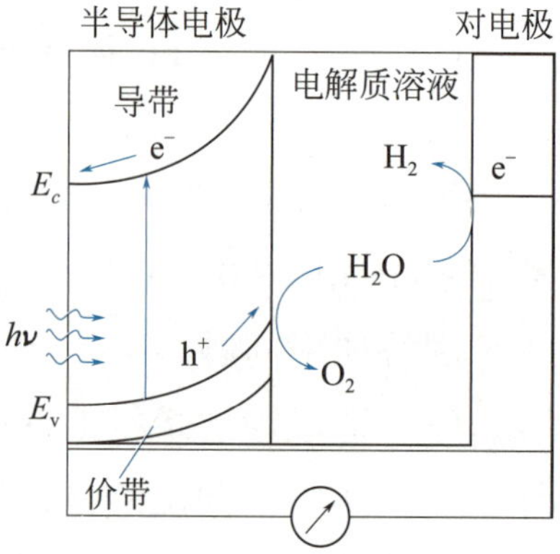

瑞士科学家最近发明了一种基于如图所示原理的廉价光电化学电池装置，其半导体电极由 2 个光系统串联而成。系统一由吸收蓝色光的 WO_3 纳米晶薄膜构成；系统二吸收绿色和红色光，由染料敏化的 TiO_2 纳米晶薄膜构成。在光照下，系统一的电子 (e^-) 由价带跃迁到导带后，转移到系统二的价带，再跃迁到系统二的导带，然后流向对电极。所采用的光敏染料为配合物 $RuL_2(SCN)_2$，其中中性配体 L 为 4,4′- 二羧基 -2,2′- 联吡啶。

（1）指出配合物 $RuL_2(SCN)_2$ 中配体 L 的配位原子和中心金属原子的配位数。

（2）推测该配合物的分子结构，并用 Z ⌒ Z 代表 L（其中 Z 为配位原子），画出该配合物及其几何异构体的几何结构示意图。

（3）画出该配合物有旋光活性的键合异构体。

（4）分别写出半导体电极表面和对电极表面发生的电极反应式，以及总反应式。

（5）已知太阳光能量密度最大的波长在 560 μm 附近，说明半导体电极中 TiO_2 纳米晶膜（白色）必须添加光敏剂的原因。

（6）说明 TiO_2 和配合物 $RuL_2(SCN)_2$ 对可见光的吸收情况，推测该配合物的颜色。

（7）该光电化学电池装置所得产物可用于环保型汽车发动机吗？说明理由。

【解析】（1）配体 L 的配位原子是 2 个吡啶环上的 N，中心金属原子的配位数是 6。

（2）该配合物的分子结构应当为顺式结构 *cis*-$RuL_2(SCN)_2$，其几何异构体为反式结构 *trans*-$RuL_2(SCN)_2$（如下图所示）。理由是①根据配位原子应放在金属原子相邻位置的原则，以及题设该配合物表达式为 $RuL_2(SCN)_2$，可知，SCN^- 是硫原子配位的硫氰酸根；②顺式结构的电偶极性强而反式结构几乎无极性，极性强的混合配体过渡金属配合物因存在分子内电荷转移跃迁而光敏性好。

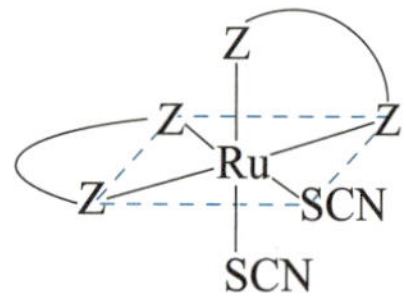

[*cis*-$RuL_2(SCN)_2$]

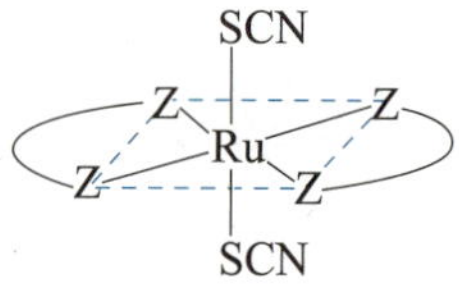

[*trans*-$RuL_2(SCN)_2$]

（3）该配合物有旋光活性的键合异构体如下：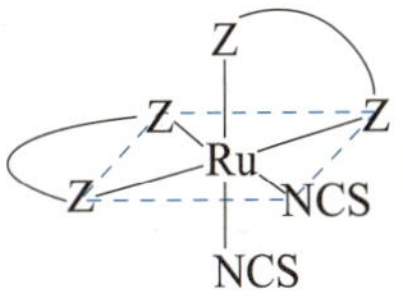 [*cis*-$RuL_2(NCS)_2$]。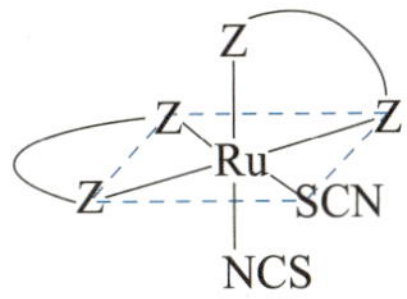 [*cis*-$RuL_2(NCS)(SCN)$]。

（顺式结构的 $RuL_2(SCN)_2$、$RuL_2(NCS)_2$ 和 $RuL_2(NCS)(SCN)$ 都有旋光异构体。）

（4）半导体电极表面发生的电极反应式为 $4h^+ + H_2O \longrightarrow O_2 + 4H^+$ 对电极表面发生的电极反应式为 $4H^+ + 4e^- \longrightarrow 2H_2$ 总反应式为 $2H_2O \xrightarrow{h\nu} O_2 + 2H_2\uparrow$。

（5）因纳米晶 TiO_2 膜几乎不吸收可见光，而太阳光能量密度最大的波长在 560 nm 附近，故必须添加能吸收可见光区该波长范围光能的光敏剂，才有可能充分利用太阳光的能量。

（6）由于自由 Ti^{4+} 的基态电子组态为 $(3d)^0$，TiO_2 既无 d-d 跃迁亦无荷移跃迁，因此几乎不吸收可见光，以至于呈白色。据此并由题设可知，配合物 $RuL_2(SCN)_2$ 吸收绿色和红色光，由互补色原理推测得出该配合物应当显橙色。

（7）可用于环保型汽车发动机。该光电化学电池装置所得产物氢气，属于清洁能源，可通过氢气燃烧产生的热能用于汽车发动机，亦可经由氢燃料电池产生的电能用于汽车发动机。

【赛题 9】（2004 年冬令营全国决赛题）图 1 是元素的 $(\Delta_f G_m^\ominus/F)$-Z 图，它是以元素的不同氧化态 Z 与对应物种的 $\Delta_f G_m^\ominus/F$ 在热力学标准态 pH = 0 或 pH = 14 的对画图。图中任何两种物种连线的斜率在数值上等于相应电对的标准电极电势 $\varphi_A^\ominus$ 或 $\varphi_B^\ominus$，A、B 分别表示 pH = 0（实线）和 pH = 14（虚线）。

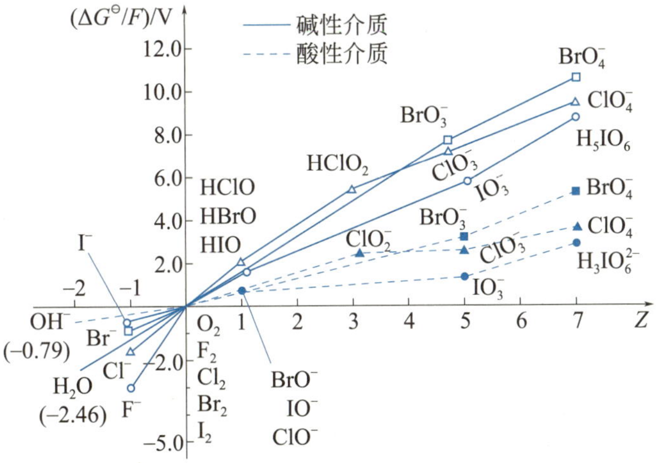

图 1　元素的 $(\Delta_f G_m^\ominus/F)$-Z 图

图 1 中各物种的 $\Delta_f G_m^{\ominus}/F$ 的数值如下表所示：

A	X^-	X_2	HXO	HXO_2	HXO_3	HXO_4
F	−3.06	0	/	/	/	/
Cl	−1.36	0	1.61	4.91	7.32	9.79
Br	−1.06	0	1.60	/	7.60	11.12
I	−0.54	0	1.45	/	5.97	9.27
B	X^-	X_2	XO^-	XO_2^-	XO_3^-	XO_4^-
F	−3.06	0	/	/	/	/
Cl	−1.36	0	0.40	1.72	2.38	3.18
Br	−1.06	0	0.45	/	2.61	4.47
I	−0.54	0	0.45	/	1.01	2.41

（1）用上表提供的数据计算：$\varphi_A^{\ominus}(IO_3^-/I^-)$，$\varphi_B^{\ominus}(IO_3^-/I^-)$，$\varphi_A^{\ominus}(ClO_4^-/HClO_2)$。

（2）由上述信息回答：对同一氧化态的卤素，其含氧酸的氧化能力是大于、等于还是小于其含氧酸盐的氧化性。

（3）溴在自然界中主要存在于海水中，每吨海水约含 0.14 kg 溴。Br_2 的沸点为 58.78 ℃；溴在水中的溶解度 3.58 g/100 g H_2O（20 ℃）。利用本题的信息说明如何从海水中提取 Br_2，写出相应的化学方程式，并用方框图表达流程。

【解析】（1）因为 $\Delta G^{\ominus}=-nFE^{\ominus}$，所以有 $E^{\ominus}=-(\Delta G^{\ominus}/F)/n$，对于 $IO_3^-+6e^-+6H^+ = I^-+3H_2O$，$\Delta G^{\ominus}/F=\Delta_f G_m^{\ominus}/F(I^-)-\Delta_f G_m^{\ominus}/F(IO_3^-)$，由此可以求出：$\varphi_A^{\ominus}(IO_3^-/I^-)=-(-0.54\ V-5.97\ V)/6=1.09\ V$。

同 理 求 出：$\varphi_B^{\ominus}(IO_3^-/I^-)=-(-0.54\ V-1.01\ V)/6=0.26\ V$；$\varphi_A^{\ominus}(ClO_4^-/HClO_2)=-(4.91\ V-9.79\ V)/4=1.22\ V$。

（2）由表中数据信息可知同一氧化态的卤素，其含氧酸的氧化能力大于其含氧酸盐的氧化性。

（3）"海水吹溴"是中学化学涉及的一个很重要的知识。主要涉及以下几步：①氧化；②富集；③酸化；④提纯。流程框图如下：

相应的化学反应方程式分别为

将氯气通入浓缩的酸性的海水中：$Cl_2 + 2Br^- = 2Cl^- + Br_2$；

压缩空气将溴吹出，并用碱性溶液吸收：$3Br_2 + 3CO_3^{2-} = BrO_3^- + 5Br^- + 3CO_2$ 或 $3Br_2 + 6OH^- = BrO_3^- + 5Br^- + 3H_2O$；

浓缩（不涉及反应）；

酸化：$BrO_3^- + 5Br^- + 6H^+ \xlongequal{} 3Br_2\uparrow + 3H_2O$；

冷凝：$Br_2(g) \longrightarrow Br_2(l)$。

【赛题 10】（2015 年冬令营全国决赛题）将银电极插入 298 K 的 $1.000\times10^{-1}\ mol\cdot L^{-1} NH_4NO_3$ 和 $1.000\times10^{-3}\ mol\cdot L^{-1} AgNO_3$ 混合溶液中，测得其电极电势 $\varphi(Ag^+/Ag)$ 随溶液 pH 的变化如图所示，已知氨水的电离常数 (K_b) 为 1.780×10^{-5}，理想气体常数 $R = 8.314\ J\cdot mol^{-1}\cdot K^{-1}$，法拉第常数 $F = 96500\ C\cdot mol^{-1}$。

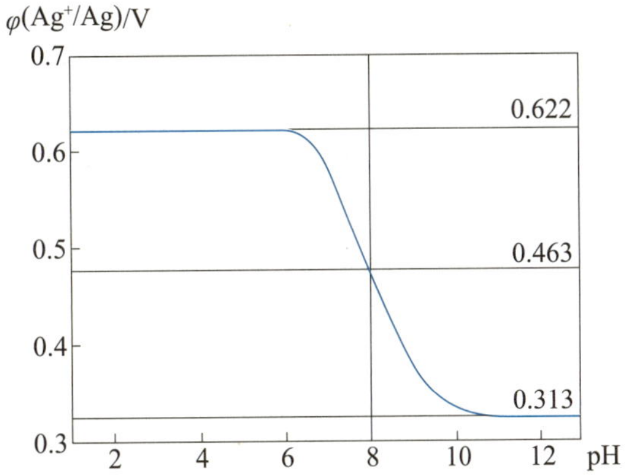

（1）计算 298 K 温度下银电极的标准电极电势 $\varphi^\ominus(Ag^+/Ag)$。

（2）计算银氨配合物离子的逐级标准稳定常数 $K_1^\ominus$ 和 $K_2^\ominus$。

（3）利用银离子的配合反应设计一个原电池，其电池反应方程式为 $Ag^+(aq) + 2NH_3(aq) \xlongequal{} Ag(NH_3)_2^+(aq)$，计算该原电池的标准电动势。若未能算出银氨配合物离子一、二级逐级标准稳定常数，可假设都是 1.00×10^3。

【解析】本题涉及配位平衡、酸碱平衡、能斯特方程的应用，以及在复杂体系中对物料守恒的使用，要求学生能够理解 φ-pH 图，利用能斯特方程将图中信息转化为数学方程，正确使用分布系数简化方程，并正确使用守恒方程求解未知量。

（1）由图可知，在 pH<6 时，pH 对电极电势没有影响，保持在 0.622 V 不变，根据半反应的能斯特方程：

$$Ag^+(aq) + e^- \rightarrow Ag(s),$$

$$\varphi(Ag^+/Ag) = \varphi^\ominus(Ag^+/Ag) + \frac{RT}{nF}\ln[Ag^+] = \varphi^\ominus(Ag^+/Ag) + 0.0591\ V\times\lg[Ag^+], \quad ①$$

可知当 pH<6 时，$[Ag^+]$ 保持不变，说明此时体系中的 NH_3 浓度太低，配位平衡可以忽略。所以 $[Ag^+] = c_0(Ag^+) = 1.000\times10^{-3}\ mol\cdot L^{-1}$，将 $\varphi(Ag^+/Ag)$ 与 $[Ag^+]$ 代入能斯特方程可解出 $\varphi^\ominus(Ag^+/Ag) = 0.799\ V$。

（2）本题需要考虑配位平衡，而且题目中要求计算逐级稳定常数，说明 $Ag(NH_3)^+$ 与 $Ag(NH_3)_2^+$ 同时存在，而且由于稳定常数未知，二者浓度的相对大小就未知，因此不能轻易忽略其中任何一方的浓度。对于这样的复杂体系，可以使用副反应系数和守恒方程式来进行计算。

先来考虑 NH_3/NH_4^+ 的酸碱平衡，NH_3 的副反应系数为

$$\alpha(NH_3)=\frac{c_o(NH_4^+)}{[NH_3]}=\frac{[NH_3]+[NH_4^+]+[Ag(NH_3)^+]+2[Ag(NH_3)_2^+]}{[NH_3]} \qquad ②$$

注意到 $c_o(NH_4^+)\gg c_o(Ag^+)$ 因此式②可改写为

$$\alpha(NH_3)=\frac{c_o(NH_4^+)}{[NH_3]}=\frac{[NH_3]+[NH_4^+]}{[NH_3]}=1+\frac{[NH_4^+]}{[NH_3]}=1+\frac{K_b}{K_w}[H^+],$$

$$[NH_3]=\frac{c_o(NH_4^+)}{1+\dfrac{K_b}{K_w}[H^+]}。 \qquad ③$$

由式③可以计算出任何 pH 条件下 NH_3 的浓度。

对 Ag^+ 也可以运用类似的技巧，求出 $[Ag^+]$ 与 $[NH_3]$ 的关系：

$$\alpha(Ag^+)=\frac{c_o(Ag^+)}{[Ag^+]}=\frac{[Ag^+]+[Ag(NH_3)^+]+[Ag(NH_3)_2^+]}{[Ag^+]}=1+K_1[NH_3]+K_1K_2[NH_3]^2,$$

$$[Ag^+]=\frac{c_o(Ag^+)}{1+K_1[NH_3]+K_1K_2[NH_3]^2}。 \qquad ④$$

至此，得出了 $[Ag^+]$ 与 $[NH_3]$ 的关系（即式④）和 $[NH_3]$ 与 $[H^+]$ 的关系（即式③）。也就是说，对于任一 pH，都可以通过式③和式④表示 $[NH_3]$ 和 $[Ag^+]$；通过式 (1) 和图中读出的电极电势数据可以求出 $[Ag^+]$ 大小。于是可以建立方程求解。

当 pH = 8 时，由式①求出 $[Ag^+]=2.064\times10^{-6}\ mol\cdot L^{-1}$，由式③求出 $[NH_3]=5.319\times10^{-3}\ mol\cdot L^{-1}$。

$$2.064\times10^{-6}=\frac{c_o(Ag^+)}{1+K_1\times5.319\times10^{-3}+K_1K_2(5.319\times10^{-3})^2}。 \qquad ⑤$$

当 pH>12 时，由式①求出 $[Ag^+]=5.979\times10^{-9}\ mol\cdot L^{-1}$，由于是强碱性环境，因此 $[NH_3]=c_o(NH_4{}^+)=1.000\times10^{-1}\ mol\cdot L^{-1}$。

$$5.979\times10^{-9}=\frac{c_o(Ag^+)}{1+K_1\times1.000\times10^{-1}+K_1K_2(1.000\times10^{-1})^2}。 \qquad ⑥$$

式⑤和式⑥联立可解得 $K_1^\ominus=2.07\times10^3, K_2^\ominus=8.07\times10^3$。

（3）该电池反应方程式看起来不是氧化还原反应，实际上构造了一个典型的浓差电池，可以拆分为两个涉及银元素的电极反应。可直接应用能斯特方程求解。

对于半反应 $Ag(NH_3)_2^+(aq)+e^-\rightarrow Ag(s)+2NH_3(aq)$，$[Ag(NH_3)_2^+]=[NH_3]=1\ mol\cdot L^{-1}$，

根据稳定常数表达式可知$[Ag^+]=\dfrac{1}{K_1^\ominus K_2^\ominus}$。

代入式①可知：$\varphi^\ominus[Ag(NH_3)_2^+/Ag]=\varphi(Ag^+/Ag)=\varphi^\ominus(Ag^+/Ag)+0.0591\ V\times \lg\dfrac{1}{K_1^\ominus K_2^\ominus}=0.372\ V$，用 $Ag^+(NH_3)_2^+/Ag$ 作负极，用 Ag^+/Ag 作正极，二者构成原电池反应：$[Ag^+(aq)+2NH_3(aq)=Ag(NH_3)_2^+(aq)$。

$E^\ominus=\varphi^\ominus(Ag^+/Ag)-\varphi^\ominus[Ag(NH_3)_2^+/Ag]=0.427\ V$（若用假定的稳定常数计算，则结果为 $E^\ominus=0.355\ V$）。

【赛题 11】（2009 年冬令营全国决赛题）金在自然界中主要以分散的单质形式存在，需要先富集再提炼。富集后的精矿用混汞法、氰化法等工艺提取金。混汞法是使矿浆中的金粒及汞生成金汞齐，然后蒸去汞得到海绵金（又称汞金）。氰化法是在氧化剂（如空气或氧气）存在下，用可溶性氰化物（如 NaCN）溶液浸出矿石中的金（浸出产物为 $[Au(CN)_2]^-$），再用置换法或电沉积法从浸出液中回收金。

（1）写出用氰化物溶金反应和用 Zn 粉置换金的化学反应方程式。

（2）已知：$E^\ominus(O_2/H_2O)=-1.229\ V$，$E^\ominus(Au^+/Au)=-1.69\ V$，$K_a^\ominus(HCN)=4.93\times10^{-10}$，$\beta_2\{[Au(CN)_2]^-\}=2.00\times10^{38}$，$F=96485\ J\cdot V^{-1}\cdot mol^{-1}$。设配制的 NaCN 水溶液的浓度为 $1.00\times10^{-3}\ mol\cdot L^{-1}$、生成的 $[Au(CN)_2]^-$ 配离子的浓度为 $1.00\times10^{-4}\ mol\cdot L^{-1}$、空气中 O_2 的体积分数为 0.210，计算 298 K 时在空气中溶金反应的自由能变。

（3）当电极反应中有 H^+ 或 OH^- 时，其电极电势 E 将受 pH 的影响，E-pH 图体现了这种影响。

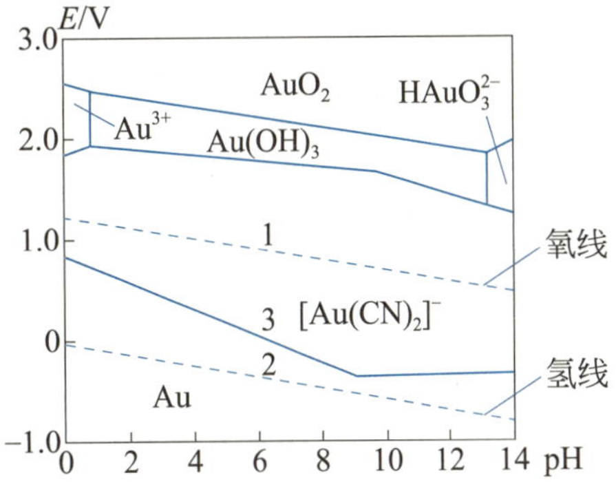

Au-CN-H_2O的E-pH图

E-pH 图上有 3 种类型的线：电极反应的 E 与 pH 有关，为有一定斜率的直线；电极反应的 E 及 pH 无关，是一条平行于横坐标的直线；非氧化还原反应，是一条平行于纵坐标轴的直线。

电对的 E-pH 线的上方，是该电对的氧化型的稳定区，E-pH 线的下方，是还原型的稳定区；位于高位置线的氧化型易与低位置的还原型反应；各曲线的交点所处的 E 和 pH，是各电极的氧化型和还原型共存的条件。上图是氰化法溶金过程的 Au-CN-H_2O 系统的 E-pH 图，试借助该图对溶金反应和溶金的工艺条件进行讨论。

【解析】(1) $4Au + 8CN^- + 2H_2O \longrightarrow 4[Au(CN)_2]^- + OH^-$,

$2[Au(CN)_2]^- + Zn \longrightarrow 2Au + [Zn(CN)_4]^{2-}$。

(2) ① CN^- 水解：$CN^- + H_2O \rightleftharpoons HCN + OH^-$,

$K^\ominus = K_w^\ominus/K_a^\ominus(HCN) = 10^{-14}/(4.93 \times 10^{-10}) = 2.03 \times 10^{-5}$,

$$CN^- \quad + \quad H_2O \rightleftharpoons HCN + OH^-$$

$$(10^{-3} - 2 \times 10^{-4} - x) \qquad\qquad x \qquad x + 10^{-4}$$

$\dfrac{x(x+10^{-4})}{8\times10^{-4} - x} = 2.03\times10^{-5}$，解得 $x = 8.08 \times 10^{-5}\ mol \cdot L^{-1}$,

即 $[OH^-] = (8.08 \times 10^{-5} + 10^{-4}) mol \cdot L^{-1} = 1.81 \times 10^{-4}\ mol/ \cdot L^{-1}$。

$[H^+] = K_w^\ominus/[OH^-] = (10^{-14}/1.81 \times 10^{-4})\ mol \cdot L^{-1} = 5.52 \times 10^{-11}\ mol \cdot L^{-1}$。

② 根据溶液的 $[H^+]$ 算出 $E(O_2/H_2O)$：已知 $E^\ominus(O_2/H_2O) = 1.229\ V$，有 $O_2 + 4e^- + 4H^+ \longrightarrow 2H_2O$,

$$E(O_2/H_2O) = E^\ominus(O_2/H_2O) + (0.0591/4)V \times \lg[H^+]^4 p(O_2)/p^\ominus$$
$$= 1.229\ V + (0.0591/4)V \times \lg[(5.52 \times 10^{-11})^4 \times 0.210]$$
$$= 0.616\ V。$$

③ 由于 Au^+ 生成了 $[Au(CN)_2]^-$，电对 Au^+/Au 的电极电势将发生变化，已知 $E^\ominus(Au^+/Au) = 1.69\ V$,

$Au^+ + e^- \longrightarrow Au$ ①，$\lg K_①^\ominus = E_①^\ominus/0.0591$,

$\beta_2([Au(CN)_2]^-) = 2.00 \times 10^{38}$,

$Au^+ + 2CN^- \longrightarrow [Au(CN)_2]^-$ ②，$\lg K_②^\ominus = 38.3$,

$[Au(CN)_2]^- + e^- \longrightarrow Au + 2CN^-$ ③，$\lg K_③^\ominus = E_③^\ominus/0.0591$,

由于①－②＝③，则 $K_①^\ominus / K_②^\ominus = K_③^\ominus$，即 $\lg K_①^\ominus - \lg K_②^\ominus = \lg K_③^\ominus$。

$E_①^\ominus/0.0591 - 38.3 = E_③^\ominus/0.0591$，即 $1.69/0.0591 - 38.3 = E_③^\ominus/0.0591$,

因此 $E_③^\ominus = 1.690\ V - 38.3 \times 0.0591\ V = -0.574\ V$,

$E_③ = E_③^\ominus + 0.0591\ V \times \lg[Au(CN)_2]^-/[CN^-]^2 = -0.574\ V + 0.0591\ V \times \lg\ [10^{-4}/(7.19 \times 10^{-4})^2] = -0.438\ V$。

其中，$[CN^-]^- = c_0(CN^-) - [HCN] - 2[Au(CN)_2]^- = 1.00 \times 10^{-3}\ mol \cdot L^{-1} - 8.08 \times 10^{-5}\ mol \cdot L^{-1} - 2 \times 1.00 \times 10^{-4}\ mol \cdot L^{-1} = 7.19 \times 10^{-4}\ mol \cdot L^{-1}$。

$$Au^+ + 2CN^- \longrightarrow [Au(CN)_2]^-$$

$$[Au^+] \quad 7.19 \times 10^{-4} \quad 1.00 \times 10^{-4}$$

$2.00 \times 10^{38} = \dfrac{1.00\times10^{-4}}{7.19\times10^{-4}\times[Au^+]}$。解得 $[Au^+] = 9.67 \times 10^{-37}\ mol \cdot L^{-1}$。

$E(Au^+/Au) = E^\ominus(Au^+/Au) + 0.0591\ V \times \lg[Au^+] = 1.69\ V + 0.0591\ V \times \lg(9.67 \times$

10^{-37}) = −0.438 V。

④ $\Delta_r G_m = nFE = -4 \times 96.485 \times [0.616 - (-0.438)]$ kJ · mol^{-1} = −407 kJ · mol^{-1}。

（3）由图可见，生成 $[Au(CN)_2]^-$ 的电极电势比生成游离金离子的电极电势低很多，所以氰化物是溶解金的良好溶剂（配合剂）。

③线位于①线之下，说明氧气可以把 Au 氧化成 $[Au(CN)_2]^-$。

③线和①线组成溶金原电池，其电动势是①线和③线的垂直距离，由图可见，在③线的转折处，两线间的距离最大，对应的pH大约为9.2，电动势大约为1.1 V。在 pH 约小于 9.2 的范围内，$E\{[Au(CN)_2]^-/Au\}$ 随 pH 升高而降低，虽然氧线也随着 pH 增大而下降，但前者降低得快，后者降得慢，原电池电动势逐渐增大，说明在此范围内，提高 pH 对溶金有利；超过此范围，$E\{[Au(CN)_2]^-/Au\}$ 几乎不随 pH 而变，氧线随 pH 增大而下降，原电池电动势减小，对溶金产生不利影响。

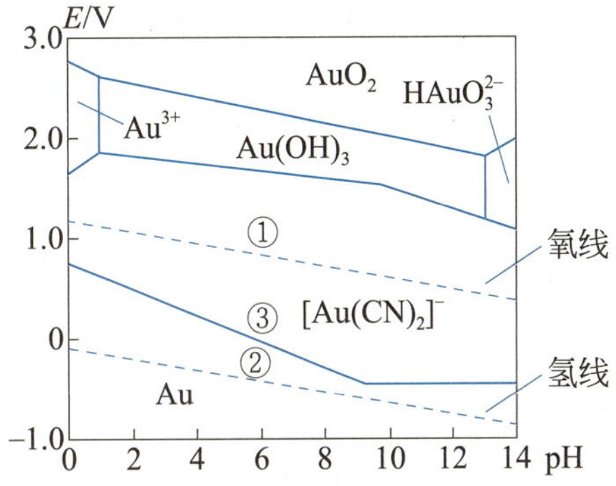

Au-CN-H_2O的E-pH图

参考文献

[1] 宋天佑，程鹏，徐家宁．无机化学上册 [M]．北京：高等教育出版社，2015：327.

[2] 张灿久，杨慧仙．中学化学奥林匹克 [M]．长沙：湖南教育出版社，1998：154.

[3] 张祖德，刘双怀，郑化桂．无机化学 [M]．合肥：中国科学技术大学出版社，2001：92.

第十讲 配位化合物基础

一、配合物基本知识

1．配合物的定义

由中心离子（或原子）和几个配体分子（或离子）以配位键相结合而形成的复杂分子或离子，通常称为配位单元。凡是含有配位单元的化合物都称作配位化合物，简称配合物，也叫络合物。如 $[Co(NH_3)_6]^{3+}$，$[Cr(CN)_6]^{3-}$，$Ni(CO)_4$ 都是配位单元，分别称作配位阳离子、配位阴离子、配位分子。

2．配合物的组成

- 配位化合物
  - 内界
    - 中心离子或原子
    - 配位体
      - 单齿配体
      - 多齿配体
      - 螯合配体
  - 外界

（1）内界和外界

以 $[Cu(NH_3)_4]SO_4$ 为例：$[Cu(NH_3)_4]^{2+}$ 是内界，SO_4^{2-} 是外界。

内界是配位单元，外界是简单离子。又如 $K_3[Cr(CN)_6]$ 之中，内界是 $[Cr(CN)_6]^{3-}$，外界是 K^+。配合物可以无外界，如 $Ni(CO)_4$。但配合物不能没有内界，内外界之间是完全电离的。

（2）中心离子或原子

中心离子或原子主要是提供接纳孤对电子的空轨道，又称配合物的形成体，多为金属（过渡金属）离子，也可以是原子。如 Fe^{3+}、Fe^{2+}、Co^{2+}、Ni^{2+}、Cu^{2+}、Co 等。

（3）配位体

含有孤电子对的阴离子或分子称为配位体。如 NH_3、H_2O、Cl^-、Br^-、I^-、CN^-、CNS^- 等。

3．配位原子和配位数

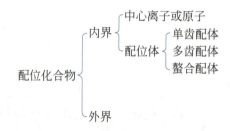

配体中给出孤电子对与中心离子直接形成配位键的原子，叫配位原子。配

位单元中，中心离子周围与中心离子直接成键的配位原子的个数，叫配位数。$[Cu(NH_3)_4]^{2+}$ 中有 4 个配体 NH_3，每个 NH_3 中有 1 个 N 原子与 Cu^{2+} 配位。N 是配位原子，Cu 的配位数为 4。若中心离子的电荷高，半径大，则利于形成高配位数的配位单元；若配体的电荷高，半径大，则利于形成低配位数的配位单元。

4. 常见的配体

① 单齿配体：一个配体中只能提供一个配位原子与中心离子成键。如 H_2O、NH_3、CO 等。单齿配体中，有些配体中含有两个配位原子，称为两可配体。如 $(SCN)^-$，结构为线性。以 S 为配位原子时，$-SCN^-$ 称硫氰根；以 N 为配位原子时，$-NCS^-$ 称异硫氰根。

② 多齿配体：有多个配位原子的配体（又分双齿、三齿、四齿等）。如含氧酸根：SO_4^{2-}、CO_3^{2-}、PO_4^{3-}、$C_2O_4^{2-}$ 等。

③ 螯合配体：同一配体中两个或两个以上的配位原子直接与同一金属离子配合成环状结构的配体称为螯合配体。螯合配体是多齿配体中最重要且应用最广的。如乙二胺 $H_2N-CH_2-CH_2-NH_2$（表示为 en），其中两个氮原子经常和同一个中心离子配位。像这种有两个配位原子的配体通常称双基配体（或双齿配体）。

而乙二胺四乙酸 (EDTA)，其中 2 个 N，4 个—OH 中的 O 均可配位，称多基配体。

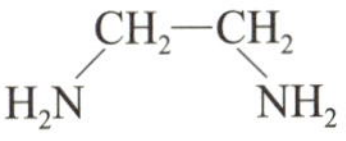

乙二胺(en)

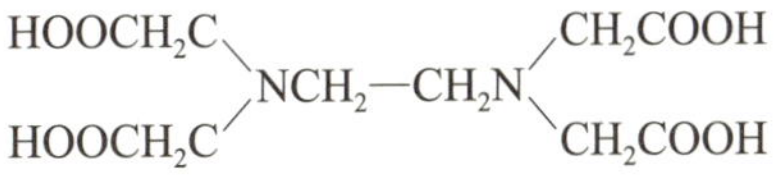

乙二胺四乙酸(EDTA)

由双基配体或多基配体形成的具有环状结构的配合物称螯合物（如图 10-1 所示）。含五元环或六元环的螯合物较稳定。

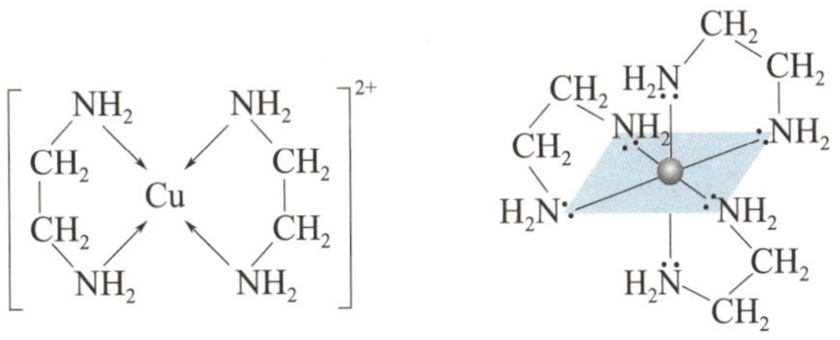

图 10-1　螯合物的结构

5. 配合物的命名

① 先无机配体后有机配体。如 $PtCl_2(Ph_3P)_2$ 的名称为二氯 · 二（三苯基膦）合铂 (Ⅱ)。

② 先阴离子类配体，后阳离子类配体，最后分子类配体。如 $K[PtCl_3(NH_3)]$ 的名称为三氯 · 氨合铂 (Ⅱ) 酸钾。

③ 同类配体中，按配位原子的元素符号在英文字母表中的次序分出先后。如 $[Co(NH_3)_5H_2O]Cl_3$ 的名称为三氯化五氨 · 水合钴 (Ⅲ)。

④ 配位原子相同，配体中原子个数少的在前。如 [Pt(Py)(NH$_3$)(NO$_2$)(NH$_2$OH)]Cl 的名称为氯化硝基·氨·羟氨·吡啶合钴（Ⅱ）。

⑤ 配体中原子个数相同，则按和配位原子直接相连的配体中的其他原子的元素符号的英文字母表次序。如 NH$_2^-$ 和 NO$_2^-$ 同时存在，则 NH$_2^-$ 在前。

【例 10-1】 有两种化合物，它们的分子式都为 CoBr(SO$_4$)(NH$_3$)$_5$，一种是红色化合物，能溶于水，把 AgNO$_3$ 溶液加入此化合物溶液中，得到黄色沉淀，但加入 BaCl$_2$ 溶液没有沉淀，另一种是紫色化合物，也能溶于水，当把 BaCl$_2$ 溶液加到此溶液中，有白色沉淀，而该化合物不与 AgNO$_3$ 溶液反应，试通过推理写出此两种化合物的结构式，并命名。

【解析】 两种化合物的分子式都为 CoBr(SO$_4$)(NH$_3$)$_5$，一种是红色化合物，能溶于水，把 AgNO$_3$ 溶液加入此化合物溶液中，得到黄色沉淀，说明这种红色化合物中 Br 为外界溴离子；但加入 BaCl$_2$ 溶液没有沉淀，说明这种红色化合物中 SO$_4^{2-}$ 为内界配体。所以，红色化合物为 Co[(NH$_3$)$_5$(SO$_4$)]Br，名称为溴化一硫酸根·五氨合钴（Ⅲ）；

另一种是紫色化合物，也能溶于水，当把 BaCl$_2$ 溶液加到此溶液中，有白色沉淀，而该化合物不与 AgNO$_3$ 溶液反应，说明这种紫色化合物中 SO$_4^{2-}$ 为外界硫酸根离子，Br 为内界配体。所以，紫色化合物为 Co[(NH$_3$)$_5$Br]SO$_4$，名称为硫酸一溴·五溴合钴（Ⅲ）。

【例 10-2】 有两种配合物，都具有 Rh(NH$_3$)$_4$Br$_2$Cl 分子式。其中一化合物为黄色，另一化合物为橙色。它们都能与 AgNO$_3$ 溶液反应，1 mol 此两种配合物都生成 1 mol AgCl 沉淀，但都不会生成 AgBr 沉淀。请问此两种配合物含什么配离子？这两配合物的结构式如何？

【解析】 它们都能与 AgNO$_3$ 溶液反应，说明外界中必定含有卤素离子中的 Br$^-$ 或 Cl$^-$ 中的一种，1 mol 此两种配合物都生成 1 mol AgCl 沉淀，但都不会有 AgBr 沉淀。可以断定 Cl$^-$ 在外界，没有 Br$^-$，也就是说两个溴原子都是作为配体在内界，因此，这两种配合物的结构式分别如下。

$$\left[\begin{matrix} & \text{Br} & \\ \text{H}_3\text{N} & \overset{\displaystyle|}{\underset{\displaystyle|}{\text{Ni}}} & \text{NH}_3 \\ \text{H}_3\text{N} & & \text{NH}_3 \\ & \text{Br} & \end{matrix}\right]^+ \text{Cl}^- \quad\quad \left[\begin{matrix} & \text{NH}_3 & \\ \text{H}_3\text{N} & \overset{\displaystyle|}{\underset{\displaystyle|}{\text{Ni}}} & \text{Br} \\ \text{H}_3\text{N} & & \text{Br} \\ & \text{NH}_3 & \end{matrix}\right]^+ \text{Cl}^-$$

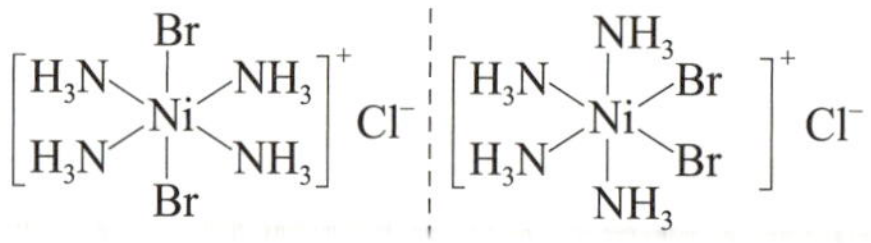

二、配位化合物的鲍林价键理论

1. 配合物的形成条件

（1）配位键的形成

配合物的中心体 M 与配体 L 之间的结合，一般是靠配体单方面提供孤电子对与 M 共用，形成配键 M ← :L，这种键的本质是共价性质的，肯定是 σ 配键。形成配位键的必要条件是配体 L 至少含有一对孤电子对，而中心体 M 必须有空的价轨道。如配合离子 $Ag(NH_3)_2^+$，Ag^+ 采用 sp 杂化（如图 10-2 所示）。

（2）配合物与杂化轨道

在形成配合物（或配离子）时，中心体所提供的空轨道（s、p 或 d、s、p 或 s、p、d）必须首先杂化，形成能量相同的与配位原子数目相等的新的杂化轨道。如配合物 $Be_4O(CH_3COO)_6$，每个 Be 原子都采取 sp^3 杂化，具体结构如图 10-3 所示。

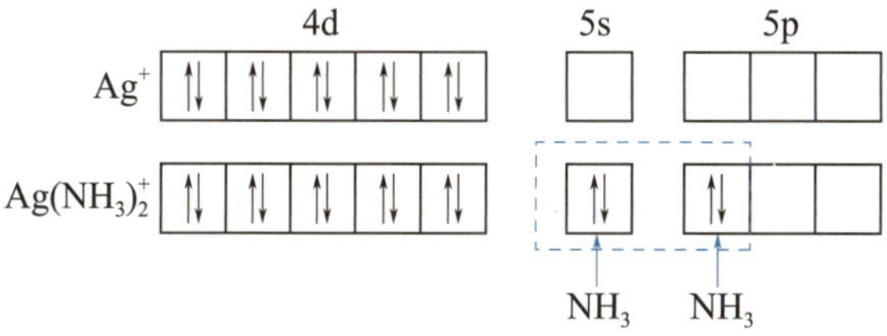

图 10-2　$Ag(NH_3)_2^+$ 的轨道表示

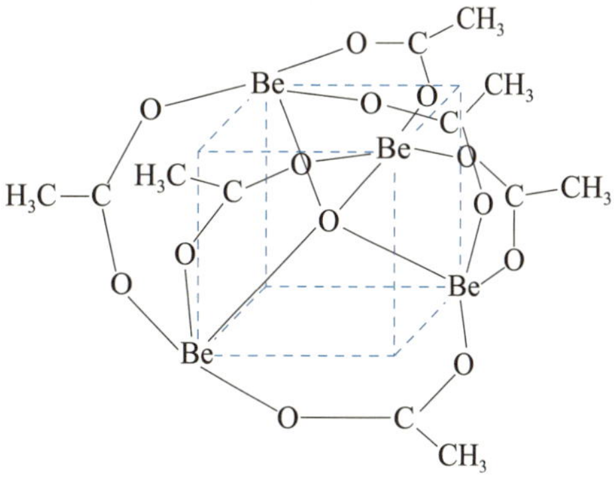

图 10-3　配合物 $Be_4O(CH_3COO)_6$ 的结构

（3）配合物的构型与中心原子的杂化轨道类型

配位数	空间构型	杂化轨道类型	实例
2	直线形	sp	$Ag(NH_3)_2^+$，$Ag(CN)_2^-$
3	平面三角形	sp^2	$Cu(CN)_3^{2-}$，HgI_3^-
4	正四面体	sp^3	$Zn(NH_3)_4^{2+}$，$Cd(CN)_4^{2-}$
4	四方形	dsp^2	$Ni(CN)_4^{2-}$
5	三角双锥	dsp^3	$Ni(CN)_5^{3-}$，$Fe(CO)_5$
5	四方锥	d^4s	TiF_5^{2-}
6	八面体	sp^3d^2	FeF_6^{3-}，AlF_6^{3-}，SiF_6^{2-}，$PtCl_6^{4-}$
6	八面体	d^2sp^3	$Fe(CN)_6^{3-}$，$Co(NH_3)_6$

2．内轨型与外轨型配合物

（1）配体的强度

【例 10-3】 请通过价键理论分析 FeF_6^{3-} 和 $Ni(CO)_4$ 的成键情况。

【解析】 价键理论的基础就是中心原子的核外电子排布。Fe 原子：$[Ar]3d^64s^2$；Ni 原子：$[Ar]3d^84s^2$。

对于 FeF_6^{3-} 来说：

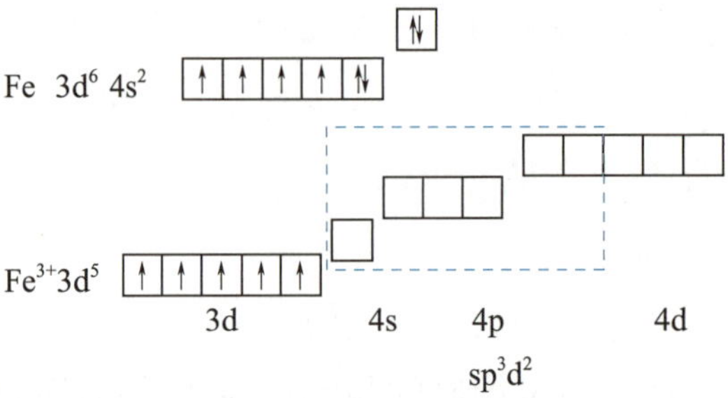

所以，FeF_6^{3-} 的配离子中，中心原子 Fe 原子用 1 个 4s 空轨道、3 个 4p 空轨道和 2 个 4d 空轨道形成 sp^3d^2 杂化轨道，杂化轨道呈正八面体分布。6 个 F^- 的 6 对孤电子对配入 sp^3d^2 空轨道中，形成正八面体构型的配合单元。

对于 $Ni(CO)_4$ 来说：

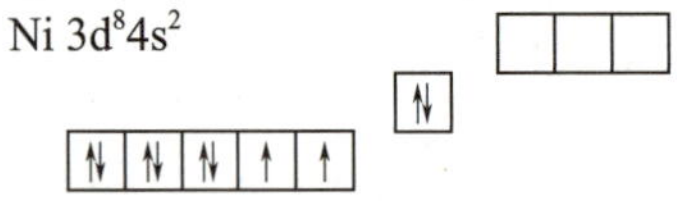

在配体 CO 的作用下，Ni 的价层电子重排成 $3d^{10}4s^0$。

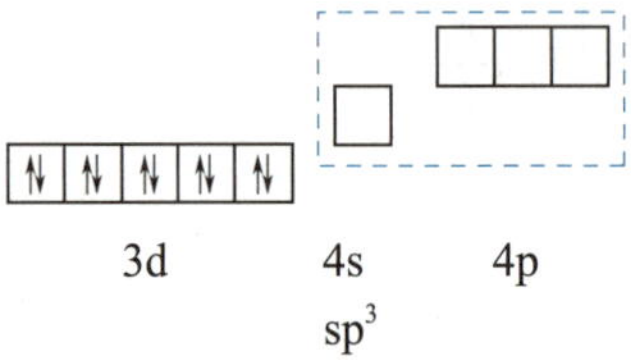

形成 sp^3 杂化轨道，杂化轨道呈正四面体分布，4 个 CO 配体与 sp^3 杂化轨道形成配位键，形成的 $Ni(CO)_4$ 构型为正四面体。

上述两种配位单元中，孤电子对配入中心的外层空轨道，即 *n*s *n*p *n*d 杂化轨道，形成的配合物称外轨型配合物。CO 配体使中心原子的价电子发生重排，这样的配体称为强配体。常见的强配体有 CO、CN^-、NO_2^- 等；FeF_6^{3-} 中 F^- 不能使中心离子的价电子重排，称为弱配体。常见的弱配体有 F^-、Cl^-、H_2O 等。而 NH_3 等则为中等强度配体。对于不同的中心原子或离子，相同的配体其强度也是不同的。

（2）内轨型和外轨型配合物的特征

【例 10-4】 根据价键理论讨论 $Fe(CN)_6^{3-}$ 和 $Ni(CN)_4^{2-}$ 的成键情况。

【解析】 对于 Fe^{3+} 而言，其价电子轨道表示式为 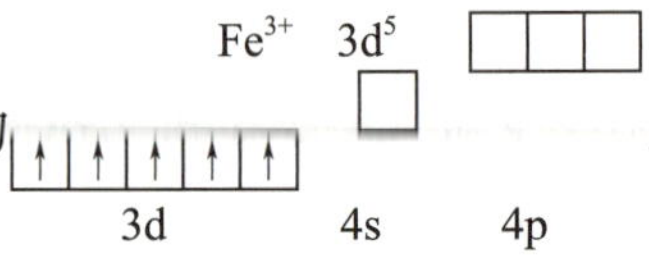

，

由于 CN^- 为强配体，使 Fe^{3+} 的 d 电子发生了重排，如图所示：

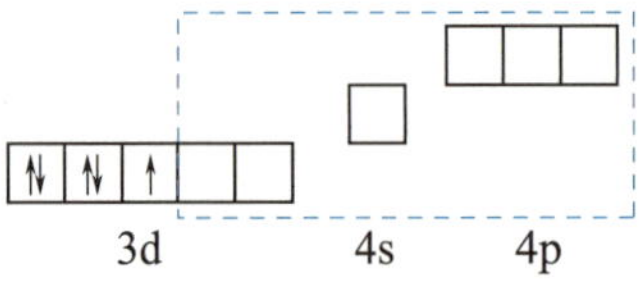

形成 d^2sp^3 杂化，使用 2 个 3d 轨道，1 个 4s 轨道，3 个 4p 轨道。使用的是内层 d 轨道。形成的配离子 $Fe(CN)_6^{3-}$ 为正八面体构型。

对于 Ni^{2+} 而言，其价电子轨道表示式为

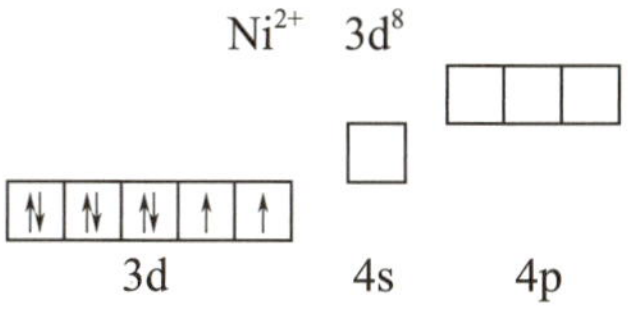

由于 CN^- 为强配体，使 Ni 的 d 电子发生了重排，如图所示：

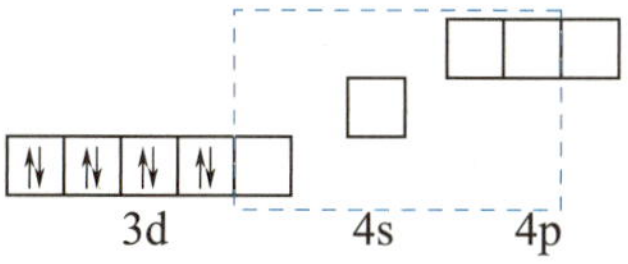

空出 1 个内层 d 轨道，形成 dsp^2 杂化轨道，呈正方形分布。故 $Ni(CN)_4^{2-}$ 构型为正方形。

上述两种配位单元中，杂化轨道均用到了 $(n-1)$d 内层轨道，配体的孤电子对进入内层，能量低，称为内轨型配合物，较外轨型配合物稳定。

外轨型配合物：中心原子用外层轨道接纳配体电子。例如 $[FeF_6]^{3-}$，sp^3d^2 杂化，八面体构型。

内轨型配合物：中心原子用部分内层轨道接纳配体电子。例如 $[Cr(H_2O)_6]^{3+}$，d^2sp^3 杂化，八面体构型。内、外轨型取决于配位体场（主要因素）和中心原子（次要因素）。

① 强场配体，如 CN^-、CO、NO^{2-} 等，易形成内轨型；弱场配体，如 X^-、H_2O 等，易形成外轨型。

② 中心原子 d^3 型，如 Cr^{3+}，有空 $(n-1)$d 轨道，易形成内轨型 $(n-1)d^2ns\ np^3$；中心原子 $d^8 \sim d^{10}$ 型，如 Fe^{2+}、Ni^{2+}、Zn^{2+}、Cd^{2+}、Cu^+ 无空 $(n-1)$d 轨道，易形成外轨型 $(ns)\ (np)^3\ (nd)^2$。

3．四配位与六配位的特征

（1）四配位的特征

① 正四面体配合物：中心体一定采取 sp^3 杂化，一定是外轨型配合物，对于 $(n-1)d^{10}$ 电子构型的四配位配合物，一定为四面体。

② 平面四方配合物：中心体可以采取 dsp^2 杂化，也可以采取 sp^2d 杂化，但 sp^2d 杂化类型的配合物非常罕见。舍去低能 np 价轨道而用高能 nd 价轨道的杂化是不合理的。

对于 $(n-1)d^8$ 电子构型四配位的配合物或离子，如 $Ni(NH_3)_4^{2+}$、$Ni(CN)_4^{2-}$，

前者为正四面体，后者为平面四方，即前者的 Ni^{2+} 采取 sp^3 杂化，后者的 Ni^{2+} 采取 dsp^2 杂化。而 Pd^{2+}、Pt^{2+} 为中心体的四配位配合物一般为平面四方，因为它们都采取 dsp^2 杂化。

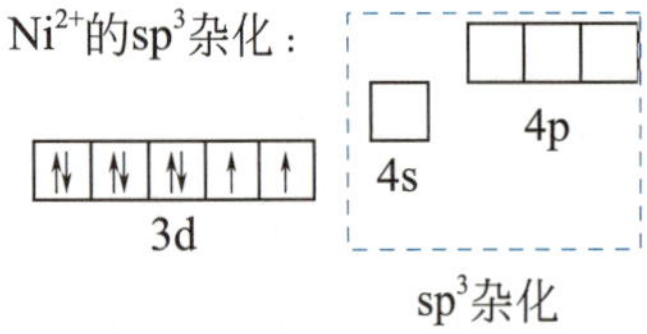

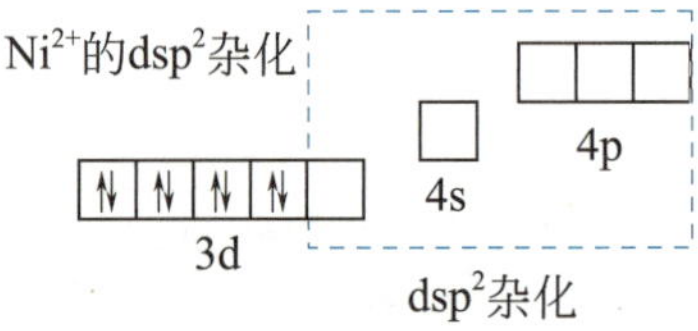

（2）六配位的特征

① 正八面体配合物：中心体既能采取 sp^3d^2 杂化，也能采取 d^2sp^3 杂化。

② 对于 $(n-1)d^x$（$x=4$、5、6）电子构型中心体而言，其六配位配合物采取内轨型杂化还是采取外轨型杂化，主要取决于配体对中心体价电子是否发生明显的影响而使 $(n-1)$d 价轨道上的 d 电子发生重排。这点一定要牢记于心。

4．磁矩，鲍林价键理论的实验根据

配合物分子中的电子若全部配对，则属反磁性；反之，当分子中有未成对电子，则属顺磁性。测量配合物磁性的仪器为磁天平，通过在磁天平上测出物质的磁矩 μ，人们发现 μ 和单电子数 n 有如下关系：

$\mu=\sqrt{n(n+2)}$ B.M.（B.M. 是 μ 的单位，称为波尔磁子，n 为未成对电子数）

若测得 $\mu=5$ B.M.，可以推出 $n=4$。测出磁矩，推算出单电子数 n，对于分析配位化合物的成键情况有重要意义。NH_3 是中等强度的配体，在 $[Co(NH_3)_6]^{3+}$ 中究竟发生重排还是不发生重排，可以从磁矩实验进行分析，以得出结论。若实验测得 $\mu=0$ B.M.，推出 $n=0$，无单电子。Co^{3+} 的价电子排布为 $3d^6$，若不重排，将有 4 个单电子：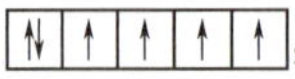，只有发生重排时，才有 $n=0$：，故 NH_3 在此是强配体，杂化轨道是 d^2sp^3，构型为正八面体，属于内轨型配合物。对于 FeF_6^{3-}，测得 FeF_6^{3-} 的 $\mu=5.88$ B.M.，推出 $n=5$，F^- 不使 Fe^{3+} 的 d 电子重排。所以磁矩是价键理论在实验上的重要依据，也是竞赛考试中必须重视的一个参数。

当然，必须承认的是价键理论肯定有一定的局限性，例如，利用价键理论可以解释 $[Co(CN)_6]^{4-}$ 易被氧化为 $[Co(CN)_6]^{3-}$，却无法解释 $[Cu(NH_3)_4]^{2+}$ 比 $[Cu(NH_3)_4]^{3+}$ 稳定的事实。

【例 10-5】 试给出 $Cr(NH_3)_6^{3+}$ 的杂化轨道类型，并判断中心离子 Cr^{3+} 是高自旋型还是低自旋型。

【解析】 该配离子配位数为 6，其空间构型应是正八面体，中心离子杂化轨道类型可能是内轨型 d^2sp^3 或外轨型 sp^3d^3。因 Cr^{3+} 电子构型是 $3d^3$，内层有空

的 3d 轨道，因而形成内轨型的杂化轨道。对于八面体场（C.N.=6），只有当配离子中心离子（或原子）的 d 电子数为 4 ～ 7 时，才可能有高自旋与低自旋之分。因 Cr^{3+} 只有 3 个 d 电子，故无高自旋与低自旋之分。

Cr^{3+} 的基态电子构型为 $3d^3$，因而 3 个未成对电子以自旋平行的方式填入 3 个 3d 轨道，尚有 2 个空 3d 轨道，因而可以容纳 NH_3 分子的电子对，故 $Cr(NH_3)_6^{3+}$ 的杂化轨道类型是 d^2sp^3。Cr^{3+} 无高自旋与低自旋之分。

【例 10-6】 为合成某些铬的配合物，进行了如下反应：①新制备的 $CrBr_2$ 加入溶有 2,2′- 联吡啶（结构简式如图，缩写为 dipy，分子量为 156.18）的稀盐酸溶液，得黑色晶体 A。

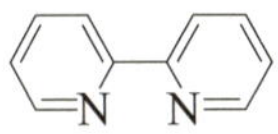

② A+5% 的 $HClO_4$ 溶液，在空气中摇动，得到黄色晶体状沉淀 B。

③在惰性的气氛中，A 溶解在无空气的并含有过量的 NH_4ClO_4 的蒸馏水中，加入镁粉，得到深蓝色的化合物 C；对于 A、B、C 的化学分析和磁矩测量结果如下表。

化合物	质量分数 %					磁矩
	N	Br	Cl	Cr	ClO_4	μ/(B.M.)
A	11.17	21.24		6.91		3.27
B	10.27		12.99	6.35		3.76
C	13.56			8.39	16.04	2.05

请问：（1）根据上述数据推出化合物 A、B 和 C 的化学式。

A________________；B________________；C________________。

（2）由磁性数据可推测 C 中未成对电子数目是____个。

（3）①中为什么要用新制备的 $CrBr_2$?

（4）计算与 0.1906 g 的化合物 C 发生反应，需要 0.100 mol • L^{-1} 的碘溶液多少毫升。

【解析】 首先研究表中质量分数，确定配合物的最简式或实验式，然后根据实验或反应判断配合物的内界和外界，最后根据磁矩的数值，结合配体的数目，确定中心离子或原子的杂化形态。

Cr 肯定是中心原子，其电子排布式为 $[Ar]3d^54s^1$。dipy 肯定是配体，结合联吡啶的分子式为 $C_{10}H_8N_2$，可以确定配体中 $n(C):n(H):n(N)=5:4:1$。

对于 A，$n(N):n(Br):n(Cr)=\dfrac{11.17}{14}:\dfrac{21.24}{79.90}:\dfrac{6.91}{52.00}=6:2:1$；同时可以求出碳的质量分数 (C%) 为 47.87%，氢的质量分数 (H%) 为 3.19%；以上所

有数据相加得 90.38%，不到 100%，很明显 A 中应该含有 9.62% 未知成分，稍稍思考应该可以感知是结晶水，且 $n(H_2O):n(Cr)=\dfrac{9.62}{18.00}:\dfrac{6.91}{52.00}=4:1$，所以 A 的化学式为 $[Cr(dipy)_3]Br_2\cdot 4H_2O$；考虑到 A 的磁矩为 3.27B.M.，$\mu=\sqrt{n(n+2)}$B.M.$=3.27$B.M.，求得 $n\approx 2$，也就是说中心 Cr 原子的单电子数为 2，所以，A 中 Cr 的氧化数为 +2，属于 d^2sp^3 杂化。具体见下图：

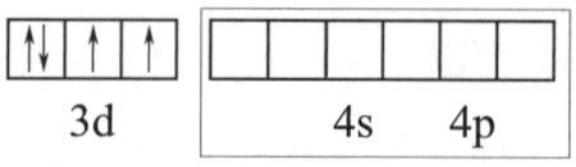

d^2sp^3杂化

同理，对于 B：ClO_4^- 要么作为整体在内界，要么作为阴离子在外界，即 $n(Cl):n(O)=1:4$，即氧的质量分数 (O%) 应该是 23.42%；$n(N):n(Cl):n(Cr)=\dfrac{10.27}{14}:\dfrac{12.99}{35.45}:\dfrac{6.35}{52.00}=6:3:1$；同时可以求出碳的质量分数 (C%) 为 44.01%，氢的质量分数 (H%) 为 2.94%；以上所有数据相加得 99.98%，几乎就是 100%，所以 B 中没有结晶水，即 B 的化学式为 $[Cr(dipy)_3](ClO_4)_3$；考虑到 B 的磁矩为 3.76B.M.，$\mu=\sqrt{n(n+2)}=3.76$，求得 $n\approx 3$，也就是说中心 Cr 原子的单电子数为 3，所以，B 中 Cr 的氧化数为 +3，属于 d^2sp^3 杂化。具体见下图：

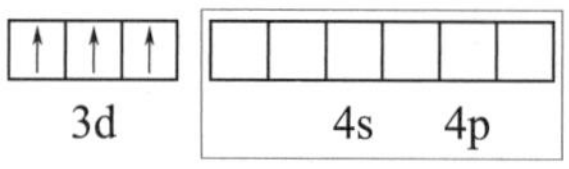

d^2sp^3杂化

同理可以求出 C 的化学式为 $[Cr(dipy)_3]ClO_4$；中心 Cr 原子的单电子数为 1，所以，C 中 Cr 的氧化数为 +1，属于 d^2sp^3 杂化。具体见下图：

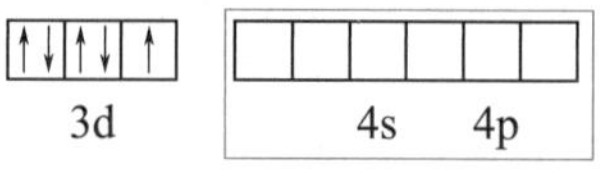

d^2sp^3杂化

上述过程中对应的化学方程式为

A：$CrBr_2+3dipy+4H_2O=[Cr(dipy)_3]Br_2\cdot 4H_2O$；

B：$4[Cr(dipy)_3]Br_2\cdot 4H_2O+12HClO_4+3O_2=4[Cr(dipy)_3](ClO_4)_3+4Br_2+22H_2O$；

C：$2[Cr(dipy)_3]Br_2\cdot 4H_2O+2NH_4ClO_4+Mg=2[Cr(dipy)_3](ClO_4)_3+MgBr_2+2NH_4Br+8H_2O$；

A、B、C 三种物质中的配离子的结构式均为

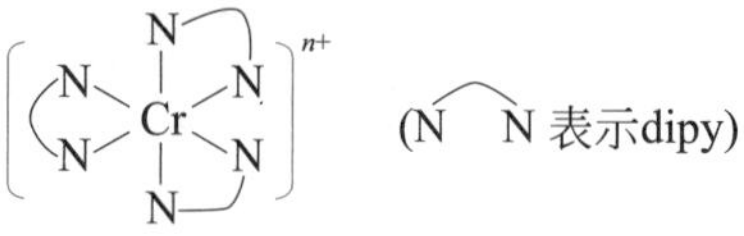

（1）A 为 $[Cr(dipy)_3]Br_2 \cdot 4H_2O$；B 为 $[Cr(dipy)_3](ClO_4)_3$；C 为 $[Cr(dipy)_3]ClO_4$。

（2）C 的未成对电子数目为 1。

（3）Cr^{2+} 易被空气中氧气氧化为 Cr^{3+}，放置较长时间的 $CrBr_2$ 中含有 $CrBr_3$，所以得不到纯净的 Cr(Ⅱ) 配合物。

（4）$\dfrac{0.1906}{52+156.2\times3+35.5+64}\times\dfrac{10^3}{0.1}\text{mL}=3.07\text{ mL}$。

三、配位化合物的晶体场理论

1．晶体场与分裂能概述

① 在配合物中金属离子与配位体之间是纯粹的静电作用，即不形成共价键。

② 金属离子在周围电场作用下，原来相同的五个简并 d 轨道发生了分裂，分裂成能级不同的几组轨道。

③ 中心离子 M^{n+} 的价电子 $[(n-1)d^x]$ 在分裂后的 d 轨道上重新排布，优先占有能量低的 $(n-1)$d 轨道，进而获得额外的稳定化能量，称为晶体场稳定化能 (CFSE)。

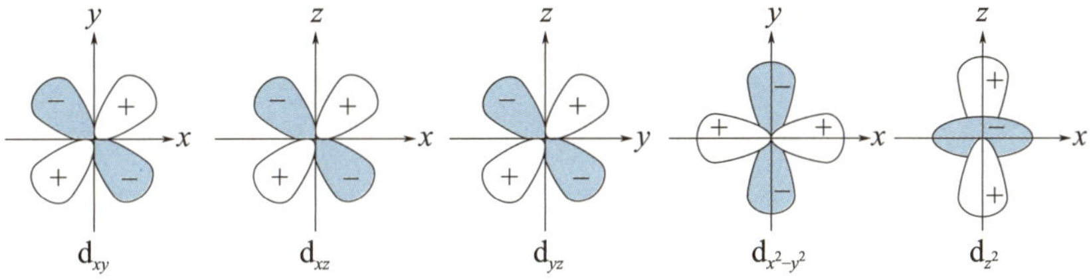

图 10-4　正八面体六配位配合物中心原子的 d 轨道

从图 10-4 可以看出 d_{xy}、d_{xz}、d_{yz} 的角度分布图在空间取向是一致的，所以它们是等价的，而 $d_{x^2-y^2}$、d_{z^2} 看上去似乎是不等价的，实际上它们也是等价的，因为 d_{z^2} 可以看作是 $d_{z^2-x^2}$ 和 $d_{z^2-y^2}$ 的组合，如图 10-5 所示。高能量的 $d_{x^2-y^2}$、d_{z^2} 统称 dγ 轨道（e_g）；能量低的 d_{xy}、d_{xz}、d_{yz} 统称 dε 轨道（t_{2g}），dγ 和 dε 的能量差称为分裂能。

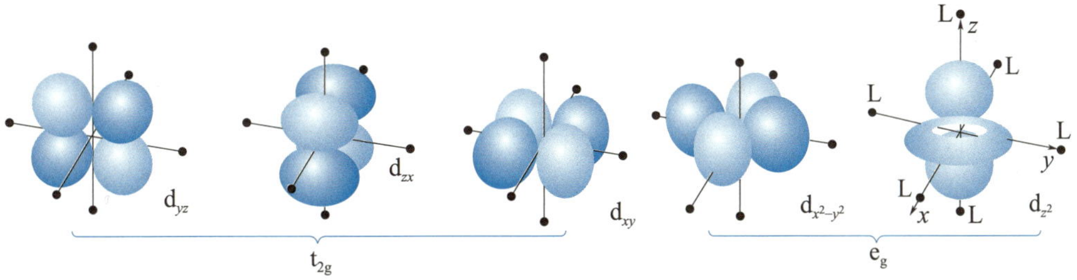

图 10-5　五种简并的 d 轨道

2. 八面体场（Oh 场）中的分裂能 Δ_O

所谓晶体场理论，实际就是把中心原子想象在一个假想的球形场中，然后研究中心原子或离子的 d 轨道分裂情况。

① 如图 10-6 所示，建立笛卡尔坐标系：对于正八面体配合物 ML_6，中心体 (M) 放在坐标轴原点，六个配体 L 分别在 $\pm x$，$\pm y$，$\pm z$ 轴上且离原点的距离为 a。相当于从球形场配体中去掉很多方向，只留下 $\pm x$，$\pm y$，$\pm z$ 轴上六个方向。

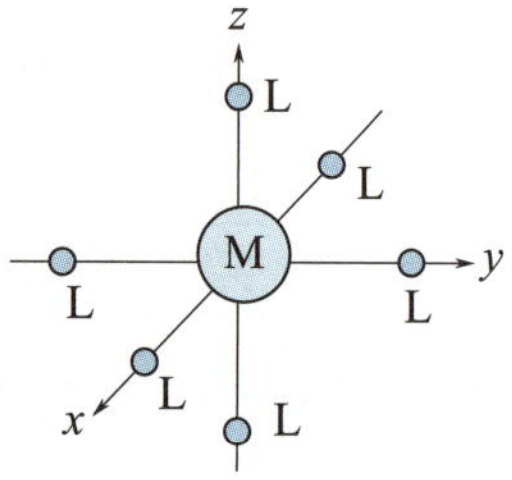

图 10-6　八面体场中的坐标

② d 轨道的分裂情况：对中心体 M 的 $(n-1)$d 轨道而言：从 d_{z^2} 与 $d_{x^2-y^2}$ 的角度分布图来看，这两个轨道的电子云最大密度处恰好对着 $\pm x$，$\pm y$，$\pm z$ 上的六个配体，受到配体电子云的排斥作用显然比较大，所以 d_{z^2} 与 $d_{x^2-y^2}$ 的轨道的能量升高；从 d_{xy}、d_{xz}、d_{yz} 的角度分布来看，这三个轨道的电子云最大密度处指向坐标轴的对角线处，离 $\pm x$，$\pm y$，$\pm z$ 上的配体的距离远，受到配体电子云的排斥作用小，所以 d_{xy}、d_{xz}、d_{yz} 这三种轨道的能量应该降低。故在正八面体场中，中心体 M 的 $(n-1)$d 轨道会分裂成为两组（如图 10-6 所示）。

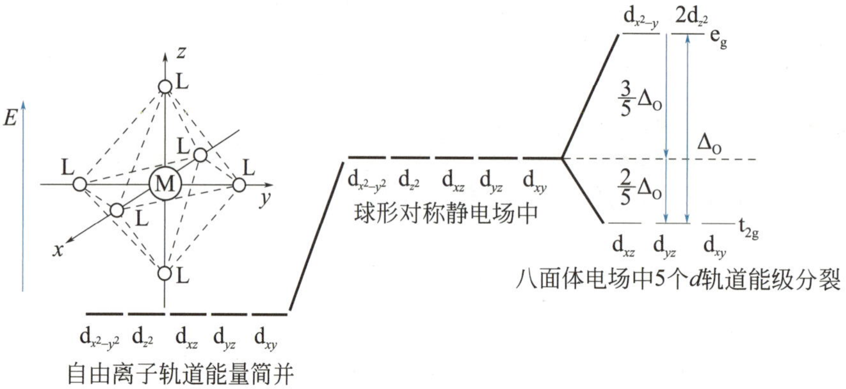

图 10-7　八面体场中的坐标与 d 轨道分裂

八面体场 d 轨道的能级分裂能 $\Delta_O = 10$ Dq，即将 Δ_O 分为 10 等份，每份为 1Dq。从图 10-7 可以看出，$\Delta_O = E(e_g) - E(t_{2g})$　①

结合能量守恒，e_g 与 t_{2g} 两组 d 轨道的能量增减相消，即 $4E(e_g)+6E(t_{2g})=0$　②

联解方程①和②得 $E(e_g)=3\Delta_O/5$，$E(t_{2g})=-2\Delta_O/5$（如图 10-7 所示）。

令 $\Delta_O = 10$Dq，则 $E(e_g)=6$Dq，$E(t_{2g})=-4$Dq

这样就可以定量的算出晶体场稳定化能 (CFSE)，即 CFSE＝$(-4\text{Dq})\times n(t_{2g})+6\text{Dq}\times n(e_g)$，其中 $n(t_{2g})$、$n(e_g)$ 为 t_{2g}、e_g 上的电子数。如：

$(t_{2g})^6(e_g)^0$：$CFSE=(-4Dq)\times 6=-24Dq$，

$(t_{2g})^4(e_g)^2$：$CFSE=(-4Dq)\times 4+6Dq\times 2=-4Dq$。

3．正四面体场（Td 场）中的分裂能

① 如图 10-8 建立笛卡尔坐标系：取边长为 a 的立方体，配合物 ML_4 的中心体 M 在立方体的体心，四个配体 L 占据在立方体四个互不相邻的顶点上，三个坐标轴分别穿过立方体的三对面心。

② d 轨道在 Td 场中的分裂情况：$d_z{}^2$ 与 $d_{x^2-y^2}$ 原子轨道的电子云最大密度处离最近的一个配体的距离为 $\frac{\sqrt{2}}{2}a$，d_{xy}、d_{xz}、d_{yz} 原子轨道的电子云最大密度处离最近的一个配体的距离为 $\frac{a}{2}$，所以 d_{xy}、d_{xz}、d_{yz} 原子轨道上的电子受到配体提供的电子对的排斥作用大，其原子轨道的能量升高；而 d_{z^2} 与 $d_{x^2-y^2}$ 原子轨道上的电子受到配位体提供的电子对的排斥作用小，其原子轨道的能量降低。故在正四面体场中，中心体 M 的 $(n-1)$d 轨道分裂成两组（如图 10-9 所示）。

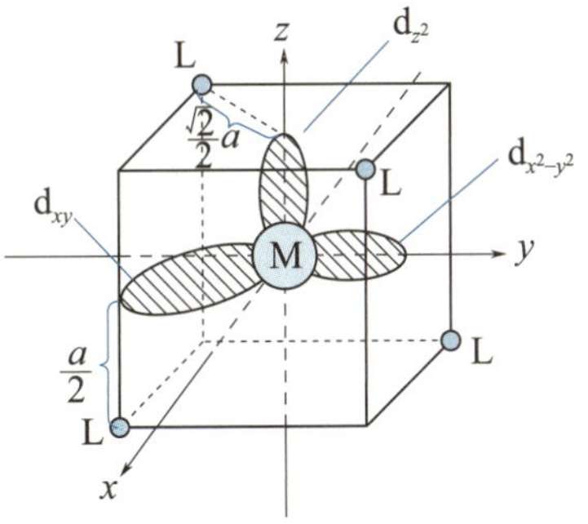

图 10-8　正四面体场中的坐标

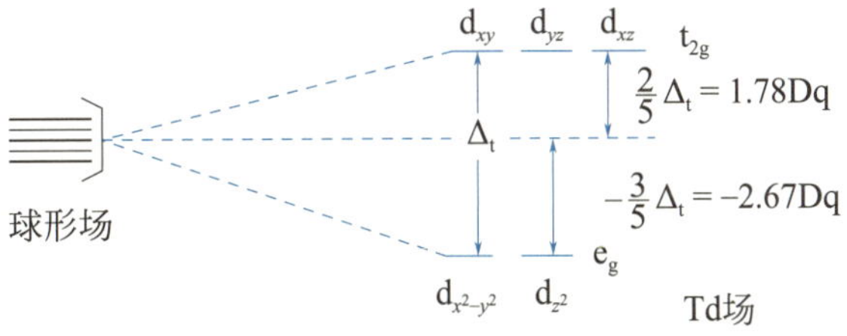

图 10-9　正四面体场中 d 轨道分裂

Td 场分裂能 $\Delta_t=E(t_{2g})-E(e_g)$　①

根据 t_{2g}，e_g 两组 d 轨道的能量守恒有：$6E(t_{2g})+4E(e_g)=0$　②

联解①、②可得 $E(t_{2g})=2\Delta_t/5$，$E(e_g)=-3\Delta_t/5$。

由于 $\Delta_t\approx 4\Delta_O/9=40Dq/9$，即 $E(t_{2g})=1.78Dq$，$E(e_g)=-2.67Dq$；

所以，$(CFSE)_t=(-2.67Dq)\times n(e_g)+1.78Dq\times n(t_{2g})$[$n(e_g)$、$n(t_{2g})$ 为 e_g、t_{2g} 轨道上的电子数]。

4．平面四方场（Sq 场）中的分裂能

① 把正八面体场中的 $\pm z$ 轴上的两个配体去掉，形成平面四方场配合物。

② d 轨道的分裂情况：会分裂成四组，具体见图 10-10。

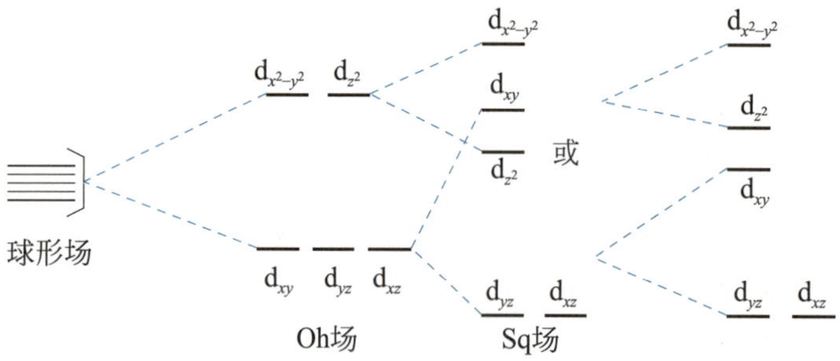

图 10-10　平面四方场中 d 轨道分裂

5．影响分裂能 Δ 的大小因素

① 配位体的影响：分裂能 Δ 值由弱到强的顺序（光谱化学序列）是 $I^- < Br^- < S^{2-} < SCN^- < Cl^- < NO_3^- < F^- < H^- < C_2O_4^{2-} < H_2O < NCS^- < NH_3$ < 乙二胺 < 联吡啶 < $NO_2^- < CN^- < CO$。通常把光谱化学序列中最左边的 I^-、Br^-、S^{2-} 等称为弱场，最右边的 NO_2^-、CN^-、CO 等称为强场。

以配位原子分类：$I < Br < Cl \approx S < F < O < N < C$。

② 中心离子电荷的影响：对于同一配体、同一金属离子，高价离子的 Δ 比低价离子的 Δ 值大。

③ 过渡系越大，Δ 越大。

6．中心体 $(n\text{-}1)$d 轨道上的电子在晶体场分裂轨道中的排布

① 电子成对能 (P)：使电子自旋成对地占有同一轨道必须消耗的能量。这是由于处于同一轨道的两个电子之间的电性排斥力造成的。

② 强场与弱场：当 $\Delta > P$ 时，即分裂能大于电子成对能，称为强场，电子首先排满低能量的 d 轨道；当 $\Delta < P$ 时，即分裂能小于电子成对能，称为弱场，电子首先成单地占有所有的 d 轨道。前者的电子排布称为低自旋排布，后者的电子排布称为高自旋排布。

③ d^n 在正八面体场中的排布如下：

d^n	d^1	d^2	d^3	d^4	d^5
低自旋 ($\Delta_O > P$)	$(t_{2g})^1(e_g)^0$	$(t_{2g})^2(e_g)^0$	$(t_{2g})^3(e_g)^0$	$(t_{2g})^4(e_g)^0$	$(t_{2g})^5(e_g)^0$
高自旋 ($\Delta_O < P$)	$(t_{2g})^1(e_g)^0$	$(t_{2g})^2(e_g)^0$	$(t_{2g})^3(e_g)^0$	$(t_{2g})^3(e_g)^1$	$(t_{2g})^3(e_g)^2$
d^n	d^6	d^7	d^8	d^9	d^{10}
低自旋 ($\Delta_O > P$)	$(t_{2g})^6(e_g)^0$	$(t_{2g})^6(e_g)^1$	$(t_{2g})^6(e_g)^2$	$(t_{2g})^6(e_g)^3$	$(t_{2g})^6(e_g)^4$
高自旋 ($\Delta_O < P$)	$(t_{2g})^4(e_g)^2$	$(t_{2g})^5(e_g)^2$	$(t_{2g})^6(e_g)^2$	$(t_{2g})^6(e_g)^3$	$(t_{2g})^6(e_g)^4$

对于 d^1、d^2、d^3、d^8、d^9、d^{10} 电子构型的正八面体配合物而言，高、低自旋的电子排布是一样的。

④ d^n 在正八面体场中的 CFSE（以 Dq 计）

d^n	d^0	d^1	d^2	d^3	d^4	d^5	d^6	d^7	d^8	d^9	d^{10}
低自旋 ($\Delta_O > P$)	0	−4	−8	−12	−16	−20	−24	−18	−12	−6	0
高自旋 ($\Delta_O < P$)	0	−4	−8	−12	−6	0	−4	−8	−12	−6	0

这就很好地解释了配合物的稳定性与 $(n-1)d^x$ 的关系。如第一过渡系列+2 氧化态水合配离子 $M(H_2O)_6^{2+}$ 稳定性与 $(n-1)d^x$ 在八面体弱场中的 CFSE 有如下关系：

$d^0 < d^1 < d^2 < d^3 > d^4 > d^5 < d^6 < d^7 < d^8 > d^9 > d^{10}$

但有些情况下也会出现 $d^3 < d^4$，$d^8 < d^9$ 的现象。

【例 10-7】 根据晶体场稳定化能来讨论 Fe^{2+}、Co^{2+}、Ni^{2+} 形成正四面体配合物要比形成正八面体配合物来得更稳定的次序（假设 $\Delta_O = 2\Delta_t$）。然而在实际上的次序是 $Co^{2+} > Fe^{2+} > Ni^{2+}$，试解释预测次序和实际次序产生矛盾的原因。

【解析】 预测顺序为 $Fe^{2+} > Co^{2+} > Ni^{2+}$。对高自旋 $3d^6$、$3d^7$、$3d^8$ 电子构型而言，$\Delta CFSE = (CFSE)_{Oh} - (CFSE)_{Td}$，

$3d^n$	$3d^6$	$3d^7$	$3d^8$
$(CFSE)_{Oh}$	$-2\Delta_0/5$	$-4\Delta_0/5$	$-6\Delta_0/5$
$(CFSE)_{Td}$	$-3\Delta_t/5 = -3\Delta_0/10$	$-6\Delta_t/5 = -3\Delta_0/5$	$-4\Delta_t/5 = -2\Delta_0/5$
$\Delta CFSE$	$-\Delta_0/10$	$-\Delta_0/5$	$-4\Delta_0/5$

ΔCFSE 越负，说明生成的正八面体场配合物越稳定，所以存在上面的稳定性顺序。

实际次序为 $Co^{2+} > Fe^{2+} > Ni^{2+}$。$Co^{2+}$ 的正四面体场稳定化能最负 $(-6\Delta_t/5)$，所以 Co^{2+} 的四面体配合物会更加稳定，因此有上面的次序。

四、π- 配合物或羰基配合物的成键情况

实验发现，当 C_2H_4、C_2H_6 的混合气体通过 $AgNO_3(aq)$ 时，C_2H_4 会被吸收，后来研究发现这是因为形成了 π- 配合物 $[Ag(C_2H_4)]^+$ 的缘故。

① C_2H_4 的 π 成键轨道和 π^* 反键轨道（如图 10-11 所示）。

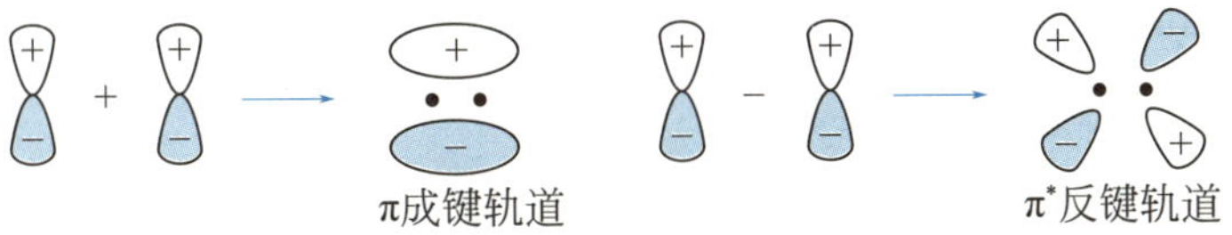

图 10-11 π 成键轨道和 π^* 反键轨道

②Ag^+ 的 4d 占有电子轨道和 5s 空轨道（如图 10-12 所示）。

③Ag^+ 和 C_2H_4 的成键：C_2H_4 的 π 电子占有 Ag^+ 的 5s 空轨道，形成 σ 配键。Ag^+ 的4d轨道上的d电子占有 C_2H_4 的 π^* 反键轨道，形成反馈π键（如图 10-13 所示）。

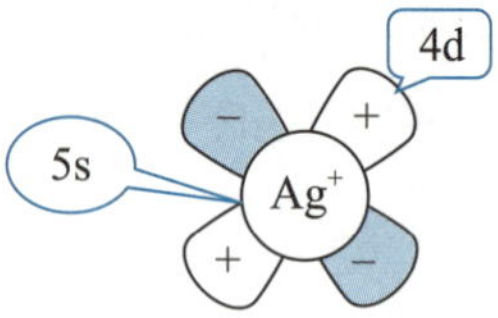

图 10-12　Ag^+ 的 4d 轨道和 5s 轨道

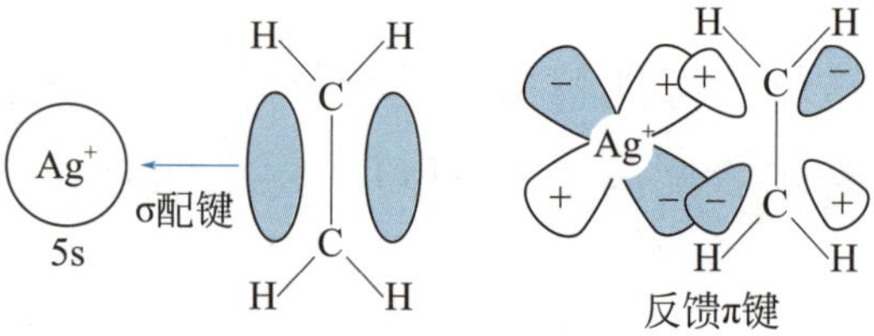

图 10-13　反馈 π 键的形成

CO、PR_3 之所以是强场配体，是因为中心体与 CO、PR_3 可以形成反馈 π 键。CO、PR_3 都是弱的 σ 给予体，即在 M ← :C≡O，M ← :PR_3 成键中，配体给出电子对的能力弱，但由于 M 上 d 电子可以占有 CO 的 π^* 反键轨道和 PR_3 的 3d 空轨道，从而形成反馈 π 键，大大增强了 CO、PR_3 的配位能力。

CO 与中心体 M 的配位有三种形式，分别是端基配位、边桥基配位或面桥基配位。结构分别如下。

【例 10-8】 何谓反馈 π 键？将乙烯和乙烷的混合气体通过 $AgNO_3$ 或 $AgClO_4$ 等银盐溶液，可以实现分离。试解释之。

【解析】 当配体给出电子对，与中心体形成 σ 配键时，如果中心体的某些 d 轨道有孤电子对，而配体有空的 π 分子轨道（如 CO 分子轨道中有空的 π^* 反键轨道）或空的 p、d 轨道［如 $P(Ph)_3$ 的磷原子上有空的 3d 轨道］，而且又满足轨道重叠的对称性要求，则中心体上的孤电子也可以反过来给予配体，这种配位键称为反馈 π 键。

乙烯和乙烷的混合气体通过银盐溶液之所以能够分离，是因为乙烯与 Ag^+ 生成了稳定的配离子。乙烯分子轨道中有充满电子的 $\pi_{(2p)}$ 成键轨道和空的 $\pi^*_{(2p)}$ 反键轨道，而 Ag^+ 的外层电子结构为 $4d^{10}5s^0$，当 Ag^+ 与乙烯结合时，乙烯的占有电子的 π 轨道和 Ag^+ 的 5s 空轨道重叠，乙烯上的 π 电子进入 Ag^+ 的 5s 轨道形成 σ 配键，同时 Ag^+ 的占有电子的 4d 轨道和乙烯分子轨道中的空的 π^* 反键轨道重叠，电子从 Ag^+ 的 d 轨道进入乙烯的 π^* 反键轨道，形成了反馈 π 键。

【例 10-9】 解释下列现象：

（1）Co^{3+} 不稳定而其配离子是稳定的，Co^{2+} 则反之。为什么？

（2）为什么蓝色的变色硅胶受潮后会变红？

（3）化合物 $Li^+[Co_3(CO)_{10}]^-$ 在 2000 cm^{-1}、1850 cm^{-1} 和 1600 cm^{-1} 区出现三个不同的羰基带，试对此阴离子提出一种合理的结构。

【解析】（1）Co^{3+} 的配离子是内轨型的，电子排布为 $(t_{2g})^6(e_g)^0$，所以稳定；而 Co^{2+} 的配离子是外轨型的，电子排布为 $(t_{2g})^5(e_g)^2$，所以不稳定；而 Co^{3+} 处于高价态，氧化性强于 Co^{2+}，所以 Co^{3+} 不稳定而 Co^{2+} 稳定。

（2）变色硅胶中含 $CoCl_2 \cdot xH_2O$，加热时 x 数目逐渐降低而变色。

x	6	4	2	1.5	1	0
颜色	粉红	红	淡红紫	暗蓝紫	蓝紫	浅蓝

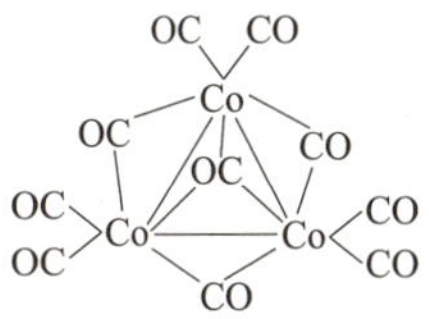

$x=0$ 时，无水 $CoCl_2$ 为 $Co[CoCl_4]$，为蓝色，受潮后 x 数目增多，变成红色。

（3）$v_{CO}=2000\ cm^{-1}$ 标志为端基 CO，$v_{CO}=1850\ cm^{-1}$ 标志为边桥基 CO，$v_{CO}=1600\ cm^{-1}$ 标志为面桥基 CO，所以 $[Co_3(CO)_{10}]^-$ 结构式如图，根据对称性，应有 6 个端基，3 个边桥基，1 个面桥基。

五、配位化合物的异构现象

1．结构异构（又称构造异构）

键联关系不同，是结构异构的特点。以前学习的有机物异构体多属此类。

① 电离异构：内外界之间是完全电离的。内外界之间交换成分得到的配合物，与原来的配合物互为电离异构。它们电离出的离子种类不同，如 $[CoBr(NH_3)_5]SO_4$ 和 $[CoSO_4(NH_3)_5]Br$，前者可以使 Ba^{2+} 沉淀，后者则可以使 Ag^+ 沉淀。H_2O 作为配体，也经常在外界。由于 H_2O 分子在内外界不同造成的电离异构，称为水合异构。如 $[Cr(H_2O)_6]Cl_3$ 和 $[CrCl(H_2O)_5]Cl_2 \cdot H_2O$。

② 配位异构：内界之间交换配体，产生的异构体为配位异构。如 $[Co(NH_3)_6][Cr(CN)_6]$ 和 $[Cr(NH_3)_6][Co(CN)_6]$。

③ 键合异构：组成相同，但配位原子不同的配体，称两可配体，如$-NO_2^-$ 和$-ONO^-$。两可配体以不同原子配位所产生的异构体为键合异构。如 $[Co(NO_2)(NH_3)_5]Cl_2$ 和 $[Co(ONO)(NH_3)_5]Cl_2$。

2．空间异构（又称立体异构或几何异构）

（1）四配位情况

为使叙述简便，用 M 表示中心体，$\widehat{AA}$、$\widehat{AB}$表示双齿配体，a、b、c 等表

示单齿配体。

① 正四面体：不存在几何异构体。

② 平面四方：

配合物类型	Ma_4	$Ma_2c_2(Ma_2cd)$	Mabcd	$M(\widehat{AA})cd$	$M(\widehat{AB})cd$
几何异构体数目	1	2	3	1	2

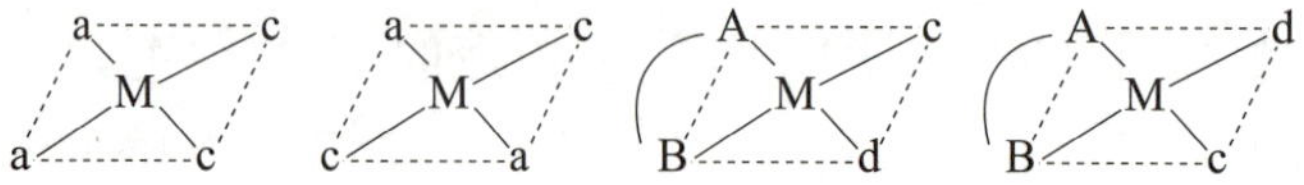

（2）五配位情况

配合物类型	Ma_5	Ma_4e	Ma_3d_2	Ma_2c_2e	Ma_3de	Ma_2cde	Mabcde
三角双锥几何异构体数目	1	2	3	5	4	7	10
四方锥几何异构体数目	1	2	3	6	4	9	15

（3）六配位情况（只讨论正八面体几何构型）

配合物类型	$Ma_4e_2(Ma_4ef)$	Ma_3d_3	Ma_3def	$Ma_2c_2e_2$	Mabcdef	$M(\widehat{AB})_2ef$
几何异构体数目	2	2	4	5	15	6

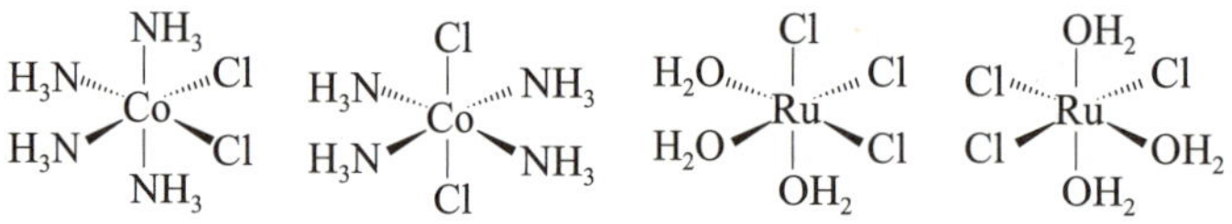

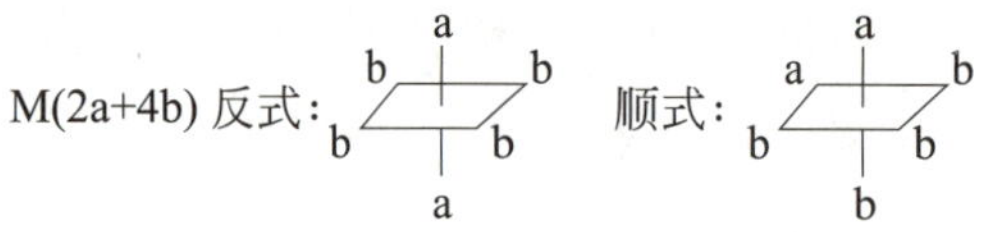

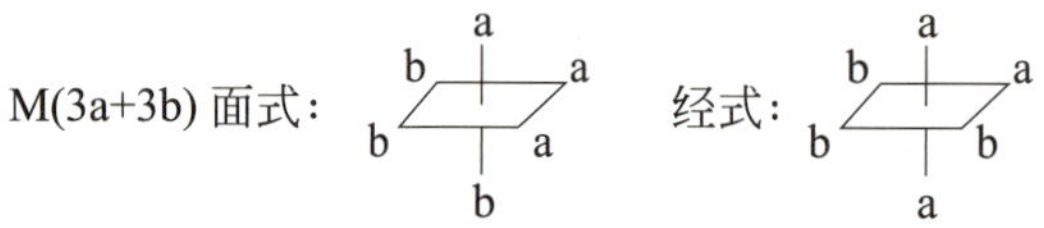

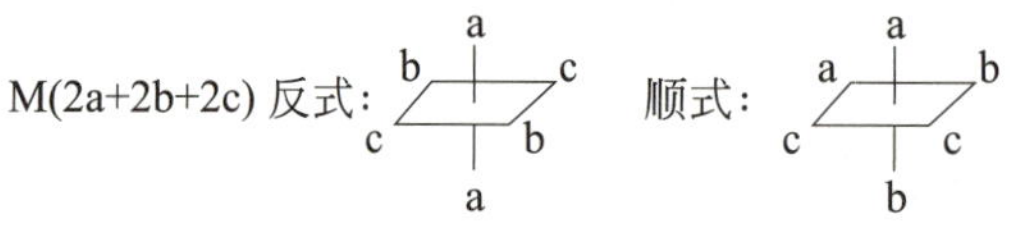

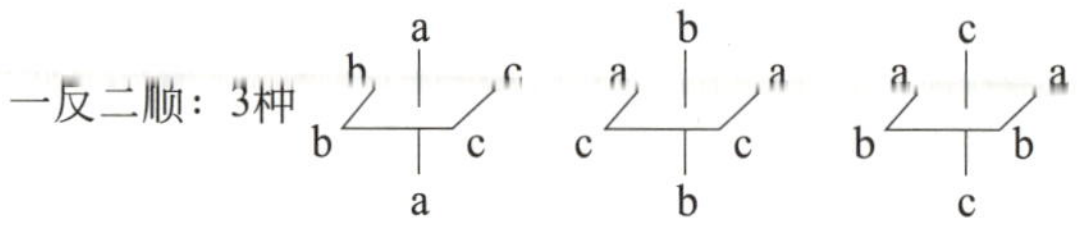

3．确定几何异构体的方法——直接图示法

① 只有单齿配体的配合物：以 Ma_2cdef 为例（9 种）

第一步，先确定相同单齿配体的位置。

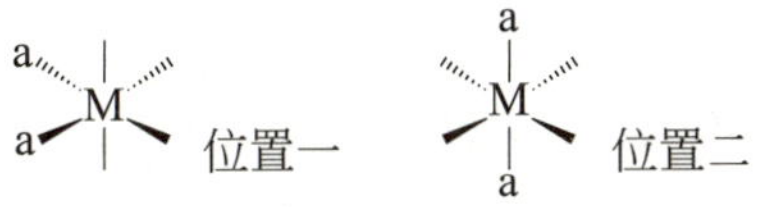

第二步，再确定其他配体的位置。

位置一（6 种）：

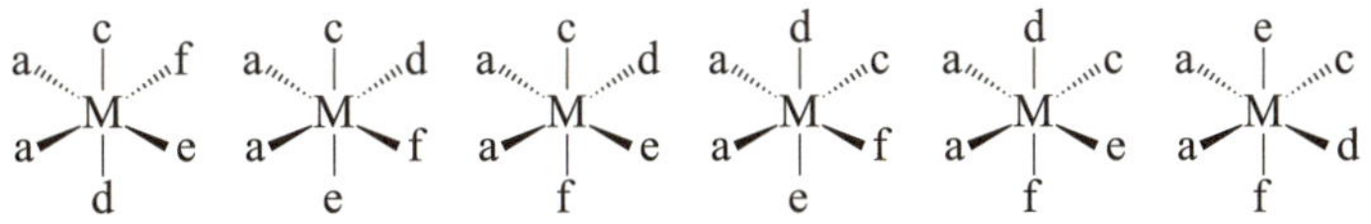

位置二（3 种）：

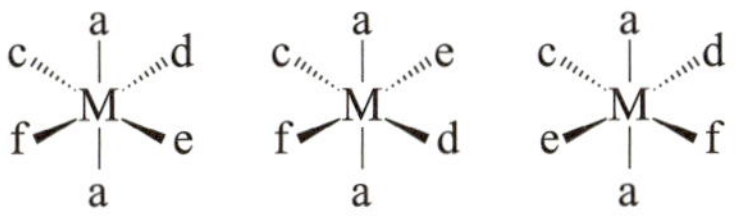

② 既有单齿配体，又有双齿配体的配合物。以 $M(\overset{\frown}{AB})_2ef$ 为例（6 种）

第一步，先固定双齿的位置。

第二步，确定双齿配体中配位原子的位置。

位置一：

位置二：

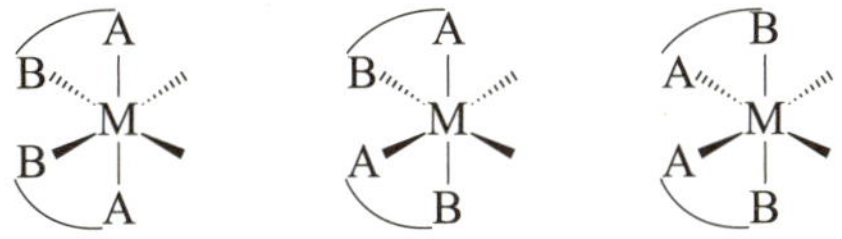

第三步，最后确定单齿配体的位置。

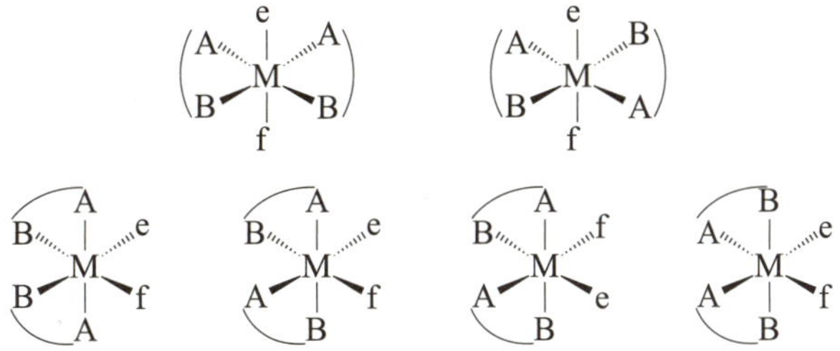

4．配合物的光学异构现象

（1）光学异构体定义

① 手性分子：当组成相同的两个分子，呈现出互为人的左右手的对称关系时（或相当实物与镜像关系且互相不能重叠时），称两者为光学异构体，即一

对对映体。

② 旋光活性：光学异构体（或对映体）具有旋光活性，即其中一个会使偏振光向右旋转（称为右旋异构体），用符号 D 或（+）表示；另一个会使偏振光向左旋转，称为左旋异构体，用符号 L 或（−）表示。当一对对映体等量共存时，旋光性彼此相消，这样的混合物称为外消旋混合物，没有光学活性。可以使用旋光仪确定旋光活性（如图 10-14 所示）。

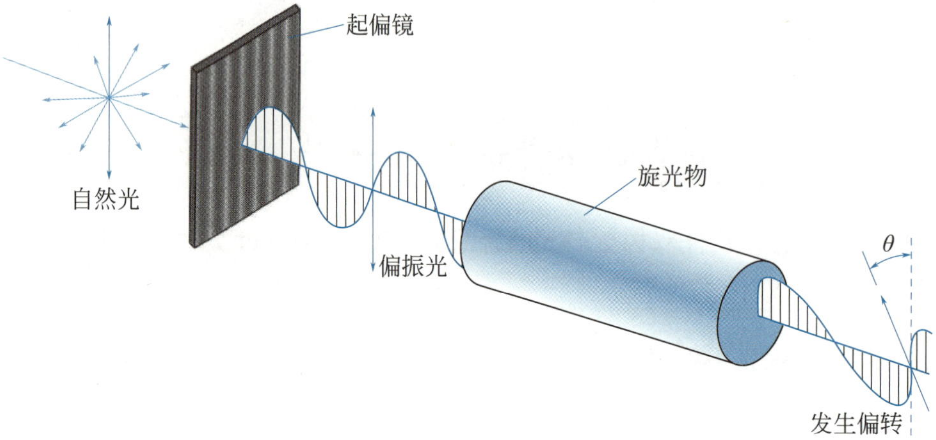

图 10-14　旋光仪装置

（2）判断光学异构体的方法

实验和理论都已经证明如果配合物分子既不含对称面，也不含对称中心，则该分子一般是手性分子，即有旋光活性且存在光学异构体。例如 *trans*-$[Co(en)_2(NH_3)Cl]^+$ 中有两个对称面，均通过 Cl、Co、N 三个原子，无光学异构体存在。*cis*-$[Co(en)_2(NH_3)Cl]^+$ 则无对称面，有对映体存在。如图 10-15 所示。

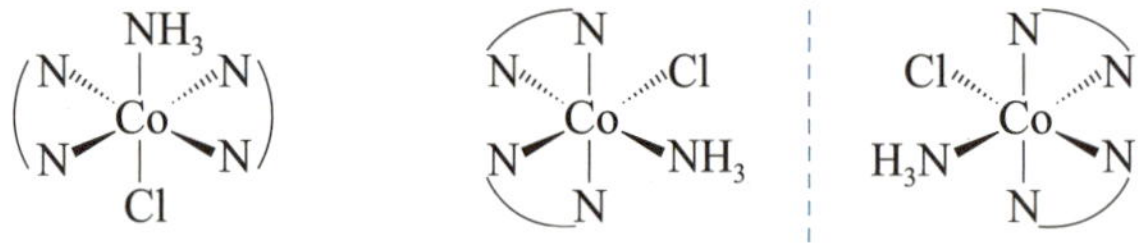

trans–$[Co(en)_2(NH_3)Cl]^+$　　*cis*–$[Co(en)_2(NH_3)Cl]^+$

图 10-15　光学异构体实例

【例 10-10】 当 $[Ni(NH_3)_4]^{2+}$ 用浓盐酸处理时，生成两种化学式为 $Ni(NH_3)_2Cl_2$ 的化合物，分别指定为Ⅰ和Ⅱ，利用在稀盐酸中煮沸，可以把Ⅰ转变成Ⅱ，Ⅰ在溶液中与草酸反应生成 $Ni(NH_3)_2(C_2O_4)$，Ⅱ不与草酸起反应，请推断出Ⅰ与Ⅱ的几何形状。

【解析】首先应该关注到 $C_2O_4^{2-}$ 是典型的双齿配体，只能处在顺位形成螯合物，所以 I 在溶液中与草酸反应生成 $Ni(NH_3)_2(C_2O_4)$，II 不与草酸起反应，说明 I 为顺式，即 $\begin{smallmatrix}H_3N\\H_3N\end{smallmatrix}Ni\begin{smallmatrix}Cl\\Cl\end{smallmatrix}$；与 $C_2O_4^{2-}$ 反应生成 $Ni(NH_3)_2(C_2O_4)$ 的结构简式为

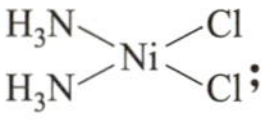

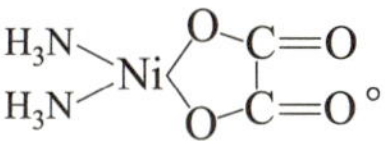

$\begin{smallmatrix}H_3N\\H_3N\end{smallmatrix}Ni\begin{smallmatrix}O-C=O\\O-C=O\end{smallmatrix}$。II 为反式，不能与 $C_2O_4^{2-}$ 反应形成螯合物。即 II 为 $\begin{smallmatrix}Cl\\H_3N\end{smallmatrix}Ni\begin{smallmatrix}NH_3\\Cl\end{smallmatrix}$。

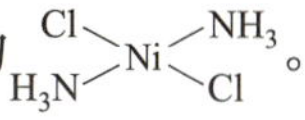

【例 10-11】用氨水处理 $K_2[PtCl_4]$ 得到二氯二氨合铂 $Pt(NH_3)_2Cl_2$，该化合物易溶于极性溶剂，其水溶液加碱后转化为 $Pt(NH_3)_2(OH)_2$，后者跟草酸根离子反应生成草酸二氨合铂 $Pt(NH_3)_2C_2O_4$，求 $Pt(NH_3)_2Cl_2$ 的结构。

【解析】$Pt(NH_3)_2Cl_2$ 是平面四边形配合物，有顺式和反式之分：

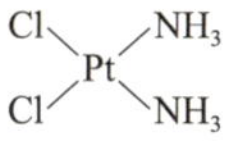

$$\begin{smallmatrix}Cl\\Cl\end{smallmatrix}Pt\begin{smallmatrix}NH_3\\NH_3\end{smallmatrix} \qquad \begin{smallmatrix}Cl\\H_3N\end{smallmatrix}Pt\begin{smallmatrix}NH_3\\Cl\end{smallmatrix}$$
$$\text{顺式} \qquad\qquad \text{反式}$$

反式异构体有对称中心，无极性，顺式异构体有极性。顺式的两个氯原子 ($-Cl$) 处于邻位，被羟基 ($-OH$) 取代后为顺式 $Pt(NH_3)_2(OH)_2$，后者两个羟基处于邻位，可被双齿配体 $C_2O_4^{2-}$ 取代得到 $Pt(NH_3)_2C_2O_4$，反式则不可能发生此反应，因为 $C_2O_4^{2-}$ 的 C—C 键长有限，不可能跨过中心离子形成配位键。

$$K_2[PtCl_4] \xrightarrow{NH_3} Pt(NH_3)_2Cl_2 \xrightarrow{OH^-} Pt(NH_3)_2(OH)_2 \xrightarrow{C_2O_4^{2-}} Pt(NH_3)_2C_2O_4$$

由水溶液证实产物 $Pt(NH_3)_2Cl_2$ 有极性；又由于可将 $Pt(NH_3)_2(OH)_2$ 转化为 $Pt(NH_3)_2C_2O_4$，证实 $Pt(NH_3)_2Cl_2$ 为顺式异构体。

$$\begin{smallmatrix}Cl\\Cl\end{smallmatrix}Pt\begin{smallmatrix}NH_3\\NH_3\end{smallmatrix}$$

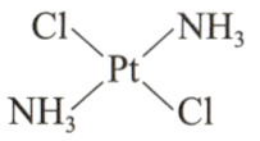

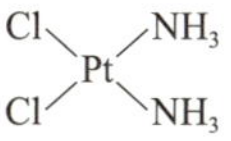

【例 10-12】利用直接图示法推出下列各配合物类型的所有几何异构体与旋光异构体。（a、d、e、f 为单齿配体中的配位原子，$\overbrace{AB}$、$\overbrace{CD}$ 为双齿配体中的配位原子）。

（1）$[Ma_3def]$（正八面体构型）。

（2）$[M(\overbrace{AB})(\overbrace{CD})ef]$（正八面体构型）。

【解析】（1）$[Ma_3def]$

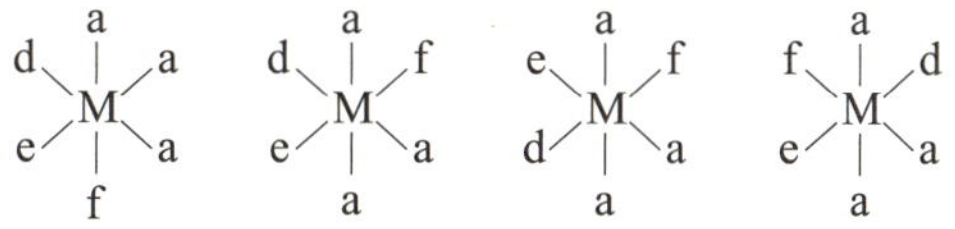

（ I ）　　　（ II ）　　　（ III ）　　　（ IV ）

其中（ I ）有旋光异构体，（ II ）、（ III ）、（ IV ）无旋光异构体，所以立体异构体数量为 5（其中有 1 种旋光异构体）。

（2）$[M(\overset{\frown}{AB})(\overset{\frown}{CD})ef]$

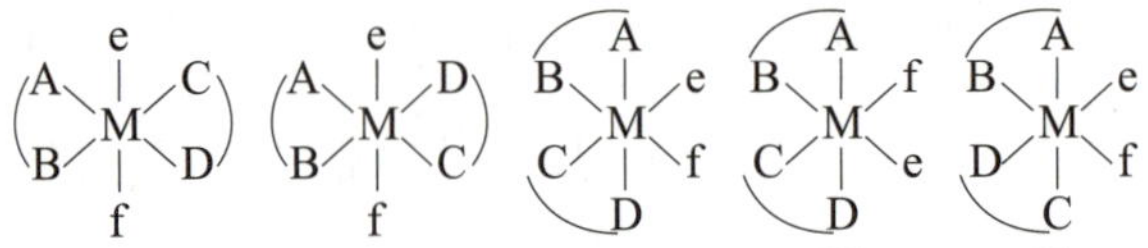

（Ⅰ）　（Ⅱ）　（Ⅲ）　（Ⅳ）　（Ⅴ）

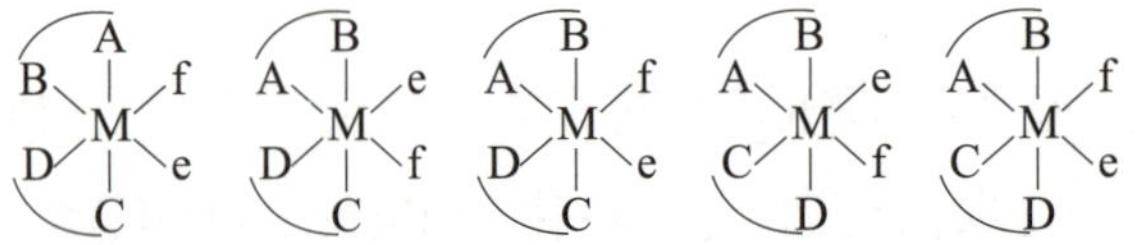

（Ⅵ）　（Ⅶ）　（Ⅷ）　（Ⅸ）　（Ⅹ）

每一种几何异构体都有旋光性，所以立体异构体数量为 20（其中有 10 种旋光异构体）。

【例 10-13】 $RuCl_2(H_2O)_4^+$ 有两种异构体 A 和 B；$RuCl_3(H_2O)_3$ 也有两种异构体 C 和 D。C 和 D 分别按下式水解，均生成 A：C 或 $D+H_2O$ ══ $A+Cl^-$。写出 A、B、C、D 的结构并说明 C 或 D 水解产物均为 A 的原因。

【解析】

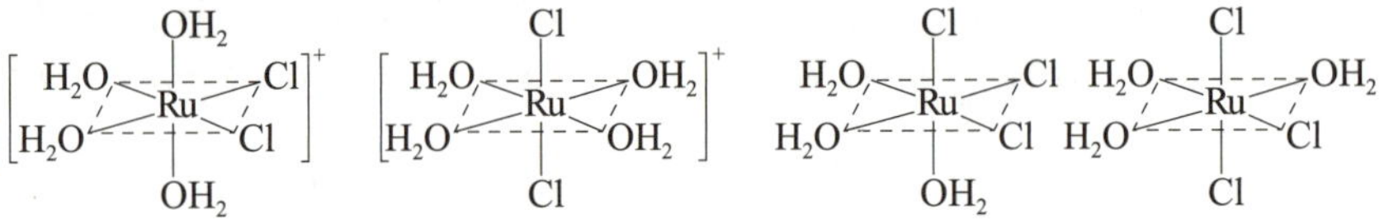

A　B　C　D

若 C 为面式 -$RuCl_3(H_2O)_3$，由于三个 Cl^- 在等边三角形上，完全处于等价位置，失去任何一个 Cl^-，都得到顺式 -$RuCl_2(H_2O)_4^+$，所以 A 一定是顺式 -$RuCl_2(H_2O)_4^+$；对于 D 而言，由于 Cl^- 的反位效应大于 H_2O，所以 H_2O 取代 Cl^- 时，先要取代 Cl^- 对位的那个 Cl^-，故也得到顺式 -$RuCl_2(H_2O)_4^+$。

六、配位化合物的配位平衡

1. 配位 - 解离平衡

$$Ag^+ + 2NH_3 \rightleftharpoons Ag(NH_3)_2^+ \quad K_{稳} = \frac{[Ag(NH_3)_2^+]}{[Ag^+][NH_3]^2} = 1.6\times10^7$$

这个常数的值越大，表示配位反应进行得越彻底，配合物越稳定，故称之为 $K_{稳}$。$Ag(CN)_2^-$ 的 $K_{稳} = 1.0\times10^{21}$，故 $Ag(CN)_2^-$ 比 $Ag(NH_3)_2^+$ 稳定得多。

$$Ag(NH_3)_2^+ \rightleftharpoons Ag^+ + 2NH_3 \quad K_{不稳} = \frac{[Ag^+][NH_3]^2}{[Ag(NH_3)^+]} = \frac{1}{K_{稳}}$$

$K_{不稳}$越大，解离反应越彻底，配离子越不稳定。

配位单元的形成可以认为是分步进行的，如 $Cu(NH_3)_4^{2+}$

$$Cu^{2+} + NH_3 \rightleftharpoons Cu(NH_3)^{2+} \qquad K_1 = 1.41\times10^4 \qquad ①$$

$Cu(NH_3)^{2+} + NH_3 \rightleftharpoons Cu(NH_3)_2^{2+}$　　$K_2 = 3.17 \times 10^3$　　②

$Cu(NH_3)_2^{2+} + NH_3 \rightleftharpoons Cu(NH_3)_3^{2+}$　　$K_3 = 7.76 \times 10^2$　　③

$Cu(NH_3)_3^{2+} + NH_3 \rightleftharpoons Cu(NH_3)_4^{2+}$　　$K_4 = 1.39 \times 10^2$　　④

①+②+③+④得 $Cu^{2+} + 4NH_3 \rightleftharpoons Cu(NH_3)_4^{2+}$，$K_{稳} = K_1K_2K_3K_4 = 4.82 \times 10^{12}$。

上面的 K_1、K_2、K_3、K_4 称为逐级稳定常数。反应①最易进行，反应②中的 NH_3 受到第一个 NH_3 的斥力，同时也有空间位阻，故难些。③、④更难些，这可从 $K_1 > K_2 > K_3 > K_4$ 看出。在上述配位平衡的体系中，哪种配离子多？可以先假设平衡时 $[NH_3] = 1\ mol \cdot L^{-1}$，进行简单计算：

由② $Cu(NH_3)^{2+} + NH_3 \rightleftharpoons Cu(NH_3)_2^{2+}$ 得 $\dfrac{[Cu(NH_3)_2^{2+}]}{[Cu(NH_3)^{2+}]} = 3.17 \times 10^3$；

同理得 $\dfrac{[Cu(NH_3)_3^{2+}]}{[Cu(NH_3)_2^{2+}]} = 7.76 \times 10^2$；$\dfrac{[Cu(NH_3)_4^{2+}]}{[Cu(NH_3)_3^{2+}]} = 1.39 \times 10^2$。

所以，$[Cu(NH_3)_4]^{2+}$ 是体系中占主导多数的离子。

【例 10-14】 结合平衡与酸碱反应分析 AgCl 被 NH_3 溶解后，滴入 HAc 有何现象发生？若换成 $[Ag(CN)_2]^-$ 中滴入 HAc 又怎样？[已知 $K_a(HAc) = 1.75 \times 10^{-5}$，$K_b(NH_3 \cdot H_2O) = 1.75 \times 10^{-5}$，$K_a(HCN) = 4.93 \times 10^{-10}$，$K_{不稳}[Ag(NH_3)_2^+] = 5.89 \times 10^{-8}$，$K_{不稳}[Ag(CN)_2^-] = 2.51 \times 10^{-21}$]

【解析】 $[Ag(NH_3)_2]^+ \rightleftharpoons Ag^+ + 2NH_3$　　$K_{不稳} = 5.89 \times 10^{-8}$　　①

$2HAc \rightleftharpoons 2H^+ + 2Ac^-$　　$K_a^2 = (1.75 \times 10^{-5})^2$　　②×2

$2NH_3 + 2H_2O \rightleftharpoons 2OH^- + 2NH_4^+$　　$K_b^2 = (1.75 \times 10^{-5})^2$　　③×2

$2H_2O \rightleftharpoons 2H^+ + 2OH^-$　　$K_w^2 = (1 \times 10^{-14})^2$　　④×2

①+②×2+③×2−④×2 得

$[Ag(NH_3)_2]^+ + 2HAc \rightleftharpoons Ag^+ + 2Ac^- + 2NH_4^+$　　⑤

$K_5 = K_{不稳}K_a^2K_b^2/K_w^2$

$= \dfrac{5.89 \times 10^{-8} \times (1.75 \times 10^{-5})^2 \times (1.75 \times 10^{-5})^2}{(1 \times 10^{-14})^2} = 3.2 \times 10^6 \gg 1$ 转化可实现

$AgCl \rightleftharpoons Ag^+ + Cl^-$　　$K_{sp} = 1.56 \times 10^{-10}$　　⑥

⑤−⑥得 $[Ag(NH_3)_2]^+ + Cl^- + 2HAc \rightleftharpoons AgCl + 2Ac^- + 2NH_4^+$

$K = \dfrac{K_5}{K_{sp}} = \dfrac{3.2 \times 10^6}{1.56 \times 10^{-10}} = 2.0 \times 10^{16} \gg 1$ 转化可实现，即有 AgCl 沉淀析出。

若换成 $[Ag(CN)_2]^-$ 中滴入 HAc，

$[Ag(CN)_2]^- + 2HAc \rightleftharpoons Ag^+ + 2Ac^- + 2CN^-$

$K = K_{不稳}K_a^2(HAc)K_a^2(HCN)/K_w^2$

$K=\frac{(2.51\times10^{-21})\times(1.75\times10^{-5})^2\times(4.93\times10^{-10})^2}{(1\times10^{-14})^2}=1.87\times10^{-21}\ll1$，转化不能实现，即无明显现象。

2. 配位平衡的移动

若以 M 表示金属离子，L 表示配体，ML_n 表示配位化合物，所有电荷省略不写，则配位平衡反应式简写为 $M+nL \rightleftharpoons ML_n$。若向上述溶液中加入酸、碱、沉淀剂、氧化剂、还原剂或其他配体试剂，只要这些试剂能与 M 或 L 发生反应，配位平衡就会发生移动。

（1）配合物转化平衡

如向 $FeCl_3$ 溶液中加入 NH_4SCN 溶液，生成血红色的 $Fe(NCS)_3$ 配合物。若再加入 NH_4F 试剂，可观察到血红色褪去，生成无色的 FeF_3 溶液。反应为 $Fe(NCS)_3+3F^- \rightleftharpoons FeF_3+3SCN^-$，由多重平衡原理求得该平衡的平衡常数为 $K=\frac{K_{稳}(FeF_3)}{K_{稳}[Fe(NCS)_3]}=1.1\times10^{12}/（2.0\times10^3）=5.5\times10^8$。平衡常数很大，说明正向进行趋势大。

（2）酸度对配位平衡的影响

许多配体是弱酸根（如 F^-、CO_3^{2-}、CN_4^{2-}、CN^-、Y^{4-} 等），它们只能在一定 pH 范围的溶液中存在。若溶液酸度提高，它们将与 H^+ 结合为弱酸。另有一些配体本身是弱碱（如 NH_3、en 等），它们也能与溶液中 H^+ 发生中和反应，因此溶液酸度提高，将促使配合物的解离。

（3）配位平衡和沉淀 - 溶解平衡

沉淀生成能使配位平衡发生移动，配合物生成也能使沉淀溶解平衡发生移动。如 $AgNO_3$ 溶液中滴加 NaCl 溶液，生成白色 AgCl 沉淀。再加入适量氨水，则沉淀溶解，得到无色 $Ag(NH_3)_2^+$ 溶液。若往其中加入 KBr 溶液，可观察到淡黄色 AgBr 沉淀生成。再加入适量 $Na_2S_2O_3$ 溶液，则沉淀又溶解，生成无色的 $Ag(S_2O_3)_2^{3-}$ 溶液。若往其中再加入 KI 溶液，则生成黄色 AgI 沉淀。继续加入 KCN 溶液，沉淀又溶解，得到无色 $Ag(CN)_2^-$。最后加入 Na_2S 溶液，则生成黑色 Ag_2S 沉淀。这一系列变化是配位平衡与沉淀溶解平衡相互影响的典型例子。

（4）配位平衡和氧化 - 还原平衡

配位平衡与氧化还原平衡也可以相互影响。如 Fe^{3+} 能氧化 I^- 生成 Fe^{2+} 和紫黑色 I_2 固体。即 $Fe^{3+}+I^- \longrightarrow Fe^{2+}+\frac{1}{2}I_2(s)$，$E^\ominus=\varphi^\ominus(Fe^{3+}/Fe^{2+})-\varphi^\ominus(I_2/I^-)=0.77\ V-0.54\ V=0.23\ V>0.20\ V$，故正向自发。若上述体系中加入足量KCN溶液，由于

CN^- 与 Fe^{2+} 和 Fe^{3+} 分别能生成稳定配合物 $Fe(CN)_6^{4-}$ 和 $Fe(CN)_6^{3-}$，后者的稳定性更大 {$K_稳[Fe(CN)_6^{4-}]$ 为 1.0×10^{35}，$K_稳[Fe(CN)_6^{3-}]$ 为 1.0×10^{42}}，使 Fe^{3+} 浓度降低更多，于是上述反应逆向进行。即 $Fe(CN)_6^{3-}+I^- \longleftarrow Fe(CN)_6^{4-}+\frac{1}{2}I_2(s)$，这可用 Fe^{3+}/Fe^{2+} 电对的电极电势说明。

$$\varphi(Fe^{3+}/Fe^{2+})=\varphi^\ominus(Fe^{3+}/Fe^{2+})+0.0592\lg\frac{[Fe^{3+}]}{[Fe^{2+}]}$$

对于 $Fe(CN)_6^{3-}$：$[Fe^{3+}]=\dfrac{[Fe(CN)_6^{3-}]}{[CN^-]^6K_稳[Fe(CN)_6^{3-}]}$

对于 $Fe(CN)_6^{4-}$：$[Fe^{2+}]=\dfrac{[Fe(CN)_6^{4-}]}{[CN^-]^6K_稳[Fe(CN)_6^{4-}]}$

当 $[Fe(CN)_6^{4-}]=[Fe(CN)_6^{3-}]=[CN^-]=1\ mol\cdot L^{-1}$（即标准态）时，代入 Fe^{3+}/Fe^{+} 电对的能斯特方程式，有 $\varphi(Fe^{3+}/Fe^{2+})=0.77\ V+0.591\ V\times\lg\dfrac{K_稳[Fe(CN)_6^{4}]}{K_稳[Fe(CN)_6^{4-}]}=0.77\ V+0.0591\ V\times\lg\dfrac{1.0\times10^{35}}{1.0\times10^{42}}=0.36\ V$，此即电对 $Fe(CN)_6^{3-}/Fe(CN)_6^{4-}$ 的标准电极电势。由于 $\varphi^\ominus[Fe(CN)_6^{3-}/Fe(CN)_6^{4-}]=0.36\ V$，所以上述反应逆向进行。反过来，若设计一个含有配位平衡的半电池，并使它与饱和甘汞电极（参比电极）相连接组成电池，测定这个电池电动势，然后利用能斯特方程式可求得 $K_稳$。

【例 10-15】已知 $[Cu(NH_3)_4]^{2+}$ 的 $K_{不稳}=4.79\times10^{-14}$，若在 1.0 L 6.0 mol·L^{-1} 氨水溶液中溶解 0.10 mol $CuSO_4$，求溶液中各组分的浓度（假设溶解 $CuSO_4$ 后溶液的体积不变）。

【解析】①先假设全部 Cu^{2+} 被结合，然后解离，即 $Cu^{2+}(0.10\ mol\cdot L^{-1})\longrightarrow[Cu(NH_3)_4]^{2+}(0.10\ mol\cdot L^{-1})$，

	$[Cu(NH_3)_4]^{2+}\rightleftharpoons$	Cu^{2+}	+	$4NH_3$
平衡关系	$0.1-x$	x		$6.0-(0.1\times4)+4x$

$$K_{不稳}=\frac{[Cu^{2+}][NH_3]^4}{[Cu(NH_3)_4^{2+}]}=\frac{x(5.6+4x)^4}{0.10-x}=4.79\times10^{-14}。$$

解得 $x=4.90\times10^{-18}$，x 很小，可忽略。因此溶液中几乎不存在 Cu^{2+}。

②计算各组分浓度 c：

$c(Cu^{2+})=4.9\times10^{-18}\ mol\cdot L^{-1}$，

$c(NH_3)=6.0\ mol\cdot L^{-1}+0.10\ mol\cdot L^{-1}\times4=5.6\ mol\cdot L^{-1}$，

$c(SO_4^{2-})=0.10\ mol\cdot L^{-1}$（原始 $CuSO_4$ 浓度），

$c[Cu(NH_3)_4^{2+}]=0.10\ mol\cdot L^{-1}-c(Cu^{2+})=0.10\ mol\cdot L^{-1}$。

七、路易斯（Lewis）酸碱概念——广义酸碱理论

1. 路易斯酸碱的定义

在酸碱质子理论提出的同年，路易斯 (Lewis) 提出了酸碱电子理论。电子理论认为，凡是可以接受电子对的物质称为酸，凡是可以给出电子对的物质称为碱。因此酸是电子对的接受体，碱是电子对的给予体。该理论认为酸碱反应的实质是形成配位键生成酸碱配合物的过程。这种酸碱的定义涉及了物质的微观结构，使酸碱理论与物质结构产生了有机的联系。

下列物质均可做电子对的接受体，是路易斯酸：H^+、Ag^+、BF_3、H_3BO_3 等 [$H_3BO_3 + H_2O \xlongequal{} B(OH)_4 + H^+$]

而下列物质均可做电子对的给予体，是路易斯碱：OH^-、NH_3、F^- 等。

2. 酸碱反应

酸和碱的反应是形成配位键生成酸碱配合物的过程，如

$Cu^{2+} + 4NH_3 \longrightarrow [Cu(NH_3)_4]^{2+}$；

酸　　碱　　　　　酸碱配合物

$BF_3 + F^- \longrightarrow BF_4^-$；

酸　　碱　　　酸碱配合物

$H^+ + OH^- \longrightarrow H_2O$；$Ag^+ + Cl^- \longrightarrow AgCl$。

上面这些反应都可以看成是酸和碱之间的反应，其本质是路易斯酸接受了路易斯碱所给予的电子对。

除酸与碱之间的反应之外，还有一类取代反应，如 $[Cu(NH_3)_4]^{2+} + 4H^+ \longrightarrow Cu^{2+} + 4NH_4^+$，酸 ($H^+$) 从酸碱配合物 $[Cu(NH_3)_4]^{2+}$ 中取代了酸 (Cu^{2+})，而自身与碱 (NH_3) 结合形成一种新的酸碱配合物 NH_4^+。这种取代反应称为酸取代反应。而下面的取代反应可以称碱取代反应：$[Cu(NH_3)_4]^{2+} + 2OH^- \xrightarrow{\triangle} Cu(OH)_2\downarrow + 4NH_3$，碱 ($OH^-$) 取代了酸碱配合物 $[Cu(NH_3)_4]^{2+}$ 中的 NH_3，形成新的酸碱配合物 $Cu(OH)_2$。

在反应 $NaOH + HCl \longrightarrow NaCl + H_2O$ 和反应 $BaCl_2 + Na_2SO_4 \longrightarrow BaSO_4 + 2NaCl$ 之中，两种酸碱配合物中的酸碱互相交叉取代，生成两种新的酸碱配合物。这种取代反应称为双取代反应。

在酸碱电子理论中，一种物质究竟属于酸还是属于碱，还是酸碱配合物，应该在具体的反应中确定。在反应中起酸作用的是酸，起碱作用的是碱，不能脱离环境去辨认物质的归属。

按照这一理论，几乎所有的正离子都能起酸的作用，负离子都能起碱的作

用，绝大多数的物质都能归为酸、碱或酸碱配合物，而且大多数反应都可以归为酸碱之间的反应或酸、碱与酸碱配合物之间的反应。可见这一理论的适应面极广泛。也正是由于这一理论包罗万象，所以酸碱的特征显得不明显，这也是酸碱电子理论的不足之处。

【典型赛题欣赏】

【赛题 1】（全国初赛模拟试题）配合物 A 经元素分析，其质量百分组成为 19.5% Cr，40.0% Cl，45% H 和 36% O。将 0.533 g A 溶于 100 mL 水中，再加入稀 $HNO_3(2\ mol \cdot L^{-1})$，然后加入过量 $AgNO_3$ 至沉淀完全，将沉淀经干燥处理称量得 0.287 g。已知 1.06 g A 在干燥空气中缓慢加热至 100 ℃时有 0.144 g 水释放，请回答：

（1）推导配合物 A 的实验式。

（2）推导配合物 A 的配位化学式。

（3）写出配合物 A 的几何异构体和水合异构体。

【解析】（1）令 A 的化学式为 $Cr_aCl_bH_cO_d$，很明显 $a:b:c:d=(19.5/52.0):(40.0/35.5):(4.5/1.008):(36/16.0)=1:3:12:6$，即 A 的化学式为 $CrCl_3H_{12}O_6$ 或 $CrCl_3(H_2O)_6$，相对质量为 266.5。

（2）该配合物中只有外界的 Cl 元素才是 Cl^-，会最终沉淀为 AgCl，内界的 Cl 是不能沉淀的，假设 $CrCl_3H_{12}O_6$ 中有 n 个 Cl 是外界的，则

$\dfrac{0.533}{266.5}\times n=\dfrac{0.287}{143.4}$，解得 $n=1$，即外界只有 1 个 Cl^-，其余的 2 个 Cl 只能在内界；

同样，设有 m 个 H_2O 是外界的，由缓慢加热最终只有 0.144 g 水释放，可得

$\dfrac{1.06}{266.5}\times m=\dfrac{0.144}{18.0}$，解得 $m=2$，即外界有 2 个 H_2O 为结晶水，其余的 4 个 H_2O 只能在内界，故配合物 A 的配位化学式为 $[CrCl_2(H_2O)_4]Cl \cdot 2H_2O$。

（3）有顺式和反式两种几何异构体。有 $[CrCl_2(H_2O)_4]Cl \cdot 2H_2O$、$[CrCl(H_2O)_5]Cl_2 \cdot H_2O$ 和 $[Cr(H_2O)_6]Cl_3$ 三种水合异构体。

【赛题 2】（2000 年冬令营全国决赛题）铂的配合物 $\{Pt(CH_3NH_2)(NH_3)[CH_2(COO)_2]\}$ 是一种抗癌新药，药效高而毒副作用小，其合成路线如下：

$K_2PtCl_4 \xrightarrow{\text{I}}$ A（棕色溶液）$\xrightarrow{\text{II}}$ B（黄色晶体）$\xrightarrow{\text{III}}$ C（红棕色固体）$\xrightarrow{\text{IV}}$ D（金黄色晶体）$\xrightarrow{\text{V}}$ E（淡黄色晶体）

（Ⅰ）加入过量 KI，反应温度 70 ℃；（Ⅱ）加入 CH_3NH_2；A 与 CH_3NH_2 的反

应摩尔比=1∶2；（Ⅲ）加入$HClO_4$和乙醇；红外光谱显示C中有两种不同振动频率的Pt—I键，而且C分子呈中心对称，经测定，C的分子量为B的1.88倍；（Ⅳ）加入适量的氨水得到极性化合物D；（Ⅴ）加入Ag_2CO_3和丙二酸，滤液经减压蒸馏得到E。在整个合成过程中铂的配位数不变。铂原子的杂化轨道类型为dsp^2。

（1）画出A、B、C、D、E的结构式。

（2）从目标产物E的化学式可见，其中并不含碘，请问：将K_2PtCl_4转化为A的目的何在？

（3）合成路线的最后一步加入Ag_2CO_3起到什么作用？

【解析】（1）

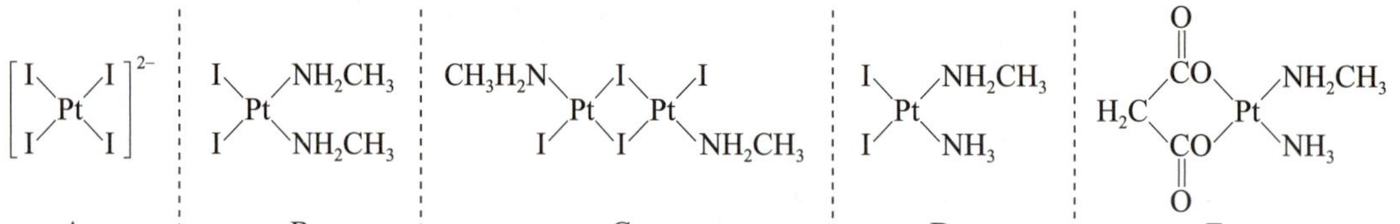

（2）将K_2PtCl_4转化为A目的是使CH_3NH_2更容易取代A中的碘。

（3）Ag_2CO_3与丙二酸生成丙二酸银盐，再与D作用形成AgI沉淀，加速丙二酸根与铂配位。或Ag_2CO_3与D发生下列反应：$D+Ag_2CO_3 = DCO_3+2AgI$，DCO_3再与丙二酸根发生配体取代反应，形成E。

【赛题3】（2002年全国初赛题）六配位（八面体）单核配合物$MA_2(NO_2)_2$呈电中性，组成分析结果：M 21.68%, N 31.04%, C 17.74%；配体A含氮不含氧；配体$(NO_2)^{x-}$的两个氮氧键不等长。

（1）该配合物中心原子M是什么元素？氧化态是多少？给出推断过程。

（2）画出该配合物的结构示意图，给出推理过程。

（3）指出配体$(NO_2)^{x-}$在“自由”状态下的几何构型和氮原子的杂化轨道类型。

（4）除本例外，上述无机配体还可能以什么方式和中心原子配位？用图形回答问题。

【解析】（1）由$n(M):n(N)=[21.68/M(M)]:(31.04/14)=1:(2y+2)$得$M(M)=19.56\times(y+1)$（$y$为A中可能含有的氮原子数），令$y=2$，得$M(M)=58.7\ g\cdot mol^{-1}$（假设$y$为其他值均不合理）。

查阅元素周期表，可以确定M=Ni；

由配体$(NO_2)^{x-}$的两个氮氧键不等长，推断配体为单齿配体，配位原子为O，故配体为NO_2^-（或ONO^-）因此，Ni的氧化数为+2。Ni的核外电子排布为$1s^22s^22p^63s^23p^63d^82s^2$。

（2）设配合物中碳原子数为 n(C)，则 n(C)∶n(N)=17.74/12∶31.04/14=0.667。

已知：n(N)=2×2+2=6，所以，n(C)=0.677×6=4。

由 NO_2 可以计算出 NO_2 中含氧 23.65%，此时 M+N+C+O=21.68%+31.04%+17.74%+23.65%=94.11%；即配合物中还有"第五者"，但只占到了 5.89%，如此小，应该可以想到是氢，并由此计算出氢原子的数目为 16，可推得配体 A 为 $H_2NCH_2CH_2NH_2$（其他不变）；

配合物的结构示意图为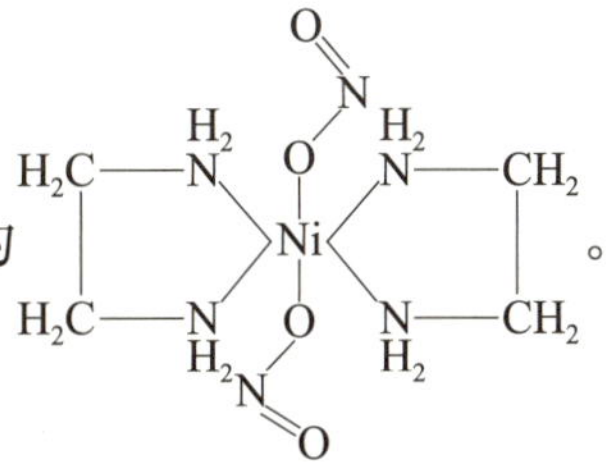。

需要指出的是，配合物的结构可以画出两种，即 ONO^- 可处于对位也可处于邻位，而且，邻位还具有手性，具体如下图：

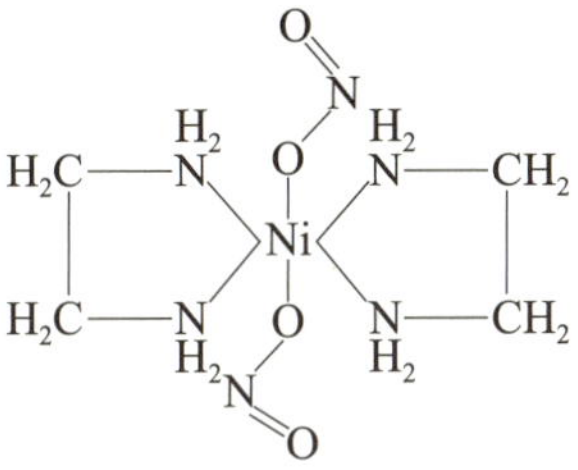

或

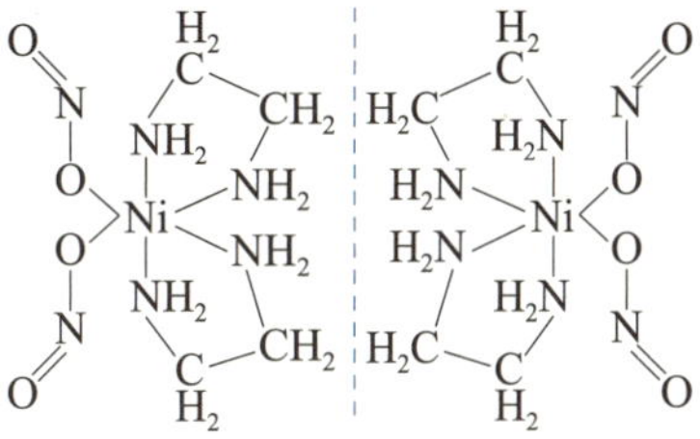

（3）根据 VSEPR 理论，可预言 NO_2^- 为 V 形，键角略小于 120°，N 采取 sp^2 杂化。

（4）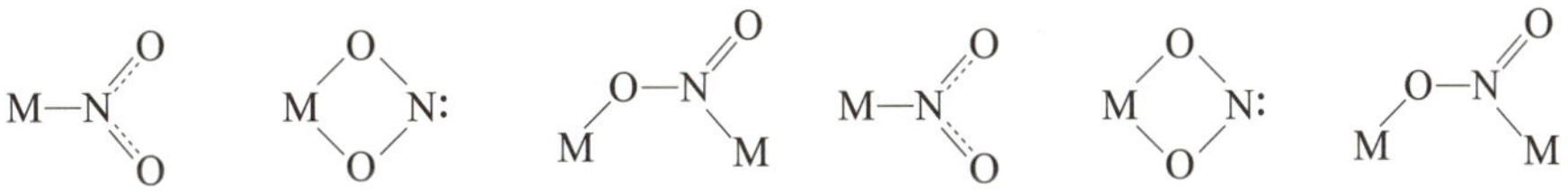

注意：只要图形中原子的相对位置关系正确即可得分，画出其他合理配位结构也得分，如氧桥结构、NO_2^- 桥结构等。

【赛题 4】（2004 年江苏省赛题改编）$CrCl_3$、金属铝和 CO 可在 $AlCl_3$ 的苯溶液中发生化学反应生成一种无色物质 A，A 又可和 $P(CH_3)_3$ 反应，生成物质 B，A 还可和钠汞齐反应生成物质 C，已知 A、B、C 的元素分析结果如下：

物质	Cr/%	P/%	C/%
A	23.63		32.75
B	19.36	11.55	32.83
C	21.84		25.23

试写出：

（1）结构简式 A：________，B：________，C：________。

（2）将 A 中 Cr 原子换为 Mo 原子得物质 D，D 可与 PPh_3 反应（Ph 为苯基），试写出反应的化学方程式：________________________________。

（3）E 与 D 组成元素相同，结构相似，但 E 中 Mo 元素的质量分数比 D 的两倍还多，请预测 E 的分子结构，并说明理由。

（4）请预测 $Ir_4(CO)_{12}$ 可能的结构，画出示意图。

【解析】（1）根据题意，$CrCl_3+Al+CO \longrightarrow A+\cdots$，元素分析结果显示，A 中含有 Cr、C，显然应该还有 O，而且配体极有可能是 CO，经过计算，A 中 Cr∶C＝(23.63/52.00)∶(32.75/12.01)＝1∶6，如果配体是 CO，则 C∶O＝1∶1，对应的 O%＝43.67%，正好使 Cr、C、O 的质量分数之和达到 100%，所以 A 为 $Cr(CO)_6$，对应的反应为 $CrCl_3+Al+6CO \longrightarrow AlCl_3+Cr(CO)_6$。

A 又可和 $P(CH_3)_3$ 反应，生成物质 B，可以猜想到该反应中 A、B 的中心原子肯定没有改变，二者对比应该只是配体的变化，即一部分 CO 配体可能被替换为—$P(CH_3)_3$。经过计算，Cr∶C＝(19.36/52.00)∶(32.83/12.01)＝1∶5，Cr∶P＝(19.36/52.00)∶(11.55/30.97)＝1∶1，按照前面的假想，则 C∶O＝1∶1，对应的 O%＝43.78%，则 P∶H＝1∶9，对应的 H%＝3.36%，结果也能达到 100%，所以 B 为 $Cr(CO)_5P(CH_3)_3$，对应的化学反应为 $Cr(CO)_6+P(CH_3)_3 \longrightarrow Cr(CO)_5P(CH_3)_3+CO$；同理，A 还可和钠汞齐反应生成物质 C，C 肯定是钠盐，通过计算可得 C 为 $Na_2[Cr(CO)_5]$。

（2）很明显，D 是 $Mo(CO)_6$，它与 PPh_3 的反应应该类似于 A 与 $P(CH_3)_3$ 的反应，即 $Mo(CO)_6 + PPh_3 \longrightarrow Mo(CO)_5PPh_3 + CO$。

（3）E 与 D 组成元素相同，结构相似，但 E 中 Mo 元素的质量分数比 D 的两倍还多，这说明 E 应该是 Mo 的双核配合物。根据有效原子序数 (EAN) 规则（18 电子规则）：金属的 d 电子数加上配体所提供的 σ 电子数之和等于 18 或等于最邻近的下一个稀有气体原子的价电子数，或中心金属的总电子数等于下一个稀有气体原子的有效原子序数。这个规则实际上是金属原子与配体成键时倾向于尽可能完全使用它的 9 条价轨道（5 条 d 轨道、1 条 s 轨道、3 条 p 轨道）的表现。需要指出的是，有些时候，它不是 18 而是 16。这是因为 $18e^-$ 意味着全部 s、p、d 价轨道都被利用，当金属外面电子过多，意味着负电荷累积，此时假定能以反馈键 M → L 形式将负电荷转移至配体，则 $18e^-$ 结构配合物稳定性较强；如果配体生成反馈键的能力较弱，不能从金属原子上移去很多的电子云密度时，则形成 16 电子结构配合物。如对于 $Cr(CO)_6$，EAN＝6＋12＝18，对

双核羰基配合物 $Mo_2(CO)_{10}$，EAN＝(2×6＋20)/2＝16，也是相当不错的组合。

（4）对于 $Ir_4(CO)_{12}$，4Ir=4×9=36，12CO=12×2=24，电子总数=60，平均每个 Ir 周围有 15 个 e^-。按 EAN 规则，每个 Ir 还缺三个电子，因而每个 Ir 必须同另三个金属形成三个 M−M 键方能达到 $18e^-$ 的要求，通过形成四面体原子簇的结构，就可达到此目的。其结构示意图如右。

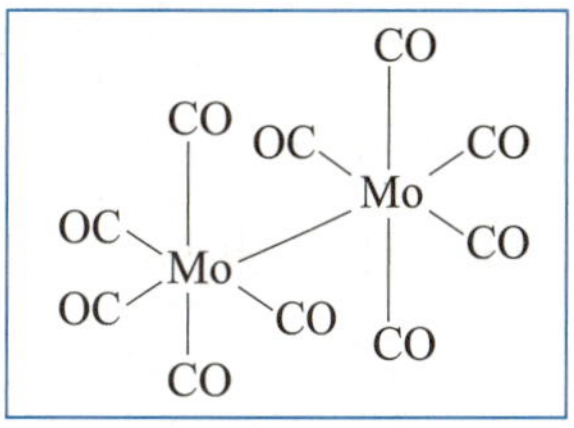

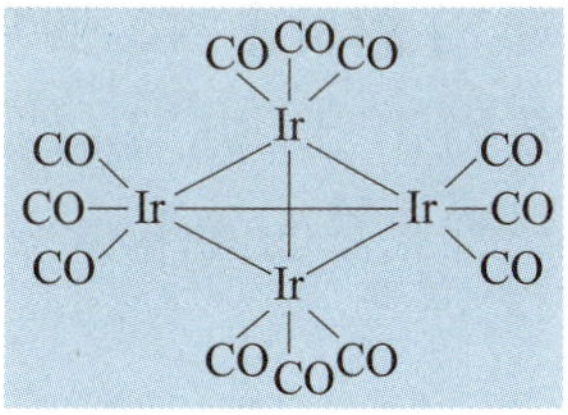

【赛题 5】（2013 年全国初赛题）简要回答或计算：

（1）$Bi_2Cl_8^{2-}$ 中铋原子的配位数为 5，配体呈四角锥型分布，画出该离子的结构并指出 Bi 原子的杂化轨道类型。

（2）在液氨中，$E^\ominus(Na^+/Na)=-1.89$ V，$E^\ominus(Mg^{2+}/Mg)=-1.74$ V，但可以发生 Mg 置换 Na 的反应：$Mg+2NaI =\!=\!= MgI_2+2Na$，指出原因。

（3）将 Pb 加到氨基钠的液氨溶液中，先生成白色沉淀 Na_4Pb，随后转化为 Na_4Pb_9（绿色）而溶解。在此溶液中插入两块铅电极，通直流电，当 1.0 mol 电子通过电解槽时，在哪个电极（阴极或阳极）上沉积出铅？写出沉积铅的量。

（4）下图是某金属氧化物的晶体结构示意图。图中，小球代表金属原子，大球代表氧原子，细线框出的是其晶胞。

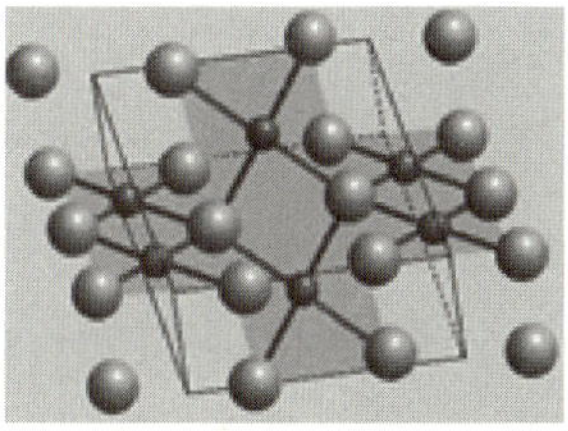

① 写出金属原子的配位数 (m) 和氧原子的配位数（n）。

② 写出晶胞中金属原子数 (p) 和氧原子数 (q)。

③ 写出该金属氧化物的化学式（金属用 M 表示）。

（5）向含 $[cis\text{-}Co(NH_3)_4(H_2O)_2]^{3+}$ 的溶液中加入氨水，析出含 $\{Co[Co(NH_3)_4(OH)_2]_3\}^{6+}$ 的难溶盐。$\{Co[Co(NH_3)_4(OH)_2]_3\}^{6+}$ 是以羟基为桥键的多核配离子，具有手性。画出其结构。

（6）向 $K_2Cr_2O_7$ 和 NaCl 的混合物中加入浓硫酸制得化合物 X（摩尔质量为 154.9 g·mol^{-1}）。X 为暗红色液体，沸点 117 ℃，有强刺激性臭味，遇水冒白烟，遇硫燃烧。X 分子有两个相互垂直的镜面，两镜面的交线为二重旋转轴。写出 X 的化学式并画出其结构式。

（7）实验得到一种含钯化合物 $Pd[C_xH_yN_z](ClO_4)_2$，该化合物中 C 和 H 的质量分数分别为 30.15% 和 5.06%。将此化合物转化为硫氰酸盐 $Pd[C_xH_yN_z](SCN)_2$，则 C 和 H 的质量分数分别为 40.46% 和 5.94%。通过计算确定 $Pd[C_xH_yN_z](ClO_4)_2$ 的组成。

（8）甲烷在汽车发动机中平稳、完全燃烧是保证汽车安全和高能效的关键。甲烷与空气按一定比例混合，氧气的利用率为 85%，计算汽车尾气中 O_2、CO_2、H_2O 和 N_2 的体积比（空气中 O_2 和 N_2 体积比按 21∶79 计；设尾气中 CO_2 的体积为 1）。

【解析】（1）四角锥形状如图 1 所示，题中明确了 $Bi_2Cl_8^{2-}$ 中铋原子的配位数为 5，所以，$Bi_2Cl_8^{2-}$ 的结构只可能是两个锥体共用一条棱边形成，Bi 原子位于锥底平面的中心。

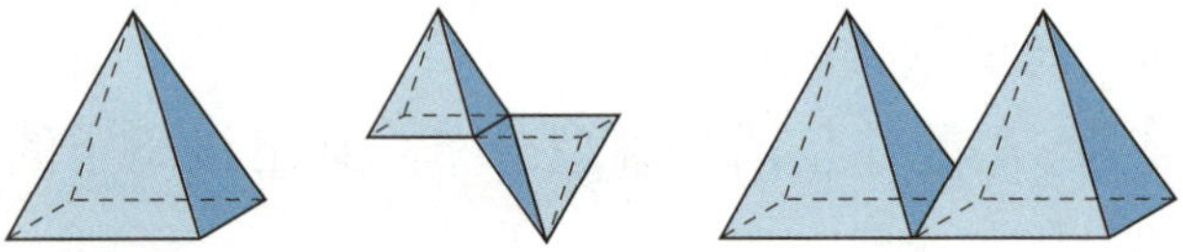

图 1

因此，$Bi_2Cl_8^{2-}$ 的结构如下：

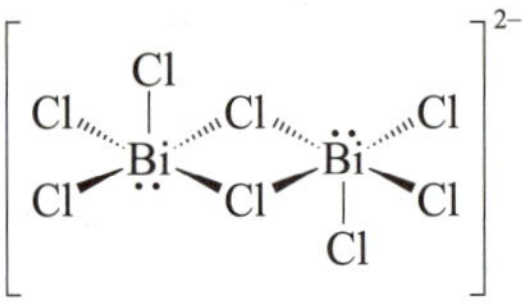

或

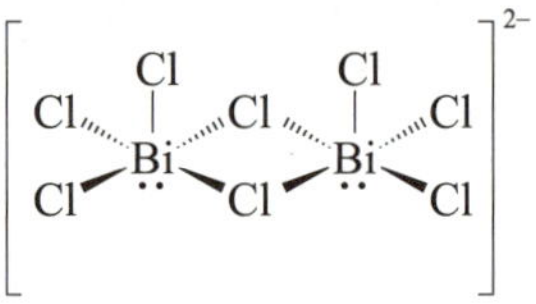

也可以写成

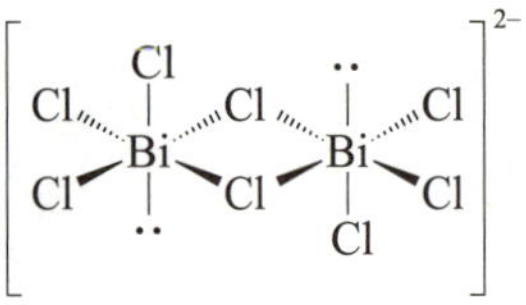

或

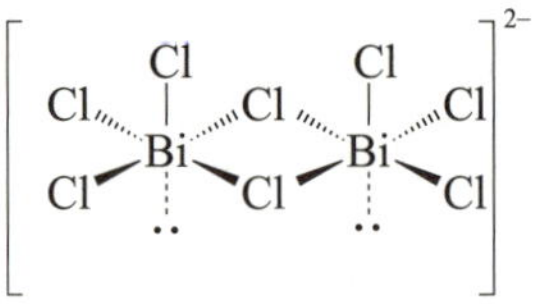

杂化轨道类型：sp^3d^2。

（2）从标准电极电势的数值来看，因为 $E^\ominus(Na^+/Na)=-1.89\ V<E^\ominus(Mg^{2+}/Mg)=-1.74\ V$，即应该是 Na 与 Mg^{2+} 反应生成 Na^+ 和 Mg，但实际是 $Mg+2NaI=MgI_2+2Na$，这说明反应动力另有原因，很明显，问题只能出在 MgI_2，说明在液氨中 MgI_2 难溶，所以反应的方向发生逆转。

（3）Na_4Pb_9 溶液中可以理解为有 Na^+ 和 Pb_9^{4-} 两种离子，插入两块铅电极，通直流电，阳极反应是 $Pb_9^{4-}-4e^-=9Pb$，当 1.0 mol 电子通过电解槽时，阳极沉积铅的量为 $\frac{9}{4}$ mol。

（4）图 2 所示的结构中，小球代表金属原子，大球代表氧原子，细线框出其晶胞。很明显，金属原子的配位数为 4，氧原子的配位数也是 4，每个晶胞中，金属原子数 $p=4\times1/2+2=4$；氧原子数 $q=4\times1/4+6\times1/2=4$，因此该金属氧化物的化学式为MO。即① $m=4$，$n=4$。② $p=4$，$q=4$。③ MO。

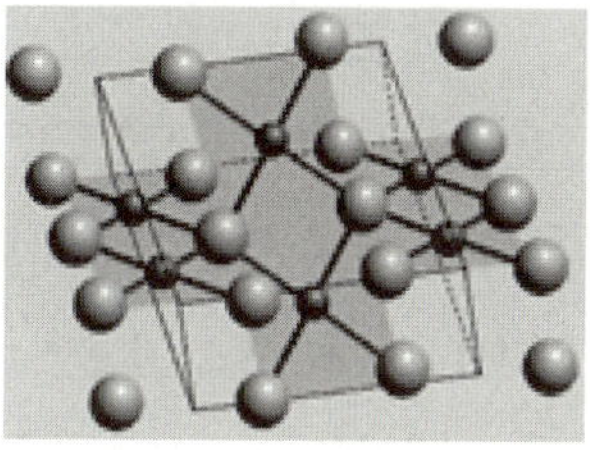

图 2

（5）从 $\{Co[Co(NH_3)_4(OH)_2]_3\}^{6+}$ 的化学式可以看出该离子有4个Co核，其基本组成单位为 $[Co(NH_3)_4(OH)_2]$，该基本单元的结构如图3所示，结合题目中强调“以羟基为桥键，具有手性”，可以画出如图4所示的结构。

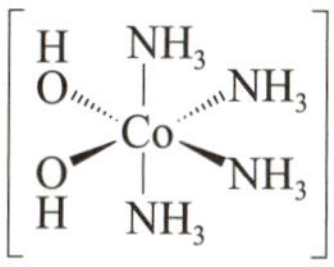

图 3

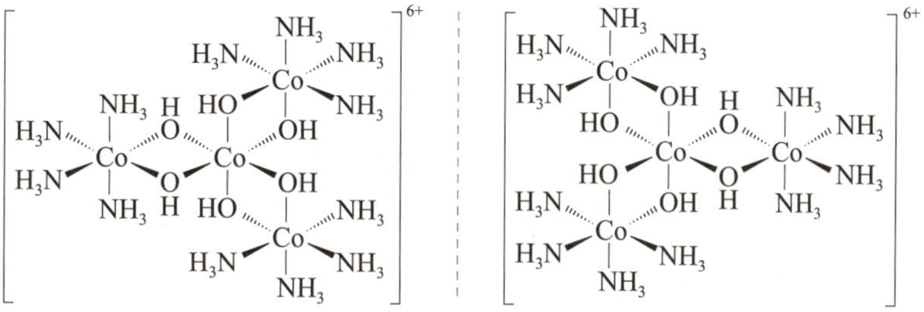

图 4

（6）“X分子有两个相互垂直的镜面，两镜面的交线为二重旋转轴”说明化合物X应该是四面体结构；沸点117 ℃，说明是一种分子晶体，肯定不含有 K^+，因此，肯定含有Cr元素，而且在四面体的中心；遇水冒白烟，说明应该含有Cl元素；摩尔质量为154.9 g · mol^{-1}，说明不是 $CrCl_4$，所以一定含有O元素；令X为 $CrCl_mO_n$，$m+n=4$ 且 $35.5m+16n+51.9=154.9$，解得 $m=n=2$，即X的化学式为 CrO_2Cl_2。X的结构式为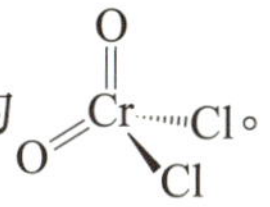。

（7）解法一：

$Pd[C_xH_yN_z](ClO_4)_2$ 中，C和H的比例为 (30.15/12.01)∶(5.06/1.008) = 1∶2，即 $y=2x$ ①

$Pd[C_xH_yN_z](SCN)_2$ 中，C和H的比例为 (40.46/12.01)∶(5.94/1.008) = 0.572，即 $(x+2)/y=0.572$ ②

综合①、②，解得 $x=13.89\approx14$，$y=28$。

设 $Pd[C_xH_yN_z](ClO_4)_2$ 的摩尔质量为 M，则 $14\times12.01/M=30.15\%$，解得 $M=557.7$ g · mol^{-1}。

$z=\{557.7-[106.4+12.01\times14+1.008\times28+2\times(35.45+64.00)]\}/14.01=3.99=4$，

$Pd[C_xH_yN_z](ClO_4)_2$ 的组成为 $Pd[C_{14}H_{28}N_4](ClO_4)_2$。

解法二：

设$Pd[C_xH_yN_z](ClO_4)_2$的摩尔质量为M，比较$Pd[C_xH_yN_z](ClO_4)_2$和$Pd[C_xH_yN_z](SCN)_2$知，$Pd[C_xH_yN_z](SCN)_2$的摩尔质量为$M-2\times[35.45+64.00-(32.01+12.01+14.01)]=M-82.74\ g\cdot mol^{-1}$，根据C的质量分数，有：

$12.01\times x=0.3015\,M$，

$12.01\times(x+2)=0.4046\times(M-82.74)$，

解得$M=557.7$，$x=14$，

根据H的质量分数，有：$y=557.7\times0.0506/1.008=27.99=28$，

则 $z=\{557.7-[106.4+12.01\times14+1.008\times28+2\times(35.45+64.00)]\}/14.01=3.99=4$。

（8）甲烷完全燃烧：$CH_4+2O_2 = CO_2+2H_2O$，1体积甲烷消耗2体积O_2生成1体积CO_2和2体积H_2O，由于O_2的利用率为85%，反应前O_2的体积为$2/0.85=2.35$，剩余O_2的体积为$2.35-2=0.35$，混合气中N_2的体积为$2.35\times79/21=8.84$ N_2不参与反应，仍保留在尾气中。则汽车尾气中，O_2、CO_2、H_2O和N_2的体积比为0.35∶1∶2∶8.84。

【赛题6】（第27届Icho国际赛题）在腌肉时，加入亚硝酸钠，能产生NO，NO与由蛋白质中解离出来的硫和铁结合，生成$[Fe_4S_3(NO)_7]^-$，后者有抑菌，防腐作用。X-射线结构分析表明该离子的结构如下图所示。

（1）请把图上的所有铁原子涂黑，并从上至下用Fe(A)、Fe(B)、Fe(C)、Fe(D)标记。

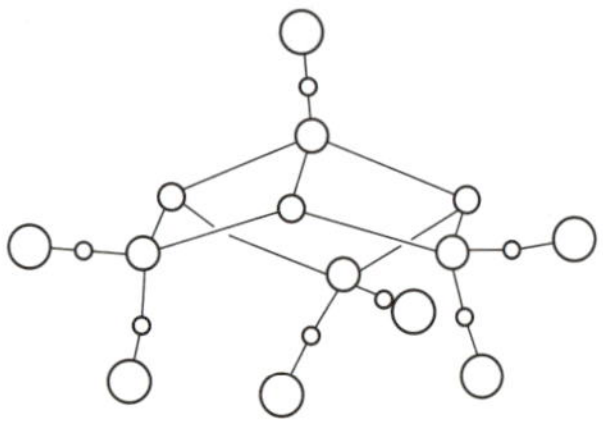

（2）已知铁的平均氧化数为0.5，试确定每个Fe的氧化数。

（3）设在配合物里的每个铁原子都采取sp^3杂化，指出每个铁原子中3d电子的数目。

（4）$[Fe_4S_3(NO)_7]^-$可以被还原，生成一个含Fe_2S_2环的化合物，表示为$[Fe_2S_2(NO)_4]^{2-}$，请回答下列各问题：

① 写出阴离子$[Fe_2S_2(NO)_4]^{2-}$的结构式；

② 用阿拉伯数字给出每个铁原子的氧化态；

③ $[Fe_2S_2(NO)_4]^{2-}$会转化为$[Fe_2(SCH_3)_2(NO)_4]^n$，它是一种致癌物。下列三种物种中，哪一个被加到S原子上？

（i）CH_3^+，（ii）CH_3，（iii）CH_3^-，并求n的值。

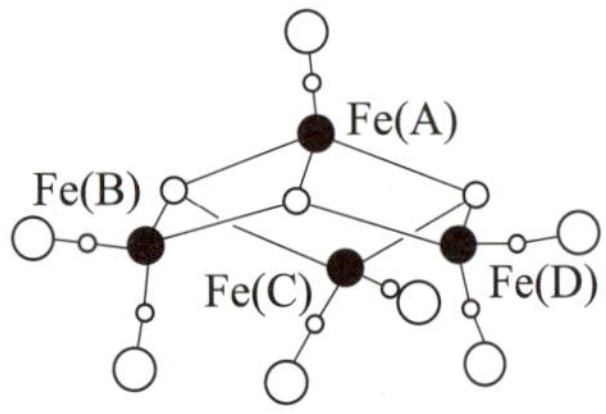

【解析】（1）如右图。

（2）$[Fe_4S_3(NO)_7]^-$ 中 S 的氧化数为 −2，NO 的氧化数为 +1，令铁的氧化数为 x，$4x-2\times3+1\times7=-1$，$x=-1/2$，即铁的氧化数为 −1/2。

由于 Fe(B)、Fe(C)、Fe(D) 的周围环境相同，它们的氧化数理应相同，而 Fe(A) 有另外的氧化数，氧化数可能值为 Fe(A)=−2，Fe(B)=Fe(C)=Fe(D)=0，或 Fe(A)=+1，Fe(B)=Fe(C)=Fe(D)=−1。当第二组氧化数代入后，Fe(B)、Fe(C)、Fe(D) 周围的电荷为零，只有 Fe(A) 周围电荷为离子团电荷 −1，所以更为合理。

（3）对于 $Fe^{(0)}$ 而言，若采取 sp^3 杂化来接受配位原子的孤电子对，则价电子排布应从 $3d^64s^2$ 重排成 $3d^84s^0$。对于 +1 氧化态的 Fe(A)，为 $3d^7$；对于 Fe(B)、Fe(C)、Fe(D) 而言，由于是 −1 氧化态，应为 $3d^9$。

（4）① 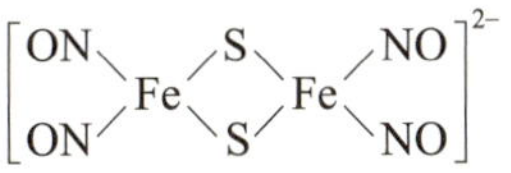

② 每个铁的氧化数均为 −1。

③ $n=0$，加到 S 原子上的一定是 CH_3^+。因为硫原子氧化态为 −2，已是 8 电子构型，即为 Lewis 碱，只有与 CH_3^+ Lewis 酸加合。

【赛题 7】（2014 年全国初赛题）环戊二烯钠与氯化亚铁在四氢呋喃中反应，或环戊二烯与氯化亚铁在三乙胺存在下反应，可制得稳定的双环戊二烯基合铁（二茂铁）。163.9 K 以上形成的晶体属于单斜晶系，晶胞参数 $a=1044.35$ pm，$b=757.24$ pm，$c=582.44$ pm，$\beta=120.98°$。密度 1.565 g • cm^{-3}。

（1）写出上述制备二茂铁的两种反应的方程式。

（2）通常认为，二茂铁分子中铁原子的配位数为 6，这是如何算得的？

（3）二茂铁晶体属于哪种晶体类型？

（4）计算二茂铁晶体的 1 个正当晶胞中的分子数。

【解析】 首先要认识环戊二烯，即 C_5H_6（），它不符合休克尔规则，不具有芳香性。而环戊二烯钠中含有的是环戊二烯基负离子，即 $C_5H_5^-$（

或 ），它符合休克尔规则，具有芳香性，因此，在这种负离子中具有 6 个 π 电子，两个环戊二烯基负离子共向 Fe 原子提供 6 对 π 电子，即每个环戊二烯负离子成 Π_5^6 键，共提供给亚铁离子 3 对电子，所以，相当 2 个配体共 6 配位（如右图所示）。

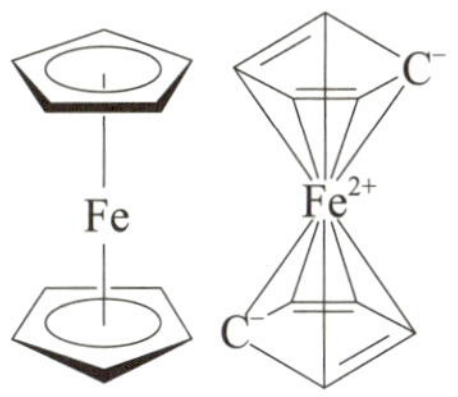

另外，对于单斜晶系：$a\neq b\neq c$，$\alpha=\beta=90°$，$\gamma\neq90°$，即晶胞参数 a、b、c、γ，也是要牢记在心的（见右图）。

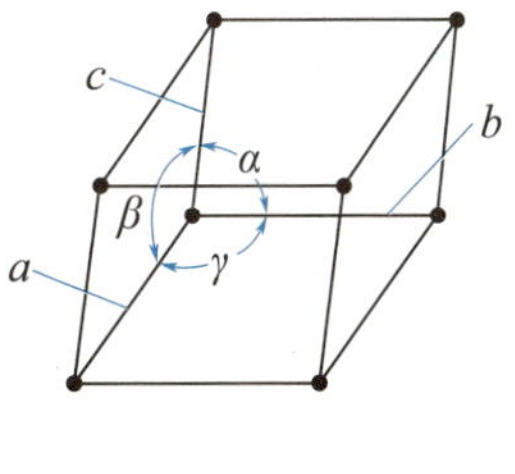

（1）$FeCl_2+2C_5H_5Na \longrightarrow Fe(C_5H_5)_2+2NaCl$，

$FeCl_2+2C_5H_6+2(C_2H_5)_3N \longrightarrow Fe(C_5H_5)_2+2(C_2H_5)_3NHCl$。

（2）环戊二烯基负离子有 6 个 π 电子，两个环戊二烯基负离子共向 Fe 原子提供 6 对 π 电子（即每个环戊二烯负离子成 Π_5^6 键，共提供给亚铁离子 6 对电子，所以 2 个配体共 6 配位）。

（3）分子晶体。

（4）$z=\rho VN_A/M=\rho abc\sin\beta\times N_A/M$

$=(1.565\times1044.35\times10^{-10}\times757.24\times10^{-10}\times582.44\times10^{-10}\times\sin120.958^\circ\times6.022\times10^{23})/186.04$

≈2.001，即 2 个分子。

【赛题 8】（2000 年冬令营全国决赛题）业已发现许多含金的化合物可以治疗风湿症等疾病，引起科学家广泛兴趣。在吡啶（结构简式如下图）的衍生物 2,2′- 联吡啶（代号 A）中加入冰醋酸与 30%H_2O_2 的混合液，反应完成后加入数倍体积的丙酮，析出白色针状晶体 B（分子式为 $C_{10}H_8N_2O_2$）。B 的红外光谱显示它有一种 A 没有的化学键，B 分成两份，一份与 $HAuCl_4$ 在温热的甲醇中反应得到深黄色沉淀 C，另一份在热水中与 $NaAuCl_4$ 反应，得到亮黄色粉末 D，用银量法测得 C 不含游离氯而 D 含 7.18% 游离氯，C 的紫外光谱在 211 nm 处有吸收峰，与 B 的 213 nm 特征吸收峰相近，而 D 则没有这一吸收峰，C 和 D 中金的配位数都是 4。

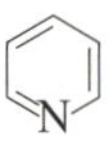

（1）画出 A、B、C、D 的结构式。

（2）在制备 B 的过程中，加入丙酮起什么作用？

（3）给出用游离氯测定值得出 D 的化学式的推理和计算过程。

【解析】研究吡啶的结构，结合氮原子的特殊性，不难得出 2,2′- 联吡啶（代号 A）的结构为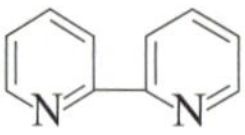，A 中加入冰醋酸与 30%H_2O_2 的混合液，显然是 A 被氧化，根据休克尔规则，吡啶具有芳香性，因此，环不存在被破坏的可能，这也就说明是 N 原子被氧化，反应完成后加入数倍体积的丙酮，析出白色针状晶体 B，根据 B 的分子式 $C_{10}H_8N_2O_2$，正好比 A（分子式为 $C_{10}H_8N_2$）多了两个氧原子，且 B 的红外光谱显示它有一种 A 没有的化学键，所以 B 为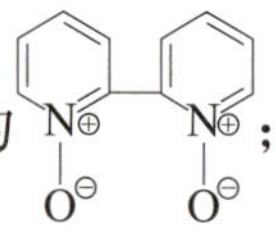；B 分成两份，一份与 $HAuCl_4$ 在温热的甲醇中反应得到深黄色沉淀 C，另一份在热水中与 $NaAuCl_4$ 反应，得到亮黄色粉末 D，C 和 D 中金的配位数都是 4，用银量法测得 C 不含游离氯，说明 C 中 Cl 全部都是配体，在内界，C 的紫外光谱在 211 nm 处有吸收峰，与 B 的 213 nm 特征吸收峰相近，说明 C 有与 B 相似的原子团，基本可以确定 C 是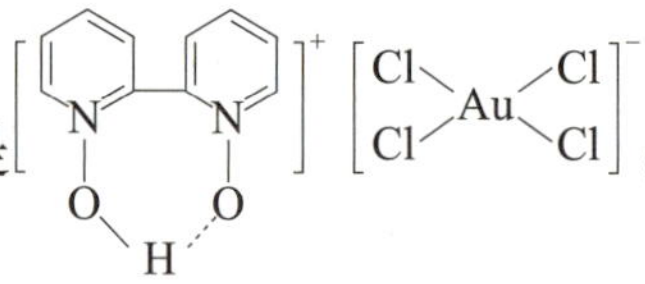；而 D 含 7.18% 游

离氯，结合 B 具有双齿配体的特征，而 D 没有与 B、C 相近的吸收峰，基本可以确定 D 中应该有螯合离子 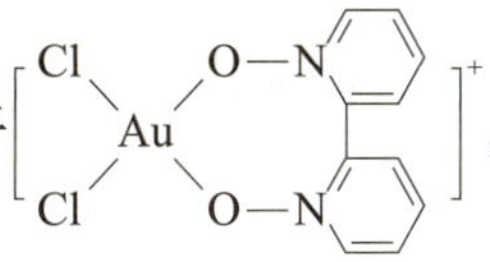，再通过计算可以确定 D 为

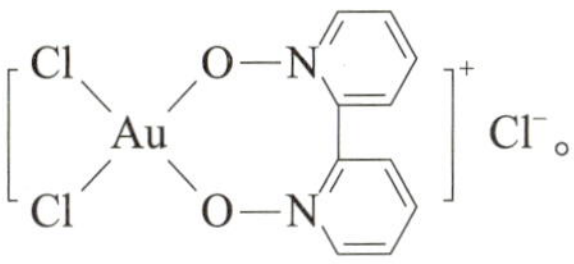

（1）

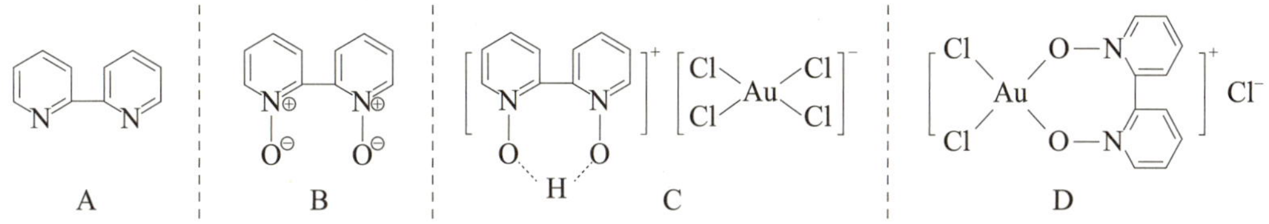

（2）丙酮的作用是降低 B 在水中的溶解度，促使 B 的快速结晶。

（3）D 的分子量为 491.5，设 D 中游离氯离子数为 n，D 中游离的氯离子含量为 x，则 $35.5n/491.5=x$，当 $n=1$ 时，$x=7.22\%$，与实验值 7.18% 相近，表明 D 的外界有一个游离氯离子。

【赛题 9】（1998 年冬令营全国决赛题）环硼氮烷 $B_3N_3H_6$ 是苯的等电子体，具有与苯相似的结构。铝与硼同族，有形成与环硼氮烷类似的环铝氮烷的可能。这种可能性长期以来一直引起化学家们的兴趣。近期报道了用三甲基铝 $[Al(CH_3)_3]_2$(A) 和 2,6- 二异丙基苯胺 (B) 为原料，通过两步反应，得到一种环铝氮烷的衍生物 (D)：

第一步：$A+2B = C+2CH_4$

第二步：□ C $\xrightarrow{170℃}$ □ D + □ CH_4（□中需填入适当的系数）

请回答下列问题：

（1）分别写出两步反应配平的化学方程式（A、B、C、D 要用结构简式表示）。

（2）写出 D 的结构式。

（3）设在第一步反应中 A 与过量的 B 完全反应，产物中的甲烷又全部挥发，对反应后的混合物进行元素分析，得到其质量分数如下：C（碳）73.71%，N（氮）6.34%。试求混合物中 B 与 C 的质量分数（%）。

已知：原子量 Al-26.98　C-12.01　N-14.01　H-1.01

【解析】（1）题中强调环硼氮烷 $B_3N_3H_6$ 是苯的等电子体，具有与苯相似的结构。这是本题的关键信息，考生必须要准确利用。铝与硼同族，这也是一个极其重要的提示，此时应该形成一个类似于环硼氮烷的环的图像，即

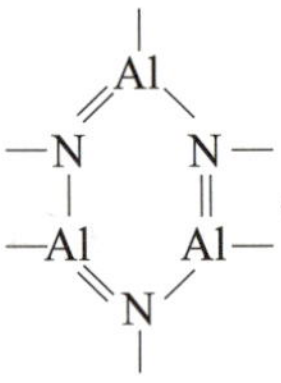
。最后结合题中描叙“有形成与环硼氮烷类似的环铝氮烷的可能”，可以自由地想到其中的 Al，就是三甲基铝 $[Al(CH_3)_3]_2$(A) 中的 Al，N 就是 2,6-二异丙基苯胺 (B) 中的 N，但 Al 必须和 N 相连接，因此，只能“去氢合铝”，即二者发生取代反应，最终形成 CH_4 和环铝氮烷的衍生物 (D)。

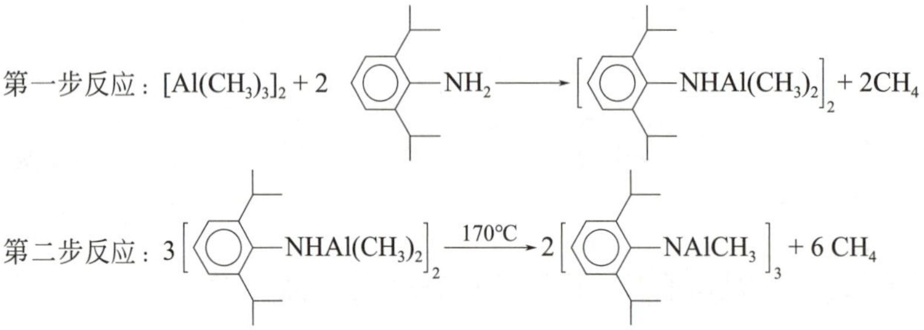

（2）环铝氮烷的衍生物 D 的结构式如下：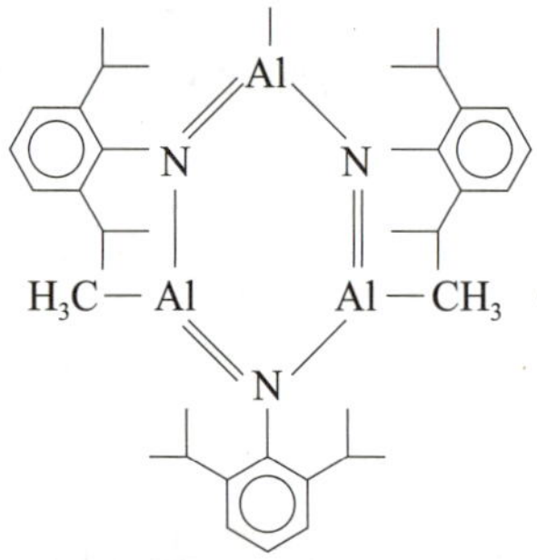。

（3）设混合物中 B 的质量分数为 x，C 的质量分数为 y；C_j、H_j、N_j、Al_j 分别表示化合物 j 中含 C、H、N、Al 的原子数；M_j 表示化合物 j 的分子量；则：

编号 j	化合物	分子式	C_j	H_j	N_j	Al_j	分子量 M_j
1	2,6- 二异丙基苯胺	$C_{12}H_{17}NH_2$	12	19	1	0	177.32
2	C	$C_{28}H_{48}N_2Al_2$	28	48	2	2	466.74

B 中碳的质量分数 $= 12M(C)/M(C_{12}NH_{19}) = 144.12/177.32 = 0.81277$，

氮的质量分数 $= M(N)/M(C_{12}NH_{19}) = 14.01/177.32 = 0.079010$；

C 中碳原子的质量分数 $= 14M(C)/M(C_{14}AlNH_{24})$

$= 14 \times 12.01/(14 \times 12.01 + 26.98 + 14.01 + 1.01 \times 24) = 0.72049$，

氮原子的质量分数 $= M(N)/M(C_{14}AlNH_{24}) = 14.01/233.37 = 0.060033$；

所以 $\begin{cases} 0.81277x + 0.72049y = 0.7371, \\ 0.079010x + 0.060033y = 6.34/100, \end{cases}$

解得 $x = 0.1757 = 17.57\%$，$y = 0.8248 = 82.48\%$。

即混合物中 2,6- 二异丙基苯胺、化合物 C 的质量分数分别为 17.57%、82.48%。

【赛题 10】（2001 年冬令营全国决赛题）生物体内重要氧化还原酶大都是金属有机化合物，其中金属离子不止一种价态，是酶的催化性中心。研究这些酶的目的在于阐述金属酶参与的氧化过程及其电子传递机理，进而实现这些酶的化学模拟。

据最近的文献报道，以 $(Cy_3P)_2Cu(O_2CCH_2CO_2H)$（式中 Cy 为环己基的缩写）与正丁酸铜（Ⅱ）在某惰性有机溶剂中，氩气氛下反应 1 小时，然后真空除去溶剂，得到淡紫色的沉淀物。该沉淀被重新溶解，真空干燥，如此反复 4 次，最后在 CH_2Cl_2 中重结晶，得到配合物 A 的纯品，产率 72%。元素分析：A 含 C(61.90%)、H(9.25%)、P(8.16%)，不含氯。红外谱图显示，A 中 $-CO_2^-$ 基团 $\upsilon(-CO_2^-)$（CH_2Cl_2 中）有 3 个吸收峰：1628 cm^{-1}，1576 cm^{-1}，1413 cm^{-1}，表明羧基既有单键氧参与配位，又有双键氧同时参与配位；核磁共振谱还表明 A 含有 Cy、$-CH_2-$，不含 $-CH_3$ 基团，Cy 的结合状态与反应前相同。单晶 X-射线衍射数据表明有 2 种化学环境的 Cu，且 A 分子呈中心对称。（已知原子量 C : 12.0，H : 1.01，N : 14.0，Cu : 63.5，P : 31.0，O : 16.0）。

（1）写出配合物 A 的化学式。

（2）写出生成配合物 A 的化学方程式。

（3）“淡紫色沉淀物被重新溶解，真空干燥，如此反复操作多次”的目的是除去何种物质？

（4）画出配合物 A 的结构式。

（5）文献报道，如用 $(Ph_3P)_2Cu(O_2CCH_2CO_2H)$（Ph 为苯基）代替 $(Cy_3P)_2Cu(O_2CCH_2CO_2H)$，可发生同样反应，得到与 A 相似的配合物 B。但 B 的红外谱图 CH_2Cl_2 中 $\upsilon(-CO_2^-)$ 只有 2 个特征吸收峰：1633 cm^{-1} 和 1344 cm^{-1}，表明它只有单氧参与配位。画出配合物 B 的结构式。

【解析】（1）根据题意“以 $(Cy_3P)_2Cu(O_2CCH_2CO_2H)$ 与正丁酸铜（Ⅱ）$[Cu(CH_3CH_2CH_2COO)_2]$ 在某惰性有机溶剂中发生反应，得到 A”，考虑到有机反应局部变化的特征，首先想到的是 $-CO_2^-$ 基团 $\upsilon(-CO_2^-)$，它应该类似于羧基 ，这样才满足“既有单键氧参与配位，又有双键氧同时参与配位”，而且应该来自 $(Cy_3P)_2Cu(O_2CCH_2CO_2H)$ 中的 $O_2CCH_2CO_2H$；也就是说 A 中有

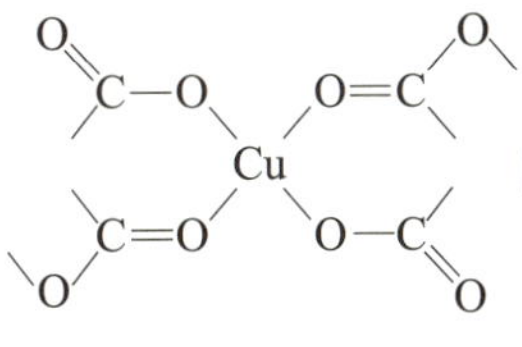

的结构，这是本题解决的关键。元素分析：A 含 C(61.90%)、H(9.25%)、P(8.16%)，不含氯，所以，$n(C):n(H)=\dfrac{61.9\%}{12}:\dfrac{9.25\%}{1}\approx 5:9$，同理，

$n(\text{C}):n(\text{P})=\dfrac{61.9\%}{12}:\dfrac{8.16\%}{31}\approx 20:1$，考虑到 Cy－为环己基，且 Cy 的结合状态与反应前相同，可以想到 A 中有 $(\text{Cy})_3\text{P}$－的配体结构；根据“单晶 X- 射线衍射数据表明有 2 种化学环境的 Cu，且 A 分子呈中心对称”，还有一种化学环境的 Cu 肯定是与 $(\text{Cy})_3\text{P}$－配位，而且应该对称地分布在 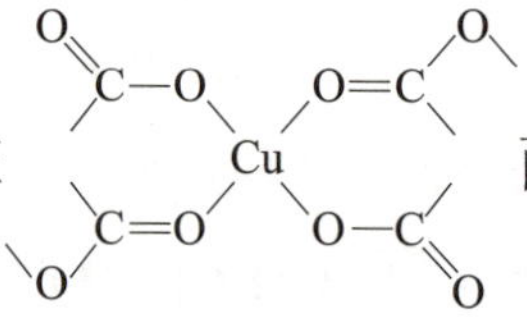 两边，即 A 中 Cu 原子很可能是 3 个；此时再回头分析“A 含 C(61.90%)、H(9.25%)、P(8.16%)”，剩余的 20.69% 应该是铜和氧，且铜和氧的个数比极有可能是 3∶8，即铜占 12.41%，氧占 8.28%，最后算出 A 中含磷原子 4 个，碳原子 78 个，从而确定 A 中只有 2 个－CH_2－，即 A 的化学式为 $C_{78}H_{136}Cu_3O_8P_4$。

（2）以 $(\text{Cy}_3\text{P})_2\text{Cu}(\text{O}_2\text{CCH}_2\text{CO}_2\text{H})$ 与正丁酸铜（Ⅱ）$[\text{Cu}(\text{CH}_3\text{CH}_2\text{CH}_2\text{COO})_2]$ 在某惰性有机溶剂中发生反应，得到 $C_{78}H_{136}Cu_3O_8P_4$，化学方程式为

$$2(\text{Cy}_3\text{P})_2\text{Cu}(\text{O}_2\text{CCH}_2\text{CO}_2\text{H})+\text{Cu}(\text{CH}_3\text{CH}_2\text{CH}_2\text{COO})_2\xrightarrow[\text{氩气氛}]{\text{惰性溶剂}}2\text{CH}_3\text{CH}_2\text{CH}_2\text{COOH}+\text{C}_{78}\text{H}_{136}\text{Cu}_3\text{O}_8\text{P}_4$$。

（3）由（2）可知生成 A 的同时还产生了正丁酸，所以淡紫色沉淀物被重新溶解，真空干燥，如此反复操作多次的目的是除去反应的另一产物正丁酸和未反应的反应物。

（4）由 A 中含有一个 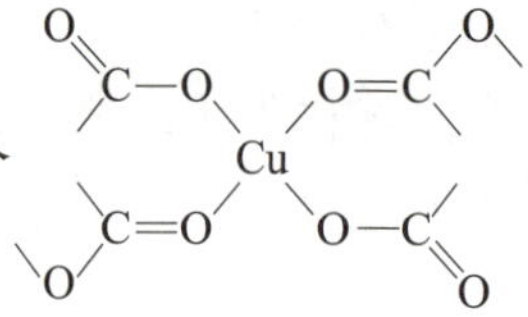，同时考虑“有 2 种化学环境的 Cu，且 A 分子呈中心对称”，同时结合 A 的化学式为 $C_{78}H_{136}Cu_3O_8P_4$，不难得出 A 的结构如图 1 所示。

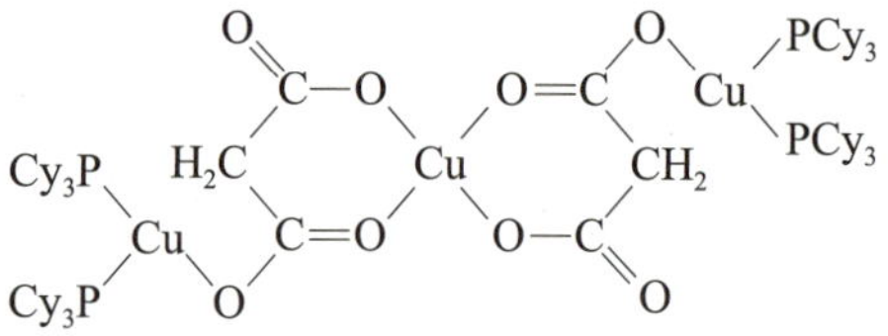

图 1

（5）用 $(\text{Ph}_3\text{P})_2\text{Cu}(\text{O}_2\text{CCH}_2\text{CO}_2\text{H})$ 代替 $(\text{Cy}_3\text{P})_2\text{Cu}(\text{O}_2\text{CCH}_2\text{CO}_2\text{H})$，可发生同样反应，得到与 A 相似的配合物 B。但 B 的红外谱图表明它只有单键氧参与配位，即 B 的结构中有 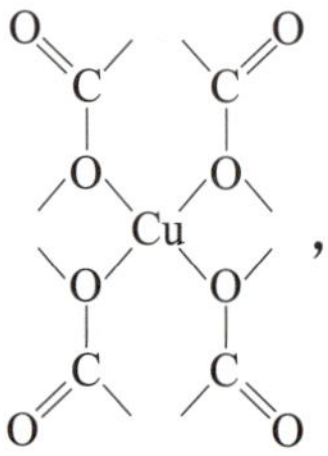，B 的结构如图 2 所示。

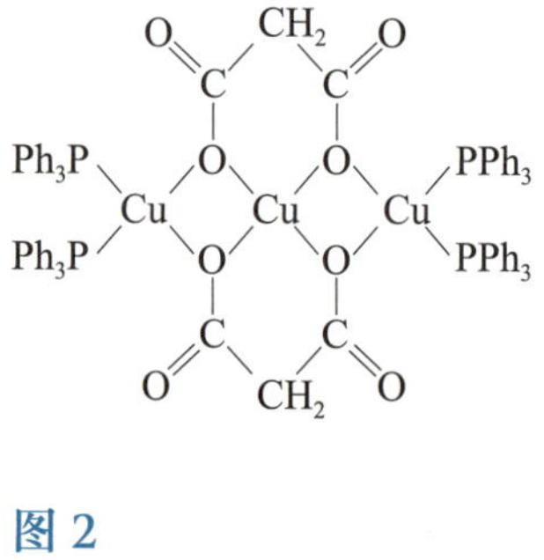

图 2

【赛题 11】（1999 年冬令营全国决赛题）在 NH_4Cl 水溶液中用空气氧化碳酸钴（Ⅱ）可以得到具有光泽的红色氯化物 A(NH_3 ∶ Co ∶ Cl 为 4 ∶ 1 ∶ 1)。将 A 的固体在 0 ℃下加入用 HCl 气体饱和的无水乙醇中，在室温下有气体迅速释放，将其振摇至不再有气体产生，得到蓝灰色固体 B，B 是一种混合物。将 B 过滤，用乙醇洗涤，然后用少量冷水洗涤，所得主要产物再经一系列提纯步骤产生紫色晶体 C(化学式：$CoCl_3 \cdot 4NH_3 \cdot 0.5H_2O$)。当 C 在浓盐酸中加热时，可以分离出一种绿色化合物 D，经分析为 $CoCl_3 \cdot 4NH_3 \cdot HCl \cdot H_2O$。D 可溶于冷水，加浓盐酸就沉淀出来。

提示：① 已知 $[CoCl_2(en)_2]^+$ 可被拆分的异构体形式是紫色的，并且在溶液中存在如下平衡：

紫色 -$[CoCl_2(en)_2]Cl \xrightarrow{\text{在饱和HCl中蒸发}}$ 绿色 -$[CoCl_2(en)_2]Cl \cdot HCl \cdot 2H_2O$（注：$en = H_2NCH_2CH_2NH_2$）

② 在 −12 ℃的低温下，用 HCl 气体饱和了的盐酸处理如图所示的双核配合物 $[(NH_3)_4Co\overset{HO}{\underset{OH}{<>}}Co(NH_3)_4]Cl_4$，同样能得到 C。

回答下列问题：

（1）A~D 分别代表何种化合物？请分别画出 C 与 D 中配离子的立体结构。

（2）写出并配平上述所有的化学方程式。

（3）试根据 C 与 D 中配离子的立体结构判断它们的极性，并简要说明理由。

（4）用少量冷水洗涤 B 目的何在？浓盐酸在绿色化合物 D 形成中起什么作用？

（5）C 与 D 之间的转化属于一种什么类型的反应？

（6）由题给条件和提示说明你所推测的化学反应发生的依据。

【解析】（1）A 为 $[Co(CO_3)(NH_3)_4]Cl$；B 为 C 和 D 的混合物；C 为 *cis*-$[CoCl_2(NH_3)_4]Cl \cdot 0.5H_2O$；D 为 *trans*-$[CoCl_2(NH_3)_4]Cl \cdot HCl \cdot H_2O$；

C 中配离子的立体结构为 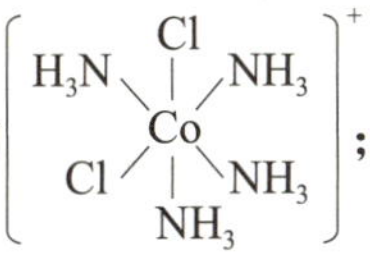

；D 中配离子的立体结构为 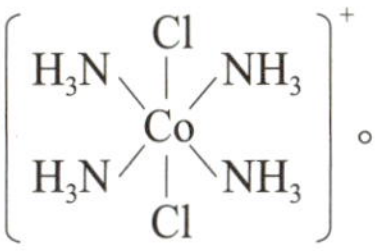

。

（2）$8NH_4^+ + \frac{1}{2}O_2 + 2CoCO_3 = 2[Co(CO_3)(NH_3)_4]^+ + 6H^+ + H_2O$，

$[Co(CO_3)(NH_3)_4]Cl + 2HCl \xrightarrow{\text{乙醇}}$ *cis*-$[CoCl_2(NH_3)_4]Cl \cdot 0.5H_2O$(主产物)$+ CO_2\uparrow + \frac{1}{2}H_2O$，*cis*-$[CoCl_2(NH_3)_4]Cl \cdot 0.5H_2O + HCl + \frac{1}{2}H_2O \xrightarrow{\text{浓盐酸中加热}}$ *trans*-$[CoCl_2(NH_3)_4]Cl \cdot HCl \cdot H_2O$。

（3）由 C 与 D 中配离子的立体结构可知，由于前者中各个 M—L 键的极性不能相互抵消，C 中相应的配离子具有极性；而在后者中各个 M—L 键的极性可相互抵消，D 中相应的配离子没有极性。

（4）用少量冷水洗涤 B 是为了除去 D，浓盐酸起沉淀剂的作用。

（5）C 与 D 之间的转化属于顺 - 反异构化反应。

（6）$[CoCl_2(en)_2]^+$ 可被拆分的几何异构体形式应为顺式异构体，经类比推测未知紫色化合物 C 为顺式构型。（或答：由题给条件推测紫色化合物在一定温度和浓盐酸条件下容易转化为绿色化合物 D。）

【赛题 12】（2014 年全国初赛题）不同条件下，$HgBr_2$ 溶液（必要时加 HgO）与氨反应可得到不同产物。向 $HgBr_2$ 溶液中加入氨性缓冲溶液，得到二氨合溴化汞 A。向浓度适中的 $HgBr_2$ 溶液中加入氨水，得到白色沉淀 B，B 的化学式中汞离子、氨基和 Br^- 的比例为 1∶1∶1。将含 NH_4Br 的 $HgBr_2$ 浓溶液与 HgO 混合，得到化合物 C，C 中汞离子、氨基和 Br^- 的比例为 2∶1∶2。$HgBr_2$ 的浓溶液在搅拌下加入稀氨水，得到浅黄色沉淀 D，D 是一水合溴氮化汞。

从 A 到 D 的结构中，Hg(Ⅱ) 与 N 的结合随 N 上所连氢原子的数目而变化，N 均成 4 个键，N—Hg—N 键角为 180°。A 中，Br^- 作简单立方堆积，两个立方体共用的面中心存在一个 Hg(Ⅱ)，NH_3 位于立方体的体心。B 中，Hg(Ⅱ) 与氨基形成一维链。C 中存在 Hg(Ⅱ) 与氨基形成的按六边形扩展的二维结构，Br^- 位于六边形中心。D 中，$(Hg_2N)^+$ 形成具有类似 SiO_2 的三维结构。

（1）写出 C 和 D 的方程式。

（2）画出 A 的结构示意图（NH_3 以 N 表示）。

（3）画出 B 中 Hg(Ⅱ) 与氨基（以 N 表示）形成的一维链式结构示意图。

（4）画出 C 中二维层的结构示意图，写出其组成式。层间还存在哪些物种？给出其比例。

（5）画出 D 中 $(Hg_2N)^+$ 的三维结构示意图（示出 Hg 与 N 的连接方式即可）。

（6）令人惊奇的是，组成为 $HgNH_2F$ 的化合物并非与 $HgNH_2X$(X＝Cl、Br、I) 同构，而是与 D 相似，存在三维结构的 $(Hg_2N)^+$。写出表达 $HgNH_2F$ 结构特点的结构简式。

【解析】依题意，向 $HgBr_2$ 溶液中加入氨性缓冲溶液，得到二氨合溴化汞 A，后面强调“从 A 到 D 的结构中，Hg 的氧化数均为Ⅱ，Hg(Ⅱ) 与 N 的结合随 N 上所连氢原子的数目而变化，N 均成 4 个键”，即 A 为 $Hg(NH_3)_2Br_2$；向浓度适中的 $HgBr_2$ 溶液中加入氨水，得到白色沉淀 B，B 的化学式中汞离子、氨基和 Br^- 的比例为 1∶1∶1，即 B 为 $Hg(NH_2)Br$；将含 NH_4Br 的 $HgBr_2$

浓溶液与 HgO 混合，得到化合物 C，C 中汞离子、氨基和 Br^- 的比例为 2∶1∶2，即 C 为 $Hg_2(NH)Br_2$［需要提醒的是 C 是电中性的，一部分考生将 C 写成了 $Hg_2(NH_2)Br_2$］；$HgBr_2$ 的浓溶液在搅拌下加入稀氨水，得到浅黄色沉淀 D，D 是一水合溴氮化汞，即 D 为 $Hg_2NBr \cdot H_2O$。

（1）C 的生成：$3HgO + HgBr_2 + 2NH_4Br \longrightarrow 2Hg_2(NH_2)Br_2 + 3H_2O$，

D 的生成：$2Hg + 4NH_3 + Br^- + H_2O \longrightarrow Hg_2NBr \cdot H_2O + 3NH_4^+$。

（2）A 为 $Hg(NH_3)_2Br_2$，在 A 中，Br^- 作简单立方堆积，两个立方体共用的面中心存在一个 Hg(Ⅱ)，NH_3 位于立方体的体心，即 A 的结构示意图为

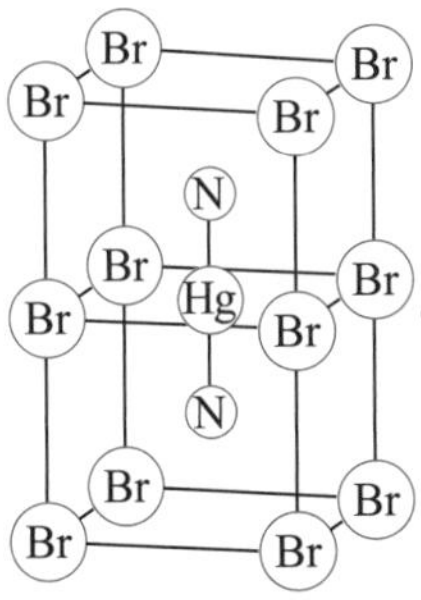

。

（3）B 为 $Hg(NH_2)Br$，B 中 Hg(Ⅱ) 与氨基形成一维链，N−Hg−N 键角为 180°。所以，B 中 Hg(Ⅱ) 与氨基形成的一维链式结构示意图为

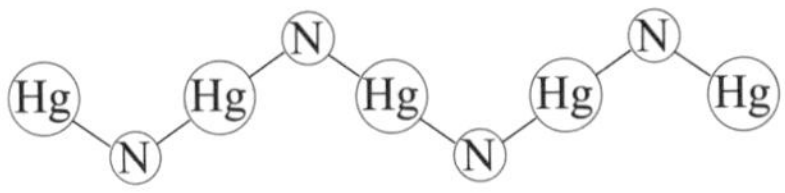

（每一个 NH_2 均为两个 Hg 共用）。

（4）C 中存在 Hg(Ⅱ) 与氨基形成的按六边形扩展的二维结构，Br^- 位于六边形中心，即二维结构的基本单元是

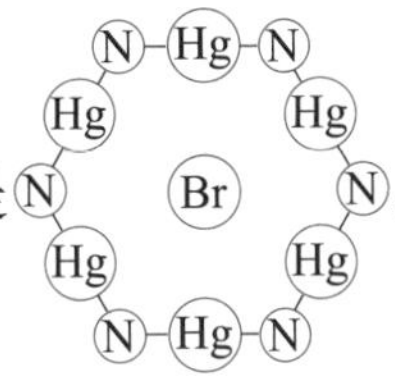

，考虑到氮原子的三价特征，扩展后的结果只能是

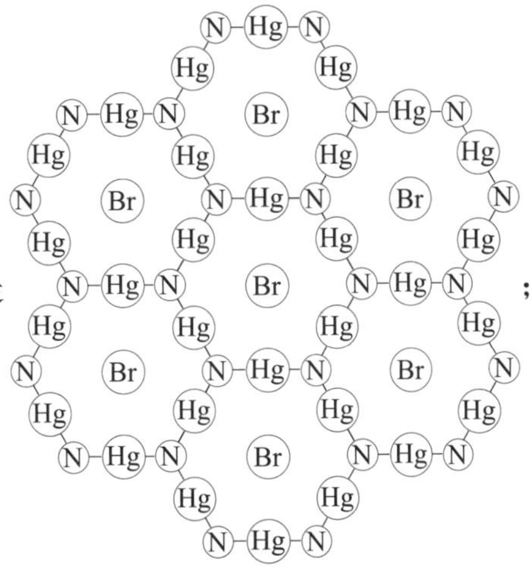

；此时，C 为 $[Hg_3(NH)_2Br]^+$，但题中强调 C 中汞离子、氨基和 Br^- 的比例为 2∶1∶2，即要

将 C 的化学式由二维的 $[Hg_3(NH)_2Br]^+$ 变为三维的 $Hg_2(NH)Br_2$；所以，层间还必须存在 Hg^{2+} 和 Br^-，并保持 $n(Hg^{2+}):n(Br^-)=1:3$。

（5）D 为 $Hg_2NBr\cdot H_2O$，$(Hg_2N)^+$ 形成具有类似 SiO_2 的三维结构，SiO_2 三维结构中的基本单元是 Si—O 四面体，即每个 Si 原子周围有 4 个 O 原子，每个 O 原子周围有 2 个 Si 原子，画出 $(Hg_2N)^+$ 的三维结构示意图为

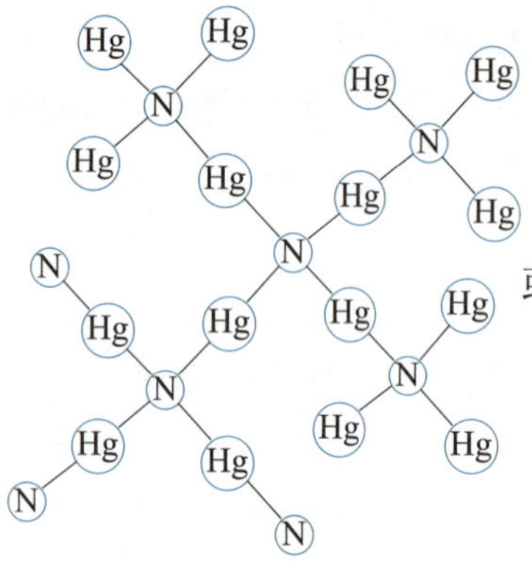

或

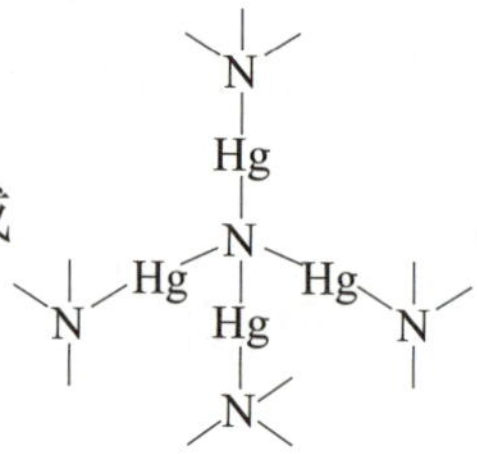

。

（6）“组成为 $HgNH_2F$ 的化合物并非与 $HgNH_2Br$ 同构，而是与 D 相似”，这在暗示，$HgNH_2F$ 虽然与 $HgNH_2Br$ 组成相似，但结构完全不同，$HgNH_2F$ 存在 $(Hg_2N)^+$，即 $HgNH_2F$ 的化学式为 $Hg_2(NH_2)_2F_2$，因此，$HgNH_2F$ 的结构简式应为 $(NH_4^+)(Hg_2N^+)(F^-)_2$。

【赛题 13】（2016 年全国初赛题）鉴定 NO_3^- 的方法之一是利用“棕色环”现象：将含有 NO_3^- 的溶液放入试管，加入 $FeSO_4$，混匀，然后顺着管壁加入浓 H_2SO_4，在溶液的界面上出现“棕色环”。分离出棕色物质，研究发现其化学式为 $[Fe(NO)(H_2O)_5]SO_4$。该物质显顺磁性，磁矩为 $3.8\mu_B$（玻尔磁子），未成对电子分布在中心离子周围。

（1）写出形成“棕色环”的反应方程式。

（2）推出中心离子的价电子组态、自旋态（高或低）和氧化态。

（3）棕色物质中 NO 的键长与自由 NO 分子中 N—O 键长相比，变长还是变短？简述理由。

【解析】（1）形成“棕色环”的反应方程式：$3Fe(H_2O)_6^{2+}+NO_3^-+4H^+ = 3Fe(H_2O)_6^{3+}+NO+2H_2O$；

或者写成 $3Fe^{2+}+NO_3^-+4H^+ = 3Fe^{3+}+NO+2H_2O$；

若合并写为 $4Fe(H_2O)_6^{2+}+NO_3^-+4H^+ = 3Fe(H_2O)_6^{3+}+[Fe(NO)(H_2O)_5]^{2+}+3H_2O$ 或 $4Fe^{2+}+NO_3^-+4H^+ = 3Fe^{3+}+[Fe(NO)]^{2+}+2H_2O$ 也可以。

（2）$[Fe(NO)(H_2O)_5]SO_4$，磁矩为 $3.8\mu_B$，未成对电子均围绕在中心离子周围，根据有效磁矩 (μ_{eff}) 和未成对电子数 (n) 的关系，$\mu_{eff}=[n(n+2)]^{1/2}$，可得未

成对电子数 $n=3$。中心铁离子的价电子组态为 $t_{2g}^5e_g^2$（或写成 $3d^7$）；在八面体场中呈高自旋状态；中心离子的氧化态为+1。

（3）N—O 键长变短。中心铁离子的价电子组态为 $3d^7$，意味着 NO 除利用一对电子与中心离子配位之外，还将一个排布在反键轨道上的电子转移给了金属离子，变为 NO^+，N—O 键级变为 3，故变短。若答“NO^+ 与 CO 是等电子体，N 和 O 之间是叁键，而 NO 分子键级为 2.5，故变短。”可以部分得分。

【赛题 14】（2016 年全国初赛题）乙醇在醋酸菌作用下被空气氧化是制造醋酸的有效方法，然而这一传统过程远远不能满足工业的需求。目前工业上多采用甲醇和一氧化碳反应制备醋酸：$CH_3OH + CO \longrightarrow CH_3COOH$。第 9 族元素 (Co, Rh, Ir) 的一些配合物是上述反应良好的催化剂。以 $[Rh(CO)_2I_2]^-$ 为催化剂、以碘甲烷为助催化剂合成乙酸（Monsanto 法）的示意图如下：

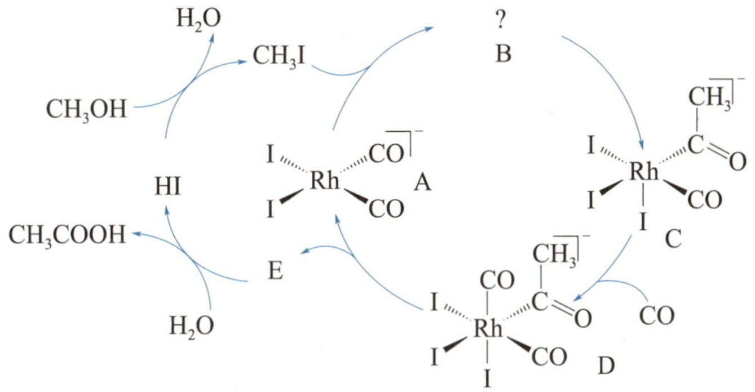

（1）在催化循环中，A 和碘甲烷发生氧化加成反应，变为 B。画出 B 及其几何异构体 B1 的结构示意图。

（2）分别写出化合物 A 和 D 中铑的氧化态及其周围的电子数。

（3）写出由 E 生成醋酸的反应式（E 须用结构简式表示）。

（4）当将上述醋酸合成过程的催化剂改为 $[Ir(CO)_2I_2]^-$，被称作 Cativa 法。Cativa 法催化循环过程与 Monsanto 法类似，但中间体 C 和 D（中心离子均为 Ir）有差别，原因在于：由 B（中心离子为 Ir）变为 C，发生的是 CO 取代 I^- 的反应；由 C 到 D 过程中则发生甲基迁移。画出 C 的面式结构示意图。

【解析】（1）从合成图中可以看出以下反应：① $CH_3OH + HI \longrightarrow CH_3I + H_2O$；② $CH_3I + [Rh(I)_2(CO)_2]^- \longrightarrow B^-$；③ $B^- \longrightarrow [Rh(I)_3CO(OCCH_3)]^-$；④ $[Rh(I)_3CO(OCCH_3)]^- + CO \longrightarrow [Rh(I)_3(CO)_2(OCCH_3)]^-$；⑤ $[Rh(I)_3(CO)_2(OCCH_3)]^- \longrightarrow E + [Rh(I)_2(CO)_2]^-$；⑥ $E + H_2O \longrightarrow CH_3COOH + HI$；很明显，E 就是 CH_3COI，B 就是 $[Rh(I)_3(CO)_2(CH_3)]^-$，这样就可以确定 B 和它的同分异构体 B1 的结构：

B 为 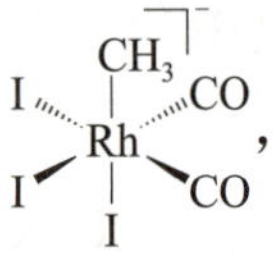，B1 为 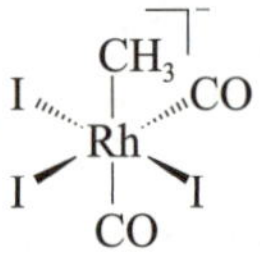 或 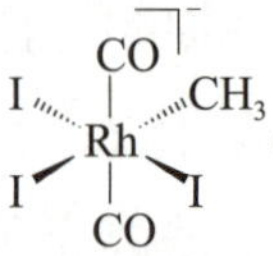。

（2）A 为 $[Rh(I)_2(CO)_2]^-$，CO 作为整体氧化数为 0，I 氧化数为 −1，所以 Rh 氧化数为 +1，Rh 的电子排布式为 $[Kr]4d^85s^1$，在 A 中 Rh 为四配位，所以，在 A 中 Rh 周围电子数为 16；同理，可以根据 D 的化学式 $[Rh(I_3)(CO)_2(OCCH_3)]^-$ 分析出 Rh 的氧化态为 +3，Rh 周围的电子数为 18。

（3）E 的结构简式为 CH_3COI，所以由 E 生成醋酸的反应为 $CH_3COI + H_2O \longrightarrow CH_3COOH + HI$。

（4）将上述醋酸合成过程的催化剂改为 $[Ir(CO)_2I_2]^-$，Rh 和 Ir 同为第九族元素，Ir 的电子排布式为 $[Xe]4f^{14}5d^76s^2$，所以，其配位数与 Rh 基本一致，但中间体 C 和 D（中心离子均为 Ir）有差别，由 B 变为 C，发生的是 CO 取代 I^- 的反应，即 $[Ir(I)_3((CO)_2(CH_3)]^- + CO \longrightarrow [Ir(I)_2(CO)_3(CH_3)] + I^-$，C 有两种结构，一种为面式，结构为 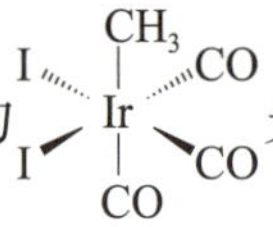 另一种为经式，结构为 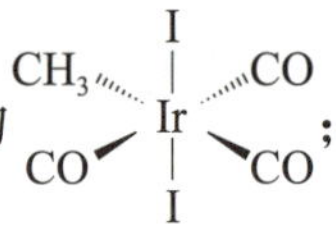；由 C 到 D 过程中则发生甲基迁移，即面式与经式的转换（该中间体为电中性，不能标电荷）。

【赛题 15】（2015 年全国初赛题）

（1）在如下反应中，反应前后钒的氧化数和配位数各是多少？N—N 键长如何变化？

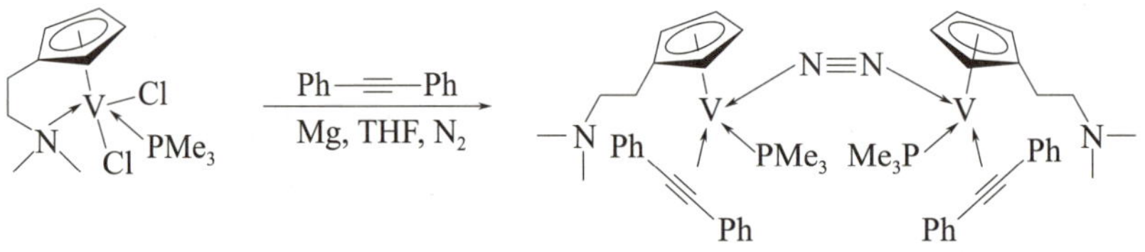

（2）单晶衍射实验证实，配合物 $[Cr_3O(CH_3CO_2)_6(H_2O)_3]Cl \cdot 8H_2O$ 中，3 个铬原子的化学环境完全相同，乙酸根为桥连配体，水分子为单齿配体。画出该配合物中阳离子的结构示意图。

【解析】（1）题中环戊二烯画成“”，说明它具有芳香性，是环戊二烯负离子，即“”所以，反应前为钒的氧化数为 +3；同理，反应后为钒的氧化数为 +1；需要说明的是环戊二烯负离子可以看成是三齿配体，因此，反应前钒的配位数为 7，反应后钒的配位数为 6；至于 N—N 键长的变化，反应前，N—N 键长就是 :N≡N: 分子中两个氮核之间的距离，反应

后 :N≡N: 作为双齿配体参与钒的配位，因此，分子会有所变形，导致 N—N 键长变长。

（2）“配合物 $[Cr_3O(CH_3CO_2)_6(H_2O)_3]Cl \cdot 8H_2O$ 中，3 个铬原子的化学环境完全相同”，考虑到配合物组成中 Cr_3O，可以认为该配合物的存在一个正三角形结构 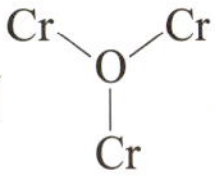，3 个 H_2O 由 O 作为配位原子分别连在 Cr 上；乙酸根为桥连配体，即 CH_3COO^- 作为双齿配体，跨在两个Cr之间，共有6个CH_3COO^-，显然，每两个 Cr 之间分配两个 CH_3COO^- 双齿配体，这样，可以想象到 Cr 的配位数是 6，最终画出该配合物中阳离子的结构示意图 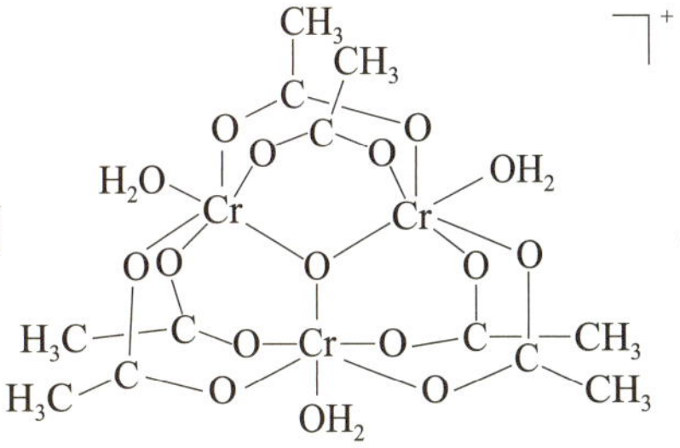。

参考文献

[1] 宋天佑，程鹏，徐家宁．无机化学上册 [M]．北京：高等教育出版社，2015：335．

[2] 张灿久，杨慧仙．中学化学奥林匹克 [M]．长沙：湖南教育出版社，1998：39．

[3] 张祖德，刘双怀，郑化桂．无机化学 [M]．合肥：中国科学技术大学出版社，2001：286．